Cepheid

세페이드.
3F 물리학(하) 개정판

사람은 누구나 창의적이랍니다.
창의력 과학의 세계로 오심을 환영합니다!

★ ★ ★ ★ ★

세페이드 시리즈의 구성

이제 편안하게 과학공부를 즐길 수 있습니다.

1F 중등과학 기초

2F 중등과학 완성

3F 고등과학 Ⅰ

4F 고등과학 Ⅱ

5F 실전 문제 풀이

세페이드 모의고사

세페이드 고등 통합과학

세페이드 고등학교 물리학 Ⅰ

http://cafe.naver.com/creativeini

창의력과학의 대표 브랜드

과학 학습의 지평을 넓히다!
특목고 | 영재학교 대비
창의력과학 세페이드 시리즈!

imagine

Infinite!

무한 상상하는 법

1. 고개를 숙인다.
2. 고개를 든다.
3. 뛰어간다.
4. 무한상상한다.

창의력과학

세페이드

3F. 물리학(하)

개정판

Structure
단원별 내용 구성

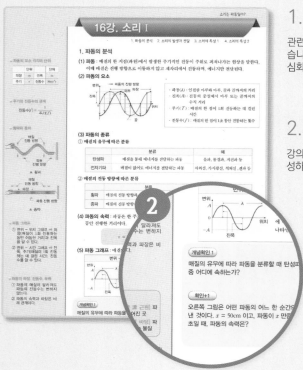

1. 강의

관련 소단원 내용을 4~6편으로 나누어 강의용/학습용으로 구성했습니다. 개념에 대한 이해를 돕기 위해 보조단에는 풍부한 자료와 심화 내용을 수록했습니다.

2. 개념확인, 확인+,

강의 내용을 이용하여 쉽게 풀고 내용을 정리할 수 있는 문제로 구성하였습니다.

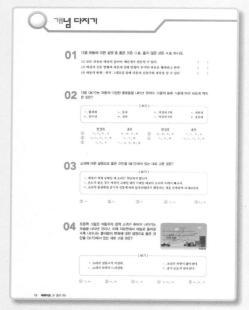

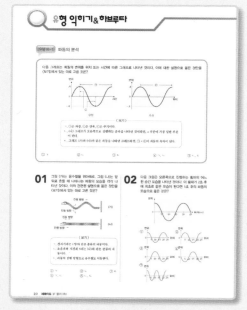

3. 개념 다지기

관련 소단원 내용을 전반적으로 이해하고 있는지 테스트합니다. 내용에 국한하여 쉽게 해결할 수 있는 문제로 구성하였습니다.

4. 유형 익히기 & 하브루타

관련 소단원 내용을 유형별로 나누어서 각 유형에 따른 대표 문제를 구성하였고, 연습문제를 제시하였습니다.

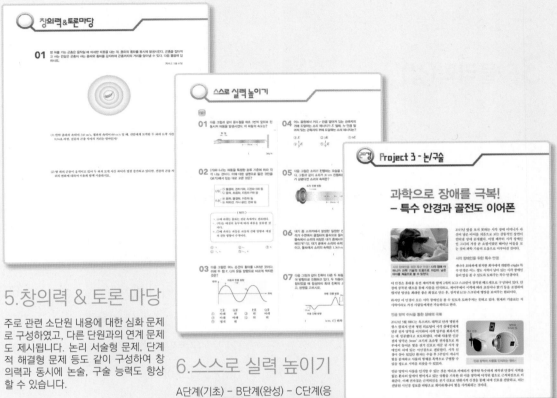

5.창의력 & 토론 마당

주로 관련 소단원 내용에 대한 심화 문제로 구성하였고, 다른 단원과의 연계 문제도 제시됩니다. 논리 서술형 문제, 단계적 해결형 문제 등도 같이 구성하여 창의력과 동시에 논술, 구술 능력도 향상할 수 있습니다.

6.스스로 실력 높이기

A단계(기초) – B단계(완성) – C단계(응용) – D단계(심화)로 구성하여 단계적으로 자기주도 학습이 가능하도록 하였습니다.

7.Project

대단원이 마무리될 때마다 읽기 자료, 실험 자료 등을 제시하여 서술형/논술형 답안을 작성하도록 하였고, 단원의 주요 실험을 자기주도 적으로 실시하여 실험보고서 작성을 할 수 있도록 하였습니다.

〈온라인 문제풀이〉

「스스 로 실력 높이기」는
동영상 문제풀이를 합니다.
http://cafe.naver.com/creativeini

배너 아무 곳이나 클릭하세요 .

CONTENTS | 목차

3F 물리학(상)

3F 물리학(하)

03 정보와 통신

04 에너지

03

정보와 통신

소리와 빛에 정보를 담을 수 있는 원리는 무엇일까?

16강. 소리 I

1. 파동의 분석   2. 소리의 발생과 전달   3. 소리의 특성 1   4. 소리의 특성 2

1. 파동의 분석

(1) 파동 : 매질의 한 지점(파원)에서 발생한 주기적인 진동이 주위로 퍼져나가는 현상을 말한다. 이때 매질은 진행 방향으로 이동하지 않고 제자리에서 진동하며, 에너지만 전달된다.

(2) 파동의 요소

· 파장(λ) : 인접한 마루와 마루, 골과 골까지의 거리
· 진폭(A) : 진동의 중심에서 마루 또는 골까지의 수직 거리
· 주기(T) : 매질의 한 점이 1회 진동하는 데 걸린 시간
· 진동수(f) : 매질의 한 점이 1초 동안 진동하는 횟수

(3) 파동의 종류

① 매질의 유무에 따른 분류

	분류	예
탄성파	매질을 통해 에너지를 전달하는 파동	음파, 물결파, 지진파 등
전자기파	매질이 없어도 에너지를 전달하는 파동	자외선, 가시광선, 적외선, 전파 등

② 매질의 진동 방향에 따른 분류

	분류	예
횡파	매질의 진동 방향과 파동의 진행 방향이 수직인 파동	물결파, 전자기파, 지진파 S파 등
종파	매질의 진동 방향과 파동의 진행 방향이 나란한 파동	음파, 초음파, 지진파 P파 등

(4) 파동의 속력 : 파동은 한 주기 동안 한 파장을 이동한다. 즉, 파동의 속력은 파동이 단위 시간 동안 진행한 거리이다.

$$v = \frac{\lambda}{T} = f\lambda$$

파동의 속력 v(m/s), 파동의 파장 λ(m)
파동의 주기 T(s), 파동의 진동수 f(Hz)

(5) 파동 그래프 : 매질의 변위를 위치 또는 시간에 따른 그래프로 나타낼 수 있다.

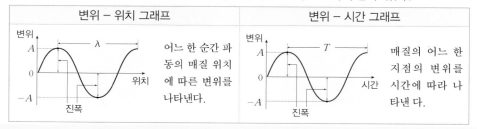

변위 – 위치 그래프	변위 – 시간 그래프
어느 한 순간 파동의 매질 위치에 따른 변위를 나타낸다.	매질의 어느 한 지점의 변위를 시간에 따라 나타낸다.

(개념확인 1)

매질의 유무에 따라 파동을 분류할 때 탄성파와 전자기파로 나눈다. 이때 음파는 탄성파와 전자기파 중 어디에 속하는가?

(   )

(확인+1)

오른쪽 그림은 어떤 파동의 어느 한 순간의 변위를 위치에 따라 나타낸 것이다. $x = 50$cm 이고, 파동이 x 만큼 진행하는 데 걸린 시간이 2초일 때, 파동의 속력은?

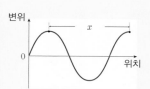

(   )m/s

왼쪽 여백

● 파동의 요소 각각의 단위

	단위		단위
파장	m	진폭	m
주기	s	진동수	Hz(s⁻¹)

● 주기와 진동수의 관계

진동수(f) = $\dfrac{1}{주기(T)}$

● 횡파와 종파

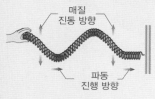

▲ 횡파

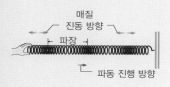

▲ 종파

● 파동 그래프
① 변위 – 위치 그래프 ➡ 파장(매질이 1회 진동하는 동안 이동한 거리)과 진폭을 알 수 있다.
② 변위 – 시간 그래프 ➡ 진폭, 주기(매질이 1회 진동하는 데 걸린 시간), 진동수를 알 수 있다.

● 파동의 파장, 진동수, 속력
① 파동의 매질이 달라져도 파동의 진동수는 변하지 않는다.
② 파동의 속력과 파장은 비례 관계이다.

미니사전

파원 [波 물결 源 근원] 파동이 처음 만들어진 곳
매질 [媒 매개 質 바탕] 파동을 전달(매개)하는 물질

2. 소리의 발생과 전달

(1) 소리의 발생과 전달

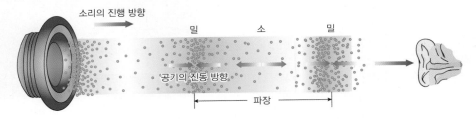

소리의 진행 방향

밀　소　밀

공기의 진동 방향

파장

① **소리의 발생** : 물체를 진동시키면 소리가 발생한다.

② **소리의 전달 과정**

> 소리의 발생 ➡ 매질을 이루는 분자의 진동 ➡ 고막의 진동 ➡ 귓속 기관에서 전기 신호 발생
> ➡ 청신경 ➡ 대뇌

③ 소리는 매질이 필요한 **탄성파**이자 매질의 진동 방향과 파동의 진행 방향이 나란한 **종파**이
다.

(2) 소리의 속력

① **공기의 온도에 따른 소리의 속력** : 공기의 온도가 올라갈수록 공기 분자의 운동이 활발해지므
로 온도가 높을수록 소리의 속력은 빠르다.

$$v = 331.45 + 0.6t \quad [t : 섭씨 온도(℃)]$$

② **매질의 상태에 따른 소리의 속력** : 온도가 같을 때 고체 > 액체 > 기체 순으로 빠르다. (분자
사이의 거리 : 기체 > 액체 > 고체)

(3) 소리 에너지의 세기

파원에서 거리가 2
배, 3배 … 로 늘어나면, 소리가 들리는 면적
은 4배, 9배 … 가 되고, 같은 면적에 도달하는
소리 에너지는 $\frac{1}{4}$배, $\frac{1}{9}$배 … 가 되므로 멀어
질수록 소리가 작게 들리는 것이다.

$$소리 에너지의 세기 \propto \frac{1}{r^2}$$

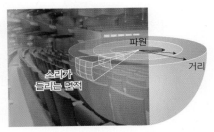

파원

거리

소리가
들리는 면적

▲ 소리 에너지의 세기와 거리의 관계

매질에 따른 소리의 속력

매질		속력 (m/s)
종류	상태	
공기	기체 (20℃)	343
헬륨		965
이산화 탄소		266
담수	액체 (20℃)	1482
해수		1522
수은		1460
강철	고체	5941
목재		3500~5000
유리		4900~5800

횡파와 종파의 파장

횡파의 마루(골)와 마루(골) 사이의 거리, 종파의 밀(소)한 부분에서 인접한 밀(소)한 부분까지의 거리가 파장이다.

← 파장 →

구면파

구면파란 공간의 한 점에서 파동이 발생할 때, 파원을 중심으로 모든 방향으로 둥글게 퍼져나가는 파동을 말한다. 이때 파면이 구형을 이룬다.

파원

파면

r

▲ 구면파

소리와 같은 구면파의 경우 에너지는 파원을 중심으로 모든 방향으로 균일하게 퍼진다. 이때 구의 표면적($4\pi r^2$)은 (거리)^{2}에 비례하여 넓어지기 때문에 구 표면의 단위 면적당 도달하는 에너지는 (거리)^{2}에 반비례한다.

개념확인2 정답 및 해설 02쪽

같은 온도에서 매질의 상태에 따른 소리의 속력을 부등호를 이용하여 비교하시오.

고체 (　　) 액체 (　　) 기체

확인+2

다음 소리의 발생과 전파에 대한 설명 중 옳은 것은 ○표, 옳지 않은 것은 ×표 하시오.

(1) 물체의 진동에 의해 매질을 이루는 분자가 진동하면서 소리가 발생한다.　　(　　)

(2) 공기의 온도가 올라갈수록 소리의 속력은 빨라진다.　　(　　)

반사 법칙

파동의 입사파, 반사파, 법선이 같은 평면에 있을 때, 입사각(i)과 반사각(i')의 크기는 같다. (파동의 진행 방향과 파면은 수직을 이룬다.)

굴절 법칙

파동이 굴절할 때 입사각의 사인값과 굴절각의 사인값의 비가 항상 일정하다는 법칙으로 스넬 법칙이라고도 한다.

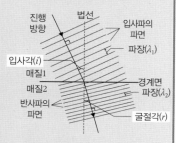

$$\frac{\sin i}{\sin r} = \frac{v_1}{v_2} = \frac{\lambda_1}{\lambda_2} = n_{12}$$

➡ 매질 1에 대한 매질 2의 상대 굴절률
(매질 1이 공기 또는 진공일 경우 매질 2의 절대 굴절률)

파동의 회절 비교

파동이 진행 도중 물체나 틈 등 장애물을 만나면 진행 방향이 바뀌는 현상이다. 물체의 크기나 틈이 작을수록, 파장이 길수록 회절이 잘 일어난다.(진행 방향이 더 많이 꺾인다.)

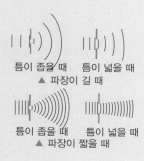

틈이 좁을 때   틈이 넓을 때
▲ 파장이 길 때

틈이 좁을 때   틈이 넓을 때
▲ 파장이 짧을 때

3. 소리의 특성 Ⅰ

(1) 소리의 반사 : 소리가 진행하다가 장애물이나 성질이 다른 매질을 만나면 경계면에서 부딪혀 진행 방향을 바꿔 되돌아 온다.

① 파동이 반사할 때 파동의 진동수, 파장, 속력은 변하지 않는다.
② 매질에 따라 반사되는 정도가 다르다.
   예 : 음악당의 벽이 울퉁불퉁하여 소리가 여러 방향으로 반사되기 때문에 소리가 고르게 퍼진다.

▲ 음악당 벽에서 소리의 반사

(2) 소리의 굴절 : 소리가 진행하다가 다른 매질을 만나면 속력이 변하여 굴절되어 휘어진다.

① 파동이 굴절할 때 파동의 파장, 속력은 변하지만, 진동수는 변하지 않는다.
② 공기의 온도가 연속적으로 변하므로 소리는 속력이 빠른 쪽에서 느린 쪽으로 굴절되어 휘어진다.

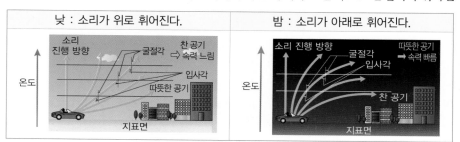

   예 : 밤에는 지표면에 있는 사람이 높은 층에 사는 사람보다 소리를 더 잘 들을 수 있다.

(3) 소리의 회절 : 소리가 진행하다가 좁은 틈이나 장애물의 가장자리를 지날 때 틈과 장애물 뒤쪽으로 휘어져서 돌아 들어간다.

① 파동이 회절할 때 파동의 진동수, 파장, 속력은 변하지 않는다.
② 파장이 길수록, 장애물의 크기가 작을수록, 틈이 좁을수록 회절이 잘 일어난다.
   예 : 골목 뒤에 있는 사람에게 파장이 긴 큰북소리가 파장이 짧은 작은북 소리보다 잘 들린다.

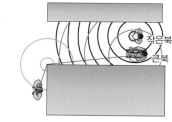

▲ 소리의 회절

(개념확인3)

소리의 특성과 그에 대한 설명을 바르게 연결하시오.

(1) 소리의 반사 •
(2) 소리의 굴절 •
(3) 소리의 회절 •

• ㉠ 소리가 진행하다 틈을 만나면 휘어져서 돌아 들어간다.
• ㉡ 소리가 진행하다 장애물을 만나면 진행 방향을 바꿔 되돌아 온다.
• ㉢ 소리가 진행하다 다른 매질을 만나면 속력이 변하여 휘어진다.

(확인+3)

다음 빈칸에 알맞은 말을 각각 고르시오.

> 파동의 회절은 파장이 (㉠ 짧을수록 ㉡ 길수록), 장애물의 크기가 (㉠ 작을수록 ㉡ 클수록), 틈이 (㉠ 좁을수록 ㉡ 넓을수록) 잘 일어나지 않는다.

(4) 파동의 중첩

① **중첩 원리** : 두 개 이상의 파동이 같은 매질 안에서 만나 서로 겹쳐서 나타나는 현상을 파동의 중첩이라고 하며, 이때 합성파의 변위는 각 파동의 변위의 합과 같다. 이것을 중첩 원리라고 한다.

② **파동의 독립성** : 중첩된 후 분리된 각각의 파동은 서로 다른 파동의 영향을 받지 않고, 중첩되기 전 각각의 파동의 특성(진폭, 파장, 진동수, 속도)을 그대로 유지하면서 독립적으로 진행한다. 이를 파동의 독립성이라고 한다.

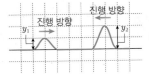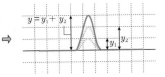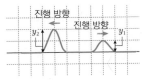

▲ 파동의 중첩 원리와 파동의 독립성

(5) 파동의 간섭

① **파동의 간섭** : 파동이 서로 중첩되어 진폭이 변하는 현상을 말한다. 마루와 마루(골과 골)가 중첩될 때 합성파의 진폭은 최대가 되고, 파동의 마루와 골이 중첩되면 진폭은 최소가 된다.

② **간섭의 종류**

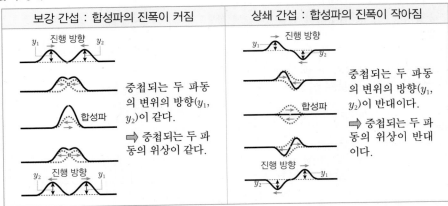

③ **소리의 간섭** : 보강 간섭이 일어나면 소리가 커지고, 상쇄 간섭이 일어나면 소리가 작아진다.

개념확인 4 정답 및 해설 02쪽

다음 빈칸에 알맞은 말을 각각 고르시오.

> 파동이 서로 중첩되어 (㉠ 파장 ㉡ 진폭)이 변하는 현상을 파동의 간섭이라고 하며, 이는 (㉠ 마루 ㉡ 골)와 마루가 중첩될 때 최대, (㉠ 마루 ㉡ 골)와 골이 중첩될 때 최소가 된다.

확인+4

오른쪽 그림과 같이 진폭이 다른 두 파동이 서로 반대 방향으로 진행하고 있다. 두 파동이 완전히 중첩되었을 때 합성파의 최대 진폭의 크기는?

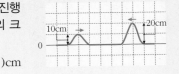

(   )cm

● 위상
파동이 진행할 때 매질의 변위와 운동 방향이 같은 두 점은 위상이 서로 같다.

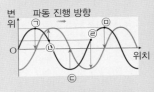

① ㉠, ㉺은 위상이 서로 같은 점 (변위와 운동 방향이 동일)
② ㉡, ㉣은 위상이 서로 다른 점 (변위는 같지만 운동 방향이 반대)
③ ㉠, ㉢은 위상이 서로 반대인 점 (한 파장만큼 떨어진 두 매질의 위상은 서로 같지만, 반 파장만큼 떨어진 두 매질의 위상은 서로 반대이다.)

미니사전

합성파 [合 합하다 成 이루다 波 파동] 둘 이상의 파동이 중첩된 파동

▲ 성덕대왕 신종

4. 소리의 특성 II

(1) 소리의 간섭

① **소리의 간섭** : 동일한 스피커 A, B에서 서로 같은 위상과 같은 파장의 소리를 내면 두 음파가 간섭하여 소리가 크게 들리거나, 들리지 않게 된다. 이때 소리가 크게 들리는 곳은 보강 간섭이 일어난 곳이고, 소리가 들리지 않는 곳은 상쇄 간섭이 일어난 곳이다.

② **간섭 조건**

〈 보강 간섭 조건 〉

$$|AP \sim BP| = \frac{\lambda}{2} \cdot 2m \quad (m = 0, 1, 2, \cdots)$$

〈 상쇄 간섭 조건 〉

$$|AQ \sim BQ| = \frac{\lambda}{2} \cdot (2m + 1) \quad (m = 0, 1, 2, \cdots)$$

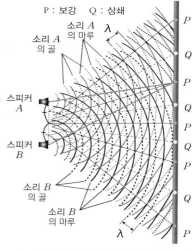

▲ 소리의 간섭 현재 관측자가 P'점에 있을 때 AP~BP는 9.5λ − 8.5λ(파란선) = 1λ이며 반파장의 2배(짝수배)이므로 보강 간섭하여 큰 소리를 듣는다.

(2) 맥놀이

① **맥놀이** : 진동수(파장)가 비슷한 두 파동이 중첩되어 새로운 합성파가 만들어지는 현상을 말한다.

② **맥놀이 진동수**(f) : 단위 시간당 맥놀이의 수(진폭의 극대값의 수)를 말하며, 이는 중첩된 두 파동의 진동수의 차와 같다.

$$f = |f_1 - f_2|$$

(예) 파동 A : 초당 10회 진동
파동 B : 초당 12회 진동
➡ 두 파동의 중첩에 의한 보강 간섭 부분이 초당 2회 발생

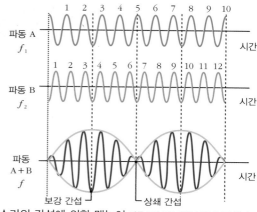

▲ 소리의 간섭에 의한 맥놀이 파동 A와 B를 같은 시간대에서 합하면 파동 (A+B)의 파형이 되고, 진폭이 초당 $f = f_1 - f_2$ = 2회 최대(큰 소리)가 된다. 이것을 맥놀이 진동수라고 한다.

개념확인5

진동수가 300 Hz 인 음원 A 와 진동수가 303 Hz 인 음원 B 가 있다. 두 음파가 동시에 퍼져 나갈 때, 소리가 크게 들리는 횟수는 1초에 몇 번인가?

( )번

확인+5

스피커 A 와 B 가 서로 3 m 떨어진 곳에 위치하고 있다. 이때 두 스피커에서 파장이 2 m 인 음파를 동시에 발생시켰을 때, 스피커 A 로부터 4 m, 스피커 B 로부터 5 m 떨어진 점 P 에서 소리가 어떻게 들리는가?

(㉠ 더 크게 들린다 ㉡ 들리지 않는다)

(3) 소리에 있어서의 도플러 효과

① **도플러 효과** : 파원과 그 파동을 관측하는 관측자의 상대적 운동으로 인하여 관측자에게 파원의 실제 진동수와 다른 진동수가 관측되는 현상을 말한다.

② **음원(속력 : v_S)이 움직이는 경우** : 정지한 관측자가 느끼는 소리의 파장이 변한다.

〈 관측자와 멀어질 때 〉
· 파동의 상대적인 속력
  $= v + v_S$
· 파동의 파장 λ_1
  $= \dfrac{v + v_S}{f_0}$
· 관측자에게 관측되는 파동의 진동수 f
  $= \dfrac{v}{\lambda_1} = f_0 \dfrac{v}{v + v_S}$

〈 관측자와 가까워질 때 〉
· 파동의 상대적인 속력
  $= v - v_S$
· 파동의 파장 λ_2
  $= \dfrac{v - v_S}{f_0}$
· 관측자에게 관측되는 파동의 진동수 f
  $= \dfrac{v}{\lambda_2} = f_0 \dfrac{v}{v - v_S}$

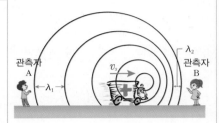
소리의 속력 v, 진동수 f_c, 파장 $\lambda_0 (= \dfrac{v}{f_0})$

③ **관측자(속력 : v_D)가 움직이는 경우** : 소리의 파장은 일정하다.

〈 음원과 가까워질 때 〉
· 관측자가 느끼는 파동의 속력
  $= v + v_D$
· 파동의 진동수 f
  $= \dfrac{v + v_D}{\lambda_0} = f_0 \dfrac{v + v_D}{v}$

〈 음원과 멀어질 때 〉
· 관측자가 느끼는 파동의 속력
  $= v - v_D$
· 파동의 진동수 f
  $= \dfrac{v - v_D}{\lambda_0} = f_0 \dfrac{v - v_D}{v}$

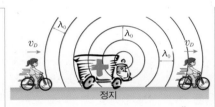
소리의 속력 v, 진동수 f_c, 파장 $\lambda_0 (= \dfrac{v}{f_0})$

➡ 관측자와 음원이 서로 멀어질 때는 진동수는 감소하여 낮은 소리로 들리며, 관측자와 음원이 서로 가까워질 때는 진동수가 증가하여 높은 소리로 들린다.

$$f = f_0 \dfrac{v \pm v_D}{v \mp v_S}$$
v_D 관측자의 접근 속도 : (−) 멀어질 때, (+) 가까워질 때
v_S 음원의 접근 속도 : (+) 멀어질 때, (−) 가까워질 때

⊙도플러 효과의 이용 : 속도 측정기

속도 측정기는 다가오는 야구공이나 자동차를 향하여 레이더 파를 발사하고, 다시 반사되어 되돌아 온 레이더 파를 감지한다. 이때 반사된 레이더 파는 도플러 효과로 인해 처음 발사한 레이더 파보다 파장은 짧아지고 주파수는 커진다.

주파수가 변하는 정도는 야구공이나 자동차가 움직이는 속도에 의해 결정되므로 이 변화의 정도를 측정하여 야구공과 자동차의 속도를 계산해 준다.

▲ 속도 측정기

개념확인6

정답 및 해설 02쪽

다음 빈칸에 알맞은 말을 각각 고르시오.

서 있는 사람에게서 멀어지는 기차의 경적 소리는 파장이 (㉠ 짧아지고 ㉡ 길어지고), 진동수는 (㉠ 감소하여 ㉡ 증가하여) 낮은 소리로 들린다.

확인+6

구급차가 진동수 1,200Hz 인 사이렌을 울리면서 25m/s의 속도로 달리고 있다. 이때 구급차의 진행 방향 앞의 건널목에 서 있는 사람이 듣는 사이렌의 진동수는? (단, 소리의 속력은 325m/s이다.)

(   )Hz

01 다음 파동에 대한 설명 중 옳은 것은 ○표, 옳지 않은 것은 ×표 하시오.

(1) 모든 파동은 매질이 있어야 에너지가 전달될 수 있다. ( )
(2) 매질의 진동 방향과 파동의 진행 방향이 수직인 파동을 횡파라고 한다. ( )
(3) 파동의 변위－위치 그래프를 통해 파동의 진동수와 파장을 알 수 있다. ( )

02 다음 〈보기〉는 파동의 다양한 종류들을 나타낸 것이다. 다음의 분류 기준에 따라 바르게 짝지은 것은?

─〈 보기 〉─
ㄱ. 물결파   ㄴ. 음파   ㄷ. 지진파 P파   ㄹ. 자외선
ㅁ. 감마선   ㅂ. 전파   ㅅ. 지진파 S파   ㅇ. 초음파

	탄성파	종파		탄성파	종파
①	ㄱ, ㄴ, ㄷ, ㄹ	ㅁ, ㅂ, ㅅ, ㅇ	②	ㅁ, ㅂ, ㅅ, ㅇ	ㄱ, ㄴ, ㄷ, ㄹ
③	ㄱ, ㄴ, ㄷ, ㅅ, ㅇ	ㄴ, ㄷ, ㅇ	④	ㄴ, ㄷ, ㅇ	ㄱ, ㄴ, ㄷ, ㅅ, ㅇ
⑤	ㄱ, ㄷ, ㅅ	ㄴ, ㄹ, ㅁ, ㅂ, ㅇ			

03 소리에 대한 설명으로 옳은 것만을 〈보기〉에서 있는 대로 고른 것은?

─〈 보기 〉─
ㄱ. 매질이 액체 상태일 때 소리는 전달되지 않는다.
ㄴ. 온도가 같을 경우 매질이 고체일 때가 기체일 때보다 소리의 속력이 빠르다.
ㄷ. 소리가 발생하면 공기가 진동에 따라 압축되었다가 팽창되는 것을 반복하며 퍼져나간다.

① ㄱ   ② ㄴ   ③ ㄷ   ④ ㄱ, ㄴ   ⑤ ㄴ, ㄷ

04 오른쪽 그림은 자동차의 경적 소리가 휘어져 나아가는 모습을 나타낸 것이다. 이때 지표면에서 하늘로 올라갈수록 나타나는 물리량의 변화에 대한 설명으로 옳은 것만을 〈보기〉에서 있는 대로 고른 것은?

─〈 보기 〉─
ㄱ. 소리의 진동수가 커진다.   ㄴ. 소리의 파장이 짧아진다.
ㄷ. 소리의 속력이 느려진다.   ㄹ. 공기 온도가 낮아진다.

① ㄱ, ㄴ   ② ㄴ, ㄷ   ③ ㄷ, ㄹ   ④ ㄱ, ㄴ, ㄷ   ⑤ ㄴ, ㄷ, ㄹ

05 소리의 특성에 대한 설명으로 옳은 것만을 〈보기〉에서 있는 대로 고른 것은?

〈 보기 〉

ㄱ. 소리가 반사할 때 진동수, 파장, 속력은 변하지 않는다.
ㄴ. 소리가 굴절할 때 속력, 진동수는 변하지만 파장은 변하지 않는다.
ㄷ. 소리의 파장이 길수록 회절이 잘 일어난다.
ㄹ. 두 음파가 중첩된 후 분리되었을 때 각각의 음파의 진폭은 중첩되기 전보다 커진다.

① ㄱ, ㄴ   ② ㄱ, ㄷ   ③ ㄴ, ㄹ   ④ ㄱ, ㄴ, ㄷ   ⑤ ㄴ, ㄷ, ㄹ

06 파동의 간섭의 종류와 그에 대한 설명을 각각 바르게 연결하시오.

(1) 보강 간섭 •   • ㉠ 중첩되는 두 파동의 위상이 반대 •   • ① 합성파 진폭 커짐

(2) 상쇄 간섭 •   • ㉡ 중첩되는 두 파동의 위상이 동일 •   • ② 합성파 진폭 작아짐

07 오른쪽 그림과 같이 동일한 스피커 A, B 가 3 m 간격으로 놓여져 있는 상태에서 같은 소리가 발생하고 있다. 스피커 A 와 B 는 같은 연직선 상에 놓여 있고, 스피커 B 와 관측자는 같은 수평선 상에 놓여 있다. 이때 스피커 B 와 관측자까지의 거리가 4 m 일 때, 관측자에게 소리가 들리지 않았다면, 스피커에서 나오는 소리의 파장 중 최대인 것은 얼마인가?

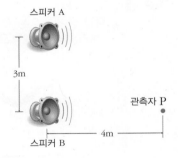

스피커 A

3m

관측자 P

4m

스피커 B

(   )m

08 기차가 1,200 Hz 의 기적 소리를 울리면서 144 km/h 의 속력으로 관측자를 향하여 진행하고 있다. 이때 관측자도 기차를 향하여 10 m/s 의 속력으로 달려가고 있다면, 관측자가 듣는 기적 소리의 진동수는 얼마인가? (단, 기적 소리의 속력은 340 m/s 이다.)

(   )Hz

유형 익히기 & 하브루타

[유형16-1] 파동의 분석

다음 그래프는 매질의 변위를 위치 또는 시간에 따른 그래프로 나타낸 것이다. 이에 대한 설명으로 옳은 것만을 〈보기〉에서 있는 대로 고른 것은?

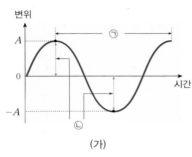

(가)

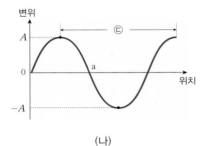

(나)

〈 보기 〉
ㄱ. ㉠은 파장, ㉡은 진폭, ㉢은 주기이다.
ㄴ. (나) 그래프가 오른쪽으로 진행하는 종파를 나타낸 것이라면, a 부분이 가장 밀한 부분이 된다.
ㄷ. 그래프 (가)와 (나)가 같은 파동을 나타낸 그래프라면, ㉠×㉢이 파동의 속력이 된다.

① ㄱ   ② ㄴ   ③ ㄷ   ④ ㄱ, ㄴ   ⑤ ㄴ, ㄷ

01 그림 (가)는 용수철을 위아래로, 그림 (나)는 앞뒤로 흔들 때 나타나는 파동의 모습을 각각 나타낸 것이다. 이와 관련된 설명으로 옳은 것만을 〈보기〉에서 있는 대로 고른 것은?

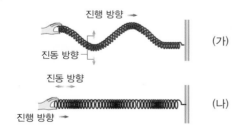

〈 보기 〉
ㄱ. 전자기파는 (가)와 같은 종류의 파동이다.
ㄴ. 초음파와 지진파 S파는 (나)와 같은 파동이다.
ㄷ. 파동의 진행 방향으로 용수철도 이동한다.

① ㄱ   ② ㄴ   ③ ㄷ
④ ㄱ, ㄴ   ⑤ ㄴ, ㄷ

02 다음 그림은 오른쪽으로 진행하는 횡파의 어느 한 순간 모습을 나타낸 것이다. 이 횡파가 2초 후에 최초로 같은 모습이 된다면 1초 후의 파동의 모습으로 옳은 것은?

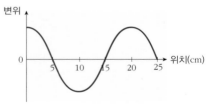

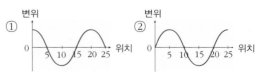

[유형16-2] 소리의 발생과 전달

다음은 소리가 발생하고 전달되는 과정을 나타낸 그림이다. 이에 대한 설명으로 옳은 것만을 〈보기〉에서 있는 대로 고른 것은?

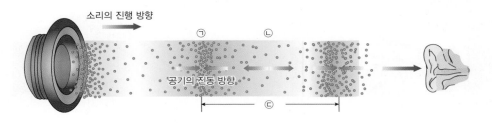

─〈 보기 〉─

ㄱ. ㉠ 부분이 ㉡ 부분보다 공기의 압력이 크다.
ㄴ. 소리의 진행 방향으로 공기 분자가 이동한다.
ㄷ. ㉢과 이 소리의 진동수를 알면, 소리의 속력을 알 수 있다.
ㄹ. 온도가 10℃ 증가하면, 소리의 속력도 10 m/s 증가한다.

① ㄱ, ㄴ   ② ㄱ, ㄷ   ③ ㄴ, ㄹ   ④ ㄱ, ㄴ, ㄷ   ⑤ ㄴ, ㄷ, ㄹ

03 다음 〈보기〉는 다양한 매질의 상태를 나타낸 것이다. 각각의 매질에서 소리가 진행할 때, 소리의 속력이 빠른 순서대로 바르게 나열한 것은?

─〈 보기 〉─

ㄱ. 10 ℃ 공기   ㄴ. 30 ℃ 공기
ㄷ. 20 ℃ 강물   ㄹ. −3 ℃ 얼음
ㅁ. 진공

① ㄱ－ㄴ－ㄷ－ㄹ－ㅁ
② ㄴ－ㄱ－ㄷ－ㄹ－ㅁ
③ ㄹ－ㄷ－ㄱ－ㄴ－ㅁ
④ ㄹ－ㄷ－ㄴ－ㄱ－ㅁ
⑤ ㅁ－ㄹ－ㄱ－ㄷ－ㄴ

04 다음 그림은 신호 발생기를 이용하여 진동수가 일정한 음파를 발생시키고 있는 것을 나타낸 것이다. 이에 대한 설명으로 옳은 것만을 〈보기〉에서 있는 대로 고른 것은?

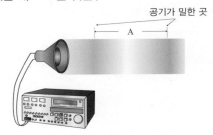

─〈 보기 〉─

ㄱ. A는 음파의 진폭이다.
ㄴ. 공기의 온도가 올라가면 A는 길어진다.
ㄷ. 신호 발생기를 이용하여 발생한 음파는 횡파이자, 탄성파이다.
ㄹ. 물속에서 신호 발생기로 음파를 발생시키면 음파의 속력은 빨라진다.

① ㄱ, ㄴ   ② ㄴ, ㄷ   ③ ㄴ, ㄹ
④ ㄱ, ㄴ, ㄷ   ⑤ ㄴ, ㄷ, ㄹ

[유형16-3] 소리의 특성 I

다음은 소리가 진행하는 모습을 시간에 따라 각각 나타낸 것이다. 이에 대한 설명으로 옳은 것만을 〈보기〉에서 있는 대로 고른 것은?

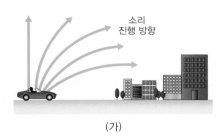

(가)　　　　　　　　　　　　　(나)

〈 보기 〉

ㄱ. (가)의 경우 공기의 온도가 지표면에서 하늘로 갈수록 따뜻해진다.
ㄴ. (가)의 경우 소리의 파장은 지표면 근처가 하늘보다 짧다.
ㄷ. (나)의 경우 소리의 속력이 하늘로 갈수록 빨라져서 소리가 아래로 휘어진다.
ㄹ. (가)와 (나)의 경우 소리의 진동수는 모두 변하지 않는다.

① ㄱ, ㄴ　　　② ㄷ, ㄹ　　　③ ㄱ, ㄴ, ㄷ　　　④ ㄱ, ㄴ, ㄹ　　　⑤ ㄴ, ㄷ, ㄹ

05

음파가 굴절할 때 공기에 대한 물의 굴절률은 0.24 이다. 진동수가 400 Hz 인 음파의 공기 중에서의 속력을 330 m/s 라고 할 때, 물속에서 음파의 파장과 속력을 바르게 짝지은 것은? (단, 소수점 둘째 자리에서 반올림한다.)

	파장(m)	속력(m/s)		파장(m)	속력(m/s)
①	0.2	79.2	②	3.4	79.2
③	0.2	330	④	3.4	1,375
⑤	4.2	1,375			

06

다음 그림은 오른쪽으로 진행하는 횡파의 어느 한 순간 모습을 변위-위치 그래프로 나타낸 것이다. 이때 위상이 서로 같은 점(A)과 서로 반대인 점(B)끼리 바르게 짝지은 것은?

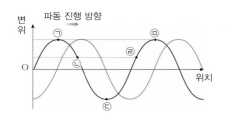

	A	B		A	B
①	㉠, ㉢	㉡, ㉣	②	㉡, ㉣	㉠, ㉢
③	㉠, ㉢	㉠, ㉢	④	㉠, ㉢	㉠, ㉢
⑤	㉠, ㉢	㉡, ㉣			

[유형16-4] 소리의 특성 Ⅱ

그림과 같이 진동수 240 Hz 의 소리 굽쇠 P가 68 m/s 의 속력으로 흑판에 수직으로 접근하고 있다. 이때 소리 굽쇠 뒤쪽에 있는 O 지점의 무한이에게 맥놀이가 들렸다. 다음 물음에 답하시오. (단, 소리의 속력은 340 m/s 이다.)

(1) P에서 O 지점의 무한이에게 바로 도달한 소리의 진동수는 얼마인가?

(   )Hz

(2) P에서 나와 흑판에서 반사되어 O 지점의 무한이에게 도달한 소리의 진동수는 얼마인가?

(   )Hz

(3) 무한이가 듣는 맥놀이의 횟수는?

(   ) 번

---

07 다음 그림은 정지한 상태에서 일정한 파장의 사이렌 소리를 발생하고 있는 구급차를 상상이가 자전거를 타고 일정한 속도 v 로 스쳐지나가는 모습을 나타낸 것이다. 이에 대한 설명으로 옳은 것만을 〈보기〉에서 있는 대로 고른 것은? (단, 사이렌 소리의 파장은 $λ_0$, 속력은 v_0, 진동수는 f_0 이다.)

───〈 보기 〉───

ㄱ. 상상이가 구급차에 가까이 가는 동안 상상이가 느끼는 소리의 속력은 v_0 보다 커진다.
ㄴ. 상상이가 구급차에서 멀어질 때 상상이에게 관측되는 구급차 사이렌 소리의 진동수는 f_0 보다 커진다.
ㄷ. 사이렌 소리는 상상이가 구급차에 가까이 갈 때가 멀어질 때보다 더 높게 들린다.

① ㄱ   ② ㄴ   ③ ㄷ
④ ㄱ, ㄴ   ⑤ ㄱ, ㄷ

08 다음 그림은 정지해 있는 관측자 A 로 부터 정지해 있는 관측자 B 로 구급차가 일정한 속도 v 로 움직이고 있는 것을 나타낸 것이다. 이때 구급차가 일정한 진동수의 사이렌 소리를 발생시키고 있다. 이와 관련된 설명으로 옳은 것만을 〈보기〉에서 있는 대로 고른 것은?

───〈 보기 〉───

ㄱ. 관측자 A 에게 측정되는 사이렌 소리의 진동수는 증가한다.
ㄴ. 사이렌 소리는 관측자 A 보다 관측자 B 에게 더 높은 소리로 들린다.
ㄷ. 관측자 A 에게 관측된 음파의 파장이 관측자 B 에게 관측된 음파의 파장보다 길다.

① ㄱ   ② ㄴ   ③ ㄷ
④ ㄱ, ㄴ   ⑤ ㄴ, ㄷ

01 땅 위를 기는 곤충은 움직일 때 미세한 파동을 내는 데, 종파와 횡파를 동시에 발생시킨다. 곤충을 잡아먹고 사는 전갈은 곤충이 내는 종파와 횡파를 감지하여 곤충까지의 거리를 알아낼 수 있다. 다음 물음에 답하시오.

[특목고 기출 유형]

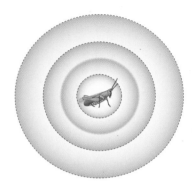

(1) 만약 종파의 속력이 240 m/s, 횡파의 속력이 60 m/s 일 때, 전갈에게 도착한 두 파의 도착 시간 차이가 0.04초 라면, 전갈과 곤충 사이의 거리는 얼마인가?

(2) 땅 위의 곤충이 움직이고 있어 두 파의 도착 시간 차이가 점점 증가하고 있다면, 전갈과 곤충 사이의 거리의 변화에 대하여 이유와 함께 서술하시오.

02 다음 그림은 종파를 x축 상의 각 점으로 나타낸 것이다. 그림 (가)는 각 입자들의 평형 상태를 나타낸 것이고, 0.5초의 시간이 흐른 후 각 점들의 위치가 (나)와 같이 변하였다. 파동의 진행 방향을 (+)로 할 때, 이 순간의 종파의 변위를 y축 방향으로 바꾸어 다음 그림 (다)에 횡파로 표현하시오. (단, (−)방향 변위는 $-y$로, (+)방향 변위는 $+y$로 표시한다.)

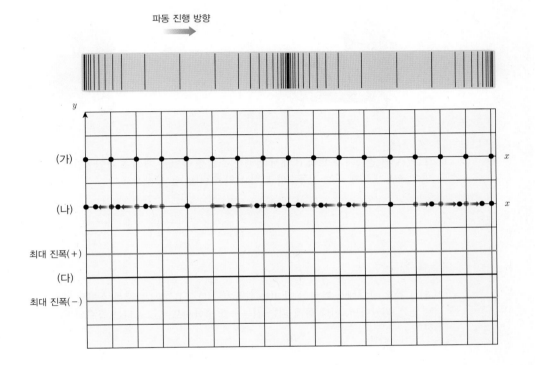

03 다음 그림은 진동수가 150 Hz 인 소리을 발생시키는 동일한 스피커(음원)가 설치된 트럭 A, B 가 각각 등속도 v_A, v_B 로 달리고 있는 것을 나타낸 것이다. 이때 $v_B = 20$ m/s 이고($v_A > v_B$), 음속은 350 m/s 이다. 물음에 답하시오.

(1) 트럭 A 의 관측자가 트럭 B 에서 발생한 소리를 들었을 때, 1초 동안 5번의 맥놀이를 들었다면, 트럭 A 의 관측자가 듣게 되는 진동수와 트럭 A 의 속력(v_A)을 구하시오.

(2) 위와 같은 상황에서 트럭 B 에 있는 관측자는 트럭 B 에서 발생한 소리를 트럭 A 에서 반사된 후의 소리로 듣게 되었다면, 이때 듣게 되는 진동수를 구하시오.(단, 소리는 흡수되거나 회절하지 않고 모두 반사한다.)

04 오른쪽 그림은 자동차가 왼쪽에서 오른쪽을 향해 진동수 400 Hz 인 경적을 울리면서 일정한 속도 108 km/h 로 달리고 있을 때 도로로부터 수직 거리가 50 m 떨어진 곳에서 무한이가 경적 소리를 듣고 있는 모습을 나타낸 것이다. 이때 자동차가 왼쪽에서 다가올 때 자동차 위치와 무한이를 잇는 선이 도로와 수직인 선과 30°를 이루는 순간, 무한이에게 들리는 경적 소리의 진동수를 구하시오. (단, 소리의 속력은 330 m/s 이다.)

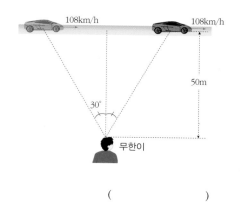

(   )

05 오른쪽 그림은 일정한 진동수 f 를 발생시키는 스피커가 매달린 낙하산이 공기 저항을 받으며 수직으로 떨어지고 있는 것을 나타낸 것이다. 이 스피커는 속력이 점점 빨라지다가 일정한 속력 v_f 에 도달하면 공기의 저항력(= kv_f)과 물체에 작용하는 중력(mg)이 같아지면서 등속 운동을 하게 된다. 다음 물음에 답하시오. (단, 스피커와 낙하산의 총 질량은 m 이며, 고도에 따른 공기의 성질 변화로 인한 음속(v)의 변화는 무시한다.)

상상이

(1) 낙하산이 일정한 속력 v_f 에 도달하기 전 속력이 점점 빨라질 때 관측되는 진동수에 대하여 서술하시오.

(2) 낙하산이 일정한 속력 v_f 에 도달하였을 때, 지표면에 있던 상상이가 듣는 소리의 진동수를 구하시오.

06 음원이 움직이는 경우 관측자가 듣는 소리의 파장은 변하게 된다. 다음 그림 (가)는 정지해 있는 비행기에서 발생하는 음파를 나타낸 것이다. 그림 (나)에서 비행기가 음속보다 빠르게 운동할 경우 음파의 파면을 그려 보고, 이를 설명하시오.

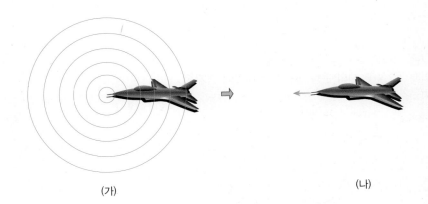

(가)   (나)

01 다음 그림과 같이 용수철을 매초 3번씩 앞뒤로 진동시켜 파동을 발생시켰다. 이 파동의 속도는?

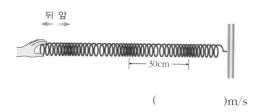

뒤 앞

30cm

( )m/s

02 (가)와 (나)는 파동을 특정한 분류 기준에 따라 각각 나눈 것이다. 이에 대한 설명으로 옳은 것만을 〈보기〉에서 있는 대로 고른 것은?

(가) [㉠ 물결파, 전자기파, 지진파 S파 등
      ㉡ 음파, 초음파, 지진파 P파 등]

(나) [ⓐ 음파, 물결파, 지진파 등
      ⓑ 자외선, 가시 광선, 전파 등]

─────〈 보기 〉─────

ㄱ. ⓐ에 속하는 음파는 진공 속에서도 전파된다.
ㄴ. (가)는 매질의 유무에 따라 파동을 분류한 것이다.
ㄷ. ㉠에 속하는 파동은 파동의 진행 방향과 매질의 진동 방향이 수직이다.

① ㄱ　　　　　　② ㄴ　　　　　　③ ㄷ
④ ㄱ, ㄴ　　　　⑤ ㄴ, ㄷ

03 다음 그림은 어느 순간의 횡파를 나타낸 것이다. 이때 두 점 P, Q의 운동 방향으로 바르게 짝지은 것은?

변위
파동의 진행 방향
P
Q
위치

	P점	Q점		P점	Q점
①	아래	위	②	위	아래
③	아래	아래	④	위	위
⑤	정지	위			

04 어느 음원에서 거리 r 만큼 떨어져 있는 관측자의 귀에 도달하는 소리 에너지가 E 일때, $3r$ 만큼 떨어져 있는 관측자의 귀에 도달하는 소리 에너지는?

① E 　　　　② $3E$ 　　　　③ $9E$

④ $\frac{1}{3}E$ 　　　⑤ $\frac{1}{9}E$

05 다음 그림은 소리가 진행하는 모습을 나타낸 것이다. 그림과 같이 소리가 30 cm 진행하는 동안 2초가 걸렸다면 소리의 속력은?

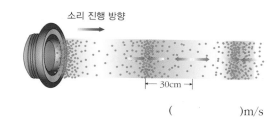

소리 진행 방향

30cm

( )m/s

06 대기 중 스피커에서 발생한 일정한 진동수의 소리가 수면에서 굴절하여 물속으로 들어가는 경우, 물속에서 소리의 파장은 대기 중에서의 파장의 몇 배인가? (단, 대기 중에서 소리의 속력은 340 m/s 이고, 물속에서 소리의 속력은 1,360 m/s 이다.)

( )배

07 다음 그림과 같이 진폭이 다른 두 파동이 서로 반대 방향으로 진행하고 있다. 두 파동이 완전히 중첩되었을 때 합성파의 최대 진폭의 크기를 구하고, 방향을 고르시오.

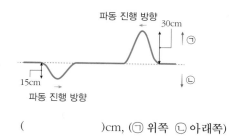

파동 진행 방향
30cm ↑㉠
15cm
파동 진행 방향
↓㉡

( )cm, (㉠ 위쪽 ㉡ 아래쪽)

08 다음 그림은 파동 A와 B의 1초 동안 파동의 변위를 각각 나타낸 것이다. 파동 A 와 B 가 서로 중첩되어 새로운 합성파가 만들어질 때 발생하는 맥놀이 진동수는?

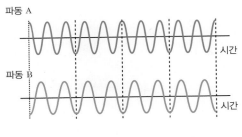

① 1   ② 2   ③ 3
④ 6   ⑤ 18

09 다음 빈칸에 들어갈 알맞은 말을 각각 고르시오.

> 관측자는 정지해 있고, 음원이 가까워질 때 소리의 파장이 (㉠ 짧아지고 ㉡ 길어지고), 진동수는 (㉠ 감소하여 ㉡ 증가하여), (㉠ 낮은 ㉡ 높은) 소리로 들린다.

10 기차가 진동수 3,000 Hz 인 기적을 울리면서 속력 v 로 달리고 있다. 이때 기차 앞의 건널목에 서 있는 사람이 듣는 기차의 진동수가 3,200 Hz 였다면, 기차의 속력은 얼마인가? (단, 소리의 속력은 320 m/s 이다.)

(   )m/s

B

11 다음 그림은 매질의 어느 한 지점의 변위를 5초 동안 나타낸 그래프이다. 이에 대한 설명으로 옳은 것만을 〈보기〉에서 있는 대로 고른 것은?

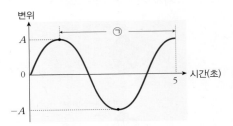

〈 보기 〉
ㄱ. 파동의 주기는 4초이다.
ㄴ. 파동의 진동수는 0.25 Hz 이다.
ㄷ. 파동의 파장은 A 이다.

① ㄱ   ② ㄴ   ③ ㄷ
④ ㄱ, ㄴ   ⑤ ㄴ, ㄷ

12 다음 그림의 실선은 오른쪽으로 진행하는 파동의 어느 한 순간 모습을 나타낸 것이다. 마루의 한 점 P_1 에서 P_2 까지 이동하는 데 4초가 걸렸다. 이에 대한 설명으로 옳은 것만을 〈보기〉에서 있는 대로 고른 것은?

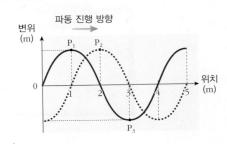

〈 보기 〉
ㄱ. 파동의 주기는 4초이다.
ㄴ. 파동의 속력은 0.25 m/초 이다.
ㄷ. 파동의 진동수는 0.0625 Hz 이다.
ㄹ. 파동이 진행할 때 점 P_1 의 매질과 점 P_3 의 매질 도 오른쪽 방향으로 운동한다.

① ㄱ, ㄴ   ② ㄴ, ㄷ   ③ ㄷ, ㄹ
④ ㄱ, ㄴ, ㄷ   ⑤ ㄴ, ㄷ, ㄹ

13 다음 그림은 두 개의 스피커에서 속력이 같은 음파가 진행할 때 공기 입자가 진동하는 모습을 나타낸 것이다. 이에 대한 설명으로 옳은 것만을 〈보기〉에서 있는 대로 고른 것은?

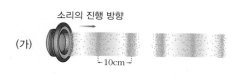

소리의 진행 방향

(가)

├─10cm─┤

소리의 진행 방향

(나)

├──20cm──┤

── 〈 보기 〉 ──

ㄱ. (가) 음파의 주기가 (나) 음파의 주기보다 짧다.
ㄴ. (나) 음파의 진동수는 (가)의 2배이다.
ㄷ. 공기의 온도가 증가하면, 두 파동의 속력은 증가한다.

① ㄱ   ② ㄴ   ③ ㄷ
④ ㄱ, ㄷ   ⑤ ㄴ, ㄷ

14 다음 그림은 근정전의 회랑에서 임금의 소리가 신하들 쪽으로 진행하는 모습을 나타낸 것이다. 이와 관련된 설명으로 옳은 것만을 〈보기〉에서 있는 대로 고른 것은?

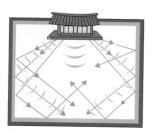

── 〈 보기 〉 ──

ㄱ. 임금의 소리는 반사된 후에도 속력과 파장이 변하지 않는다.
ㄴ. 회랑에 반사되는 소리의 입사각과 반사각은 항상 같다.
ㄷ. 회랑의 겉표면이 카펫과 같은 재질로 되어 있으면 소리의 반사가 더욱 잘 된다.

① ㄱ   ② ㄴ   ③ ㄷ
④ ㄱ, ㄴ   ⑤ ㄴ, ㄷ

15 다음은 소리가 진행하는 모습을 나타낸 것이다. 이에 대한 설명으로 옳은 것만을 〈보기〉에서 있는 대로 고른 것은?

── 〈 보기 〉 ──

ㄱ. 소리가 굴절할 때 속력과 진동수가 변한다.
ㄴ. 지표면보다 하늘의 온도가 더 낮다.
ㄷ. 소리가 하늘 쪽으로 굴절하는 것으로 보아 밤시간임을 알 수 있다.
ㄹ. 아파트 고층에 있는 사람이 지표면에 있는 사람보다 소리를 더 크게 듣는다.

① ㄱ, ㄷ   ② ㄴ, ㄷ   ③ ㄴ, ㄹ
④ ㄱ, ㄴ, ㄷ   ⑤ ㄴ, ㄷ, ㄹ

16 다음 중 소리의 간섭과 관련된 설명으로 옳은 것만을 〈보기〉에서 있는 대로 고른 것은?

── 〈 보기 〉 ──

ㄱ. 보강 간섭이 일어나면 소리가 커진다.
ㄴ. 한 파장만큼 떨어져 있는 두 지점의 파동의 위상은 서로 반대이다.
ㄷ. 위상이 반대인 두 점이 중첩되면 진폭은 최소가 된다.
ㄹ. 중첩된 후 분리된 각각의 파동은 중첩되기 전과 파동의 진폭은 그대로 유지하고, 속도와 진동수는 변한다.

① ㄱ, ㄷ   ② ㄴ, ㄷ   ③ ㄴ, ㄹ
④ ㄱ, ㄴ, ㄷ   ⑤ ㄴ, ㄷ, ㄹ

C

17 다음 표는 각 음계별 표준 주파수를 나타낸 것이다.

구분	도	레	미	파	솔	라	시
주파수(Hz)	131	147	165	175	196	220	247

기타줄의 첫 번째 줄의 라(220 Hz)음을 이용하여 두 번째 줄의 음을 조절하고 있다. 이때 두 번째 줄의 음과 첫 번째 줄의 음을 함께 들었더니 1초에 24번의 소리가 크게 들렸다. 두 번째 줄에 맞춘 음은?

① 레   ② 미   ③ 파   ④ 솔   ⑤ 시

18 물건을 훔친 도둑이 10 m/s 의 속력으로 도망가고 있다. 이때 경찰차가 일정한 진동수의 사이렌을 울리며 144 km/h 의 속력으로 도둑을 쫓고 있다. 사이렌의 진동수가 1,500 Hz 일 때, 범인이 듣는 사이렌의 진동수는? (단, 사이렌의 속력은 340 m/s 이다.)

① 1,350 Hz   ② 1,500 Hz   ③ 1,650 Hz
④ 1,800 Hz   ⑤ 3,000 Hz

19 다음은 세 파동의 변위와 위치의 관계를 각각 나타낸 그래프이다. 이에 대한 설명으로 옳은 것만을 〈보기〉에서 있는 대로 고른 것은?

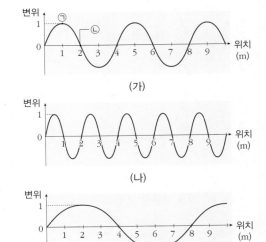

(가)

(나)

(다)

〈 보기 〉

ㄱ. (가)의 ㉠ 점의 매질의 속도가 ㉡ 점의 속도보다 빠르다.
ㄴ. 세 파동의 속력이 모두 같을 경우, (나)의 주기는 (다)의 주기의 4배이다.
ㄷ. 세 파동의 진동수가 모두 같을 경우, (다)의 속력이 가장 빠르다.
ㄹ. 파동의 속력이 일정할 경우, (나)의 주기를 2배 증가시키면, (가)와 같은 모양의 그래프가 된다.

① ㄱ, ㄴ   ② ㄴ, ㄷ   ③ ㄷ, ㄹ
④ ㄱ, ㄴ, ㄷ   ⑤ ㄴ, ㄷ, ㄹ

20 상상이는 야구장에서 3.4 km 떨어진 곳에서 야구장에서 진행하는 경기를 중계하는 TV 를 보고 있었다. 이때 TV 속 타자가 홈런을 친 후, 관중들이 환호하는 함성을 듣고 나서 약 10초 후 야구장 바깥으로부터 함성이 들렸다면 현재 기온은 몇 ℃ 일까?

(   ) ℃

스스로 실력 높이기

21 다음 그림은 종파의 매질의 변위를 y 축, 파동의 진행 방향을 x 축으로 나타낸 것이다. 각 물음에 답하시오.

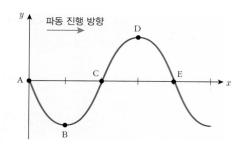

(1) 밀한 부분을 <u>모두</u> 고르시오.

(2) 소한 부분을 <u>모두</u> 고르시오.

(3) 매질의 속력이 0인 점을 <u>모두</u> 고르시오.

(4) 매질의 가속도가 0인 점을 <u>모두</u> 고르시오.

22 그림 (가)는 매질 A에서 오른쪽으로 진행하는 탄성파의 어느 한 순간의 모습을 나타낸 것이다. 그림 (나)는 (가)의 모습부터 9초 동안 진행한 파동의 모습을 나타낸 것이다. 이에 대한 설명으로 옳은 것만을 〈보기〉에서 있는 대로 고른 것은?(단, 매질의 경계면에서 파동의 반사는 무시한다.)

[수능 기출 유형]

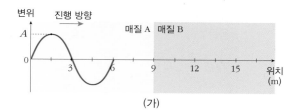

(가)

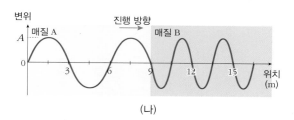

(나)

〈 보기 〉

ㄱ. 매질 B에서 파동의 속력은 1 m/s 이다.

ㄴ. 0 ~ 9초 동안 위치 9 m 를 마루가 3번, 골이 2번 통과하였다.

ㄷ. 매질 A 와 B 가 모두 같은 기체라면, 매질 A 의 온도가 매질 B 의 온도보다 더 높다.

ㄹ. 온도가 같을 때 매질 A 가 액체라면 매질 B 는 고체이다.

① ㄱ, ㄷ   ② ㄴ, ㄷ   ③ ㄴ, ㄹ
④ ㄱ, ㄴ, ㄷ   ⑤ ㄱ, ㄷ, ㄹ

23 다음은 주파수와 위상이 각각 같은 일정한 음파를 발생시키는 두 개의 스피커 A 와 B 가 3 m 간격이 떨어진 채 서로 마주 보고 있는 것을 나타낸 것이다. 이때 스피커 A 에서 발생하는 음파의 세기가 스피커 B 에서 발생하는 음파의 세기의 9 배일 때, 두 개의 스피커 사이의 직선상 어떤 지점에서는 소리는 전혀 들을 수 없다. 이 위치는 스피커 A 에서 얼마나 떨어져 있을까? 그리고 이때 가능한 파장 중 가장 긴 파장을 구하시오.

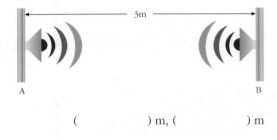

(   ) m, (   ) m

24 그림과 같이 상상이가 서 있는 상태에서 운동하는 자동차를 향하여 정면으로 40 kHz 의 초음파를 쏜 후, 반사되어 되돌아온 초음파의 진동수를 측정하였더니 46 kHz 였다. 이때 자동차의 속력을 구하시오. (단, 초음파의 속력은 340 m/s 이며, 소수점 둘째 자리에서 반올림한다.)

(   ) km/h

25 다음 제시된 설명을 근거로 옳은 것만을 〈보기〉에서 있는 대로 골라 쓰시오. (단, 해수면 근처 지표면에서의 온도는 20 ℃ 이고, 소수점 첫째 자리에서 반올림한다.)

ㄱ 소리는 20 ℃ 공기 중에서 속력이 약 343 m/s 이다. 이는 온도에 따라 변하게 된다.

ㄴ 지표면에서 올라갈수록 온도는 1 km 당 6 ℃ 씩 떨어지게 된다.

ㄷ 소리의 속력을 나타내는 다른 표현 중 '마하' 가 있다. '마하'란 공기 중으로 전파하는 소리의 빠르기와 비교한 속력으로, 음속과 같은 빠르기를 마하 1 이라고 한다. 마하를 표현하는 식은 다음과 같다.

$$M = \frac{v'}{v}$$

(M : 마하, v' : 물체 속력, v : 소리 속력)

〈 보기 〉

ㄱ. 해발 1,500 m 상공에서 비행기 소리는 1,217 km/h 의 속력으로 퍼져 나간다.

ㄴ. 5,000 m 상공에서 마하 1.0 의 빠르기의 비행기 속력이 지표 근처에서 마하 1.0 의 빠르기의 비행기의 속력보다 작다.

ㄷ. 고도에 따라 발생시키는 소리의 진동수가 일정할 때, 동일한 비행기가 내는 소리의 파장은 지표면에 가까울수록 길어진다.

(   )

26 그림 (가)와 (나)는 같은 매질 C 에서, 같은 스피커에서 발생한 소리가 온도가 다른 공기 A 와 B 로 각각 진행하면서 굴절되는 모습을 나타낸 것이다. 이에 대한 설명으로 옳은 것만을 〈보기〉에서 있는 대로 고른 것은? (단, θ 는 서로 같으며, $\theta_A > \theta_B$ 이다.)

[수능 기출 유형]

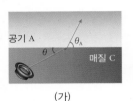
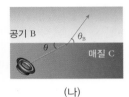

(가)   (나)

─〈 보기 〉─

ㄱ. θ 가 입사각, θ_A 와 θ_B 가 굴절각이다.
ㄴ. 소리의 속력은 매질 C에서가 가장 빠르고, 공기 A에서가 가장 느리다.
ㄷ. 소리의 진동수는 공기 A에서가 가장 크고, 매질 C에서가 가장 작다.
ㄹ. 공기 B의 온도가 공기 A의 온도보다 높다.

① ㄱ, ㄷ   ② ㄴ, ㄷ   ③ ㄴ, ㄹ
④ ㄱ, ㄴ, ㄹ   ⑤ ㄱ, ㄷ, ㄹ

27 그림은 다른 선로를 따라 반대 방향으로 운동하는 두 열차 A, B 를 나타낸 것이다. 열차 A 의 속력은 136 m/s, 열차 B의 속력은 v_B 로 일정하고, 열차 A 가 내는 경적 소리의 진동수도 f_A = 1,000 Hz 로 일정하다. 이때 서로 가까워지는 동안 열차 B 에서 측정되는 열차 A 의 경적 소리의 진동수는 2.5 f_A 이었다면, 열차 B 가 A 를 지나친 후 측정되는 진동수(㉠)와 열차 B의 속력(㉡)을 구하시오. (단, 경적 소리의 속력은 340 m/s 이다.)

[수능 기출 유형]

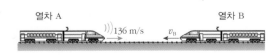

열차 A   136 m/s v_B 열차 B

㉠ (   )Hz
㉡ (   )m/s

28 상상이가 550 Hz 의 일정한 진동수를 내는 소리 굽쇠를 높은 빌딩 위에서 떨어 뜨렸다. 이때 어느 순간 상상이에게 들리는 소리 굽쇠의 진동수가 500 Hz일 때, 그 순간까지 소리 굽쇠가 낙하한 거리는 얼마인가? (단, 소리의 속력은 340 m/s 이고, 중력 가속도 g = 10 m/s²이며, 모든 마찰은 무시한다.)

(   )m

29 그림 (가)는 고정된 스피커와 스피커의 음원을 측정하는 운동하는 음파 측정기를 나타낸 것이고, 그림 (나)는 음파 측정기로 측정한 진동수를 시간에 따라 나타낸 것이다. 이때 스피커에서 발생하는 음파의 진동수는 $f_스$ 이다. 이에 대한 설명으로 옳은 것만을 〈보기〉에서 있는 대로 고른 것은?

[MEET 기출 유형]

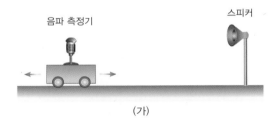

음파 측정기   스피커

(가)

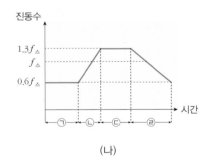

(나)

─〈 보기 〉─

ㄱ. 구간 ㉠에서 음파 측정기의 속력이 구간 ㉢에서보다 빠르다.
ㄴ. 구간 ㉢에서 음파 측정기는 스피커와 가까워지고 있다.
ㄷ. 구간 ㉣에서는 가속도 운동을 하여 속력이 점차 증가하며 가까워지는 운동을 한다.

① ㄱ   ② ㄴ   ③ ㄷ
④ ㄱ, ㄴ   ⑤ ㄴ, ㄷ

30 그림 (가)는 두 개의 스피커 A, B 사이에서 음파 측정기가 일정한 속력 v_M 으로 운동하고 있는 모습을 나타낸 것이고, 그림 (나)는 (가)의 음파 측정기가 측정한 음파를 시간에 따른 변위로 나타낸 것이다. 이때 스피커 A, B 에서는 진동수가 110 Hz 이고, 진폭이 일정한 음파를 내고 있다. 이에 대한 설명으로 옳은 것만을 〈보기〉에서 있는 대로 고른 것은? (단, 매질은 균일하고, 음파의 속력은 330 m/s 이다.)

[PEET 기출 유형]

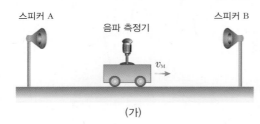

스피커 A 　음파 측정기 　스피커 B

v_M

(가)

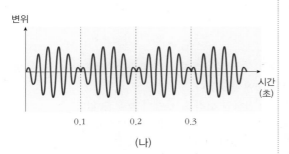

변위

시간 (초)

0.1　0.2　0.3

(나)

〈 보기 〉

ㄱ. 맥놀이 진동수는 10Hz이다.

ㄴ. 맥놀이 파형의 주기는 $\frac{1}{20}$ 초이다.

ㄷ. v_M = 15m/s이다.

ㄹ. 음파 측정기가 측정한 스피커 A의 진동수는 감소하고, 파장은 길어진다.

① ㄱ, ㄷ　　　② ㄴ, ㄷ　　　③ ㄴ, ㄹ
④ ㄱ, ㄴ, ㄷ　　⑤ ㄱ, ㄷ, ㄹ

31 다음 그림은 구급차가 사이렌 소리를 내면서 일정한 속력으로 원을 그리는 운동을 하는 것을 나타낸 것이다. 이때 원궤도에서 5 m 떨어져 있는 거리에서 상상이가 사이렌 소리를 듣고 있을 때, 소리의 진동수가 계속해서 변화하는 것으로 들렸다. 구급차가 각 지점 ㉠, ㉡, ㉢, ㉣ 을 통과할 때, 진동수의 크기를 부등호를 이용하여 나타내시오.

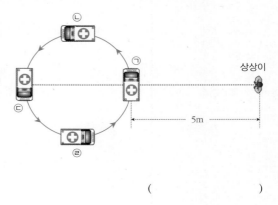

상상이

5m

(　　　　　　)

32 다음 그림은 음파 간섭계를 간단하게 나타낸 것이다. 음파는 스피커 S 에서 나와서 관을 통해 A 와 B 를 통한 두 가지 경로로 D 점에 있는 사람에게 들리게 된다. 스피커 S 에서 소리가 발생하여 D 에서 소리 세기의 최소값 100 dB 을 들었을 때, 이 순간 B 를 오른쪽으로 잡아당기면서 소리의 세기를 들었다. B 를 오른쪽으로 잡아당김에 따라 소리의 세기는 연속적으로 증가하여 소리의 세기가 최소값인 지점으로부터 2.75 cm 잡아 당겼을 때, 음의 세기가 최대값 900 dB 이 되었다면, 스피커 S 로 부터 발생한 소리의 진동수는 얼마인가? (단, 소리의 속력은 330 m/s 이다.)

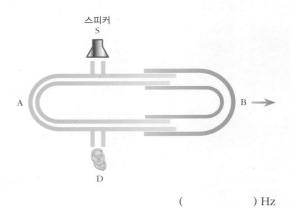

스피커 S

A　　　　　　　　　　B

D

(　　　　　　) Hz

17강. 소리 II

1. 소리의 인식   2. 정상파 I   3. 정상파 II   4. 소리의 공명

1. 소리의 인식

(1) 소리의 3요소
① **소리의 높낮이(진동수)** : 소리의 진동수가 클수록 높은 소리, 작을수록 낮은 소리이다.
② **소리의 크기(진폭)** : 소리의 진폭이 클수록 큰 소리, 작을수록 작은 소리이다.

$$I \propto A^2 \cdot f^2$$ I : 파동(소리)의 세기, A : 진폭, f : 진동수

③ **소리의 맵시(파형)** : 소리의 진동수와 진폭이 같아도 파형이 다르면 음색이 다르다.

소리의 높낮이(Hz)	소리의 크기(dB)	소리의 맵시
높은소리	큰소리	바이올린소리
낮은소리	작은소리	피아노소리

(2) 가청 주파수 : 사람이 들을 수 있는 소리의 주파수(= 진동수)를 말하며, 보통 20 ~ 20,000Hz 까지 범위의 진동수에 해당된다.
① **초저주파** : 진동수가 20Hz 이하인 소리로, 사람이 들을 수 없다.
② **초음파** : 진동수가 20kHz 이상인 소리로, 사람이 들을 수 없다.
· 초음파의 진동수가 작을수록 파장이 길어 회절이 잘 일어난다. ⇒ 더 멀리 진행할 수 있으며, 투과력이 좋다.
· 초음파의 진동수가 클수록 파장이 짧아 회절이 덜 일어난다. ⇒ 정확한 정보를 얻을 수 있다.

의료 분야	산업 분야	생활 분야
· 초음파 진단 장치 · 초음파 치료(결석 제거)	· 비파괴 검사 · 음향 측심법(해저 지형 탐사)	· 초음파 세척기 · 자동차 후방 센서
초음파를 이용하여 환자 및 태아의 상태를 검사하고, 결석을 수술하지 않고 제거할 수 있다.	제품의 결함을 찾거나 물체의 두께를 측정하는데 초음파가 사용되며, 배에서 쏘는 초음파를 이용하여 수심을 측정할 수 있다.	세척하기 힘든 미세한 틈의 이물질을 제거하고, 자동차의 후진 시 발생하는 초음파를 이용하여 장애물을 감지한다.

[개념확인 1]

음원 A 에서는 진폭이 1 m, 진동수가 300 Hz 인 소리가 발생하고, 음원 B 에서는 진폭이 1 m, 진동수가 200 Hz 인 소리가 발생하고 있다. 이 두 소리의 차이를 부등호를 이용하여 각각 비교하시오.

㉠ 소리의 높낮이 : A (   ) B, ㉡ 소리의 크기 : A (   ) B

[확인+1]

물고기를 잡기 전 어선은 초음파를 이용하여 물고기의 위치를 알아낸다. 이때 어군 탐지기에 사용하는 초음파가 50 kHz, 200 kHz 인 두 종류가 있다면, 수심이 더 깊은 곳에 쓰이는 초음파를 고르시오.

(㉠ 50 kHz ㉡ 200 kHz)

왼쪽 여백

● 소리의 밀한 부분과 소한 부분 압력 차이

· 아주 큰 소리일 때
⇒ 약 2.8×10^{-4} 기압
· 아주 작은 소리일 때
⇒ 약 2.8×10^{-9} 기압

● 소리의 세기 단위 dB(데시벨)

사람이 들을 수 있는 가장 작은 소리를 0dB이라고 할 때, 이 세기의 10배를 10dB, 10^2 배를 20db, 10^3배를 30db, … 과 같이 나타낸다.

● 소리의 세기와 주파수

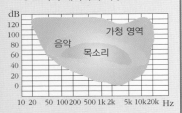

● 동물들의 가청 주파수

동물	주파수(Hz)
개	65 ~ 45,000
고양이	60 ~ 64,000
닭	120 ~ 2,000
쥐	1,000 ~ 90,000
박쥐	2,000 ~ 120,000
돌고래	150 ~ 150,000
코끼리	16 ~ 12,000

● 초음파의 이용

▲ 초음파 진단 장치

▲ 비파괴 검사

▲ 음향 측심법

2. 정상파 I

(1) 정상파

① **정상파** : 진폭, 파장, 진동수가 같은 두 파동이 서로 반대 방향으로 진행하여 중첩되면 그 합성파는 제자리에서 진동만 하는 것처럼 보인다. 이와 같이 정지한 것처럼 보이는 파동을 정상파라고 한다.

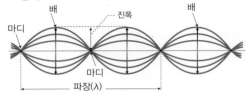

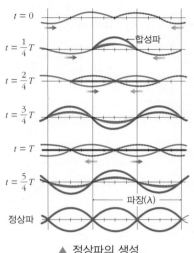

▲ 정상파의 생성

- 배 : 두 파동이 보강 간섭을 일으키는 부분으로 진폭이 최대
- 마디 : 두 파동이 상쇄 간섭을 일으키는 부분으로 진폭이 최소(진동하지 않는 점)

② **정상파의 특징**
- 정상파의 파장, 진동수, 속력은 중첩되기 전 파동과 같다.
- 정상파의 파장이 λ이면, 마디와 마디(배와 배) 사이는 $\dfrac{\lambda}{2}$, 배와 마디 사이는 $\dfrac{\lambda}{4}$ 이다.
- 중첩되기 전 파동의 진폭이 A이면, 정상파의 배 부분의 진폭은 $2A$, 마디 부분은 0 이 된다.

(2) 양 끝이 고정된 줄에서 만들어진 정상파

① **정상파의 모습** : 양끝이 고정된 줄의 어느 한 점을 튕겼을 때, 그 점에서부터 출발한 파동이 줄의 양끝에서 각각 반사되어 이들이 중첩되어 발생한다. 이때 양 끝은 진동하지 못하므로 마디가 된다.

② **정상파의 조건** : 줄 전체의 길이(l)가 반 파장의 정수배일 때만 정상파가 발생한다.

$$l = \frac{\lambda_n}{2}n \quad \Rightarrow \quad \lambda_n = \frac{2l}{n} \ (n = 1, 2, 3, \cdots)$$

③ **정상파의 진동수** : 파동의 속력이 일정하므로 진동수는 파장에 비례한다.

$$f = \frac{v}{\lambda} = n\frac{v}{2l} \ (n = 1, 2, 3, \cdots)$$

줄에서 만들어진 정상파

- 기본 진동 : 줄의 중간 지점을 진동시켰을 때 줄 전체가 하나의 구간을 이루는 정상파가 발생하며, 이러한 진동을 기본 진동이라고 한다.

기본 진동
$n = 1$, $\lambda_1 = 2l$, f_1

2배 진동
$n = 2$, $\lambda_2 = l$, $f_2 = 2f_1$

3배 진동
$n = 3$, $\lambda_3 = \dfrac{2}{3}l$, $f_3 = 3f_1$

줄을 통해 전달되는 횡파의 속도

줄의 장력을 T (N), 줄의 선밀도를 ρ (kg/m)라고 할 때, 줄을 따라 전파되는 횡파(정상파)의 속도 v 는 다음과 같다.

$$v = \sqrt{\frac{T}{\rho}} \ \text{(m/s)}$$

개념확인 2   정답 및 해설 10쪽

진폭이 50 cm, 파장이 25 cm, 진동수가 100 Hz 로 같은 두 파동이 서로를 향해 다가오고 있다. 두 파동에 의해 정상파가 만들어졌을 때, 정상파의 배와 마디에서의 진폭을 각각 쓰시오.

배 (   )m, 마디 (   )m,

확인+2

길이가 5 m 인 줄의 양 끝을 고정시킨 후 줄을 튕겨서 소리를 내고 있다. 이때 줄에 발생하는 정상파 중에서 파장이 가장 긴 파장은 몇 m 인가?

(   )m,

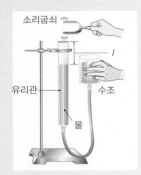

소리굽쇠
유리관
수조
물

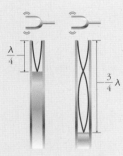

$\frac{\lambda}{4}$ $\frac{3}{4}\lambda$

· 첫 번째 공명 : $l_1 = \dfrac{\lambda}{4}$ 일 때

· 두 번째 공명 : $l_2 = \dfrac{3}{4}\lambda$ 일 때

⇨ 이때 발생하는 소리의 진동수는 모두 같다.

λ(소리 굽쇠 파장) $= 2(l_2 - l_1)$

● 관악기에서의 소리
· 양 끝이 열린 관악기인 피리를 불 때, 구멍이 열린 곳에서 배가 만들어지므로 구멍을 모두 막는 경우 배가 만들어지는 곳 사이의 거리가 멀어지므로 파장이 길어져서 낮은 소리가 난다.
· 관의 길이가 길수록 공명이 일어나는 소리의 파장이 길어져서 낮은 소리가 난다. 따라서 관의 길이가 긴 대금의 소리보다 관의 길이가 짧은 소금의 소리가 더 높다.

3. 정상파 II

(1) 양 끝이 열린 관에서 만들어진 정상파

① **정상파의 모습** : 양끝이 배가 되는 정상파가 생긴다.
② **정상파의 조건** : 관 전체의 길이가 반 파장의 정수배일 때만 정상파가 발생한다.

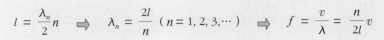

$$l = \frac{\lambda_n}{2}n \implies \lambda_n = \frac{2l}{n} \ (n = 1, 2, 3, \cdots) \implies f = \frac{v}{\lambda} = \frac{n}{2l}v$$

▲ 기본 진동 ($n = 1$)　　▲ 2배 진동 ($n = 2$)　　▲ 3배 진동 ($n = 3$)

$\lambda_1 = 2l, \ f_1$　　$\lambda_2 = l, \ f_2 = 2f_1$　　$\lambda_3 = \dfrac{2}{3}l, \ f_3 = 3f_1$

(2) 한쪽 끝이 닫힌 관에서 만들어진 정상파

① **정상파의 모습** : 관의 막힌 쪽은 공기가 진동할 수 없으므로 마디가 되고, 열린 쪽은 배가 되는 정상파가 생긴다.
② **정상파의 조건** : 관 전체의 길이가 $\dfrac{1}{4}$ 파장의 홀수배일 때만 정상파가 발생한다. (→ 정상파의 마디에서 배까지의 거리는 $\dfrac{\lambda}{4}$ 이므로)

$$l = \frac{\lambda_n}{4}(2n - 1) \implies \lambda_{n'} = \frac{4l}{n'} \ (n' = 2n - 1 = 1, 3, 5, \cdots) \implies f = \frac{n'}{4l}v$$

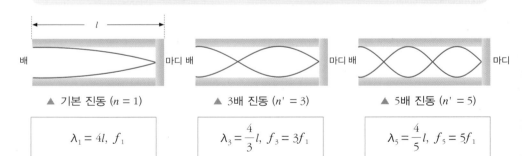

▲ 기본 진동 ($n = 1$)　　▲ 3배 진동 ($n' = 3$)　　▲ 5배 진동 ($n' = 5$)

$\lambda_1 = 4l, \ f_1$　　$\lambda_3 = \dfrac{4}{3}l, \ f_3 = 3f_1$　　$\lambda_5 = \dfrac{4}{5}l, \ f_5 = 5f_1$

(개념확인 3)

다음 각 관에서 만들어지는 정상파에 대한 설명 중 옳은 것은 ○표, 옳지 않은 것은 ✕표 하시오.

(1) 양 끝이 열린 관의 경우 양 끝이 배가 되는 정상파가 생긴다. 　　　　　(　　)

(2) 한쪽 끝이 닫힌 관의 경우 관 전체의 길이가 반파장의 홀수배일 때만 정상파가 발생한다. 　(　)

(3) 관의 재질과 굵기가 같은 피리 중 관의 길이가 길수록 더 높은 소리가 난다. 　　　(　)

(확인+3)

한쪽 끝이 닫힌 50 cm 관에서 소리가 날 때 기본 진동의 진동수는 얼마인가?(단, 소리의 속력은 340 m/s 이다.)

(　　　　)Hz

4. 소리의 공명

(1) 공명 : 물체의 외부에서 준 진동이 물체가 가지고 있는 고유 진동수와 일치할 경우 진동이 점점 커지는 (파동의 진폭이 커지는) 현상을 말한다.

(2) 악기에서의 공명 : 악기는 악기의 원음과 공명하여 소리를 크게 하는 부분(공명 장치)으로 구성되어 듣기 좋은 소리를 만든다.

    ① **관악기** : 관 내부 공기의 공명을 이용한다. 한쪽이 막힌 관악기는 기본음과 기본음의 홀수배 진동수의 소리를 내고, 양쪽이 열린 관악기는 기본음과 기본음의 정수배 진동수의 소리를 낸다.

    ② **현악기** : 줄의 공명을 이용하며, 기본음과 그 정수배 진동수의 소리가 발생한다.

    ③ **타악기** : 판의 공명을 이용하며, 진동 형태가 복잡하고, 악기가 클수록 낮은 소리를 낸다.

(3) 소리의 화음

    ① **음정** : 서로 다른 두 음 사이의 진동수 간격으로, 높은 소리와 낮은 소리의 진동수 간격을 말한다.

    ② **옥타브** : 두 음 사이의 진동수가 1 : 2 인 음정 관계를 말한다.

      (예) 낮은 도의 진동수 약 261 Hz 와 높은 도의 진동수 약 523 Hz 의 진동수 차이는 2배이다.

    ③ **음계** : 어떤 기준음을 으뜸음으로 시작하여 한 옥타브 안에 일정한 음정으로 음을 차례로 늘어놓은 것을 말한다.

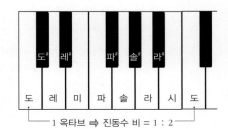

└ 1 옥타브 ⇒ 진동수 비 = 1 : 2 ┘

진동수 (Hz)	261	277	293	311	329	349	370	392	415	440	466	493	523
비율	1	1.06	1.12	1.19	1.26	1.33	1.41	1.50	1.59	1.68	1.78	1.89	2
계이름	도	도#	레	레#	미	파	파#	솔	솔#	라	라#	시	도

▲ 평균율에 따른 음계인 12음계에서 진동수 비율(진동수가 1.06 배씩 늘어난다.)

    ④ **화음** : 높이(진동수)가 다른 두 개 이상의 여러 소리가 만나 아름다운 소리를 내는 것을 화음이라고 하며, 소리의 진동수의 비가 간단한 정수비일 때 화음이 일어난다.

      (예) 도 : 미 : 솔 = 1 : 1.26 : 1.50 ≒ 4 : 5 : 6 ⇒ 화음

            도 : 미 : 파 = 1 : 1.26 : 1.33 ≒ 12 : 15 : 16 ⇒ 화음이 아니다.

개념확인 4　　　　　　　　　　　　　　　　　　　　　　　　정답 및 해설 **10쪽**

소리의 화음과 관련된 단어와 설명이다. 바르게 연결하시오.

(1) 음계　　•　　　　　• ㉠ 진동수가 다른 두 개 이상의 소리의 진동수의 비가 간단한 정수비 일 때 일어난다.

(2) 옥타브　•　　　　　• ㉡ 어떤 기준음을 으뜸음으로 하여, 일정한 음정으로 음을 차례대로 늘어 놓은 것을 말한다.

(3) 화음　　•　　　　　• ㉢ 두 음 사이의 진동수가 1 : 2인 음정 관계를 말한다.

확인+4

12음계의 세 음인 '도', '파', '라'는 서로 화음일까? 화음이 아닐까?

(㉠ 화음이다　㉡ 화음이 아니다)

사이드 노트 (우측단)

● 고유 진동수(공명 진동수)

물체는 각각의 고유한 진동수를 갖고 진동한다. 이를 고유 진동수(공명 진동수)라고 하며, 물체는 여러 개의 고유 진동수를 가질 수 있다.

줄이나 관에서 정상파가 발생할 때의 진동수가 고유 진동수이다.

● 피타고라스와 서양의 7음계

서양의 7음계인 '도레미파솔라시'는 피타고라스에 의해 만들어졌다.

피타고라스는 재질과 장력이 같은 두 줄이 있을 때, 10 cm의 줄과 20 cm 의 줄을 동시에 울리면 가장 잘 어울리는 음정이 되고, 20 cm 줄과 30 cm 줄의 경우 두 번째로 잘 어울리는 음정이 된다는 것을 발견한 것이다. 즉, 두 음의 진동수가 1 : 2, 2 : 3과 같은 간단한 정수비일 때 가장 잘 어울리는 음정이 된다는 것이다.

● 공명 장치

▲ 바이올린

▲ 해금

● 국제 표준 음계(평균율)

'라'음에 해당하는 진동수인 440 Hz 를 표준 진동수로 하여, 한 옥타브를 12개의 반음으로 일정하게 나누는 평균율을 사용한다.

⇒ 한 옥타브 전체의 진동수의 차이가 2배이고, 각 단계별 진동수의 차이가 약 1.06배 인 것을 의미한다.

개념 다지기

01 다음 소리의 3요소에 대한 설명 중 옳은 것은 ○표, 옳지 않은 것은 ✕표 하시오.

(1) 소리의 높낮이의 단위는 dB이다.   (   )

(2) 소리의 진동수가 같을 때, 진폭이 클수록 큰 소리가 난다.   (   )

(3) 바이올린의 '도' 소리와 피아노의 같은 음의 '도' 소리가 다르게 들리는 것은 소리의 세기가 다르기 때문이다.   (   )

02 오른쪽 그림은 자동차 후면에 설치된 장애물 감지 센서이다. 이 센서에서 발생하는 파동과 관련된 설명으로 옳은 것만을 〈보기〉에서 있는 대로 고른 것은?

자동차 후방 센서

─── 〈 보기 〉───
ㄱ. 진공 중에서도 전달되는 탄성파이다.
ㄴ. 파동의 반사 성질을 이용하여 보이지 않는 곳의 장애물을 감지한다.
ㄷ. 진동수가 20,000Hz 이상인 소리로, 사람의 귀에는 들리지 않는다.

① ㄱ   ② ㄴ   ③ ㄷ   ④ ㄱ, ㄴ   ⑤ ㄴ, ㄷ

03 다음 정상파에 대한 설명 중 옳은 것만을 〈보기〉에서 있는 대로 고른 것은?

─── 〈 보기 〉───
ㄱ. 정상파의 배와 마디 사이의 길이는 $\dfrac{정상파의\ 파장}{2}$ 이다.
ㄴ. 정상파의 배는 보강 간섭, 마디는 상쇄 간섭을 일으키는 부분이다.
ㄷ. 두 파동이 중첩되어 정상파를 만들면, 더 이상 진행하지 않고 제자리에서 진동만 한다.

① ㄱ   ② ㄴ   ③ ㄷ   ④ ㄱ, ㄴ   ⑤ ㄴ, ㄷ

04 길이가 4 m 인 줄의 가운데를 잡고 튕겨주었더니 매초 5회 위아래로 진동을 하며, 그림과 같이 5개의 마디를 갖는 정상파를 만들었다. 이때 입사파의 파장(㉠)과 속력(㉡) 을 구하시오.

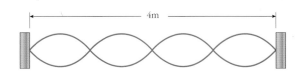
4m

㉠ (   )m, ㉡ (   )m/s

05 다음 그림은 파장과 진폭, 속력이 동일한 두 파동이 서로 반대 방향으로 진행하는 모습을 나타낸 것이다. 두 파동이 중첩되어 정상파가 만들어질 때, 마디가 되는 점들 ㉠과 배가 되는 점들 ㉡이 바르게 묶인 것은?

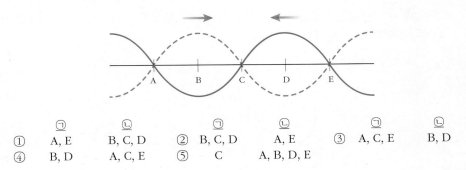

	㉠	㉡		㉠	㉡		㉠	㉡
①	A, E	B, C, D	②	B, C, D	A, E	③	A, C, E	B, D
④	B, D	A, C, E	⑤	C	A, B, D, E			

06 오른쪽 그림은 길이가 35 cm 인 양 끝이 열린 관 속에서 진행한 소리로 만들어진 정상파를 나타낸 것이다. 이 정상파의 기본 진동수는? (단, 소리의 속력은 350 m/s 이다.)

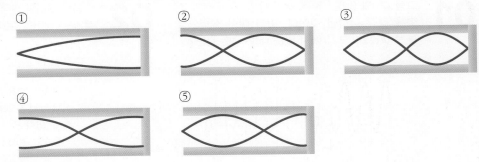

( )Hz

07 다음 중 한쪽 끝이 열린 관에서 만들어진 정상파의 모습으로 옳은 것은?

① ② ③

④ ⑤

08 다음 악기에서의 공명에 대한 설명 중 옳은 것만을 〈보기〉에서 있는 대로 고른 것은?

〈 보기 〉

ㄱ. 바이올린은 줄의 공명을 이용한 악기이며, 기본음과 그 홀수배 진동수의 소리가 발생한다.
ㄴ. 양끝이 열린 플루트는 기본음과 기본음의 정수배 진동수인 음이 공명을 일으켜 듣기 좋은 소리를 만든다.
ㄷ. 판의 공명을 이용한 타악기는 진동 형태가 단순하고, 악기가 클수록 낮은 소리를 낸다.

① ㄱ   ② ㄴ   ③ ㄷ   ④ ㄱ, ㄴ   ⑤ ㄴ, ㄷ

유형 익히기&하브루타

[유형17-1] 소리의 인식

다음 그림은 어떤 음원에서 발생한 소리의 파형을 시간에 따른 변위로 나타낸 것이다. 이에 대한 설명으로 옳은 것만을 〈보기〉에서 있는 대로 고른 것은?

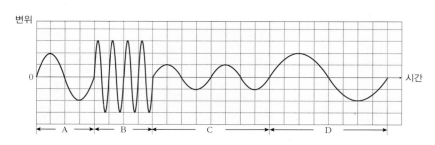

〈 보기 〉

ㄱ. A 구간과 C 구간 소리의 높낮이와 맵시는 모두 같다.
ㄴ. A 구간의 소리는 D 구간의 소리보다 높은 소리이다.
ㄷ. B 구간의 소리의 세기가 가장 크다.
ㄹ. B 구간의 소리는 C 구간의 소리보다 낮고, 큰 소리이다.

① ㄱ, ㄴ   ② ㄷ, ㄹ   ③ ㄱ, ㄴ, ㄷ   ④ ㄱ, ㄴ, ㄹ   ⑤ ㄴ, ㄷ, ㄹ

01 그림 (가)와 (나)는 같은 시간 동안 두 소리의 파형을 각각 나타낸 것이다. 이에 대한 설명으로 옳은 것만을 〈보기〉에서 있는 대로 고른 것은?

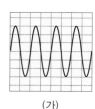

(가)   (나)

〈 보기 〉

ㄱ. 두 파동의 진동수는 같고, 음색은 다르다.
ㄴ. (가)는 (나)보다 높은 소리이다.
ㄷ. (나)는 (가)보다 큰 소리이다.

① ㄱ   ② ㄴ   ③ ㄷ
④ ㄱ, ㄴ   ⑤ ㄱ, ㄷ

02 다음은 소리와 관련된 설명이다. 이에 대한 설명으로 옳은 것만을 〈보기〉에서 있는 대로 고른 것은?

〈 보기 〉

ㄱ. 진동수가 작을수록 더 멀리 진행할 수 있다.
ㄴ. 사람은 보통 20Hz ~ 20kHz 범위의 소리를 들을 수 있다.
ㄷ. 진동수가 20Hz 이하인 소리를 이용하여 해저 지형을 탐사한다.
ㄹ. 30dB은 10dB보다 20배 큰 소리이고, 40dB보다 10배 작은 소리이다.

① ㄱ, ㄴ   ② ㄴ, ㄷ   ③ ㄴ, ㄹ
④ ㄱ, ㄴ, ㄷ   ⑤ ㄱ, ㄴ, ㄹ

[유형17-2] 정상파 Ⅰ

다음 그림은 줄의 한쪽 끝을 벽에 고정시킨 후, 다른 한쪽 끝을 진동을 발생시키는 진동자에 연결하여 825 Hz 로 진동시켰을 때 줄에 만들어진 정상파의 모습을 나타낸 것이다. 이에 대한 설명으로 옳은 것만을 〈보기〉에서 있는 대로 고른 것은? (단, 진동자와 벽까지의 거리는 120 cm 이고, 소리의 속력은 330 m/s 이다.)

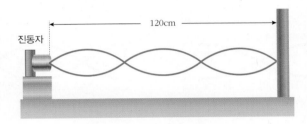

── 〈 보기 〉 ──

ㄱ. 정상파의 파장은 60 cm 이다.
ㄴ. 진동자가 발생시킨 파동의 파장은 80 cm 이다.
ㄷ. 줄의 진동으로 만들어진 소리의 파장은 40 cm 이다.
ㄹ. 진동자의 진동수를 275 Hz 로 낮춰도 정상파가 만들어진다.

① ㄱ, ㄴ   ② ㄷ, ㄹ   ③ ㄱ, ㄴ, ㄷ   ④ ㄱ, ㄴ, ㄹ   ⑤ ㄴ, ㄷ, ㄹ

03 그림과 같이 파동 A 와 B 가 같은 속력으로 서로 마주보고 진행하고 있다. 이에 대한 설명으로 옳은 것만을 〈보기〉에서 있는 대로 고른 것은? (단, P 점과 Q 점은 각 파동의 파원이다.)

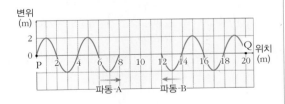

── 〈 보기 〉 ──

ㄱ. 10 m 지점에서는 보강 간섭이 일어난다.
ㄴ. 두 파동이 중첩되어 만들어진 정상파의 파장은 4 m이다.
ㄷ. 두 파동이 중첩되어 만들어진 정상파의 진폭은 2 m이다.
ㄹ. 두 파동이 완전히 중첩된 후 P점과 Q점 사이에 생기는 마디는 10개이다.

① ㄱ, ㄴ   ② ㄴ, ㄷ   ③ ㄴ, ㄹ
④ ㄱ, ㄴ, ㄷ   ⑤ ㄱ, ㄴ, ㄹ

04 그림과 같이 길이가 1 m 인 줄의 한쪽 끝을 벽에 고정시키고, 다른 쪽 끝에는 4 kg 의 추를 매달았다. 물음에 답하시오.

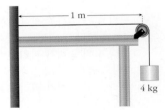

(1) 줄에 100 Hz 의 진동을 주었을 때, 책상 위의 줄에 배가 4개인 정상파가 만들어졌다면 정상파의 파장은?

(   )m

(2) 추의 질량을 1 kg 으로 한 후 (1)과 같은 진동수로 줄을 진동시켰을 때 만들어지는 정상파의 파장은?

(   )m

[유형17-3] 정상파 II

다음은 길이가 같은 두 개의 관에서 발생하는 정상파를 나타낸 것이다. 그림 (가)는 양쪽이 열린 관, 그림 (나)는 오른쪽이 막힌 관일 때, 각 관에서 발생한 소리에 대한 설명으로 옳은 것만을 〈보기〉에서 있는 대로 고른 것은? (단, 관 속의 온도는 일정하다.)

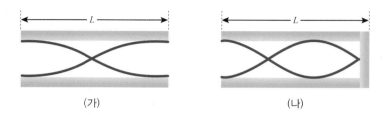

(가)　　　　　　　　　(나)

〈 보기 〉

ㄱ. (가)와 (나)에서 발생한 정상파의 진동수의 비는 2 : 3이다.
ㄴ. (나)에서 진동수를 5배 증가시키면 정상파가 발생하지 않는다.
ㄷ. (가)에서는 기본 진동의 정상파, (나)에서는 2배 진동의 정상파가 만들어졌다.
ㄹ. (가)에서 발생한 정상파의 파장은 $2L$, (나)에서 발생한 정상파의 파장은 $\dfrac{4}{3}L$이다.

① ㄱ, ㄴ　　　② ㄱ, ㄹ　　　③ ㄴ, ㄷ　　　④ ㄱ, ㄴ, ㄷ　　　⑤ ㄴ, ㄷ, ㄹ

05 재질과 굵기는 같고, 길이만 서로 다른 피리 A 와 B 가 있다. 두 피리를 같은 세기로 불었다면, 두 피리의 소리는 어떻게 다를까? (단, 피리 A 의 길이가 피리 B 보다 길다.)

① 피리 A 의 소리가 피리 B 의 소리보다 더 큰 소리로 들린다.
② 피리 A 의 소리가 피리 B 의 소리보다 더 작은 소리로 들린다.
③ 피리 A 의 소리가 피리 B 의 소리보다 더 높은 소리로 들린다.
④ 피리 A 의 소리가 피리 B 의 소리보다 더 낮은 소리로 들린다.
⑤ 두 피리 소리는 차이가 없다.

06 오른쪽 그림과 같이 유리관에 물을 천천히 채우면서 일정한 진동수의 소리를 발생시키는 소리굽쇠를 유리관 입구에서 진동시켰다. 이때 유리관 입구에서 수면 위까지의 거리 L 이 30 cm 일 때, 소리가 처음으로 크게 들렸고, 거리가 L = 18 cm 일 때, 두 번째로 큰 소리로 들렸다면, 소리굽쇠에 발생한 소리의 파장은?

① 12 cm　　　② 18 cm　　　③ 24 cm
④ 30 cm　　　⑤ 36 cm

[유형17-4] 소리의 공명

그림 (가)는 관악기인 플루트, 그림 (나)는 현악기인 첼로이다. 이와 관련된 설명으로 옳은 것만을 〈보기〉에서 있는 대로 고른 것은?

(가)

(나)

〈 보기 〉

ㄱ. 플루트의 구멍이 열린 곳에는 정상파의 배가 만들어진다.
ㄴ. 플루트의 구멍을 모두 열고 불었을 때가 구멍을 모두 막고 불었을 때보다 낮은 음을 낸다.
ㄷ. 첼로의 누르는 위치를 아래로 하여 현을 켤수록 더 높은 진동수의 소리가 발생한다.
ㄹ. 첼로는 현이 만드는 진동에 의한 소리와 그 진동에 의한 첼로 몸체에서 발생한 진동파의 공명으로 소리가 조화롭게 발생한다.

① ㄱ, ㄴ   ② ㄱ, ㄹ   ③ ㄴ, ㄷ   ④ ㄱ, ㄴ, ㄷ   ⑤ ㄱ, ㄷ, ㄹ

07 기타는 줄의 진동에 의해 소리가 발생하는 악기이다. 이와 관련된 설명으로 옳은 것만을 〈보기〉에서 있는 대로 고른 것은?

〈 보기 〉

ㄱ. 기타 줄이 굵을수록 높은 소리가 난다.
ㄴ. 기타 줄이 가벼울수록 높은 소리가 난다.
ㄷ. 기타 줄의 길이가 길수록 높은 소리가 난다.

① ㄱ   ② ㄴ   ③ ㄷ
④ ㄱ, ㄴ   ⑤ ㄱ, ㄷ

08 다음은 소리의 화음과 관련된 설명이다. 이에 대한 설명으로 옳은 것만을 〈보기〉에서 있는 대로 고른 것은?

〈 보기 〉

ㄱ. 평균율에 의하면 미와 미보다 한음계 높은 음인 파의 진동수 차이는 약 2배이다.
ㄴ. 도 : 미 : 파 = 1 : 1.26 : 1.33 의 진동수의 비를 갖고 있는 3음은 화음을 이룬다.
ㄷ. 진동수 비가 1 : 2 인 두 음정의 관계를 옥타브라고 한다.

① ㄱ   ② ㄴ   ③ ㄷ
④ ㄱ, ㄴ   ⑤ ㄱ, ㄷ

01 전체 크기가 약 10 m 일 것이라고 추측되는 파라사우롤로푸스 공룡의 두개골 위에는 양끝이 열린 구부러진 관 모양의 긴 숨구멍이 있다. 파라사우롤로푸스 공룡은 이를 이용하여 소리를 냈다고 추측하고 있다. 물음에 답하시오.

▲ 파라사우롤로푸스 골격 화석

(1) 파라사우롤로푸스 공룡의 두개골 위 한 숨구멍으로 공기가 들어가면 다른 숨구멍으로 나오면서 소리가 난다. 만약 두개골의 숨구멍 길이가 2 m 라면 이로 인해 만들어지는 소리의 기본 진동수는 얼마일까? (단, 소리의 속력은 340 m/s 이다.)

(2) 파라사우롤로푸스 암컷 공룡의 화석을 보면 숨구멍의 길이가 수컷보다 짧다. 암컷이 만드는 소리와 수컷이 만드는 소리의 차이를 서술하시오.

02 폭포에서 떨어지는 물줄기로 인하여 지면의 넓은 영역은 낮은 진동수로 진동하게 된다. 물이 낙하하는 도중 어떠한 물체에도 부딪히지 않고 낙하하게 되면 특정 진동수 f_a 에서 가장 큰 진폭으로 진동하게 된다. 이때 소리의 공명이 일어난다.

▲ 나이아가라 폭포

다음 표는 폭포 6개에서 각각 측정한 f_a 중 가장 작은 값과 물이 자유 낙하한 길이 L 을 나타낸 것이다. 폭포가 양끝이 열린 관 또는 한쪽 끝만 열린 관과 같다고 가정한 후 물속에서의 소리의 속력을 각각 구하고, 폭포에서 일어나는 공명은 어느 쪽 관과 같은지 비교하시오. (단, 공기 방울로 가득 찬 낙하하는 물에서 소리의 속력은 정지한 물에서의 소리의 속력인 1,400 m/s 보다 약 25 % 정도 작을 수 있다.)

폭포	A	B	C	D	E	F
f_a(Hz)	3.8	5.6	6.1	8.8	19	40
L(m)	71	97	49	35	13	8

03 그림과 같이 기주 공명관을 장치하고 서로 다른 두 개의 소리굽쇠 A, B 를 사용하여 소리의 공명 실험을 하여 다음 표와 같은 결과를 얻었다. 물음에 답하시오.

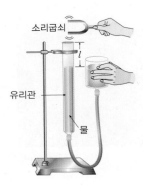

〈결과 1〉 소리굽쇠 A, B 를 동시에 울렸더니 2초 사이에 15회의 맥놀이 현상이 일어났다.

〈결과 2〉 소리굽쇠 A, B 를 각각 관의 입구 가까이에서 울렸더니 물의 높이가 다음과 같은 위치에서 관에서 큰 소리가 났다.

l (cm)	A	B
처음 위치(l_1)	38.0	39.5
두 번째 위치(l_2)	118.0	122.5
세 번째 위치(l_3)	198.0	205.5

(1) 소리굽쇠 A, B에서 발생하는 소리의 파장은 각각 얼마인가? 순서대로 쓰시오.

(2) 이때 공기 중의 소리의 속력은 얼마인가?

(3) 소리굽쇠 A, B 의 진동수는 각각 얼마인가? 순서대로 쓰시오.

04 다음 그림은 정사각형 모양의 금속판 위에 모래 알갱이가 일정한 패턴을 이루는 '클라드니 도형'이다.

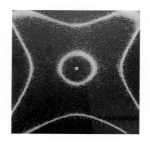
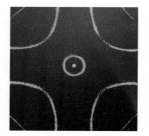

'클라드니 도형'이란 1788년 독일의 클라드니에 의해 발견되었다. 클라드니는 판의 한 점을 가볍게 손가락으로 누르고 끝의 한 점을 바이올린 활로 문지르니 판을 누르는 점과 손가락이 닿은 점, 활로 문지르는 정도에 따라 모래 알갱이들이 일정한 무늬를 그리는 것을 발견하였다. 이와 같은 무늬를 그의 이름을 붙여 '클라드니 패턴, 클라드니 도형' 이라고 한다. 물음에 답하시오.

(1) 정사각형 판의 중심에 일정한 진동수의 파동을 발생시켜 주면, 진동수에 따라 클라드니 도형이 만들어진다. 클라드니 도형이 만들어지는 원리를 설명하시오.

(2) 진동수가 커질수록 클라드니 패턴은 어떻게 변할까?

(3) 클라드니 패턴을 다르게 만들어 주기 위해서는 무엇을 바꾸면 될까?

05

1940년 11월 미국 워싱턴 주에서 당시 세계에서 세 번째로 긴(853 m) 현수교인 타코마 다리가 4개월 만에 붕괴되는 일이 발생하였다. 바닷가 해협에 건설된 타코마 다리는 초속 53 m 의 강풍에도 견딜 수 있도록 설계되었다. 사고 당시 바람의 속도는 초속 19 m 에 불과하였지만 바람이 다리의 얇은 상판에 부딪히면서 진동을 일으켰고, 진동은 점점 커지며 공명 현상을 일으키게 되어 다리가 무너지게 된 것이다.

▲ 타코마 다리

이와 같이 강철줄로 된 다리에도 아주 미세한 바람에 의해 정상파가 발생하며, 반복된 정상파의 발생으로 줄을 구성하는 금속의 피로가 누적되어 영구적인 손상을 일으킬 수도 있다. 이를 해결하기 위하여 인접한 줄들을 서로 또 다른 줄로 연결시켜 공명 현상이 일어나는 것을 방지한다.

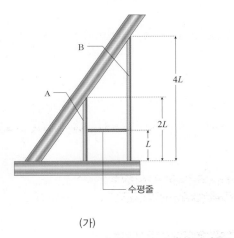

(가)

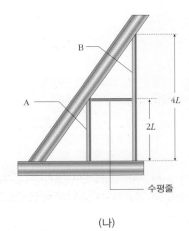

(나)

위 그림과 같은 두 수직 줄의 배치를 생각해보자. 같은 선밀도를 갖는 길이 $2L$ 인 줄 A 와 길이 $4L$ 인 줄 B 는 같은 장력이 작용하고 있으며, 이들 줄을 그림 (가)와 (나)와 같이 수평줄로 서로 연결하였다. 만약 바람이 불 때, 줄 A 와 B 가 기본 진동수로 진동만 한다면, 어떻게 하면 다리에 공명 현상이 일어나는 것을 줄여줄 수 있을까? 자신의 생각을 서술하시오. (단, 줄들을 수평 줄로 연결하지 않아도 연결했을 때와 같은 진폭으로 진동하며, 진동은 좌우 방향으로만 일어난다.)

01 다음 그림은 각각의 음원에서 발생한 소리의 파형을 나타낸 것이다. 기본음보다 높은 소리의 파형을 고르시오.

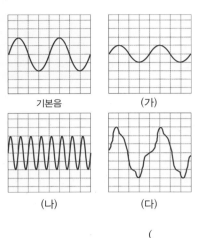

기본음   (가)

(나)   (다)

(   )

02 다음은 소리의 세기 단위를 설명한 것이다. 빈칸에 알맞은 말을 각각 쓰시오.

> 사람이 들을 수 있는 가장 작은 소리를 0 dB(데시벨)이라고 할 때, 이 세기의 (   )배를 10 dB, (   )배를 20 dB … 과 같이 나타낸다.

03 다음은 가청 주파수와 관련된 설명이다. 빈칸에 알맞은 말을 각각 쓰시오.

> 사람이 들을 수 있는 소리의 주파수의 범위는 보통 20 ~ 20 kHz 까지이다. 이때 사람이 들을 수 없는 범위인 진동수가 20 Hz 이하인 소리를 (   ), 진동수가 20 kHz 이상인 소리를 (   )라고 한다.

04 공기 중에서 사람이 들을 수 있는 소리의 진동수의 범위는 20 ~ 20 kHz 이다. 이때 사람이 들을 수 있는 가장 높은 소리의 파장은 몇 m 인가? (단, 소리의 속력은 330 m/s 이다.)

(   )m

05 다음 정상파에 대한 설명 중 옳은 것은 ○표, 옳지 않은 것은 ×표 하시오.

(1) 두 파동이 상쇄 간섭을 일으키는 부분으로 진폭이 최대인 점을 배라고 한다.   (   )
(2) 관에서 공기의 진동으로 발생한 정상파에 있어 막힌 쪽이 마디가 된다.   (   )
(3) 줄 전체의 길이가 반파장의 정수배일 때 정상파가 발생한다.   (   )

06 길이가 l 인 기타줄을 튕겼을 때 나오는 소리의 기본 진동수가 f이다. 이때 길이가 $\frac{3}{5}l$ 인 지점을 잡고 긴 쪽을 튕겼을 때 나오는 소리의 기본 진동수를 f'라고 한다면, 두 진동수 비 $f : f'$는?

$$f : f' = (\qquad\qquad)$$

[07-08] 길이가 1.65 m 인 원통형 하수관이 있다. 이 하수관을 통과하는 바람이 불 때, 큰 소리가 발생한다. 물음에 답하시오. (단, 소리의 속력은 330 m/s 이다.)

07 하수관의 양쪽이 모두 열린 관이라면, 소리가 발생하는 기본 진동의 진동수를 포함한 처음 세 개의 진동수를 순서대로 구하시오.

(   )Hz, (   )Hz, (   )Hz

08 하수관의 한쪽이 막혀 있는 관이라면, 소리가 발생하는 기본 진동의 진동수를 포함한 처음 세 개의 진동수를 순서대로 구하시오.

(   )Hz, (   )Hz, (   )Hz

09 다음은 공명에 대한 설명이다. 빈칸에 알맞은 말을 쓰시오.

> 공명이란 물체의 외부에서 가해진 진동이 물체가 가지고 있는 (   )와 일치할 경우 진동이 점점 커지는 현상을 말한다.

10 1 옥타브 관계의 두 음인 낮은 솔과 높은 솔의 진동수의 비는?

(   )

B

11 그림 (가) ~ (다)는 같은 장소에서 발생한 소리의 파형을 시간에 따른 변위로 각각 나타낸 것이다. 이에 대한 설명으로 옳은 것만을 〈보기〉에서 있는 대로 고른 것은? (단, 소리의 속력은 모두 같다.)

(가)   (나)   (다)

> ─── 〈 보기 〉 ───
> ㄱ. (가)는 (가) ~ (다) 중 가장 작은 소리를 나타낸 파형이다.
> ㄴ. (나)와 (다)의 소리는 1옥타브 차이가 난다.
> ㄷ. (다)는 (가) ~ (다) 중 가장 낮은 소리를 나타낸 파형이다.

① ㄱ   ② ㄴ   ③ ㄷ
④ ㄱ, ㄴ   ⑤ ㄱ, ㄴ, ㄷ

12 다음은 비파괴 검사에 대한 설명이다. 빈칸에 들어갈 말을 각각 고르시오.

> 재료나 구조물 속의 결함을 찾을 때 비파괴 검사의 한 종류인 초음파 검사를 이용한다. 이때 금속이나 플라스틱 같은 미세한 조직의 검사에는 (ㄱ) 초음파를 사용하고, 나무나 시멘트, 콘크리트 같은 거친 조직 검사에는 (ㄴ) 초음파를 사용한다.

ㄱ. 진동수가 (ⓐ 낮은 ⓑ 높은)
ㄴ. 진동수가 (ⓐ 낮은 ⓑ 높은)

13 무한이가 한쪽 끝이 고정된 줄을 잡고 1초에 4번 위아래로 일정한 속도와 폭으로 흔들자 그림과 같은 정상파가 만들어졌다. 이에 대한 설명으로 옳은 것만을 〈보기〉에서 있는 대로 고른 것은? (단, 줄의 길이는 160 cm 이다.)

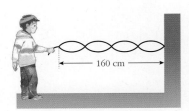

160 cm

> ─── 〈 보기 〉 ───
> ㄱ. 정상파의 속력은 3 m/s이다.
> ㄴ. 진동수를 2초에 9번으로 늘인다면, 정상파의 배가 1개 더 만들어 진다.
> ㄷ. 입사파의 파장은 80 cm 이다.

① ㄱ   ② ㄴ   ③ ㄷ
④ ㄱ, ㄴ   ⑤ ㄱ, ㄷ

14 한쪽이 막힌 관의 열린 쪽에 진동수가 85 Hz 인 소리굽쇠를 진동시켜 소리를 발생시켰다. 이때 관에서 기본 진동을 하였다면, 관의 길이는? (단, 소리의 속력은 340 m/s 이다.)

① 50 cm   ② 100 cm   ③ 150 cm
④ 200 cm   ⑤ 400 cm

스스로 실력 높이기

15 다음 그림은 팬파이프이다. 팬파이프는 길이가 각각 다른 한쪽이 막힌 관들을 고리 모양으로 묶어서 만든 것으로, 입으로 공기를 불어넣으면, 각 관에서 공명에 의해 소리가 발생하는 악기이다. 이와 관련된 설명으로 옳은 것만을 〈보기〉에서 있는 대로 고른 것은?

〈 보기 〉

ㄱ. 긴 쪽에서 짧은 쪽으로 갈수록 높은 소리가 난다.
ㄴ. 공기를 불어넣는 쪽에서는 정상파의 배가 형성된다.
ㄷ. 기본 진동에 의한 소리가 날 때, 짧은 쪽 관보다 긴 쪽 관에서 발생한 파동의 파장이 더 짧다.

① ㄱ   ② ㄴ   ③ ㄷ
④ ㄱ, ㄴ   ⑤ ㄴ, ㄷ

16 그림 (가)는 유리관 입구에서 바람을 불어 소리를 내는 것을, 그림 (나)는 유리관 입구를 문질러서 소리를 내는 것을 나타낸 것이다. 물높이가 각각 그림과 같을 때 높은 소리가 나는 경우끼리 바르게 짝지은 것은?

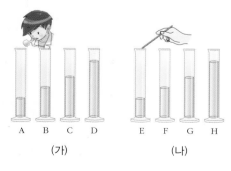

	(가)	(나)		(가)	(나)
①	A	E	②	A	H
③	D	E	④	D	H
⑤	B	G			

17 다음 중 관악기에 대한 설명으로 옳은 것은? (단, 소리의 속력은 일정하고, 관에 생기는 정상파의 기본 진동으로 소리를 낸다.)

① 관의 길이가 길수록 높은 소리가 난다.
② 관의 길이가 짧을수록 파장은 길어진다.
③ 소리를 불어넣는 입구와 열려있는 구멍에서는 마디가 형성된다.
④ 관의 길이가 일정할 때, 소리의 파장이 길어질수록 더 높은 소리가 난다.
⑤ 관의 길이가 같을 때, 양 끝이 열린 관에서 발생한 소리가 한쪽이 막혀 있는 관에서 발생한 소리보다 더 높은 소리가 난다.

18 기타줄 G현의 길이는 64 cm 이고, 기본 진동수는 196 Hz 이다. G현에서 기본 진동이 A음(220 Hz)인 소리를 내기 위해 짚어야 할 곳(㉠)과 A음의 파동의 속력(㉡)을 바르게 짝지은 것은? (단, 소수점 첫째 자리에서 반올림한다.)

	㉠	㉡		㉠	㉡
①	30 cm	66 m/s	②	30 cm	132 m/s
③	57 cm	125 m/s	④	57 cm	251 m/s
⑤	60 cm	235 m/s			

C

19 조직 내의 종양을 진단할 때, 진동수 4.5×10^6 Hz 의 초음파를 사용한다. 공기 중에서 이 초음파의 파장(㉠)과 조직 내부에서의 파장(㉡)을 바르게 짝지은 것은? (단, 공기 중 음파의 속력은 340 m/s, 조직 내부에서 음파의 속력은 1,500 m/s이다.)

	㉠	㉡
①	3.3×10^{-4} m	7.5×10^{-5} m
②	7.5×10^{-5} m	3.3×10^{-4} m
③	76.2 m	326 m
④	326 m	76.2 m
⑤	340 m	1,500 m

20 기본 진동수가 900 Hz, 길이가 20 cm, 질량이 0.8 g 인 바이올린 줄에서 파동의 속력(㉠)과 줄의 장력(㉡)을 각각 구하시오.

㉠ (   )m/s, ㉡ (   )N

21 그림 (가)는 길이가 200 cm 인 줄의 양 끝이 벽에 고정되어 있고, 줄의 정 가운데 위치에 고정대를 설치하여 줄을 고정시킨 것을 나타낸 것이다. 이 때 고정대의 양쪽 줄의 기본 진동수는 f 로 동일하다.

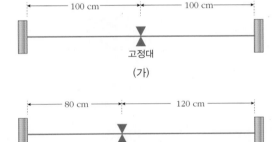

(가)

(나)

그림 (나)는 그림 (가)의 고정대를 왼쪽으로 20 cm 를 이동시킨 것을 나타낸 것이다. 이와 같은 상태에서 그림 (나)의 양쪽 줄을 각각 기본 진동수로 진동시켰더니 맥놀이 진동수가 50 Hz 였다면, 기본 진동수 f 는? (단, 줄의 장력은 일정하다.)

① 60 Hz   ② 120 Hz   ③ 240 Hz
④ 480 Hz   ⑤ 960 Hz

[22-23] 길이가 50 cm인 관의 입구에서 1000 ~ 2000 Hz 사이의 진동수를 발생시키는 스피커 A 가 그림과 같이 음파를 발생시키고 있다. 관의 내부에서 음파의 속도는 345 m/s이다. 물음에 답하시오.

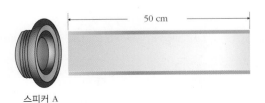

스피커 A

22 스피커 A 로 관을 공명시킬 수 있는 진동수는 모두 몇 개 인가?

① 0개   ② 1개   ③ 2개
④ 3개   ⑤ 4개

23 관에서 공명이 일어나는 가장 낮은 진동수(㉠)와 두 번째로 낮은 진동수(㉡)를 각각 구하시오.

㉠ (   )Hz
㉡ (   )Hz

24 1826년 지어진 영국 맨체스터의 브로턴 다리는 1831년 4월 무너져 버렸다. 이는 영국군 부대원 74 명이 발을 맞춰 건너다가 일어난 일이었다. 병사들의 발구름이 일으킨 진동수와 다리의 고유 진동수가 일치하면서 길이 43.9 m 의 교량이 크게 요동쳤기 때문이다. 이후 영국군은 현수교를 지날 때 발걸음을 맞추지 않게 됐고, 많은 나라 군대가 이를 따르고 있다. 만약 고유 진동수가 3 Hz 인 다리를 군인들이 발을 맞춰 건너갈 때 다리가 무너질 위험이 있는 걸음의 속도는? (단, 군인들의 보폭은 모두 60 cm 로 같다.)

① 60 cm/초   ② 120 cm/초   ③ 180 cm/초
④ 240 cm/초   ⑤ 480 cm/초

심화

25 줄의 길이가 30 cm이고, 선밀도가 0.65 g/m 인 바이올린 근처에 진동수가 변하는 음파를 발생시키는 스피커가 있다. 이 스피커에서 500 ~ 1,500 Hz 로 진동수를 변화시켰을 때, 바이올린 줄은 880 Hz와 1,300 Hz에서만 진동하는 것을 발견하였다. 바이올린 줄의 장력은?(단, 소수점 둘째 자리에서 반올림한다.)

(   )N

26 다음 그림은 가스 불꽃과 음파 반사판을 이용하여 음파의 진동수를 측정하는 장치를 나타낸 것이다.

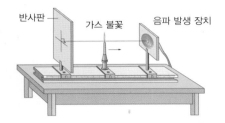

일정한 진동수의 음파를 발생하는 장치와 반사판의 위치를 고정한 상태에서 가스 불꽃을 음파 발생 장치 쪽으로 서서히 이동시켰다. 이때 가스 불꽃 모양 변화를 관찰하여 공기 진동의 진폭이 최소인 곳을 찾았더니, 반사판으로부터의 거리가 2.4 cm, 4.8 cm, 7.2 cm, 9.6 cm 이었다. 음파 발생 장치에서 발생한 음파의 진동수는? (단, 음속은 340 m/s 이고, 소수점 첫째 자리에서 반올림 한다.)

① 71 Hz   ② 3,542 Hz   ③ 4,722 Hz
④ 7,083 Hz   ⑤ 14,167 Hz

[27-28] 그림과 같이 길이 60 cm 인 알루미늄 줄과 88 cm 길이의 강철 줄이 a 에서 연결되어 질량이 10 kg 인 물체와 마찰이 없는 도르래를 통해 연결되어 있다. 이때 외부 진동에 의해 줄에 정상파가 만들어졌다. 물음에 답하시오. (단, 알루미늄 줄과 강철 줄의 단면적은 같고, 알루미늄 줄의 선밀도는 2.6×10^{-3} kg/m, 강철 줄의 선밀도는 7.8×10^{-3} kg/m, 중력 가속도는 9.8 m/s^2 이다.)

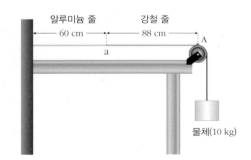

27 책상 위의 줄을 진동시킬 때 물체와 강철줄이 연결되는 점(A)이 마디 중의 하나가 되는 정상파를 만드는 가장 낮은 진동수를 구하시오. (단, $\sqrt{3}$ = 1.7로 하시오.)

(   )Hz

28 위의 진동에서 발생하는 마디와 배의 개수를 구하시오.

㉠ 마디 : (   )개   ㉡ 배 : (   )개

29 그림 (가)는 음파 간섭계를 간단하게 나타낸 것이다. 소리굽쇠에서 발생한 소리는 A 로 들어가 양쪽 관을 통해 두 가지 경로 B, C 로 이동한 후, D 로 나가게 된다. 소리굽쇠에서 발생한 음파의 진동수가 430 Hz 일 때, 관 B 를 왼쪽으로 잡아당기며 길이 L 을 변화시켜 준 후 검출기로 소리의 세기를 측정한 결과를 나타낸 것이 그림 (나)이다.

(가)

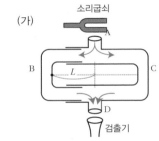

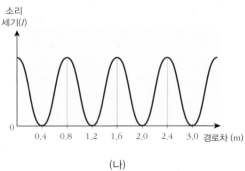

(나)

이에 대한 설명으로 옳은 것만을 〈보기〉에서 있는 대로 고른 것은?

〈 보기 〉

ㄱ. 소리의 속력은 340 m/s 이다.
ㄴ. C 경로를 지나온 음파의 파장은 0.8 m 이다.
ㄷ. 왼쪽으로 0.8 m 잡아당길 때마다 공명 현상이 일어났다.
ㄹ. 소리의 세기가 최대인 각 지점은 두 경로를 지나온 두 음파의 보강 간섭이 일어난 곳이다.

① ㄱ, ㄴ   ② ㄴ, ㄷ   ③ ㄴ, ㄹ
④ ㄱ, ㄴ, ㄷ   ⑤ ㄴ, ㄷ, ㄹ

30 굵기가 다른 두 줄 S_1, S_2가 있다. 다음 그림은 이를 이용하여 발생시킨 3개의 정상파를 모식적으로 나타낸 것이다. 정상파 A의 진동수를 f_0라고 할 때, 정상파 B의 진동수는 $2f_0$이고, 정상파 B, C는 S_2에서 발생한 파동이다.

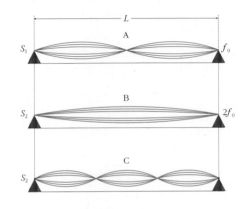

이에 대한 설명으로 옳은 것만을 〈보기〉에서 있는 대로 고른 것은?

[수능 기출 유형]

〈 보기 〉

ㄱ. 정상파 B의 파장이 가장 길다.
ㄴ. S_2에서 파동의 전파 속력은 S_1에서 파동의 전파 속력의 4배이다.
ㄷ. 정상파 C는 정상파 A에서보다 두 옥타브 높은 음을 발생시킨다.

① ㄱ   ② ㄴ   ③ ㄷ
④ ㄱ, ㄴ   ⑤ ㄱ, ㄷ

31 양끝이 고정된 길이가 9 m, 질량이 10 g인 줄에 49 N의 장력이 작용하여 진동하고 있다. 물음에 답하시오.

(1) 줄에 생기는 파동의 속력을 구하시오.

(   )m/s

(2) 줄에 발생할 수 있는 정상파 중 가장 긴 파장을 구하시오.

(   )m

(3) 줄에 발생하는 파동의 진동수를 구하시오.(단, 소수점 둘째 자리에서 반올림한다.)

(   )Hz

32 그림 (가)는 관의 입구에서 소리굽쇠를 진동시키면서 관 속의 피스톤을 오른쪽으로 서서히 당기고 있는 것을 나타낸 것이다. 이때 관 입구와 피스톤까지의 거리 L이 각각 33 cm, 99 cm, 165 cm인 세 지점에서 큰 소리가 또렷이 들렸다.

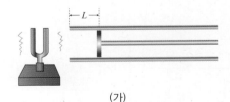

(가)

진동수 (Hz)	261	293	329	349	392	440	493	523
음	도	레	미	파	솔	라	시	도

(나)

표 (나)를 참고로 하여, 소리굽쇠에서 나는 음과 가장 화음을 이루지 <u>않는</u> 음은? (단, 음속은 343 m/s 이다.)

① 도   ② 레   ③ 미   ④ 솔

18강. 빛 I

1. 빛의 간섭 I 2. 빛의 간섭 II 3. 빛의 회절 4. 전반사와 편광

1. 빛의 간섭 I

(1) 빛의 간섭 : 파장과 위상이 같은 두 개 이상의 빛이 서로 다른 경로를 통해 한 점에 도달하였을 때 그 광로차에 의해 두 빛이 중첩되는 점이 밝아지기도 하고 어두워지기도 하는 것을 빛의 간섭이라고 한다.

(2) 이중 슬릿에 의한 빛의 간섭(영의 실험) : 1801년 영국의 과학자 영에 의해 행해진 실험으로 빛의 파동성을 증명하였다.

① **빛의 간섭 무늬** : 광원으로부터 나온 빛이 단일 슬릿과 이중 슬릿을 통과한 후 간섭 현상을 일으켜 스크린에 간격이 일정한 밝거나 어두운 무늬를 만든다.

② **빛의 간섭 조건** : 이중 슬릿의 간격이 d, 이중 슬릿과 스크린 사이의 거리가 L, 스크린 가운데부터 임의의 점까지의 거리가 x 일 때 빛의 간섭 조건은 다음과 같다.

	보강 간섭	상쇄 간섭
무늬	밝은 무늬	어두운 무늬
조건	경로차가 반파장의 짝수배 $\dfrac{dx}{L} = \dfrac{\lambda}{2}(2m)$ $(m = 0, 1, 2, \cdots)$	경로차가 반파장의 홀수배 $\dfrac{dx}{L} = \dfrac{\lambda}{2}(2m' + 1)$ $(m' = 0, 1, 2, \cdots)$

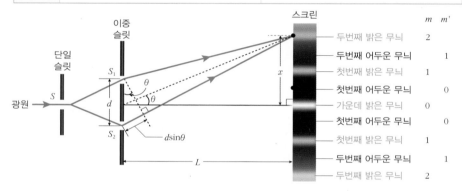

③ **간섭 무늬 사이의 간격(Δx)** : 밝은 무늬 조건에서 $m = 1$ 일 때의 x 값, 즉 x_1 이라고 할 수 있다. 인접한 밝은(또는 어두운) 무늬 사이의 간격(Δx)은 빛의 파장(λ)이 길수록, 슬릿과 스크린 사이의 간격(L)이 멀수록, 슬릿 사이의 간격(d)이 좁을수록 넓어진다.

$$\frac{dx_1}{L} = \frac{\lambda}{2}(2 \cdot 1)\ (x_1 = \Delta x) \Rightarrow \Delta x = \frac{L\lambda}{d} \Rightarrow \lambda = \frac{\Delta x d}{L}$$

개념확인 1

다음 빈칸에 알맞은 말을 각각 고르시오.

이중 슬릿에 의한 빛의 간섭 실험에서 밝은 무늬 사이의 간격은 파장이 (㉠ 길수록 ㉡ 짧을수록), 슬릿과 스크린 사이의 간격이 (㉠ 멀수록 ㉡ 가까울수록), 슬릿 사이의 간격이 (㉠ 넓을수록 ㉡ 좁을수록) 좁아진다.

확인+1

영의 간섭 실험에서 슬릿 사이의 간격이 0.2 mm, 슬릿과 스크린 사이의 거리가 1 m 일 때, 스크린의 가운데 밝은 무늬와 첫 번째 밝은 무늬 사이의 간격이 2 mm 였다면, 이때 사용한 빛의 파장은?

(   )mm

보강 간섭과 상쇄 간섭

P점에서의 보강 간섭과 상쇄 간섭은 두 파동이 각각 같은 위상과 반대 위상으로 중첩된다.

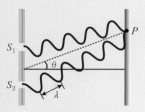

▲ 상쇄 간섭

▲ 보강 간섭

경로차(ΔL)

실제 빛의 간섭 실험 시 이중 슬릿의 간격인 d 가 스크린과 이중 슬릿 사이의 거리인 L 보다 매우 작기 때문에 이중 슬릿을 통과한 빛 L_1과 L_2는 평행하다고 볼 수 있다.

⇒ 경로차 $L_1 - L_2 (\Delta L) = d\sin\theta$
또한 θ가 매우 작다.

⇒ $\sin\theta \simeq \tan\theta \simeq \theta$

∴ 경로차$(\Delta L) = d\sin\theta \simeq d\tan\theta$
$= \dfrac{dx}{L}$

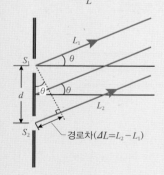

경로차$(\Delta L = L_2 - L_1)$

2. 빛의 간섭 II

(1) 공기 중의 얇은 막에 의한 빛의 간섭 : 빛이 얇은 막에 입사될 때 막의 윗면과 아랫면에서 각각 반사한 빛이 C′점에서 만나 간섭 현상을 일으킨다.

① **빛의 경로 차(광로 차)** : 빛의 파면 AA′ 가 BB′ 에 도달한 다음, B′ 이 C′ 점에 도달할 동안 B 는 C 까지 진행하게 된다. 따라서 얇은 막의 D 점에서 반사한 후 C′ 점으로 오는 빛은 막의 C′ 점에서 직접 반사하는 빛보다 $\overline{DC'} + \overline{CD}$ 만큼 더 진행하게 된다.

$$\therefore \text{광로차(매질 속)} = \overline{DC'} + \overline{CD} = \overline{DD'} + \overline{CD}$$
$$= \overline{C'D'}\cos\theta = 2d\cos\theta$$

빛은 매질에서보다 공기 중에서 n 배 만큼 더 진행하므로 공기 기준 광로 차는 다음과 같다.

> 광로 차(Δ) $= 2nd\cos\theta$ (공기 중에서 볼 때)

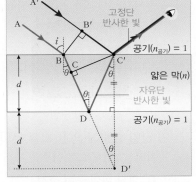
▲ 얇은 막에 의한 빛의 간섭 ($n > 1$)

② **빛의 반사와 위상 변화** : 얇은 막의 윗면에서 반사하는 빛은 고정단 반사를 하므로 위상이 반대가 되고, 얇은 막의 아랫면에서 반사하는 빛은 자유단 반사를 하므로 위상의 변화가 없다.

③ **빛의 간섭 조건** : 파장이 λ 인 두 빛이 C′ 점에서 만날 때 두 빛의 광로 차는 $2nd\cos\theta$ 이고, 위상 차는 $\frac{\lambda}{2}$ 이므로 공기 중에서 보면 다음과 같은 보강과 상쇄 간섭 조건이 나타난다.

보강 간섭 : $2nd\cos\theta + \frac{\lambda}{2} = \frac{\lambda}{2}(2m)$, 상쇄 간섭 : $2nd\cos\theta + \frac{\lambda}{2} = \frac{\lambda}{2}(2m' + 1)$

보강 간섭(위에서 볼 때 밝은 무늬) 조건	상쇄 간섭(위에서 볼 때 어두운 무늬) 조건
$2nd\cos\theta = \frac{\lambda}{2}(2m + 1)$ $(m = 0, 1, 2, \cdots)$	$2nd\cos\theta = \frac{\lambda}{2}(2m')$ $(m' = 0, 1, 2, \cdots)$
(수직 입사 : $\theta = 0°$, $\cos\theta = 1$)	(수직 입사 : $\theta = 0°$, $\cos\theta = 1$)

(2) 얇은 막의 굴절률이 위의 매질보다 크고, 아래 매질보다 작을 때 빛의 간섭 : 광로 차는 같고, 얇은 막의 윗면과 아랫면에서 모두 고정단 반사가 일어나므로 간섭하는 두 빛의 위상 차가 발생하지 않는다.

보강 간섭(위에서 볼 때 밝은 무늬) 조건	상쇄 간섭(위에서 볼 때 어두운 무늬) 조건
$2nd\cos\theta = \frac{\lambda}{2}(2m)$ $(m = 0, 1, 2, \cdots)$	$2nd\cos\theta = \frac{\lambda}{2}(2m' + 1)$ $(m' = 0, 1, 2, \cdots)$
(수직 입사 : $\theta = 0°$, $\cos\theta = 1$)	(수직 입사 : $\theta = 0°$, $\cos\theta = 1$)

공기 기준 광로차(Δ)

굴절률 n 인 매질 속에서 빛이 이동한 거리 d 를 진공 또는 공기 속에서의 거리로 환산한 값을 말하며, 매질 속에서 빛이 지나간 거리를 같은 시간 동안 공기 중에서 진행한 거리로 나타낸 것이다.

$$\Delta = nd$$
(d: 매질 속에서 빛이 진행한 거리)

고정단 반사와 자유단 반사

① **고정단 반사** : 파동이 소한 매질에서 밀한 매질로 입사하면서 반사할 때 일어나는 반사를 말하며, 반사 광선의 위상은 입사 광선과 반대(위상차: $\frac{\lambda}{2}$)가 된다.

② **자유단 반사** : 파동이 밀한 매질에서 소한 매질로 입사하면서 반사할 때 일어나는 반사를 말하며, 반사 광선의 위상은 변하지 않는다.(위상차: 0)

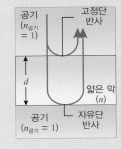
▲ $n > 1$

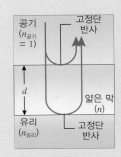
▲ $n_\text{유리} > n > 1$

비누막에 의한 빛의 간섭

비눗방울 막에서 반사된 햇빛의 간섭으로 무지개 색이 보인다.

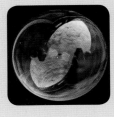

[개념확인 2]   정답 및 해설 18쪽

다음 빈칸에 알맞은 말을 각각 쓰시오.

> 공기층 사이에 있는 얇은 막의 윗면과 아랫면에서 각각 반사된 두 빛의 광로차가 반파장의 짝수배이면 (   ) 간섭이 일어나고, 반파장의 홀수배이면 (   ) 간섭이 일어난다.

[확인+2]

굴절률이 1.5 인 두꺼운 유리판 위에 두께가 d 이고, 굴절률이 1.25인 기름막을 만든 후, 단색광(파장 $= \lambda$)을 비추었다. 연직 위에서 관찰할 때 보강 간섭이 일어날 조건과 상쇄 간섭이 일어날 조건을 각각 고르시오.

(1) 보강 간섭 (㉠ $2nd = \frac{\lambda}{2}(2m)$, ㉡ $2nd = \frac{\lambda}{2}(2m+1)$

(2) 상쇄 간섭 (㉠ $2nd = \frac{\lambda}{2}(2m)$, ㉡ $2nd = \frac{\lambda}{2}(2m+1)$

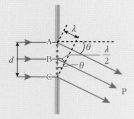

〈 어두운 무늬 〉

A점과 C점의 빛의 광로차가 λ
일 때 AB 부분과 BC 부분에서
서로 대응되는 빛들의 광로차
는 모두 $\frac{\lambda}{2}$ 이므로 점 P에 도달
하는 동안 서로 상쇄 간섭하
여 스크린에는 어두운 무늬가
만들어진다.

$$d\sin\theta(=\frac{dx}{L}) = \lambda = \frac{\lambda}{2} \times 2$$
(어두운 무늬 조건; $m' = 1$)

② 밝은 무늬가 생기는 경우 :
슬릿 간격(d)을 $2m+1$ 등분하
여 생각한다.

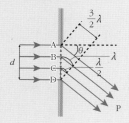

〈 밝은 무늬 〉

BC 부분과 CD 부분을 통과하
는 빛들은 어두운 무늬가 생
기는 경우와 마찬가지로 상쇄
간섭이 일어난다. 하지만 AB
부분을 지나는 빛은 스크린에
도달한다.

$$d\sin\theta(=\frac{dx}{L}) = \frac{3}{2}\lambda = \frac{\lambda}{2} \times 3$$
(밝은 무늬 조건; $m = 1$)

③ 가운데 밝은 무늬

단일 슬릿에 의한 회절에서 중
앙에는 밝은 무늬가 나타나는
데, 어두운 무늬와 밝은 무늬
조건의 $m, m' = 0$ 인 경우는 모
두 중앙 밝은 무늬가 된다.

3. 빛의 회절

(1) 빛의 회절 : 빛이 폭이 좁은 틈을 통과하면서 경로가 변하고 서로 간섭하여 밝고, 어두운 무늬가 나타난다. 이러한 빛의 회절 현상은 빛의 파동의 성질을 나타내는 증거가 된다.

▲ 원형 구멍　　　　　▲ 사각 구멍　　　　　▲ 단일 슬릿

(2) 단일 슬릿에 의한 회절 무늬 : 단일 슬릿을 통과한 빛은 스크린의 중앙에 밝은 무늬가 생기고, 그 양쪽으로 어두운 무늬와 밝은 무늬가 교대로 나타난다.

① **빛의 회절 무늬 조건** : 슬릿의 간격이 d, 슬릿과 스크린 사이의 거리가 L, 스크린 가운데부터 임의의 점까지의 거리가 x 일 때 빛의 회절 조건은 다음과 같다.

	밝은 무늬	어두운 무늬
조건	$\dfrac{dx}{L} = \dfrac{\lambda}{2}(2m+1)$ $(m = 1, 2, 3, \cdots)$	$\dfrac{dx}{L} = \dfrac{\lambda}{2}(2m')$ $(m' = 1, 2, 3, \cdots)$

② **빛의 회절 무늬 간격(Δx)** : 파장(λ)이 길수록, 슬릿의 간격(d)이 좁을수록 회절이 잘 일어나므로 무늬 간격이 넓어지고, 슬릿과 스크린 사이의 거리(L)도 클수록 무늬 간격이 넓어진다.

$$\Delta x = \frac{L\lambda}{d}$$

③ **빛의 회절 무늬와 빛의 간섭 무늬의 차이** : 빛의 간섭 무늬에 비해 스크린 중앙의 무늬는 매우 밝으며, 빛의 회절 무늬에서 중앙 무늬의 폭은 다른 밝은 무늬의 폭의 2배이다.

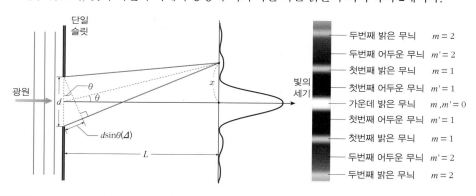

개념확인3

단일 슬릿에 광원을 비추어 스크린에 회절 무늬를 나타내려고 한다. 적색광과 청색광 중 회절 무늬의 간격이 더 좁은 광원은 무엇일까?

(㉠ 적색광　㉡ 청색광)

확인+3

슬릿의 폭이 0.2 mm 인 슬릿에 파장 $3000 \text{Å}(1 \text{Å} = 10^{-10} \text{m})$인 단색광을 비추었다. 이때 슬릿과 50 cm 떨어진 스크린에 생긴 회절 무늬를 관찰했을 때, 가운데 밝은 무늬의 중앙점에서 세 번째 밝은 무늬까지의 거리는 얼마인가?

(　　　　)mm

4. 전반사와 편광

(1) 전반사 : 빛이 밀한 매질에서 소한 매질로 진행할 때, 입사각(i)이 임계각(i_c)보다 클 경우 굴절하여 나오는 빛이 없이 경계면에서 모두 반사하는 현상을 말한다.

① **임계각** : 굴절률이 큰 매질에서 작은 매질로 진행할 때는 굴절각(r)이 항상 입사각(i)보다 크다. 따라서 입사각을 점점 크게 하면 굴절각도 커진다. 이때 굴절각이 $90°$가 될 때의 입사각을 임계각이라고 한다.

② **임계각과 굴절률** : 빛이 굴절률 n_2인 매질에서 굴절률 n_1 ($n_1 < n_2$)인 매질로 나올 경우 입사각이 임계각일 때, 굴절각이 $90°$가 된다. 이때 임계각과 굴절률의 관계는 다음과 같다.

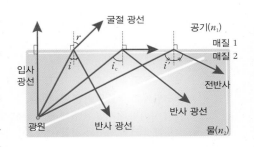

$$n_{21} = \frac{\sin i_c}{\sin 90°} = \frac{v_물}{v_{공기}} = \frac{n_1}{n_2} \Rightarrow \sin i_c = \frac{n_1}{n_2}$$

· 공기의 굴절률은 1이므로 빛이 굴절률이 n인 매질에서 공기 중으로 진행할 때 ⇒ $\sin i_c = \frac{1}{n}$

(2) 편광 : 햇빛이나 백열등 같은 자연광은 빛의 진행 방향에 수직인 모든 방향으로 진동하는 횡파이다. 이와 달리 진행 방향과 수직하게 어느 한 방향으로만 진동하는 빛을 편광이라고 한다.

① **편광판** : 특정한 방향으로 진동하는 빛만을 통과시키는 판으로, 하나의 편광판을 통과한 빛은 어느 특정한 방향으로만 진동하는 빛이 된다.

② **빛이 횡파라는 증거** : 편광 현상은 빛이 횡파라는 증거이다.

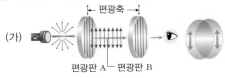

그림 (가) : 편광판 A와 B의 편광축이 나란할 경우에는 빛이 통과하여 밝게 보인다.
그림 (나) : 그림 (가)와 같은 상태에서 편광판 B를 $90°$로 회전할 경우, 빛은 통과하지 못하여 어둡게 보인다.

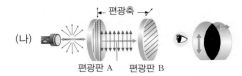

매질에 따른 임계각

굴절률이 1.33 인 물에서 굴절률이 1 인 공기 중으로 진행할 때의 임계각 = 약 $49°$

굴절률이 1.50 인 유리에서 공기 중으로 진행할 때의 임계각 = 약 $42°$

광섬유

빛의 전반사를 이용하면, 빛의 손실없이 경로만 바꿀 수 있다.

광섬유는 중심부에는 굴절률이 큰 유리인 코어가 있고, 굴절률이 작은 유리인 클래딩이 코어를 감싸고 있는 구조로 되었다.

광섬유의 코어를 진행하는 빛은 전반사를 통해 광섬유를 따라 진행하게 된다. 이를 이용하여 정보가 담긴 빛 신호를 주고받는 통신(광통신)에 사용된다.

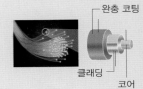

완충 코팅
클래딩
코어

전반사 프리즘

단면이 직각이등변삼각형을 이루는 프리즘을 전반사 프리즘이라고 한다. 유리로 된 프리즘의 임계각은 $45°$보다 작기 때문에 프리즘에 입사한 빛의 진로를 $90°$ 또는 $180°$로 바꿀 수 있다.

이를 쌍안경, 잠망경 등에서 사용한다.

▲ 빛의 진행 방향이 $180°$ 바뀌는 직각 프리즘

편광의 이용

빛이 물질 표면에서 반사될 때 반사광은 편광이 된다.

밝은 대낮에 아스팔트 위로 반사되는 빛도 편광이기 때문에 편광 선글라스를 쓰면 빛이 차단되어 눈부심을 방지할 수 있다.

(가)　　　　(나)

(가) 일반 렌즈를 통해 본 풍경
(나) 편광 렌즈를 통해 본 풍경

개념확인 4

정답 및 해설 18쪽

빛이 횡파라는 증거가 되는 현상은?

① 반사　　　　② 굴절　　　　③ 회절　　　　④ 간섭　　　　⑤ 편광

확인+4

다음 중 전반사의 조건을 <u>모두</u> 고르시오.

① 빛의 속도가 일정해야 한다.
② 빛의 입사각이 임계각보다 커야 한다.
③ 빛이 특정한 방향으로만 진동해야 한다.
④ 빛의 입사각이 굴절각보다 항상 커야 한다.
⑤ 빛이 굴절률이 큰 매질에서 작은 매질로 진행해야 한다.

01 오른쪽 그림은 이중 슬릿에 의한 빛의 간섭 실험 장치를 간단히 나타낸 것이다. 이 실험에 대한 설명으로 옳은 것만을 〈보기〉에서 있는 대로 고른 것은?

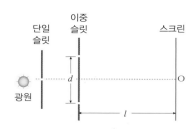

〈 보기 〉

ㄱ. 스크린의 O 부분은 밝은 무늬이다.
ㄴ. 슬릿 사이의 간격 d 를 좁게 하면 간섭 무늬 사이의 간격이 넓어진다.
ㄷ. 슬릿과 스크린 사이의 거리 l 을 멀게 하면 간섭 무늬 사이의 간격이 좁아진다.

① ㄱ   ② ㄴ   ③ ㄷ   ④ ㄱ, ㄴ   ⑤ ㄴ, ㄷ

02 파장 $4000\,\text{Å}(1\text{Å} = 10^{-10}\text{m})$의 빛을 사용하여 그림과 같은 영의 실험을 하였다. 스크린에는 검고 어두운 무늬가 교대로 생겼는데 P 점은 중앙점 O 로부터 첫 번째 어두운 무늬가 생긴 지점이다. P 점에 도달한 두 빛의 경로차 $S_1P \sim S_2P$ 는 얼마인가?

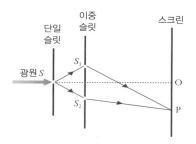

① 1,000 Å   ② 2,000 Å   ③ 4,000 Å   ④ 8,000 Å   ⑤ 16,000 Å

03 오른쪽 그림은 파장 λ 인 단색광이 공기 중에 있는 얇은 기름막에 수직으로 입사하는 모습을 나타낸 것이다. 이때 어두운 무늬가 생기는 막의 최소 두께는 얼마인가? (단, 공기의 굴절률은 1, 기름의 굴절률은 1.5 이다.)

① $\frac{\lambda}{3}$ ② $\frac{\lambda}{2}$ ③ λ ④ $\frac{3}{2}\lambda$ ⑤ 2λ

04 다음은 얇은 막에 의한 빛의 간섭에 대한 설명이다. 빈칸에 들어갈 말이 바르게 짝지어진 것은?

얇은 막의 굴절률이 위의 매질보다 크고, 아래 매질보다 작을 경우, 얇은 막의 위쪽으로 입사한 빛은 윗면에서 (㉠) 반사를 하고, 아랫면에서 (㉡) 반사를 하므로 빛의 간섭 조건은 변하지 않는다.

	㉠	㉡		㉠	㉡		㉠	㉡
①	자유단	자유단	②	자유단	고정단	③	고정단	고정단
④	고정단	자유단	⑤	전	전			

05 단일 슬릿에 의한 빛의 회절과 관련된 설명으로 옳은 것은?

① 빛의 회절 무늬는 빛의 파장과는 무관하다.
② 빛의 회절 현상은 빛이 횡파라는 증거가 된다.
③ 회절 무늬 간격은 슬릿과 스크린 사이의 거리가 가까울수록 넓어진다.
④ 빛의 회절에 의한 스크린 중앙의 무늬의 폭은 다른 밝은 무늬의 폭의 2배이다.
⑤ 빛의 회절에 의한 밝은 무늬는 슬릿을 통과한 빛의 광로차가 반파장의 짝수배일 때 일어난다.

06 오른쪽 그림은 파장이 550 nm(1nm = 10^{-9} m)인 초록색 광원을 이용하여 단일 슬릿에 의한 회절 무늬 실험을 하는 것을 간단하게 나타낸 것이다. 이때 빛의 진행 방향과 30° 인 방향인 P 점에서 첫 번째 어두운 무늬가 생겼다면, 슬릿의 간격 d 는 얼마인가?

(   )nm

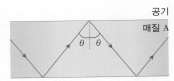

07 오른쪽 그림은 굴절률이 1.5 인 매질 A 안에서 진행하던 빛이 굴절률이 1.0 인 공기와의 경계에서 전반사하는 것을 나타낸 것이다. 이때 입사각 θ 의 조건으로 옳은 것은?

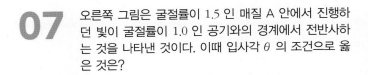

① $\cos\theta \leq \dfrac{1.0}{1.5}$ ② $\cos\theta > \dfrac{1.0}{1.5}$ ③ $\sin\theta \leq \dfrac{1.0}{1.5}$

④ $\sin\theta > \dfrac{1.0}{1.5}$ ⑤ $\sin\theta = \dfrac{1.0}{1.5}$

08 편광판 두 개를 이용하여 오른쪽 그림과 같은 실험을 하였다. 그림 (A) 는 편광축이 서로 나란한 경우이며, 그림 (B)는 그림 (A)의 상태에서 하나의 편광판을 z 축을 기준으로 30° 회전을 한 것이다. 이에 대한 설명으로 옳은 것만을 〈보기〉에서 있는 대로 고른 것은?

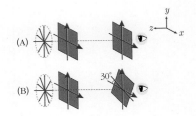

─── 〈 보기 〉 ───
ㄱ. 빛의 회절과 간섭 현상을 증명할 수 있는 실험이다.
ㄴ. 편광판을 통과한 빛은 어느 특정한 방향으로만 진동하는 빛이 된다.
ㄷ. 실험 (A)에서 관측자는 빛을 볼 수 있지만, 실험 (B)의 관측자는 빛을 볼 수 없다.

① ㄱ   ② ㄴ   ③ ㄷ   ④ ㄱ, ㄴ   ⑤ ㄴ, ㄷ

[유형18-1] 빛의 간섭 I

다음 그림과 같은 영의 이중 슬릿 실험 장치에 대한 설명으로 옳은 것만을 〈보기〉에서 있는 대로 고른 것은?

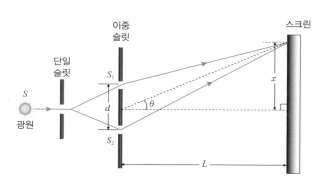

〈 보기 〉
ㄱ. L 이 길어질수록 간섭 무늬 사이의 간격이 넓어진다.
ㄴ. 이중 슬릿을 통과한 두 빛의 경로차가 반파장의 짝수배일 때는 어두운 무늬가 생긴다.
ㄷ. 이중 슬릿 앞에 단일 슬릿을 놓는 것은 이중 슬릿에 각각 같은 위상의 빛을 통과시키기 위해서 이다.

① ㄱ   ② ㄴ   ③ ㄷ   ④ ㄱ, ㄴ   ⑤ ㄱ, ㄷ

01 다음 그림은 슬릿 사이의 간격 d 는 0.02 mm, 슬릿과 스크린 사이의 거리 l 은 15 cm 인 영의 간섭 실험 장치를 간단하게 나타낸 것이다. 이때 점 P 는 첫번째 밝은 무늬가 생기는 지점으로 중심점 O 로부터 3×10^{-3} m 떨어져 있다면, 빛의 파장은?

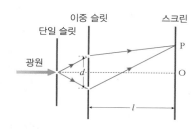

① 3,000 Å   ② 4,000 Å   ③ 5,000 Å
④ 6,000 Å   ⑤ 7,000 Å

02 슬릿 사이의 간격 d 가 0.5 mm 인 이중 슬릿을 이용하여 영의 실험을 하였다. 파장이 500 nm(1 nm = 10^{-9} m)인 단색광을 이용하여 실험하였을 때, 인접한 밝은 무늬 사이의 간격이 1 mm 였다. 이때 이중 슬릿 사이의 간격을 변동시켜 준 후 파장이 600 nm 인 단색광을 이용하여 실험하였더니 이웃한 밝은 무늬 사이의 간격이 2.5 mm 가 되었다. 변경한 이중 슬릿 사이의 간격은?

① 2.4 m   ② 2.4×10^{-2} m
③ 2.4×10^{-3} m   ④ 2.4×10^{-4} m
⑤ 2.4×10^{-5} m

[유형18-2] 빛의 간섭 Ⅱ

그림 (가) 와 (나) 는 통과하는 매질을 달리하였을 때, 수직으로 입사한 빛의 반사 경로를 각각 나타낸 것이다. 빛의 파장을 λ라고 할 때, 이에 대한 설명으로 옳은 것만을 〈보기〉에서 있는 대로 고른 것은? (단, 굴절률은 $n_{유리} > n > n_{공기}$ 이다.)

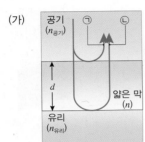

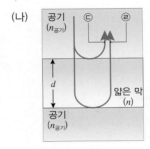

─────〈 보기 〉─────

ㄱ. ㉡ 의 경우는 반사 광선의 위상이 변하지 않는다.

ㄴ. (나)의 경우 반사한 두 빛 ㉢, ㉣ 의 광로차가 반파장의 짝수배일 때 어두운 무늬가 생긴다.

ㄷ. (가)에서 얇은 막에서 반사한 빛이 매우 약할 때, 얇은 막의 최소 두께는 $\dfrac{\lambda}{2n}$ 이다.

① ㄱ   ② ㄴ   ③ ㄷ   ④ ㄱ, ㄴ   ⑤ ㄱ, ㄷ

03 유리에서 반사되는 빛을 없애기 위해 굴절률이 $\dfrac{6}{5}$ 인 투명한 막으로 코팅을 하였다. 유리의 굴절률이 1.5 이고, 빛의 파장이 $480\ nm(1\ nm = 10^{-9}m)$ 일 때, 막의 최소 두께는 얼마인가? (단, 공기의 굴절률은 1.0 이다.)

[한국물리올림피아드 기출 유형]

① 50 nm   ② 100 nm   ③ 200 nm
④ 400 nm   ⑤ 800 nm

04 그림과 같은 두께 d 가 $5 \times 10^{-5}\ cm$ 인 얇은 기름 막에 수직으로 빛을 비추었다. 위에서 관찰하였을 때, 밝게 보이는 빛의 파장으로만 바르게 짝지어진 것은? (단, 기름의 굴절률은 1.47 이고, $1\ Å = 10^{-10}\ m$ 이다.)

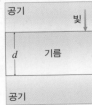

① 2,940 Å, 4,200 Å   ② 2,940 Å, 5,880 Å
③ 4,200 Å, 5,880 Å   ④ 4,200 Å, 7,220 Å
⑤ 5,880 Å, 7,220 Å

[유형18-3] 빛의 회절

다음 그림은 단색광과 단일 슬릿을 이용한 빛의 회절 실험을 나타낸 것이다. 실험에 사용된 단일 슬릿의 폭이 d, 광원과 단일 슬릿 사이의 거리가 L_1, 단일 슬릿과 스크린 사이의 거리가 L_2, 스크린에 생기는 어두운 무늬 사이의 간격을 x 라고 할 때, 이에 대한 설명으로 옳은 것만으로 〈보기〉에서 있는 대로 고른 것은?

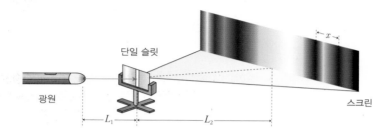

〈 보기 〉

ㄱ. L_1만 길어질 경우, x 가 넓어진다.
ㄴ. d 와 L_2를 각각 두 배로 하면, x도 두 배가 된다.
ㄷ. 빨간색 레이저를 사용할 경우, 파란색 레이저를 사용할 때보다 x가 더 넓다.

① ㄱ   ② ㄴ   ③ ㄷ   ④ ㄱ, ㄴ   ⑤ ㄱ, ㄷ

05 다음 그림은 단일 슬릿을 통과한 레이저 광선의 회절 무늬이다. 틈의 모양으로 가장 적당한 것은?

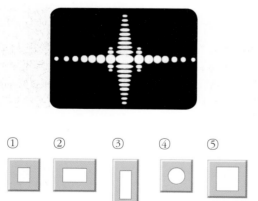

① ② ③ ④ ⑤

06 다음 그림은 파장이 λ인 단색광이 폭이 d인 단일 슬릿을 통과하여 스크린에 회절 무늬를 만드는 것을 모식적으로 나타낸 것이다. 이때 점 P 는 첫 번째 어두운 무늬가 생긴 위치이다. 이에 대한 설명으로 옳은 것만을 〈보기〉에서 있는 대로 고른 것은?

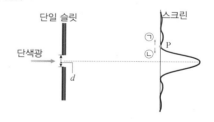

〈 보기 〉

ㄱ. 스크린 중앙 무늬가 가장 밝다.
ㄴ. 슬릿의 폭 d 를 줄이면 P점은 ㉠ 방향으로 이동한다.
ㄷ. 점 P는 슬릿의 중앙과 가장 자리를 각각 통과한 빛 사이의 경로차가 λ인 지점이다.

① ㄱ   ② ㄴ   ③ ㄷ
④ ㄱ, ㄴ   ⑤ ㄴ, ㄷ

[유형18-4] 전반사와 편광

오른쪽 그림은 공기 중에서 물체 B 를 향해 단색광을 입사각 i 로 입사시켰을 때 빛의 진행 경로를 나타낸 것이다. 이때 빛은 물체 A 와 B 의 경계면에서 굴절각이 $90°$ 가 되는 각 θ 로 입사한다. 물체 A, B 의 굴절률이 각각 n_A, n_B 일 때, 이에 대한 설명으로 옳은 것만을 〈보기〉에서 있는 대로 고른 것은?

[수능 기출 유형]

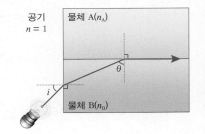

〈 보기 〉

ㄱ. $n_B > n_A$ 이다.

ㄴ. $\sin\theta = \dfrac{1}{n_B}$ 이다.

ㄷ. 공기에서 물체 B 로 진행할 때 빛의 속력이 느려진다.

ㄹ. 입사각 i 가 커져도, 빛은 물체 B 와 A 의 경계면에서 전반사한다.

① ㄱ, ㄴ   ② ㄱ, ㄷ   ③ ㄴ, ㄹ   ④ ㄱ, ㄴ, ㄷ   ⑤ ㄱ, ㄷ, ㄹ

07 다음 그림은 빛의 전반사를 이용한 통신에 사용되는 광섬유의 기본 구조를 나타낸 것이다. 이에 대한 설명으로 옳은 것만을 〈보기〉에서 있는 대로 고른 것은?

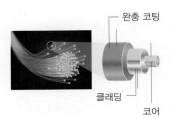

완충 코팅
클래딩
코어

〈 보기 〉

ㄱ. 코어의 굴절률이 클래딩보다 작다.

ㄴ. 빛은 클래딩과 완충 코팅 사이에서 전반사를 통해 진행한다.

ㄷ. 빛의 전반사를 이용하면, 정보의 손실이 거의 없이 신호를 전달할 수 있다.

① ㄱ   ② ㄴ   ③ ㄷ
④ ㄱ, ㄷ   ⑤ ㄴ, ㄷ

08 다음 그림은 편광판 A 와 편광판 B 를 이용하여 빛의 편광 현상을 알아보기 위한 실험을 나타낸 것이다. 관찰자에게 광원의 빛은 가장 밝게 보이고 있다. 이에 대한 설명으로 옳은 것만을 〈보기〉에서 있는 대로 고른 것은?

관찰자
편광판 A   편광판 B

〈 보기 〉

ㄱ. 편광판 A 와 B 의 편광축의 방향은 같다.

ㄴ. 편광판 B 를 $180°$ 회전하면 빛이 가장 어둡게 보인다.

ㄷ. 편광판 A 와 B 의 위치를 바꾸면 빛이 어둡게 보인다.

① ㄱ   ② ㄴ   ③ ㄷ
④ ㄱ, ㄴ   ⑤ ㄱ, ㄷ

01 포개진 두 장의 유리판 사이에 머리카락과 같이 얇은 판이나 종이를 끼워 넣으면, 그림 (나)와 같이 두 유리판 사이에 쐐기 모양의 공기 층이 형성된다. 이때 유리판 위쪽에서 수직으로 단색광을 비추어 주면 그림 (가)와 같이 일정한 간격의 밝은 무늬와 어두운 무늬가 형성되는 것을 볼 수 있다.

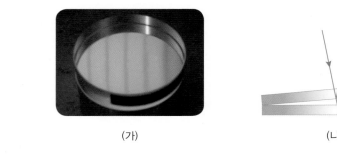

(가)

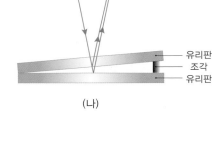

(나)

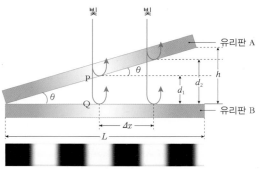

왼쪽 그림과 같이 길이가 L 인 유리판 A 와 B 사이에 최고 높이 h 인 쐐기 모양의 공기 층이 형성되었을 때 파장이 λ 인 빛을 유리판 B 와 수직인 각도로 비추었다. 유리판 사이의 각도가 θ, 무늬 사이의 간격이 Δx, 공기층의 두께를 d 라고 할 때, 물음에 답하시오.

(1) P 점과 Q 점에서는 각각 고정단 반사를 할까, 자유단 반사를 할까? (단, 유리의 굴절률은 공기의 굴절률 보다 크다.)

(2) 유리판 위에서 볼 때, 빛의 간섭 조건을 쓰시오.

(3) (2)의 결과를 토대로 무늬 사이의 간격(Δx)을 파장(λ)을 이용하여 나타내시오.

02 다음 그림은 단색광이 굴절률이 n_1 인 매질에서 굴절률이 n_2 이고 반지름 R 인 구형의 매질로 입사하여 전반사하는 것을 나타낸 것이다. 이때 입사 경로와 구의 축은 나란하며, 입사 경로와 구의 축 사이의 거리인 h_0 를 변화시켜서 h_c 가 될 때의 입사각이 전반사의 임계각이 된다. 물음에 답하시오. (단, 구형 물체의 반지름 R 은 입사광의 파장에 비해 매우 크다.)

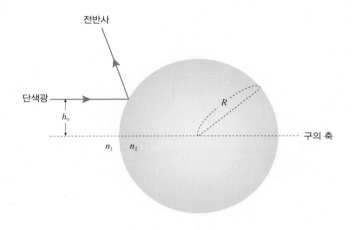

(1) h_0 와 h_c 의 크기를 비교하시오.

(2) h_c 를 굴절률 n_1, n_2 와 R 을 이용하여 나타내시오.

03 다음 그림과 같은 변형된 정사각형 유리에 단색광이 입사각 $90°$ 를 이루면서 입사하고 있다. 이 빛이 유리 내부에서 진행하는 경로를 완성하시오. (단, 유리에서 공기 중으로 진행할 때의 임계각은 $42°$ 이다.)

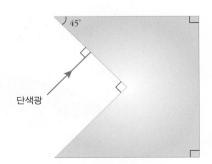

04 굴절률이 1.5 인 유리판 위에 투명한 물질인 황화 아연을 코팅하려고 한다. 그림 (가)는 코팅 막의 두께를 알아보기 위하여 파장을 알고 있는 레이저 빛을 유리판과 수직으로 비추는 것을 나타낸 것이고, 그림 (나)는 파장이 500 nm 인 빛을 유리판에 수직으로 비추면서 코팅을 시작한 후 시간에 따라 반사하는 빛의 세기를 그래프로 나타낸 것이다. 황화 아연의 굴절률을 1.25 라고 할 때, 20분이 지난 후 황화 아연 막의 두께는 얼마인가?

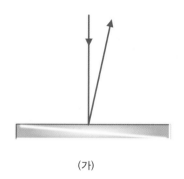

(가)

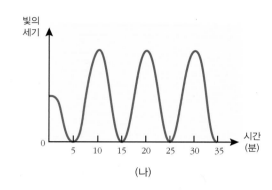

(나)

05 첩보 위성의 사진기는 파장 607nm 의 빛에 민감하게 반응해야 하고, 지상에서 0.5 m 떨어져 있는 두 물체도 구별할 수 있어야 한다. 이때 위성이 200 km 고도에서 원궤도로 운행된다고 할 때, 첩보 위성 사진기 렌즈의 최소 지름을 구하시오.
(단, 렌즈에 의해 두 점광원이 식별되기 위해서는 레일리 기준을 만족해야 하며, 레일리 기준은 $\sin\theta = \dfrac{1.22\,\lambda}{\text{렌즈의 지름}(d)}$ 이고, 첩보 위성이 임무 수행을 위해 요구되는 각도(θ)는 $\tan\theta = \dfrac{\varDelta x}{h}$ 를 만족한다.)

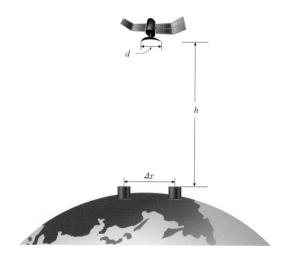

06

다음 그림과 같이 거울 위로 0.11 mm 만큼 떨어진 곳에 매우 작은 틈 S가 있고, 틈 S에서 2.5 m 떨어진 곳에 스크린이 놓여져 있다. 이때 거울의 반사율은 100 % 이다. 물음에 답하시오.

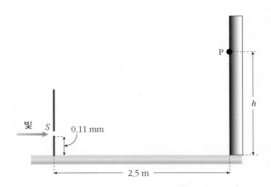

(1) 파장이 440 nm 인 단일광을 틈에 쪼였을 때, 거울에서 반사된 빛과 직접 오는 빛이 서로 간섭하여 P점에 첫 번째 밝은 무늬를 만들었다. 거울에서 P 점 까지는 몇 m 인가?

(2) P점에 첫 번째 어두운 무늬가 나타나게 하려면, 스크린과 슬릿 사이의 거리를 몇 m 로 해야 할까?

01 다음은 영의 실험을 설명한 글이다. 빈칸에 알맞은 말을 각각 고르시오.

> 이중 슬릿을 통과한 두 빛의 경로차가 반파장의
> (㉠ 짝수배 ㉡ 홀수배)일 때는 밝은 무늬가 생기고, 반파장의 (㉠ 짝수배 ㉡ 홀수배)일 때는
> 어두운 무늬가 생긴다.

02 영의 이중 슬릿 실험을 통해 광원의 빛의 파장을 측정하려고 한다. 슬릿의 간격은 0.1 mm, 슬릿과 스크린 사이의 간격은 5 m, 스크린 상의 밝은 무늬 간격은 1.5 cm 일 때, 빛의 파장은?

( )m

03 영의 이중 슬릿 실험 장치에서 단색광의 빛만 바꿔서 실험을 하려고 한다. 이때 간섭 무늬 사이의 간격이 가장 좁은 것부터 순서대로 나열하시오.

> ─── 〈 보기 〉 ───
> ㄱ. 빨간색   ㄴ. 노란색   ㄷ. 초록색
> ㄹ. 파란색   ㅁ. 보라색

( )

04 오른쪽 그림과 같이 매질 A, B, C 가 겹쳐져 있는 상태에서 매질에 수직 방향으로 단색광을 입사시켰더니 매질 B 의 윗면에서는 고정단 반사, 아랫면에서는 자유단 반사가 일어났다. 매질 A, B, C 의 굴절률을 바르게 비교한 것은?

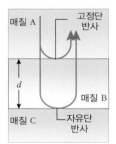

① 매질 A > 매질 B > 매질 C
② 매질 B > 매질 A > 매질 C
③ 매질 C > 매질 B > 매질 A
④ 매질 A < 매질 B > 매질 C
⑤ 매질 B < 매질 C > 매질 A

05 다음 그림과 같이 물 위에 얇은 기름막이 떠 있을 때, 파장이 600 nm (1 nm = 10^{-9} m)인 빛을 수직으로 입사시켰다. 이때 빛이 간섭하여 어두운 무늬를 나타낼 때 기름막의 최소 두께는 몇 m 인가? (단, 기름의 굴절률은 1.3, 공기의 굴절률은 1, 물의 굴절률은 1.5 이다.)

( )m

06 다음 그림은 파장이 λ인 단색광이 폭이 d 인 단일 슬릿을 통과하여 스크린에 간격 x 의 회절 무늬를 만드는 것을 모식적으로 나타낸 것이다. 이때 x 를 크게 하는 방법을 〈보기〉에서 모두 고르시오.

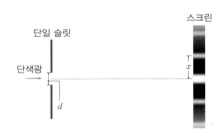

> ─── 〈 보기 〉 ───
> ㄱ. 파장이 더 긴 단색광을 이용한다.
> ㄴ. 슬릿의 간격 d 를 넓힌다.
> ㄷ. 슬릿과 스크린 사이를 더 넓힌다.

( )

07 단일 슬릿에 수직으로 파장이 4×10^{-7}m의 빛을 비추었더니 빛의 진행 방향과 $30°$ 를 이루는 방향에 최초의 어두운 무늬가 생겼다. 단일 슬릿의 간격은?

( )m

08 다음은 다양한 물질의 굴절률을 나타낸 표이다. 다음 중 빛이 A 에서 B 로 진행할 때 전반사가 일어나지 <u>않는</u> 경우는?

물질	굴절률
물	1.33
에탄올	1.36
파라핀	1.44
유리	1.52
다이아몬드	2.42

	<u>A</u>	<u>B</u>		<u>A</u>	<u>B</u>
①	유리	물	②	파라핀	물
③	파라핀	에탄올	④	유리	에탄올
⑤	물	다이아몬드			

09 다음 빈칸에 알맞은 말을 각각 쓰시오.

전반사는 입사각이 (㉠)보다 클 경우 굴절하는 빛이 없이 경계면에서 모두 반사하는 현상을 말한다. (㉠)은 굴절각이 (㉡)가 될 때의 입사각을 말한다.

㉠ (   ), ㉡ (   )

10 다음 빈칸에 알맞은 말을 각각 쓰시오.

자연광은 빛의 진행하는 방향에 수직인 모든 방향으로 진동하는 (㉠) 이다. (㉡) 현상은 빛이 (㉠) 라는 증거이다.

㉠ (   ), ㉡ (   )

B

11 다음과 같은 조건을 이용하여 이중 슬릿 실험 장치를 만든 후, 스크린에 간섭 무늬를 만들려고 한다. 이들 중 간섭 무늬 사이의 간격이 다른 것은?

	빛의 파장	슬릿 사이 간격	슬릿과 스크린 사이 거리
①	λ	d	L
②	λ	$2d$	$2L$
③	2λ	d	$2L$
④	2λ	$2d$	L
⑤	2λ	$4d$	$2L$

12 다음 그림은 파장이 λ인 빛을 이용한 이중 슬릿 실험 장치를 간략하게 나타낸 것이다. 이때 P 점에서 밝은 무늬를 얻었다면, B 와 C 사이의 거리로 가능한 것은?

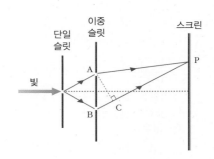

① $\dfrac{1}{3}\lambda$ ② $\dfrac{4}{2}\lambda$ ③ $\dfrac{5}{4}\lambda$

④ $\dfrac{7}{5}\lambda$ ⑤ $\dfrac{6}{7}\lambda$

13 다음 그림은 이중 슬릿을 이용한 빛의 간섭 실험 장치를 개략적으로 나타낸 것이다. 이 실험에 관한 설명으로 옳지 <u>않은</u> 것은?

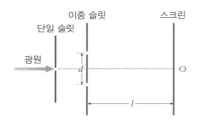

① 스크린의 O 부분은 밝은 무늬이다.
② 간섭 무늬는 O 점을 중심으로 대칭적으로 나타난다.
③ 슬릿의 간격 d 를 좁게 하면 간섭 무늬 사이의 간격이 넓어진다.
④ 슬릿과 스크린 사이의 거리 l 을 길게 하면 간섭 무늬 사이의 간격이 좁아진다.
⑤ d 와 l 그리고 간섭 무늬 사이의 간격을 알면 광원에서 나오는 빛의 파장을 알 수 있다.

14 다음 그림은 유리 위에 얇은 막을 씌운 후, 파장이 $5,600\,\text{Å}$인 빛을 얇은 막과 수직으로 입사시키고 있는 것을 나타낸 것이다. 이때 얇은 막에서 빛이 반사하지 않게 하려고 한다. 이에 대한 설명으로 옳은 것만을 〈보기〉에서 있는 대로 고른 것은? (단, 공기의 굴절률 = 1, 얇은 막의 굴절률 = 1.4, 유리의 굴절률 = 1.5 이다.)

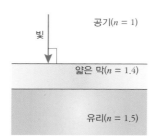

─〈 보기 〉─

ㄱ. 얇은 막의 최소 두께는 $1 \times 10^{-4}\,\text{mm}$이다.
ㄴ. 얇은 막의 윗면에서 반사되는 빛은 위상이 $180°$ 바뀐다.
ㄷ. 얇은 막의 윗면과 아랫면에서 각각 반사되는 두 빛의 광로차는 반파장의 홀수배이어야 한다.

① ㄱ   ② ㄴ   ③ ㄷ
④ ㄱ, ㄴ   ⑤ ㄱ, ㄴ, ㄷ

15 같은 단일 슬릿 실험 장치에 파장이 다른 두 빛 A 와 B 를 비추었다. 이때 빛 A 에 의한 회절 무늬의 첫 번째 어두운 무늬의 위치와 빛 B 의 두 번째 어두운 무늬의 위치가 같았다. 빛 A 의 파장이 700 nm 였다면, 빛 B 의 파장을 구하시오.

(　　　　　　)nm

16 그림은 단일 슬릿에 초록색 레이저 빛을 비추었더니 스크린에 나타난 회절 무늬를 나타낸 것이다. 다음 중 같은 넓이의 스크린에 밝은 점의 수를 증가시키는 방법으로 옳은 것만을 〈보기〉에서 있는 대로 고른 것은?

─〈 보기 〉─

ㄱ. 빛의 밝기를 더 밝게 한다.
ㄴ. 빨간색 레이저를 이용한다.
ㄷ. 파란색 레이저를 이용한다.
ㄹ. 스크린과 슬릿 사이를 멀리한다.
ㅁ. 슬릿의 폭이 더 넓은 슬릿으로 바꾼다.

① ㄱ, ㄷ   ② ㄴ, ㄹ   ③ ㄷ, ㅁ
④ ㄱ, ㄴ, ㄷ   ⑤ ㄷ, ㄹ, ㅁ

17 다음 그림은 굴절률이 n_2인 매질 2 안의 광원에서 나온 빛이 경계면으로 입사되는 모습을 나타낸 것이다. 이에 대한 설명으로 옳은 것만을 〈보기〉에서 있는 대로 고른 것은? (단, 빛은 단색광이고, 매질 1의 굴절률은 n_1, ㉠, ㉡, ㉢ 경로에서 빛의 입사각은 각각 i, i_c, i' 이다.)

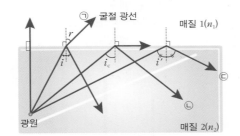

〈 보기 〉

ㄱ. $n_2 > n_1$ 이다.
ㄴ. 빛이 ㉠처럼 진행하여 매질 1로 진행하는 경우 빛의 파장은 짧아진다.
ㄷ. 빛이 ㉠처럼 진행할 때 매질 1에서 광원을 보면 실제 위치보다 떠올라 보인다.
ㄹ. 빛이 ㉢과 같은 경로로 진행할 때 매질 1에서 광원을 보면 보이지 않는다.

① ㄱ, ㄴ   ② ㄱ, ㄷ   ③ ㄴ, ㄹ
④ ㄱ, ㄴ, ㄷ   ⑤ ㄱ, ㄷ, ㄹ

18 다음 그림은 자연광의 진행 방향과 편광축이 수직인 편광판 A와 B를 이용한 실험 장치이다. 두 편광판의 편광축을 일치시킨 상태에서 편광판 A는 고정하고, 편광판 B를 화살표 방향으로 회전하였다. 이에 대한 설명으로 옳은 것만을 〈보기〉에서 있는 대로 고른 것은? (단, 자연광원과 편광판까지의 거리는 두 편광판 사이의 거리보다 매우 멀다.)

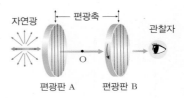

〈 보기 〉

ㄱ. 관찰자에게 자연광은 단색광으로 보인다.
ㄴ. 편광판 B를 90° 회전하면 관찰자는 자연광을 관찰할 수 없다.
ㄷ. 편광판 A와 B의 편광축이 나란할 때, 관찰자가 보는 빛의 세기는 O점과 같다.

① ㄱ   ② ㄴ   ③ ㄷ
④ ㄱ, ㄴ   ⑤ ㄴ, ㄷ

C

19 이중 슬릿의 간격이 0.15 mm이고, 슬릿과 스크린 사이의 거리가 3 m인 영의 간섭 실험 장치를 이용하여 빛의 간섭 실험을 하였다. 파장이 4,000 Å인 단일광을 이용할 때, 스크린의 인접한 밝은 간섭 무늬 사이의 간격(㉠)과 이 장치를 물 속에 넣고 실험할 때 밝은 간섭 무늬 사이의 간격(㉡)을 바르게 짝지은 것은? (단, 물의 굴절률은 $\frac{4}{3}$ 이다.)

	㉠	㉡		㉠	㉡
①	4 mm	3 mm	②	4 mm	$\frac{16}{3}$ mm
③	8 mm	6 mm	④	8 mm	$\frac{32}{3}$ mm
⑤	12 mm	9 mm			

20 그림 (가)는 빛을 이용한 영의 이중 슬릿 실험 장치를 간략하게 나타낸 것이고, 그림 (나)는 (가)의 실험 장치의 각 슬릿 앞에 굴절률이 다른 투명판 A, B를 놓았을 때, 스크린 중앙 밝은 무늬의 점이 P점으로 이동한 것을 나타낸 것이다. 투명판 A와 B의 굴절률은 각각 n_A와 n_B이고 두께는 같다. 이에 대한 설명으로 옳은 것만을 〈보기〉에서 있는 대로 고른 것은?

[MEET/DEET 기출 유형]

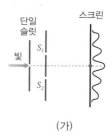
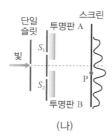

(가)　　　　(나)

─────〈 보기 〉─────

ㄱ. 투명판의 굴절률은 n_A가 n_B보다 더 크다.

ㄴ. 빛을 단색광의 레이저로 바꾸면 단일 슬릿이 없어도 실험이 가능하다.

ㄷ. 투명판 B의 두께를 더 두껍게 하면, P점은 스크린의 중심에서 더 멀어진다.

① ㄱ　　　　② ㄴ　　　　③ ㄷ
④ ㄱ, ㄴ　　　⑤ ㄴ, ㄷ

21 그림 (가)는 슬릿의 폭이 s_2, 슬릿 간의 간격이 d인 이중 슬릿 실험 장치를, 그림 (나)는 이에 의해 스크린에 생긴 회절 및 간섭 무늬를 모식적으로 나타낸 것이다. 이때 A는 회절 무늬의 폭, B는 스크린 중앙의 가장 밝은 무늬에서의 빛의 세기, C는 간섭 무늬 사이의 간격이다. 이때 슬릿의 폭인 s_1, s_2만을 두 배로 늘였을 때, A, B, C의 변화에 대하여 바르게 짝지은 것은?

[PEET 기출 유형]

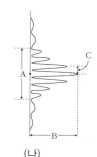

(가)　　　　(나)

	A	B	C
①	변함없다	변함없다	변함없다
②	좁아진다	변함없다	증가한다
③	넓어진다	변함없다	감소한다
④	좁아진다	증가한다	변함없다
⑤	넓어진다	감소한다	변함없다

22 굴절률이 다른 투명 플라스틱 렌즈 A, B가 있다. 렌즈 A 위에 렌즈 B를 포개어 놓은 후, 렌즈 B 위에서 수직 아래로 파장이 400 nm인 빛을 비추었더니 A와 B가 접촉한 중앙점에 어두운 무늬가 생겼고, 600 nm인 파장의 빛을 비추었더니 밝은 색 무늬가 생겼다. 플라스틱 렌즈 B의 최소 두께를 구하시오. (단, 공기의 굴절률은 1, 플라스틱 렌즈 A와 B의 굴절률은 각각 1.7, 1.4 이다.)

(　　　　)m

정답 및 해설 22쪽

심화

23 파장이 400 ~ 700 nm 의 범위인 가시광선 영역에서 세기가 균일한 백색광이 공기 중에 떠 있는 수막(얇은 물의 막)에 수직으로 입사하고 있다. 수막에 반사된 빛의 파장 중 관찰자에게 가장 밝게 보이는 파장을 구하시오. (단, 수막의 굴절률은 1.25 이고, 두께는 250 nm 이다.)

(   )nm

24 다음 그림은 파장이 다른 두 빛 A, B 가 나란하게 공기 중에서 프리즘으로 입사한 후, 프리즘과 공기의 경계면에서 전반사한 후 프리즘을 나오고 있는 경로를 나타낸 것이다. 두 빛 A, B 의 굴절각은 각각 θ_A, θ_B 이다. 이에 대한 설명으로 옳은 것만을 〈보기〉에서 있는 대로 고른 것은? (단, $\theta_B > \theta_A$ 이고, 유리로 되어 있는 프리즘은 지면에 놓여 있으며, 빛의 경로는 지면과 평행하다.)

[수능 기출 유형]

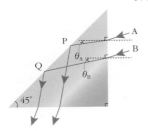

― 〈 보기 〉 ―

ㄱ. A가 파란색 빛이라면, B는 빨간색 빛이다.
ㄴ. 점 P와 Q에서 전반사가 일어날 때, 입사각은 A 가 B보다 크다.
ㄷ. 빛이 공기에서 프리즘으로 진행할 때, A의 굴절률이 B의 굴절률보다 크다.

① ㄱ   ② ㄴ   ③ ㄷ
④ ㄱ, ㄴ   ⑤ ㄱ, ㄷ

25 이중 슬릿에 의한 빛의 간섭 실험 장치를 통해 측정한 간섭 무늬의 첫 번째 어두운 무늬와 열 번째 어두운 무늬 사이의 거리가 18 mm 였다. 이중 슬릿 사이의 간격이 0.15 mm, 이중 슬릿과 스크린 사이의 간격이 150 cm 라면, 실험에 사용된 빛의 파장은?

(   )m

26 고장난 유조선에서 등유가 유출되어 바닷물 위에 얇은 막을 형성하였다. 물음에 답하시오. (단, 등유의 굴절률은 1.2, 바닷물의 굴절률은 1.33, 기름막의 두께는 390 nm 이다.)

(1) 해가 머리 위에 있을 때, 상공에 있는 헬리콥터에서 수면 위를 연직 방향으로 보고 있는 경우, 가장 밝은 반사를 일으키는 파장은?

(   )nm

(2) 같은 지역의 바닷속에서 스쿠버 다이버가 본 가장 빛이 강하게 투과되는 파장은?

(   )nm

27 다음 그림과 같이 두 장의 유리판의 한 쪽 끝에 머리카락을 끼우면 유리판 사이에 쐐기 모양의 공기층이 생긴다. 이때 파장이 700 nm 의 단색광을 수직으로 비추었을 때, 서로 닿아있는 곳으로부터 3번째 어두운 무늬와 17번째 어두운 무늬가 나타난 공기층의 두께 차이는 얼마인가?

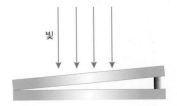

빛

(   )nm

28 그림 (가)는 이중 슬릿의 간격이 d 인 영의 실험 장치를 이용하여 스크린 상에 밝은 간섭 무늬가 가운데 P 점에 나타난 것을, 그림 (나)는 위쪽 슬릿 앞에 굴절률이 1.5 인 유리판을 놓았을 때, 스크린 상에 밝은 간섭 무늬가 가운데 P 점에 나타난 것을 나타낸 것이다. 이때 유리판 두께(w)의 최소값을 구하시오. (단, 광원은 파장이 $5000\,\text{Å}$ 인 단색광이다.)

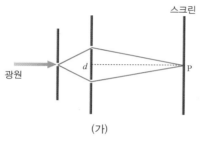

(가)

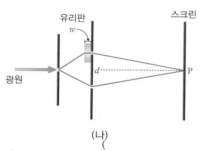

(나)

( )m

29 그림 (가)는 슬릿의 간격이 d 인 단일 슬릿을 이용한 회절 실험 장치를 간단히 나타낸 것이고, 그림 (나)는 같은 조건에서 빨간색과 보라색 빛을 이용하여 각각 실험을 진행하였을 때 스크린 상의 각 점에서의 밝기를 나타낸 것이다. 이때 P 점과 Q 점은 각 광선의 첫 번째 어두운 무늬의 위치이다. 이에 대한 설명으로 옳은 것만을 〈보기〉에서 있는 대로 고른 것은?

[kpho 기출 유형]

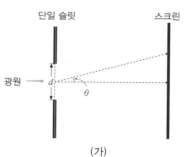

(가)

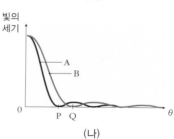

(나)

〈 보기 〉

ㄱ. A의 파장은 B의 1.5배이다.
ㄴ. A는 보라색, B는 빨간색일 때의 그래프이다.
ㄷ. d 를 $2d$로 바꾸면, 0점에서 P점까지의 거리는 증가한다.
ㄹ. 빨간색 빛과 보라색 빛을 동시에 슬릿에 비추면, P점은 빨간색을 띠고, Q점은 보라색을 띤다.

① ㄱ, ㄴ   ② ㄱ, ㄷ   ③ ㄴ, ㄹ
④ ㄱ, ㄴ, ㄷ   ⑤ ㄱ, ㄷ, ㄹ

30 다음 그림은 점으로 그림을 표현하는 점묘화의 일부를 나타낸 것이다. 아래의 레일리 기준에 대한 설명을 참고로 하여, 각 점들의 중심 간 평균 거리(D)를 1.5 mm 라고 할 때, 점들을 구별할 수 있는 최소 관찰 거리는 몇 m 일까? (단, 동공의 지름은 약 1.3 mm 이고, 점들 사이를 구별할 수 있는 최소 각도는 레일리 기준을 만족한다. 또한 빨간색 빛의 파장은 600 nm 이다.)

멀리 떨어져 있는 어떠한 두 점을 구분할 때 두 물체를 사람의 눈과 이을 때 중심각(θ_R)이 다음의 레일리 기준보다 클 때 사람은 두 물체를 구분할 수 있다. (λ : 빛의 파장)

$$\sin\theta_R \approx \theta_R = \frac{1.22\,\lambda}{\text{눈의 지름}(d)}$$

(　　　　　　　)m

31 굴절률이 n_C 인 광섬유가 기체 A 와 액체 B 사이에 그림과 같이 놓여져 있다. 이때 광섬유의 왼쪽 중심으로 단색광이 입사각 θ_i 로 입사하여, 광섬유 내부에서는 입사각 θ로 전반사하여 진행하고, 광섬유의 오른쪽에서 굴절각 θ_r로 나오고 있다. 이에 대한 설명으로 옳은 것만을 〈보기〉에서 있는 대로 고른 것은? (단, 굴절률의 관계는 $n_A < n_B < n_C$ 이다.)

[MEET/DEET 기출 유형]

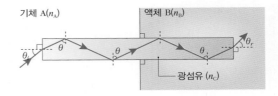

── 〈 보기 〉 ──

ㄱ. 입사각 θ_i은 굴절각 θ_r보다 크다.
ㄴ. 빛의 속력은 광섬유 속에서 가장 빠르다.
ㄷ. 광섬유 내부에서 전반사의 임계각은 공기 영역보다 액체 영역에서 더 크다.
ㄹ. 같은 조건에서 광섬유의 굴절률을 더 크게 하면 θ는 커지고, 굴절각 θ_r 는 작아진다.

① ㄱ, ㄴ　　　　② ㄱ, ㄷ　　　　③ ㄴ, ㄹ
④ ㄱ, ㄴ, ㄷ　　　⑤ ㄱ, ㄷ, ㄹ

32 굴절률이 $\frac{5}{3}$ 인 물의 표면으로부터 3m 아래쪽에 빛을 내는 광원이 있다. 이 점광원 위쪽으로 물 표면에 반지름 r 인 불투명한 원판을 두었더니 수면 위로 빠져나오는 빛이 모두 차단되었다. 불투명한 원판의 최소 반지름을 구하시오.

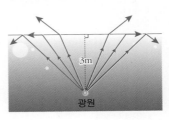

(　　　　　　　)m

19강. 빛 II

1. 거울에 의한 상   2. 렌즈에 의한 상   3. 상의 위치와 종류   4. 광학 기기의 이용

1. 거울에 의한 상

(1) 거울에 의한 상

① **평면거울에 의한 상** : 평면거울에 입사한 빛은 반사되면서 거울과 대칭되는 지점에 물체와 크기가 같고, 좌우가 반대인 상을 맺는다.

> 반사 광선의 연장선들이 모이는 곳에 허상을 맺는다.
> ➡ 물체와 거울 사이의 거리 = 상과 거울 사이의 거리

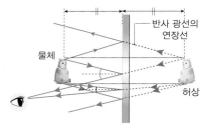

▲ 평면거울에 의한 상

② **평면거울에 의한 상의 특징**

ⅰ) 평면거울을 물체 쪽으로 거리 d 만큼 이동시키면 상은 $2d$ 만큼 이동한다. 따라서 거울이 물체에 대하여 상대적으로 운동할 때, 상의 속도는 물체 속도의 2배가 되며, 이때 상의 이동 방향은 물체의 이동 방향과 반대가 된다

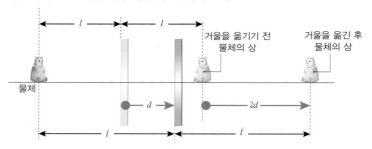

ⅱ) 두 개의 평면거울을 각 θ 를 이루게 놓았을 때 생기는 상의 수는 다음과 같다. n 이 짝수이면 상의 수는 $(n-1)$개, n 이 홀수이면 상의 수는 n 개가 생긴다. 각 θ 가 작을수록 상의 수는 늘어난다.

$$상의 수 = \frac{360°}{\theta} = n(정수)$$

ⅲ) 키가 h 인 사람이 거울을 통해 전신을 관찰하기 위해서는 $\frac{h}{2}$ 높이의 거울이 필요하다.

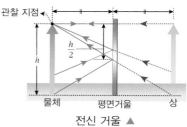

전신 거울 ▲

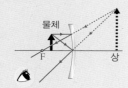
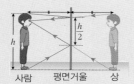

반사 법칙
빛이 반사할 때, 입사각(i)과 반사각(i')의 크기는 항상 같다.

실상과 허상
· 실상 : 광학 기기를 지난 실제 빛이 모이는 위치에 만들어 지는 상
· 허상 : 광학 기기를 지난 후 퍼져 나간 빛의 연장선이 만나는 지점에 생기는 상

두 개의 평면거울에 의한 상
두 개의 평면거울이 약 72°의 각으로 놓여져 있을 때 거울에 생기는 상은 5개이다.

사람이 상을 보는 원리
두 눈에 들어온 빛을 직선으로 연장하여 만나는 부분에 물체가 있는 것으로 인식한다. 즉, 상으로 부터 빛이 오는 것으로 느낀다.

전신 거울의 최소 길이
머리 끝과 발 끝에서 각각 출발한 빛이 눈으로 다 들어와야 하므로, 그림과 같이 머리 끝과 눈의 중간에 거울의 상단이, 발 끝과 눈의 중간에 거울의 하단이 위치하면 된다. 따라서 키가 h 일 때 전신 거울의 최소 길이는 $\frac{h}{2}$ 이다.

개념확인 1

다음 빈칸에 알맞은 말을 각각 고르시오.

평면거울에 입사한 빛은 반사되면서 거울과 대칭되는 지점에 물체와 크기가 같고, (㉠ 위아래 ㉡ 좌우) 가 반대인 (㉠ 실상 ㉡ 허상)을 맺는다.

확인+1

오른쪽 그림과 같이 두 개의 평면거울을 사이각이 60° 가 되도록 놓은 후, 두 거울의 가운데에 물체를 놓았을 때 생기는 상의 수는 몇 개인가?

(   ) 개

③ **오목 거울에 의한 상** : 반사면이 오목한 오목 거울은 거울 축에 평행하게 입사된 빛을 반사시켜 모두 한 점에 모이게 한다. 이 점을 실초점이라고 한다. 물체의 한 점(A)에서 나온 빛은 반사되어 거울 앞의 한점(A')에 모이거나(실상), 거울 뒤의 한 점에 모인 것처럼 관측된다(허상).

④ **볼록 거울에 의한 상** : 반사면이 볼록한 볼록 거울은 광축과 평행하게 입사된 빛을 퍼지게 한다. 이때 반사 광선은 볼록 거울 뒤의 한 점에서 나온 것처럼 진행하는 데 이 점을 허초점이라고 한다. 물체의 한 점(B)에서 나온 빛은 거울 뒤의 한 점(B')에 모인 것처럼 관측된다(허상).

⇒ 거울 면의 중심(M)과 초점(F) 사이의 거리를 f, 구면 반지름을 r 이라고 할 때 다음의 관계가 성립한다.

$$f = \frac{1}{2}r$$

〈 거울에 의한 상의 작도 〉

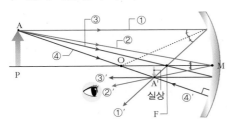

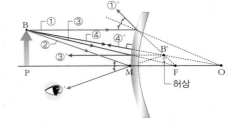

▲ 오목 거울에 의한 상의 작도   ▲ 볼록 거울에 의한 상의 작도

1. 광축과 나란하게 입사한 빛은 초점을 지나거나, 초점에서 나온 것처럼 반사한다.(광선 ①)
2. 거울의 중심(M)을 향하여 입사한 빛은 광축에 대해 대칭되도록 반사한다. (광선 ②)
3. 초점(F)을 향하여 입사한 빛은 광축과 나란한 방향으로 반사한다. (광선 ③)
4. 구심(O)을 향하여 입사한 빛은 반사 후 그대로 되돌아온다. (광선 ④)

(2) **구면 거울의 공식** : 물체에서 거울의 중심(M)까지의 거리를 a, 거울의 중심(M)에서 상까지의 거리를 b, 거울 면의 중심에서 초점까지의 거리를 f, 구면 반지름을 r 이라고 할 때 오른쪽의 관계가 성립한다.

$$\frac{1}{a} + \frac{1}{b} = \frac{1}{f} = \frac{2}{r}$$

부호	초점 거리 f	상까지의 거리 b	구면 반지름 r
(+)	초점이 거울 앞에 있을 때 ((실)초점)	상이 거울 앞에 있을 때 (실상)	구심이 거울 앞에 있을 때
(−)	초점이 거울 뒤에 있을 때 (허초점)	상이 거울 뒤에 있을 때 (허상)	구심이 거울 뒤에 있을 때

개념확인2   정답 및 해설 25쪽

다음 설명에 해당하는 단어를 각각 쓰시오.

(1) 빛이 실제로 모이는 초점   (   )
(2) 빛이 실제로 모이지 않고 그 연장선이 모이는 초점   (   )
(3) 구심과 거울 면의 중심을 연결한 직선   (   )

확인+2

오른쪽 그림은 오목 거울의 중심에서 8cm 떨어진 위치에 물체를 놓았을 때, 거울 앞 2cm 위치에 상이 생긴 모습을 나타낸 것이다. 이때 거울에서 초점까지의 거리는?

(   ) cm

사이드바

◉ 구심, 광축, 초점

	정의
구심 (O)	구면 거울을 이루는 구의 중심
광축	거울의 중심(M;경심)과 구심을 연결한 선
초점 (F)	광축 가까이에서 광축과 평행하게 입사한 빛 또는 그 연장선이 모이는 점

▲ 오목 거울

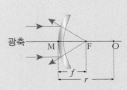

▲ 볼록 거울

◉ 실초점과 허초점

	정의
(실)초점	오목 거울의 초점과 같이 빛이 실제로 모이는 초점
허초점	볼록 거울의 초점과 같이 빛이 실제로 모이지 않고, 반사된 빛의 연장선이 모이는 초점

미니사전

상 [像 모양, 형상] 물체의 각 지점에서 나온 빛이 광학기기를 통하여 각 점에 모여서 실제로 만들어지거나, 각 점에 모인 것처럼 보이는 모습

● 렌즈의 초점

렌즈의 초점은 2개이며, 렌즈 양쪽 면의 곡률이 같으면 렌즈의 중심에서 각 초점까지의 거리는 서로 같다.

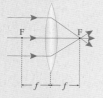

▲ 볼록 렌즈

▲ 오목 렌즈

● 구면 수차

아무리 정밀한 렌즈라도 렌즈의 광축과 나란하게 입사하는 모든 빛은 실제로 정확히 초점에 모이지 않는다. 이러한 오차를 구면 수차라고 한다. 따라서 렌즈를 이용한 광학기기의 정밀도가 감소하게 된다.

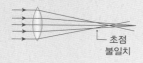

2. 렌즈에 의한 상

(1) 렌즈에 의한 상 : 렌즈에 의한 상의 위치는 물체의 한 점에서 나오는 여러 광선 중에서 굴절하는 두 광선 이상의 교점으로 찾을 수 있다.

① **볼록 렌즈에 의한 상** : 광축과 나란하게 입사한 빛은 굴절한 후 축의 한 점에 모인다. 이 점은 (실)초점에 해당한다. 물체의 한 점(A)에서 나온 빛은 렌즈에 의해 굴절되어 한 점(A')에 모이거나(실상) 렌즈 뒤에서 관찰할 때 한 점에 모인 것처럼 보인다(허상).

② **오목 렌즈에 의한 상** : 오목 렌즈의 광축과 나란하게 입사한 빛은 굴절한 후 광축 상의 한 점에서 나온 것처럼 퍼져 나간다. 이 점은 허초점에 해당한다. 물체의 한 점(B)에서 나온 빛은 렌즈에 의해 굴절되어 렌즈 뒤에서 관찰할 때 한 점(B')에 모인 것처럼 보인다(허상).

〈 렌즈에 의한 상의 작도 〉

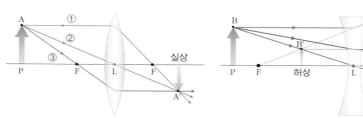

▲ 볼록 렌즈에 의한 상의 작도   ▲ 오목 렌즈에 의한 상의 작도

1. 광축과 나란하게 입사한 빛은 렌즈를 지난 후, 초점을 지나거나 초점에서 나온 것처럼 굴절한다.(광선 ①)
2. 렌즈의 중심(L)을 향하여 입사한 빛은 렌즈를 지난 후 그대로 직진한다. (광선 ②)
3. 초점(F)을 향하여 입사한 빛은 렌즈를 지난 후 광축에 평행하게 진행한다. (광선 ③)

(2) 렌즈의 공식(렌즈 방정식) : 물체에서 렌즈의 중심(L)까지의 거리를 a, 렌즈의 중심(L)에서 상까지의 거리를 b, 렌즈의 중심에서 초점까지의 거리를 f 라고 할 때 오른쪽과 같은 관계가 성립한다.

$$\frac{1}{a} + \frac{1}{b} = \frac{1}{f}$$

부호	초점 거리 f	상까지의 거리 b	물체까지의 거리 a
(+)	볼록 렌즈	상이 렌즈 뒤에 있을 때(실상)	실제 물체가 있을 때는 항상 (+)
(−)	오목 렌즈	상이 렌즈 앞에 있을 때(허상)	

개념확인3

다음 렌즈에 의한 상의 작도에 대한 설명 중 옳은 것은 ○표, 옳지 않은 것은 ×표 하시오.

(1) 초점을 향하여 비스듬히 입사한 빛은 렌즈를 지난 후에도 굴절하지 않고 그대로 직진한다. (   )

(2) 렌즈의 중심을 향하여 입사한 빛은 렌즈를 지난 후 그대로 직진한다. (   )

(3) 광축과 나란하게 입사한 빛은 볼록 렌즈를 지난 후 초점에서 나온 것처럼 굴절한다. (   )

확인+3

오른쪽 그림은 오목 렌즈의 중심으로부터 왼쪽으로 15 cm 위치에 물체가 놓여져 있는 것을 나타낸 것이다. 오목 렌즈의 초점 거리가 5 cm 일 때, 상이 생기는 위치는 오목 렌즈의 중심으로부터 몇 cm 떨어진 곳일까?

(   ) cm

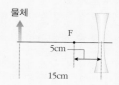

3. 상의 위치와 종류

(1) 볼록 거울과 오목 렌즈에 의한 상 : 물체의 위치에 관계없이 항상 축소된 정립 허상이 생긴다.

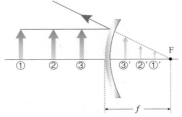

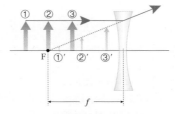

▲ 볼록 거울에 의한 상　　　　▲ 오목 렌즈에 의한 상

물체 위치(a)		$0 < a < \infty$
상	위치(b)	$-f < b < 0$
	모양	항상 축소된 정립 허상

(2) 오목 거울과 볼록 렌즈에 의한 상 : 물체의 위치에 따라 상의 크기와 종류가 다르다.

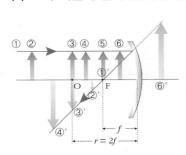
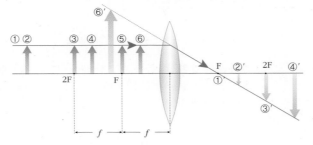

▲ 오목 거울에 의한 상　　　　▲ 볼록 렌즈에 의한 상

물체 위치(a)		∞	$2f < a < \infty$	$a = 2f$	$f < a < 2f$	$a = f$	$0 < a < f$
상	위치(b)	$b = f$	$f < b < 2f$	$b = 2f$	$2f < b < \infty$	$b = \infty$	$b < 0$
	모양	점	축소된 도립 실상	같은 크기의 도립 실상	확대된 도립 실상	상이 생기지 않음	확대된 정립 허상

개념확인 4　　　　　　　　　　　　　　　　　정답 및 해설 **25쪽**

다음 빈칸에 알맞은 말을 모두 고르시오.

> 물체의 위치에 관계 없이 항상 축소된 정립 허상이 생기는 광학 기기는 (㉠ 볼록 거울 ㉡ 오목 거울 ㉢ 볼록 렌즈 ㉣ 오목 렌즈)이다.

확인+4

초점 거리가 7 cm 인 볼록 렌즈 앞에 볼록 렌즈의 중심에서 14 cm 떨어져 있는 곳에 물체가 놓여져 있다. 이때 생기는 상의 모양은 무엇인가?

① 축소된 도립 실상　　　　② 같은 크기의 도립 실상　　　　③ 확대된 도립 실상
④ 확대된 정립 허상　　　　⑤ 상이 생기지 않는다.

4. 광학 기기의 이용

(1) 배율 : 물체와 상과의 크기 비율을 말한다. 물체에서 광학 기기의 중심까지의 거리를 a, 광학 기기의 중심에서 상까지의 거리를 b 라고 할 때, 배율 m 은 다음과 같다.

$$m = \left| \frac{b}{a} \right| = \frac{\text{상의 크기}}{\text{물체의 크기}}$$

m 의 부호	(+)	(−)
상의 종류	실상(도립상)	허상(정립상)

(2) 광학 기기의 이용

① **돋보기** : 볼록 렌즈의 초점 안에 놓인 물체를 확대하여 보는 기구로, 렌즈에 의한 허상이 명시 거리 안에 맺혀야 확대된 물체를 볼 수 있다.

· 눈이 렌즈에 아주 가까이 있을 때 : 렌즈에서 상까지의 거리 b 와 눈에서 상까지의 거리 D 가 거의 같다. ($b < 0$(허상)이므로, $b = -|b|$)

$$\Rightarrow m = \frac{|b|}{a} = 1 + \frac{|b|}{f} = 1 + \frac{D}{f}$$

· 눈이 물체와 반대편 초점에 있을 때 : $|b| = D - f$

$$\Rightarrow m = \frac{|b|}{a} = 1 + \frac{D-f}{f} = \frac{D}{f}$$

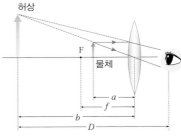

▲ 돋보기에 의한 상

② **케플러식 망원경** : 볼록 렌즈인 대물렌즈와 접안렌즈를 이용하여 멀리 있는 물체를 관측하는 굴절 망원경이다. 대물렌즈로 먼 곳에 있는 물체의 도립 실상을 접안렌즈의 초점 거리 안에 맺게 하고, 그 상을 접안렌즈에 의하여 확대된 도립 허상으로 본다.

망원경의 배율

$$\Rightarrow m = \frac{f_o}{f_e}$$

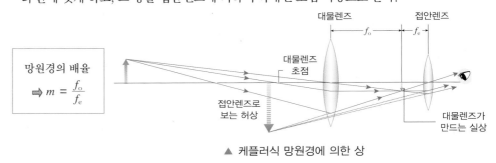

▲ 케플러식 망원경에 의한 상

개념확인 5

다음 빈칸에 알맞은 말을 각각 고르시오.

> 물체와 상과의 크기 비율을 배율이라고 한다. 배율의 부호가 (+)일 때는 (㉠ 도립상 ㉡ 정립상)이 생기고, (−)일 때는 (㉠ 도립상 ㉡ 정립상)이 생긴다.

확인+5

케플러식 망원경에 대한 설명 중 옳은 것은 ○표, 옳지 않은 것은 ✕표 하시오.

(1) 두 개의 볼록 렌즈를 이용하여 멀리 있는 물체를 관측하는 장치이다. ( )

(2) 대물렌즈에 의해 먼 곳의 물체의 상이 접안렌즈의 초점 거리 밖에 맺히게 한다. ( )

(3) 접안렌즈에 의해 실제 물체보다 크고 똑바로 서 있는 모습을 볼 수 있다. ( )

좌측 여백 내용:

● **명시 거리**

눈의 피로를 느끼지 않고, 물체를 또렷하게 지속적으로 볼 수 있는 최단 거리를 말한다. 정상 시력을 가진 사람들의 명시 거리는 보통 25 ~ 30cm 이다.

● **케플러식 망원경의 상**

대물렌즈에 의한 실상이 접안렌즈의 초점 거리 안에 맺힐 때, 초점과 가까울수록 선명한 상이 보인다.

● **갈릴레이식 망원경**

대물렌즈로 볼록 렌즈, 접안렌즈로 오목 렌즈를 사용하여 정립상이 보이도록 만든 굴절 망원경이다.

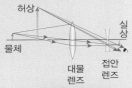

▲ 갈릴레이식 망원경

● **뉴턴식 반사 망원경**

빛을 모으는데 사용하는 오목 거울과 반사경, 접안렌즈로 볼록 렌즈를 이용한 반사 망원경이다.

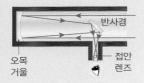

● **돋보기 배율**

렌즈 공식 : $\frac{1}{a} + \frac{1}{b} = \frac{1}{f}$

볼록렌즈에 의한 허상이므로 $b < 0$, $f > 0$

$$\frac{1}{a} - \frac{1}{|b|} = \frac{1}{f} , \frac{|b|}{a} - 1 = \frac{|b|}{f}$$

$$\therefore m(배율) = \frac{|b|}{a} = 1 + \frac{|b|}{f}$$

$|b|$:렌즈에서 상까지 거리

③ **광학 현미경** : 케플러식 망원경과 마찬가지로 두 개의 볼록 렌즈를 이용하여 물체를 관측하는 장치이다. 초점 거리가 매우 짧은 대물렌즈의 초점 바로 밖에 물체를 놓으면, 대물렌즈에 의해 접안렌즈의 초점 안에 확대된 도립 실상이 맺히고, 이 상은 접안렌즈에 의하여 한번 더 확대된 도립 허상으로 보이게 한다.

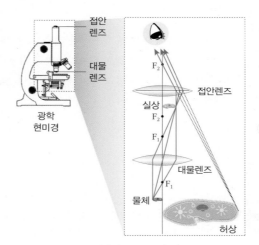

▲ 광학 현미경에 의한 상

> 광학 현미경의 배율 ⇒ $m = m_o \times m_e$
> (m_o : 대물렌즈 배율, m_e : 접안렌즈 배율)

※ **케플러식 망원경과 광학 현미경의 비교**
　㉠ 또렷한 상을 만들기 위해 케플러식 망원경은 대물렌즈와 접안렌즈 사이의 거리를 조절하지만, 광학 현미경은 물체와 대물렌즈 사이의 거리를 조절한다.
　㉡ 케플러식 망원경의 대물렌즈의 초점 거리는 접안렌즈의 초점 거리보다 길고, 광학 현미경은 짧다.
　㉢ 케플러식 망원경에서 상을 밝게 하기 위해서는 반지름이 큰 대물렌즈를 써야 한다.
　㉣ 광학 현미경에서 물체를 대물렌즈의 초점 바로 밖에 놓아야 한다.

④ **카메라** : 카메라는 많은 양의 빛을 통과시키면서 스크린에 도립 실상을 맺히게 하기 위하여 볼록 렌즈를 사용한다. 이때 렌즈의 위치를 앞뒤로 조절하여 또렷한 상을 만든다.

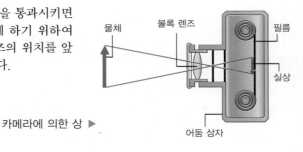

카메라에 의한 상 ▶

● 현미경의 배율

대물렌즈의 초점 F_1과 접안렌즈의 초점 F_2 사이의 거리를 광학통의 길이 L 이라고 한다.

이때 대물렌즈의 초점 거리 f_o, 접안렌즈의 초점 거리 f_e 가 모두 짧기 때문에 L 은 근사적으로 두 렌즈 사이의 거리에 해당한다.

대물렌즈의 중심에서 물체까지의 거리는 물체와 초점 사이의 거리가 무시할 만큼 짧기 때문에 f_o 라고 할 수 있다.

또한 상(대물렌즈에 의한 상)에서 대물렌즈의 중심까지의 거리는 $L + f_o$ 이며, 이때 f_o 은 매우 짧기 때문에 L 이라고 할 수 있다.

$$\Rightarrow m_o \approx \frac{L}{f_o}$$

접안렌즈의 중심에서 물체(대물렌즈에 의한 상)까지의 거리는 물체와 초점 사이의 거리가 무시할 만큼 짧기 때문에 f_e 라고 할 수 있다.

또한 상에서 접안렌즈의 중심까지의 거리는 명시 거리인 D 이다.

$$\Rightarrow m_e = \frac{D}{f_e}$$

$$\therefore m = m_o \times m_e = \frac{LD}{f_o f_e}$$

개념확인 6　　　　　　　　　　　　　　　정답 및 해설 **25쪽**

다음 설명에 해당하는 단어를 각각 고르시오.

(1) 또렷한 상을 만들기 위해 케플러식 망원경은 대물렌즈와 (㉠ 물체　㉡ 접안렌즈) 사이의 거리를 조절한다.
(2) 또렷한 상을 만들기 위해 광학 현미경은 대물렌즈와 (㉠ 물체　㉡ 접안렌즈) 사이의 거리를 조절한다.
(3) 광학 현미경에서 물체는 대물렌즈의 초점 바로 (㉠ 안　㉡ 밖)에 놓아야 한다.

확인+6

광학 현미경의 배율이 150배인 현미경이 있다. 대물렌즈의 배율이 12배라면, 접안렌즈의 배율은 몇 배인가?

（　　　　　）배

개념 다지기

01 다음 거울과 관련된 설명 중 옳은 것은 ○표, 옳지 않은 것은 ×표 하시오.

(1) 평면거울에 의해 생기는 상은 정립 허상이다. ( )
(2) 평면거울을 물체 쪽으로 거리 d 만큼 이동시키면 상도 d 만큼 이동한다. ( )
(3) 구면 반지름은 구면 거울의 초점 거리의 2배이다. ( )

02 오른쪽 그림은 볼록 거울의 중심에서 9 cm 떨어진 위치에 물체를 놓았을 때, 거울 뒤 3 cm 위치에 상이 생긴 모습을 나타낸 것이다. 이때 거울에서 초점까지의 거리는?

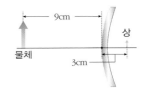

① 0.2 cm ② 0.4 cm ③ 2.25 cm ④ 4.5 cm ⑤ 9 cm

03 거울에 의한 상을 작도하는 방법에 대한 설명으로 옳은 것은?

① 초점을 향하여 입사한 빛은 반사 후 그대로 되돌아 나온다.
② 구심을 향하여 입사한 빛은 광축과 나란한 방향으로 반사한다.
③ 거울의 중심을 향하여 입사한 빛은 광축에 대칭되도록 반사한다.
④ 볼록 거울의 광축과 나란하게 입사한 빛은 거울에서 반사 후 초점을 지나간다.
⑤ 오목 거울의 광축과 나란하게 입사한 빛은 거울에서 반사 후 초점에서 나온 것처럼 반사한다.

04 오른쪽 그림은 초점 거리가 10 cm 인 볼록 렌즈의 중심으로부터 왼쪽으로 20 cm 위치에 물체가 놓여져 있는 것을 나타낸 것이다. 렌즈를 기준으로 상이 생기는 위치와 거리가 바르게 짝지어진 것은?

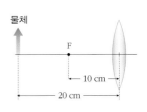

	위치	거리		위치	거리		위치	거리
①	왼쪽	$\frac{20}{3}$ cm	②	오른쪽	$\frac{20}{3}$ cm	③	왼쪽	20 cm
④	오른쪽	20 cm	⑤	상이 생기지 않음				

05 어떤 광학 기기에서 a 만큼 떨어져 있는 곳에 물체가 놓여져 있다. 이 광학 기기의 초점 거리가 f 일 때, 같은 크기의 실상이 생길 수 있는 광학 기기의 종류와 a 의 조건을 바르게 짝지은 것은?

	광학 기기	a의 조건		광학 기기	a의 조건		광학 기기	a의 조건
①	오목 렌즈	$a = f$	②	볼록 렌즈	$a < f$	③	오목 거울	$a = 2f$
④	볼록 거울	$f < a < 2f$	⑤	평면거울	$2f < a < \infty$			

06 오른쪽 그림은 오목 렌즈 앞의 초점 거리 안에 양초가 놓여져 있는 것을 나타낸 것이다. 양초의 위치를 A로 이동시켰을 때, 상에 대한 설명으로 옳은 것은?

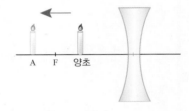

① 상의 크기가 커진다.
② 상의 크기가 작아진다.
③ 작고 거꾸로 선 상이었다가 상이 보이지 않게 된다.
④ 확대된 거꾸로 선 상이었다가 바로 선 상으로 바뀐다.
⑤ 작고 바로 선 상이었다가 확대된 거꾸로 선 상이 생긴다.

07 초점 거리가 16 cm 인 오목 거울에 의한 상이 오목 거울 뒤 16 cm 지점에 생겼다. 이 상의 크기는 물체 크기의 몇 배인가?

① $\frac{1}{2}$ 배 ② 1배 ③ $\frac{3}{2}$ 배 ④ 2배 ⑤ $\frac{5}{2}$ 배

08 다음 〈보기〉는 케플러식 망원경과 광학 현미경의 특징에 대하여 서술한 것이다. 공통점과 둘 중 한가지의 특징을 각각 바르게 짝지은 것은?

〈 보기 〉

ㄱ. 접안렌즈의 초점 거리가 대물렌즈보다 짧다.
ㄴ. 두 개의 볼록 렌즈를 이용하여 물체를 관측하는 장치이다.
ㄷ. 뚜렷한 상을 관찰하기 위해서 대물렌즈와 물체 사이의 거리를 조절한다.

	공통점	차이점		공통점	차이점		공통점	차이점
①	ㄱ	ㄴ, ㄷ	②	ㄱ, ㄴ	ㄷ	③	ㄴ	ㄱ, ㄷ
④	ㄴ, ㄷ	ㄱ	⑤	ㄷ	ㄱ, ㄴ			

유형 익히기&하브루타

[유형19-1] 거울에 의한 상

그림 (가)와 (나)는 각각 오목 거울과 볼록 거울을 이용하여 같은 물체를 비추었을 때 맺히는 상을 나타낸 것이다. 이에 대한 설명으로 옳은 것만을 〈보기〉에서 있는 대로 고른 것은? (단, O, F, M은 각각 거울의 구심, 초점, 중심을 나타내며, 거울의 중심에서 구심까지의 거리는 r, 초점까지의 거리는 d 이다.)

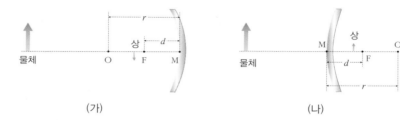

(가)   (나)

―――――――――〈 보기 〉―――――――――

ㄱ. $2d = r$
ㄴ. (가)의 상은 도립 실상, (나)의 상은 정립 허상이다.
ㄷ. (가)에서 광축과 나란하게 입사한 빛은 반사 후 실초점을 지나고, (나)에서는 허초점에서 나온 것처럼 반사한다.

① ㄱ   ② ㄴ   ③ ㄷ   ④ ㄱ, ㄴ   ⑤ ㄱ, ㄴ, ㄷ

01 오른쪽 그림은 상상이가 평면거울 앞에 서서 자신의 모습을 비춰보고 있는 것을 나타낸 것이다. 이에 대한 설명으로 옳은 것만을 〈보기〉에서 있는 대로 고른 것은? (단, 상상이와 거울과의 거리는 l 이다.)

―――――――〈 보기 〉―――――――

ㄱ. 상상이와 l 만큼 떨어진 곳에 좌우가 반대인 정립 허상이 생긴다.
ㄴ. 상상이가 거울에 v 의 속력으로 다가가면 상과 상상이도 v 의 속력으로 서로 가까워진다.
ㄷ. 상상이의 키가 160 cm 라면, 평면거울의 길이가 80 cm 이상일 때, 전신을 볼 수 있다.

① ㄱ   ② ㄴ   ③ ㄷ
④ ㄱ, ㄷ   ⑤ ㄴ, ㄷ

02 다음 그림은 거울 앞 3 cm 떨어져 있는 곳에 물체가 놓여져 있는 것을 나타낸 것이다. 이 거울의 구면 반지름이 10 cm 일 때, 상이 생기는 위치와 거리가 바르게 짝지어진 것은?

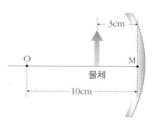

	상의 위치	거울 과의 거리
①	거울 앞	1.8 cm
②	거울 뒤	1.8 cm
③	거울 앞	7.5 cm
④	거울 뒤	7.5 cm
⑤	상이 생기지 않는다	

[유형19-2] 렌즈에 의한 상

그림 (가)와 (나)는 각각 오목 렌즈와 볼록 렌즈를 이용하여 같은 물체를 비추었을 때 맺히는 상을 나타낸 것이다. 이에 대한 설명으로 옳은 것만을 〈보기〉에서 있는 대로 고른 것은? (단, F, L 은 각각 렌즈의 초점, 렌즈의 중심을 나타내며, 렌즈의 중심에서 상까지의 거리는 각각 l_1, l_2, 초점까지의 거리는 d_1, d_2이다.)

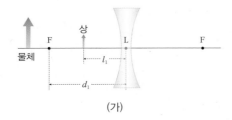

(가)

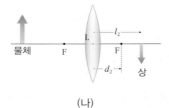

(나)

― 〈 보기 〉 ―
ㄱ. (가)에서 물체와 렌즈의 중심(L)까지의 거리는 $\dfrac{l_1}{l_1 - d_1}$ 이다.
ㄴ. (나)에서 광축과 나란하게 입사한 빛은 굴절하여 실초점에 모인다.
ㄷ. 렌즈에 의한 상의 위치는 물체의 한 점에서 나오는 여러 광선 중 굴절하는 두 광선 이상의 교점으로 찾을 수 있다.

① ㄱ   ② ㄴ   ③ ㄱ, ㄴ   ④ ㄴ, ㄷ   ⑤ ㄱ, ㄴ, ㄷ

03 다음 〈보기〉 중 오목 렌즈에 의한 상을 작도하는 방법에 대한 설명으로 옳은 것만을 있는 대로 고른 것은?

― 〈 보기 〉 ―
ㄱ. 광축과 나란하게 입사한 빛은 렌즈에서 굴절한 후 입사한 쪽의 초점에서 나온 것처럼 굴절한다.
ㄴ. 입사한 쪽의 초점을 향하여 입사한 빛은 렌즈의 반대쪽 초점을 향하여 굴절한다.
ㄷ. 렌즈의 중심을 향하여 입사한 빛은 렌즈를 지난 후 그대로 직진한다.

① ㄱ   ② ㄴ   ③ ㄷ
④ ㄱ, ㄷ   ⑤ ㄴ, ㄷ

04 그림 (가)는 볼록 렌즈에 의해 렌즈 반대 편에 상이 맺히는 것을 나타낸 것이다. 이때 그림 (나)와 같이 렌즈의 절반을 빛이 통과하지 못하도록 가렸을 때 나타나는 상의 변화에 대한 설명으로 옳은 것은?

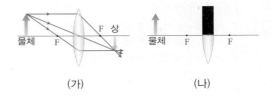

(가)   (나)

① 상의 일부가 나타나지 않는다.
② 같은 위치에 더 밝은 상이 나타난다.
③ 같은 위치에 더 어두운 상이 나타난다.
④ 렌즈의 반대쪽에 정립 허상이 나타난다.
⑤ 렌즈의 초점 위치에 더 어두운 상으로 나타난다.

[유형19-3] 상의 위치와 종류

그림 (가)와 (나)는 각각 볼록 거울과 볼록 렌즈 각각의 중심 M 과 L 로부터 왼쪽으로 30 cm 떨어진 지점에 물체가 광축상에 놓여 있는 것을 나타낸 것이다. 이때 M 과 L 로부터 10 cm 떨어진 점이 초점이다. 물음에 답하시오.

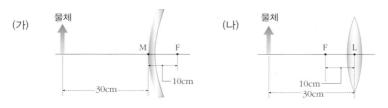

(1) 상의 종류가 바르게 짝지어진 것은?

	(가)	(나)		(가)	(나)		(가)	(나)
①	점	도립 실상	②	도립 허상	정립 실상	③	정립 허상	도립 실상
④	도립 실상	점	⑤	정립 허상	상이 생기지 않음			

(2) 상의 위치를 바르게 짝지은 것은? (단, 각각 M 과 L 을 기준으로 한다.)

	(가)	(나)		(가)	(나)		(가)	(나)
①	왼쪽 7.5 cm	왼쪽 15 cm	②	오른쪽 7.5 cm	왼쪽 15 cm	③	오른쪽 7.5 cm	오른쪽 15 cm
④	왼쪽 15 cm	왼쪽 7.5 cm	⑤	오른쪽 15 cm	왼쪽 7.5 cm			

05 오목 거울의 초점 안에 있는 물체가 초점 쪽으로 가까워지고 있다. 이때 상의 크기와 위치의 변화에 대하여 바르게 설명한 것은?

① 상이 점점 커지면서 거울로부터 멀어진다.
② 상이 점점 커지면서 거울로부터 가까워진다.
③ 상이 점점 작아지면서 거울로부터 멀어진다.
④ 상이 점점 작아지면서 거울로부터 가까워진다.
⑤ 같은 크기의 상이 처음 상이 맺힌 곳의 반대편에 뒤집힌채 생긴다.

06 다음 그림은 볼록 렌즈 앞의 초점 거리 밖에 전구가 놓여져 있는 것이다. 전구의 위치를 초점 안쪽인 A로 이동시켰을 때, 상의 변화에 대한 설명으로 옳은 것은?

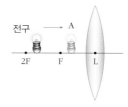

① 점 → 상이 생기지 않음
② 확대된 도립 실상 → 상이 생기지 않음
③ 확대된 도립 실상 → 확대된 정립 허상
④ 같은 크기의 도립 실상 → 확대된 도립 실상
⑤ 같은 크기의 도립 실상 → 축소된 도립 실상

[유형19-4] 광학 기기의 이용

다음 그림은 물체의 한 점에서 나온 빛이 망원경을 구성하고 있는 두 개의 볼록 렌즈 A, B 를 거쳐 진행하는 경로를 나타낸 것이다. 이에 대한 설명으로 옳은 것만을 〈보기〉에서 있는 대로 고른 것은? (단, 볼록 렌즈 A, B의 중심은 각각 L_A, L_B 이다.)

[수능 기출 유형]

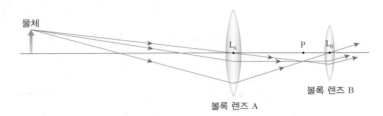

〈 보기 〉

ㄱ. 점 P에는 볼록 렌즈 A가 만드는 도립 실상이 생긴다.
ㄴ. 볼록 렌즈 B는 접안렌즈이며, 이를 통해 확대된 도립 허상을 볼 수 있다.
ㄷ. 점 P에서 L_B 사이의 거리는 접안렌즈의 초점 거리보다 작다.

① ㄱ   ② ㄴ   ③ ㄱ, ㄴ   ④ ㄴ, ㄷ   ⑤ ㄱ, ㄴ, ㄷ

---

07 다음 그림은 광학 현미경을 구성하고 있는 두 개의 볼록 렌즈 A, B 가 25 cm 만큼 떨어져 있고, 볼록 렌즈 B 의 오른쪽에 0.5 mm 크기의 물체가 5 cm 떨어져 광축 위에 놓여 있는 것을 나타낸 것이다. 볼록 렌즈 A 를 통해 본 물체의 크기는? (단, 볼록 렌즈 A, B의 중심은 각각 L_A, L_B 이고, 초점 거리는 각각 6 cm, 4 cm 이다.)

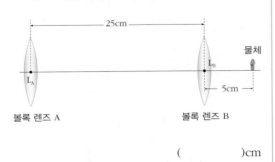

(　　　)cm

---

08 다음은 광학 기기를 이용한 도구들에 대한 설명이다. 옳은 것만을 〈보기〉에서 있는 대로 고른 것은?

〈 보기 〉

ㄱ. 카메라로 가까이 있는 물체를 찍을 때는 렌즈를 물체 쪽으로 이동시켜야 한다.
ㄴ. 광학 현미경에서 물체는 대물렌즈의 초점 바로 밖에 놓아야 한다.
ㄷ. 케플러식 망원경에서 상을 밝게 하기 위해서는 반지름이 큰 접안렌즈를 써야 한다.

① ㄱ   ② ㄴ   ③ ㄷ
④ ㄱ, ㄴ   ⑤ ㄱ, ㄴ, ㄷ

01

다음 그림은 정삼각형으로 만든 타일로 이루어진 바닥 위에 만든 거울 미로를 위에서 본 모습이다. 이 거울 미로에서 네 명의 학생이 숨바꼭질을 하고 있다. 물음에 답하시오. (단, 점선은 타일의 모양이며, 실선은 평면거울로 만들어진 미로의 벽을 나타낸다.)

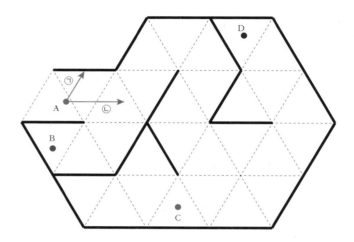

(1) 입구 쪽 지점에서 A가 ㉠ 방향으로 바라봤을 때 보이는 학생은 누구인가?

(2) 입구 쪽 지점에서 A가 ㉡ 방향으로 바라봤을 때 보이는 학생은 누구인가?

02 상상이가 벽에 걸린 거울을 보았을 때 벽과 15 m 떨어져 있는 12 m 높이의 건물의 일부가 거울에 비추었다. 그림과 같이 거울 쪽으로 가까이 다가가다 거리가 x 인 지점에 이르러서야 건물이 거울에 전부 비추었다. 거울의 길이가 2 m 일 때, x 를 구하시오.

[도 경시대회 기출 유형]

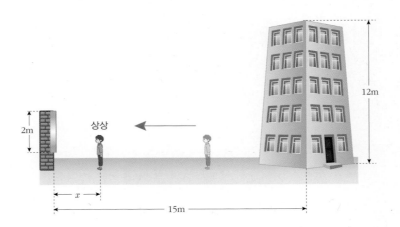

03 그림과 같이 초점 거리가 각각 80 cm, 50 cm 인 두 오목 거울 A 와 B 가 같은 광축 위에 3 m 떨어져서 마주보고 놓여져 있다. 오목 거울 A 에서 오른쪽으로 1 m 떨어진 곳에 물체를 놓았더니 오목 거울 A 에 의한 첫번째 상은 다시 오목 거울 B 에 의해 또 다른 상 P_1 이 되었고, 물체가 오목 거울 B 에 직접 반사되어 상 P_2 가 되었다. 상 P_1 과 P_2 에 대하여 서술하시오. (단, 상의 종류와 두 상 사이의 거리를 포함시킨다.)

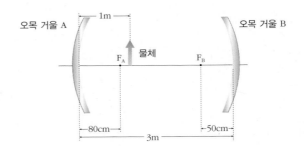

04 다음 그림은 초점 거리가 f 인 볼록 렌즈와 평면거울이 겹쳐져 있는 것을 나타낸 것이다. 이때 볼록 렌즈의 왼쪽 광축 위 1.5f 인 지점에 물체를 두었을 때, 물체의 상과 렌즈까지의 거리를 구하시오.

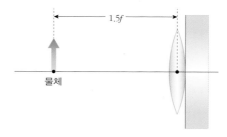

05 다음 그림과 같이 초점 거리가 6 cm 인 볼록 렌즈 앞 17 cm 지점의 광축 위에 물체가 놓여져 있다. 이때 두께가 3 cm 이고, 굴절률이 1.5 인 유리판을 물체와 볼록 렌즈의 사이에 광축과 수직하게 놓았다. 물체에 의한 상은 볼록 렌즈와 몇 cm 떨어진 곳에 생기는가?

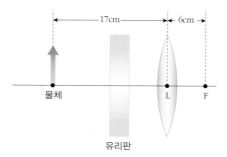

정답 및 해설 **29쪽**

06

물속에 있는 물체를 보면, 물체가 원래 있던 자리보다 물 표면에 더 가깝게 있는 것처럼 보인다. 이는 빛의 굴절에 의한 대표적인 현상이다. 사람의 눈으로 들어오는 실제 빛이 물 속에 있는 물체에서 나온 굴절된 빛이기 때문이다. 이와 같이 물 속에 있는 물체를 볼 때 실제 깊이가 아닌 겉보기 깊이에 있는 물체를 보게 된다. 다음은 겉보기 깊이에 대한 설명이다.

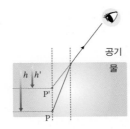

공기의 굴절률 $n_1 = 1$, 물의 굴절률 n_2 일 때,

$$\frac{h'}{h} = \frac{n_1}{n_2} = \frac{1}{n_2}$$

$$h'(겉보기\ 깊이) = \frac{h(실제\ 깊이)}{n_2}$$

다음의 질문에 답해 보시오.

물이 들어 있는 수조에 동전이 가라앉아있다. 이때 물의 깊이는 알 수가 없다. 동전의 바로 위의 수면에서 높이가 10 cm 되는 곳에 볼록 렌즈를 수평으로 놓았더니 동전의 상이 수면 위 70 cm 높이에 생겼다. 동전은 수면으로부터 몇 cm 깊이에 있는가? (단, 물의 굴절률은 1.3 이고, 볼록 렌즈의 초점 거리는 20 cm 이다.)

01 거울 또는 렌즈에 의한 상에 대한 설명 중 옳은 것은 ○표, 옳지 않은 것은 ×표 하시오.

(1) 평면거울에 의한 상은 물체와 크기가 같고, 좌우가 반대인 허상이다. ( )
(2) 볼록 거울의 초점에 물체가 놓여 있을 때, 물체보다 크기가 큰 정립 허상이 생긴다. ( )
(3) 볼록 렌즈의 광축과 나란하게 입사한 빛은 굴절한 후 실초점에 모인다. ( )

02 신장이 166 cm 인 무한이가 평면거울을 통해 자신의 전신 모습을 보려고 한다. 이때 필요한 거울의 최소한의 길이는?

( )cm

03 다음 빈칸에 알맞은 거울의 종류를 각각 쓰시오.

(㉠)의 초점과 같이 반사된 빛이 실제로 모이는 초점을 실초점이라고 하고, (㉡)의 초점과 같이 빛이 실제로 모이지 않고, 반사된 빛의 연장선이 모이는 초점을 허초점 이라고 한다.

㉠ ( ), ㉡ ( )

04 다음 그림과 같이 거울 또는 렌즈의 광축과 멀리 떨어진 곳에서 광축과 나란하게 입사하는 빛은 초점에 모이지 않는다. 이러한 현상을 무엇이라고 하는가?

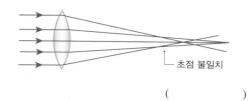

초점 불일치

( )

05 다음 그림은 초점 거리가 12 cm 인 오목 렌즈의 중심으로부터 왼쪽으로 7 cm 위치에 물체에 의한 허상이 맺힌 것을 나타낸 것이다. 물체의 위치는 렌즈의 중심(L)으로부터 몇 cm 떨어진 곳에 있을까?

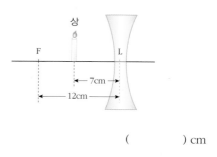

상

F ⟵7cm⟶ L
⟵——12cm——⟶

( ) cm

06 다음 그림은 초점 거리가 5 cm인 볼록 렌즈의 왼쪽으로 8 cm 지점의 광축 위에 물체가 놓여져 있는 것을 나타낸 것이다. 볼록 렌즈에 의한 상에 대한 설명으로 옳은 것은?

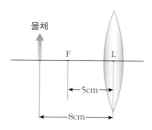

물체

F L
⟵5cm⟶
⟵——8cm——⟶

① 상이 점으로 생긴다.
② 물체보다 큰 정립 허상이 볼록 렌즈의 왼쪽에 생긴다.
③ 물체보다 큰 도립 실상이 볼록 렌즈의 오른쪽에 생긴다.
④ 물체보다 작은 도립 실상이 볼록 렌즈의 오른쪽에 생긴다.
⑤ 물체와 같은 크기의 도립 실상이 볼록 렌즈의 오른쪽에 생긴다.

B

07 배율에 대한 설명 중 옳은 것은 ○표, 옳지 않은 것은 ×표 하시오.

(1) 물체와 상과의 크기 비율로, 물체의 크기를 상의 크기로 나눈 값이다. ( )

(2) 배율이 (+)값이면 도립상이 만들어진다. ( )

(3) 배율이 1보다 크면 축소된 상이 생긴다. ( )

08 오목 거울의 중심에서 9 cm 떨어진 광축 위에 물체가 놓여져 있다. 오목 거울의 초점 거리가 18 cm 라면, 이때 생기는 상의 크기는 물체의 몇 배인가?

( )배

09 눈의 피로를 느끼지 않고, 물체를 또렷하게 지속적으로 볼 수 있는 최단 거리로 정상 시력을 가진 사람들은 보통 25 ~ 30 cm 이다. 이를 무엇이라고 하는가?

( )

10 다음은 광학 현미경에 대한 설명이다. 옳은 것은 ○표, 옳지 않은 것은 ×표 하시오.

(1) 두 개의 볼록 렌즈를 사용하여 만든 광학 현미경은 물체를 대물렌즈의 초점 바로 안에 놓아야 한다. ( )

(2) 대물렌즈는 확대된 도립 실상을 접안렌즈의 초점 밖에 만든다. ( )

(3) 대물렌즈에 의한 상을 접안렌즈를 이용하여 더 확대된 허상으로 보이게 한다. ( )

11 평면거울에 대한 설명으로 옳은 것만을 〈보기〉에서 있는 대로 고른 것은?

─〈 보기 〉─
ㄱ. 물체와 거울 사이의 거리와 상과 거울 사이의 거리가 같다.
ㄴ. 거울이 물체에 대하여 상대적으로 운동할 때, 상의 속도는 물체의 속도의 2배이다.
ㄷ. 두 평면거울을 사이각이 45° 가 되도록 놓은 후 두 거울 사이에 물체를 놓으면, 총 8개의 상이 보인다.

① ㄱ   ② ㄷ   ③ ㄱ, ㄴ
④ ㄱ, ㄷ   ⑤ ㄴ, ㄷ

12 그림 (가)와 (나)는 오목 거울과 오목 렌즈 앞에 같은 물체가 각각 놓여져 있는 것을 나타낸 것이다. 이때 물체는 각 광학 기구의 초점 거리 F_A, F_B 바로 바깥에 위치해 있다. 이에 대한 설명으로 옳은 것만을 〈보기〉에서 있는 대로 고른 것은?

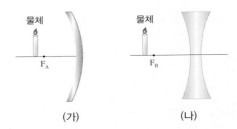

(가)   (나)

─〈 보기 〉─
ㄱ. (가)에서는 실상, (나)에서는 허상이 맺힌다.
ㄴ. (가)에서 상은 물체에 대해 거꾸로 서 있다.
ㄷ. (나)에서 물체보다 작은 크기의 상이 생긴다.

① ㄱ   ② ㄴ   ③ ㄷ
④ ㄱ, ㄴ   ⑤ ㄱ, ㄴ, ㄷ

13 다음은 구면 거울과 렌즈의 물체－상 관계식이다. 이에 대한 설명으로 옳은 것만을 〈보기〉에서 있는 대로 고른 것은?

$$\frac{1}{a} + \frac{1}{b} = \frac{1}{f}$$

a : 거울(렌즈)에서 물체까지의 거리
b : 거울(렌즈)에서 상까지의 거리
f : 거울(렌즈)의 초점 거리

〈 보기 〉

ㄱ. 상이 실상일 때, b 는 (＋) 값을 가진다.
ㄴ. 실제 물체가 있을 때 a 는 항상 (＋) 값을 가진다.
ㄷ. f 는 볼록 거울일 때 (＋), 볼록 렌즈일 때 (－) 값을 가진다.

① ㄱ   ② ㄴ   ③ ㄷ
④ ㄱ, ㄴ   ⑤ ㄱ, ㄴ, ㄷ

14 볼록 거울 앞 12 cm 지점의 광축 위에 물체를 놓았다. 이때 물체 크기의 $\frac{1}{3}$ 크기의 허상이 생겼다면, 볼록 거울의 초점 거리는?

① 3 cm   ② －3 cm   ③ －4 cm
④ 6 cm   ⑤ －6 cm

15 거울에서 a 만큼 떨어져 있는 곳의 광축 위에 물체가 놓여져 있다. 물체보다 큰 허상이 생길 수 있는 거울의 종류와 a 의 조건이 바르게 짝지어진 것은? (단, 거울의 초점 거리는 f 이다.)

	거울의 종류	a의 조건
①	오목 거울	$f < a < 2f$
②	볼록 거울	$a = 2f$
③	오목 거울	$0 < a < f$
④	볼록 거울	$2f < a < \infty$
⑤	평면거울	$a = f$

16 다음 그림과 같이 초점 거리의 2배 위치에서 초점 거리로 전구를 옮겼을 때 상의 변화에 대한 설명으로 옳은 것은?

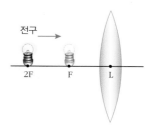

① 처음에는 물체보다 작은 크기의 거꾸로 된 상이 점이 된다.
② 처음에는 같은 크기의 거꾸로 된 상이 물체를 옮긴 후 사라진다.
③ 처음에는 상이 생기지 않다가 물체보다 큰 크기의 거꾸로 된 상이 된다.
④ 처음에는 똑바로 선 물체보다 큰 크기의 상이 거꾸로 된 작은 크기의 상이 된다.
⑤ 처음에는 물체보다 작은 크기의 거꾸로 된 상이 물체보다 큰 크기의 바로 선 상이 된다.

17 다음 그림과 같이 크기가 6 cm 인 물체가 오목 렌즈의 왼쪽으로 28 cm 되는 광축 위의 지점에 놓여져 있다. 오목 렌즈의 초점 거리가 7 cm 일 때, 상의 크기와 상의 모습이 바르게 짝지어진 것은?

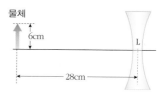

	상의 크기	상의 모습
①	1.2 cm	정립 허상
②	1.2 cm	도립 실상
③	30 cm	정립 허상
④	30 cm	도립 실상
⑤	5.6 cm	정립 실상

18 다음은 근시안과 원시안에 대한 설명이다.

근시안이란 가까이 있는 물체는 잘 보지만 멀리 있는 물체를 잘 보지 못하는 경우를 말한다. 이는 물체의 상이 망막 앞에 맺히기 때문이며, 오목 렌즈를 이용하여 교정을 한다.
반면에 원시안이란 멀리 있는 물체는 잘 보이지만 가까이 있는 물체를 잘 보지 못하는 경우를 말한다. 이는 물체의 상이 망막의 뒤에 맺히기 때문이며, 볼록 렌즈를 이용하여 교정한다.

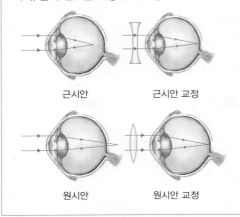

근시안   근시안 교정

원시안   원시안 교정

무한이의 할아버지는 책을 읽을 때, 75 cm 떨어진 곳에 책을 놓고 보신다. 할아버지께서 정상적인 시력을 가진 사람과 같이 25 cm 앞의 물체를 선명하게 볼 수 있게 하려면, 어떤 렌즈의 안경이 필요할까?

	렌즈의 종류	초점 거리
①	오목 렌즈	18.75 cm
②	볼록 렌즈	18.75 cm
③	오목 렌즈	37.5 cm
④	볼록 렌즈	37.5 cm
⑤	볼록 렌즈	56.25 cm

19 다음 그림은 평면거울 앞에 상상이와 인형이 각각 150 cm, 180 cm 떨어져 있는 곳에 있는 것을 나타낸 것이다. 이에 대한 설명으로 옳은 것만을 〈보기〉에서 있는 대로 고른 것은?

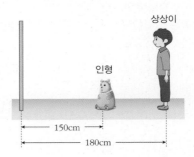

상상이

인형

150cm

180cm

〈 보기 〉

ㄱ. 상상이가 거울을 통해 보는 인형의 상은 거울 밖의 상상이로부터 1.5m 떨어져 있다.
ㄴ. 상상이가 거울을 향해 v 의 속력으로 다가가면, 상상이가 보는 인형의 상도 v 의 속력으로 가까워진다.
ㄷ. 거울과 상상이가 같은 속력 v 로 서로에게 다가온다면, 상상이가 보는 인형의 상은 상상이에게 속력 $3v$ 로 다가오는 것으로 보인다.

① ㄱ   ② ㄴ   ③ ㄱ, ㄴ
④ ㄴ, ㄷ   ⑤ ㄱ, ㄴ, ㄷ

20 높이가 h 인 물체가 초점 거리의 절대값이 40 cm 인 어떤 거울 앞에 있다. 이때 거울에 비친 물체는 똑바로 서 있고, 높이는 $0.5h$ 이다. 이때 물체를 비춘 거울의 종류와 상의 종류가 바르게 짝지어진 것은?

	거울의 종류	상의 종류
①	평면거울	실상
②	오목 거울	실상
③	볼록 거울	실상
④	오목 거울	허상
⑤	볼록 거울	허상

[21-22] 다음 그림은 초점 거리가 각각 20 cm, 30 cm 인 볼록 렌즈와 오목 렌즈가 16 cm 간격으로 떨어져 세워져 있는 상태에서 볼록 렌즈의 왼쪽으로 45 cm 떨어져 있는 곳에 물체가 놓여져 있는 것을 나타낸 것이다. 물음에 답하시오. (단, 볼록 렌즈와 오목 렌즈의 중심은 각각 L_A, L_B 이고, 광축은 일치한다.)

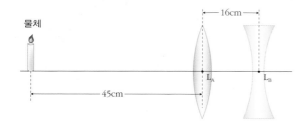

21 볼록 렌즈에 의한 상이 생기는 위치와 오목 렌즈의 중심 L_B 로 부터의 거리가 바르게 짝지어진 것은?

	상의 위치	거리
①	오목 렌즈의 왼쪽	20 cm
②	오목 렌즈의 왼쪽	36 cm
③	오목 렌즈의 오른쪽	20 cm
④	오목 렌즈의 오른쪽	36 cm
⑤	오목 렌즈의 오른쪽	52 cm

22 오목 렌즈에 의한 상이 생기는 위치와 볼록 렌즈의 중심 L_A 로 부터의 거리가 바르게 짝지어진 것은?

	상의 위치	거리
①	볼록 렌즈의 왼쪽	28 cm
②	볼록 렌즈의 왼쪽	56 cm
③	볼록 렌즈의 오른쪽	14 cm
④	볼록 렌즈의 오른쪽	76 cm
⑤	볼록 렌즈의 오른쪽	86 cm

23 다음은 어떤 렌즈에서 물체까지의 거리 a 와 렌즈에서 상까지의 거리 b 의 관계를 나타낸 것이다. 이에 대한 설명으로 옳은 것만을 〈보기〉에서 있는 대로 고른 것은?

[수능 기출 유형]

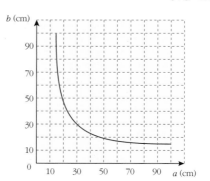

─〈 보기 〉─

ㄱ. 이 렌즈의 초점 거리는 30 cm 이다.

ㄴ. 이 렌즈로는 항상 허상만 생긴다.

ㄷ. 렌즈의 중심에서 30 cm 떨어진 지점에 물체를 놓으면, 렌즈의 반대편에 같은 크기의 거꾸로된 상이 생긴다.

① ㄱ   ② ㄴ   ③ ㄷ
④ ㄱ, ㄴ   ⑤ ㄱ, ㄴ, ㄷ

24 다음은 무한이가 현미경의 원리를 실험해 보기 위해 만든 간이 현미경이다. 렌즈 A 와 B 의 초점 거리는 각각 2 cm, 1.2 cm 이고, 물체는 렌즈 B 로부터 오른쪽으로 1.4 cm 떨어진 지점에 놓았다. 이때 렌즈 B 가 만든 상은 렌즈 A 로 부터 오른쪽으로 1.8 cm 인 지점에 생겼다. 이에 대한 설명으로 옳은 것만을 〈보기〉에서 있는 대로 고른 것은?

〈 보기 〉

ㄱ. 물체의 크기가 1 mm 라면, 간이 현미경으로 관찰한 물체의 크기는 6 cm 이다.

ㄴ. 렌즈 A 로부터 8.4 cm 떨어진 지점에 확대된 도립 허상이 생긴다.

ㄷ. 렌즈 B 에 의한 상은 렌즈 B 의 초점 안에 확대된 정립 허상으로 생긴다.

① ㄱ   ② ㄴ   ③ ㄷ
④ ㄱ, ㄴ   ⑤ ㄱ, ㄴ, ㄷ

25 볼록 렌즈의 광축 위의 어느 한 지점에 물체가 놓여 있다. 이때 그림과 같이 볼록 렌즈와 15 cm 떨어져 있는 지점에 평면거울이 놓여져 있을 때 평면거울이 만드는 물체의 상은 거울의 뒤쪽 3 cm 지점에 생겼다. 볼록 렌즈의 초점 거리는 3 cm 이다. 물음에 답하시오.

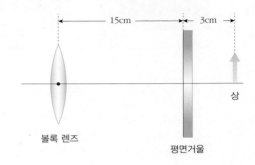

(1) 물체는 평면거울과 얼마나 떨어져 있을까?

(   )cm

(2) 거울에 의해 반사된 빛은 반대로 진행하여 렌즈를 통과한 후 상을 형성한다. 이때 상의 위치는 렌즈와 얼마나 떨어져 있을까?

(   )cm

26 그림 (가)와 (나) 구면 거울이 사용되는 자동차의 전조등과 자동차의 측면 거울이다. 이에 대한 설명으로 옳은 것만을 〈보기〉에서 있는 대로 고른 것은?

(가)

(나)

〈 보기 〉

ㄱ. (가)는 초점 위에 있는 물체는 상이 생기지 않는 성질을 가진 거울을 이용한다.

ㄴ. (나)에 사용되는 거울의 배율은 (+)이다.

ㄷ. (나)에서 초점 거리 밖의 사물은 거울에 상이 생기지 않는다.

① ㄱ   ② ㄴ   ③ ㄷ
④ ㄱ, ㄴ   ⑤ ㄱ, ㄴ, ㄷ

27 오목 거울 앞에 어떤 물체를 놓았더니 상의 크기가 물체 크기의 2 배가 되는 가장 선명한 상이 스크린에 생겼다. 이때 물체를 거울 앞으로 조금 옮겼더니 상이 흐려져서 스크린을 뒤로 30 cm 옮겼더니 다시 선명한 상이 생겼으며, 크기는 물체 크기의 5 배 였다. 이 오목 거울의 초점 거리는?

(   )cm

28 그림과 같이 어떤 물체가 종류를 알 수 없고 서로 10 cm 떨어져 있는 두 개의 렌즈 A, B 앞 40 cm 위치에 놓여져 있다. 이때 렌즈 A, B 의 초점 거리는 각각 20 cm, −15 cm 이다. 렌즈 A 와 B 에 의한 최종적인 상은 렌즈 B 로 부터 어느 방향으로 몇 cm 떨어져서 생기는가?

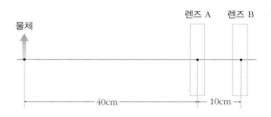

29 그림 처럼 초점 거리가 10 cm 로 같은 오목 렌즈와 볼록 렌즈, 오목 거울이 서로 같은 간격으로 떨어져 있고, 세 광학 기구의 광축 위 오목 렌즈의 왼쪽으로 30 cm 지점에 물체가 놓여져 있다. 두 렌즈를 지난 후 거울에서 반사되어 생기는 상의 위치에 대하여 서술하시오. (단, 광학 기구 사이의 간격은 20 cm 이다.)

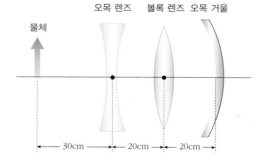

30 초점 거리의 절대값이 25 cm 인 렌즈 앞에 물체가 놓여져 있다. 이때 렌즈의 배율은 +5 이다. 물음에 답하시오.

(1) 렌즈의 종류는 무엇인가?

(   )

(2) 상은 렌즈의 어느 방향으로 얼마나 떨어져 있는지 서술하시오.

31 그림과 같이 초점 거리가 4 cm 로 각각 같은 오목 렌즈 두 개가 10 cm 떨어져 있다. 이때 오목 렌즈 A 의 왼쪽으로 4 cm 떨어진 지점에 물체를 놓았다. 물체에 의한 상에 대하여 서술하시오. (오목 렌즈 B 와의 거리와 방향에 대한 내용을 모두 포함한다.)

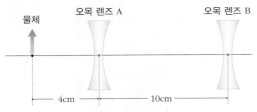

32 그림 (가)와 같이 세 개의 렌즈가 같은 광축 상에 있고, 그 광축 위에 물체가 놓여져 있다. 물체와 렌즈 A 사이의 거리를 a, 렌즈 A 와 렌즈 B 사이의 거리를 d_1, 렌즈 B 와 렌즈 C 사이의 거리를 d_2 로 한다. 표 (나)는 여러 가지 렌즈에 따른 주어진 거리를 나타낸 것이다. (단, 초점 거리 값은 절대값이다.)

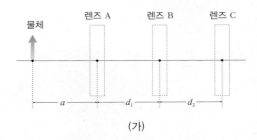

(가)

	a	렌즈 A	d_1	렌즈 B	d_2	렌즈 C
㉠	12	볼록 $f=6$	15	볼록 $f=2$	11	볼록 $f=3$
㉡	4	오목 $f=6$	9.6	볼록 $f=6$	14	볼록 $f=4$
㉢	8	오목 $f=8$	8	오목 $f=16$	5	볼록 $f=8$

(단위 cm)

(나)

㉠ ~ ㉢의 렌즈의 조합 중 원래 물체와 가장 멀리 떨어진 곳에 상이 맺히는 조합과 가장 가까운 곳에 상이 맺히는 조합을 순서대로 쓰시오.

과학으로 장애를 극복!
– 특수 안경과 골전도 이어폰

시각 장애인을 위한 특수 안경 | 시각 장애 어머니가 과학 기술의 도움으로 자신이 낳은 아이를 처음으로 볼 수 있었다.

2015년 앞을 보지 못하는 시각 장애 어머니가 자신이 낳은 아이를 처음으로 보는 감동적인 장면이 인터넷 상에 공개됐다. 어릴 때부터 시각 장애인인 그녀의 가장 큰 소원이었던 태어난 아들을 보는 것이 과학 기술의 도움으로 이루어진 것이다.

시각 장애인을 위한 특수 안경

캐나다 오타와에 위치한 회사에서 개발한 eSight 특수 안경은 어느 정도 시력이 남아 있는 시각 장애인들이 앞을 볼 수 있도록 도와주는 특수 안경이다.

이 안경은 휴대용 유선 제어부와 함께 2개의 LCD 스크린이 장착된 헤드셋으로 구성되어 있다. 안경에 장착된 렌즈를 통해 사물을 인식하고, 제어부에서 시력에 따라 초점이나 밝기 등을 조절하여 캡처된 영상을 최대한 좋은 화질로 만든 후, 장착된 LCD 스크린에 영상을 보여주는 원리이다.

하지만 이 안경이 모든 시각 장애인을 볼 수 있도록 도와주지는 못하고 있다. 현재의 기술로는 저시력이라도 가진 사람들에게만 가능하다고 한다.

인공 망막 이식을 통한 장애의 극복

2012년 5월 BBC는 옥스퍼드 대학교 안과 병원과 킹스 칼리지 안과 병원 의료팀이 시각 장애인에게 인공 전자 망막을 이식하여 시력 일부를 회복시키는 데 성공했다고 보도하였다. 이때 사용된 인공 전자 망막은 $3mm^2$ 크기의 초소형 전자칩으로 외부에서 들어온 빛을 전기 신호로 바꾼 뒤 시각 장애인의 뇌에 있는 시신경으로 전달한다. 시각 신경이 살아 있었던 환자는 수술 후 3주일이 지나서 빛을 감지하고 사물의 형체를 흑백으로 구별할 수 있을 정도로 시력을 되찾을 수 있었다.

인공 망막이 사물을 인식하는 원리 |

인공 망막이 사물을 인식할 수 있는 것은 비디오 카메라가 장착된 특수하게 제작된 안경이 시력을 잃은 환자의 앞에서 벌어지고 있는 상황을 기록한 뒤 이를 망막에 이식된 칩으로 근적외선으로 비춰준다. 이때 전자칩은 근적외선을 전기 신호로 변환시켜 신경을 통해 뇌에 신호를 전달하고, 뇌는 전달된 시신경 정보를 바탕으로 희미하게나마 빛을 시각화하는 것이다.

'신이 인간에게 가장 잘못한 일이 있다면 베토벤에게서 귀를 빼앗은 것이다.'

프랑스의 소설가 로맹 롤랑이 쓴 『베토벤 전기』 서문에 나오는 말이다. 서양 음악 역사상 가장 위대한 음악가 중 한 명인 베토벤은 20대 중반부터 청력에 문제가 생긴 후 청력을 잃게 되었음에도 수많은 명곡을 남겼다. 귀가 들리지 않던 베토벤이 작곡을 할 수 있었던 것은 나무 막대기를 이용한 피아노 소리를 듣는 방법에 있었다. 막대기의 한쪽 끝을 피아노 뚜껑 아래에 놓고, 다른 한쪽을 입에 무는 방법으로 소리를 들었던 것이다. 이는 피아노에서 발생하는 소리의 진동이 귓속으로 전달되는 골전도의 원리를 이용한 것이다.

골전도 원리

일반적으로 소리를 듣는 과정은 소리의 진동이 이도(외이도)를 통해 들어와서 고막을 진동시키고, 그 진동이 고막과 붙어 있는 세 개의 뼈(청소골)에 전달되어 달팽이관으로 들어가면, 달팽이관 안의 세포들에 의해 소리가 전기 신호로 바뀌어 청신경을 통해 뇌로 전달된다. 반면에 골전도에 의한 소리는 외부의 뼈에 진동이 전해지면, 고막과 청소골을 거치지 않고 바로 달팽이관에 전달되어 소리를 듣게 된다.

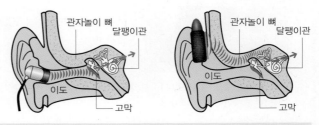

일반적인 이어폰과 골전도 이어폰의 비교 | 일반적인 이어폰은 공기의 직접적인 전달로 들을 수 있는 것이라면, 골전도 이어폰은 뼈의 진동으로 발생한 진동으로 들을 수 있는 것이다.

Q1
골전도 이어폰이 귓구멍을 통해 소리가 직접 들어가지 않아도 들을 수 있는 원리에 대하여 서술하시오.

Q2
청신경이나 시신경에 장애가 있는 환자들은 어떤 방법으로 듣거나 볼 수 있을까? 자신의 생각을 서술하시오.

Project 3 - 탐구

[탐구-1] 골전도 이어폰 만들기

준비물 에나멜선, 네오디뮴 자석, 나무봉(나무젓가락), 스피커 줄, 전선캡(절연 테이프), 사포, 투명관(빨대), 테이프

목 표 골전도 이어폰을 직접 만들어보고, 그 원리를 체험한다.

탐구과정

① 테이프의 중앙에 네오디뮴 자석을 붙여 준비한다.

② 투명관에 에나멜선을 촘촘히 감은 후, ①에서 준비한 자석을 투명관 끝에 붙인다.

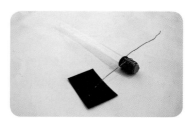

③ 에나멜선 끝을 사포로 문질러 피복을 벗겨 준다.

④ 스피커 줄 끝을 10cm 정도 벗긴 후, 피복을 2cm 정도 제거해 준다. 피복을 제거하여 나온 노란선과 빨간선을 각각 꼬아준다.

⑤ 에나멜선과 스피커 줄을 연결한 후 전선캡을 씌우거나 절연 테이프로 감아준다.

⑥ 휴대전화나 오디오 장치에 스피커 줄을 연결한다. 나무봉을 투명관에 넣고 이 끝으로 살짝 문 다음 귀를 막고 소리를 들어본다.

탐구결과

나무 막대를 입에 물고 귀를 막았을 때, 소리가 어떻게 들리는가? 일반적인 이어폰으로 들었을 때의 소리와 비교하여 서술하시오.

자료 해석 및 일반화

내 목소리가 녹음된 소리를 들어보면, 내가 듣던 목소리와 다르게 느껴진다. 그 이유에 대하여 골전도 이어폰의 원리를 참고하여 설명하시오.

[탐구-2] 속삭이는 회랑(Whispering Gallery)

중세 시대 르네상스 양식으로 지어진 런던을 대표하는 성당인 『세인트 폴 대성당』에는 '속삭이는 회랑 (Whispering Gallery)'이라 불리는 신비한 장소가 있다. 돔을 이루는 타원형 천장 아래 둘레를 따라 빙 도는 원형 모양의 복도(회랑)가 바로 그 장소이다. 이 복도의 한쪽 끝에서 작게 속삭인 소리가 건너편 복도 끝에서 도 또렷하게 잘 들리기 때문에 '속삭이는 회랑'이라 불리게 된 것이다.

▲ 세인트 폴 대성당

▲ 세인트 폴 대성당의 회랑

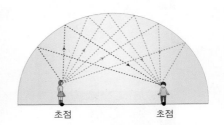

초점   초점

▲ 속삭이는 회랑의 원리

소리는 음원에서 멀어질수록 작게 들린다. 하지만 속삭이는 회랑 에서 건너편 복도 끝에서도 소리가 잘 들리는 현상은 타원형 천정 에 그 이유가 있다. 타원 위의 점들은 두 초점에서 거리의 합이 모 두 같다. 이러한 타원의 성질로 인하여 한 초점에서 발생한 소리가 천장에서 반사된 뒤 다른 초점에 모이게 되므로 한쪽 끝에서 작게 속삭인 소리가 건너편 특정 지점에서 선명한 소리로 들리게 된다. 런던의 『세인트 폴 대성당』 외에도 미국 국회의사당의 내셔널 스 태추어리 홀(National Statuary Hall)도 '속삭이는 회랑' 효과를 내 는 것으로 알려져 있다.

▲ 내셔널 스태추어리 홀

1. '속삭이는 회랑'에서 일어나는 현상과 '오목 거울'에 나타나는 현상의 공통점을 서술하시오.

2. 위와 같은 현상을 응용할 수 있는 방법에는 무엇이 있을지 자신의 생각을 서술하시오.

Project 3 - 서술

보이지 않는 공포,
나도 혹시 전자파 과민증(EHS)?!

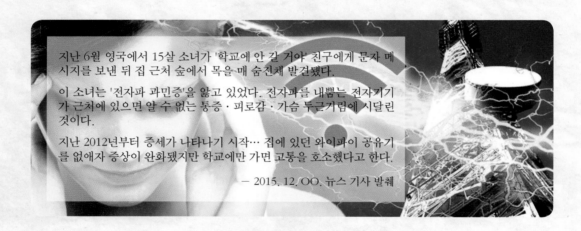

지난 6월 영국에서 15살 소녀가 '학교에 안 갈 거야' 친구에게 문자 메시지를 보낸 뒤 집 근처 숲에서 목을 매 숨진채 발견됐다.

이 소녀는 '전자파 과민증'을 앓고 있었다. 전자파를 내뿜는 전자기기가 근처에 있으면 알 수 없는 통증 · 피로감 · 가슴 두근거림에 시달린 것이다.

지난 2012년부터 증세가 나타나기 시작… 집에 있던 와이파이 공유기를 없애자 증상이 완화됐지만 학교에만 가면 고통을 호소했다고 한다.

— 2015. 12. ○○ 뉴스 기사 발췌

세계 인구의 3% 정도가 겪고 있는 와이파이 알레르기

'전자파 과민증(Electromagnetic HyperSensitivity, EHS)'이란 휴대전화나 TV 등에서 발생하는 전자파로 인해 두통, 두근거림, 피로 등을 느끼는 증상을 말한다. 세계보건기구(WHO)에서는 이러한 증상들이 다른 원인으로 인해 발생할 수 있다고 판단하여 공식 질병으로 분류하지 않고 있지만, 증상으로 보고 커피나 절인 채소와 같은 인체 발암 가능 물질인 2B 등급으로 분류하였다.

하인리히 헤르츠 | 실험을 통해 전자기파를 발생시키고 그것을 안테나를 이용하여 수신하는데 성공하였다.

미국에서만 전 인구의 약 5%인 160만 명, 스웨덴에서는 75만 여 명의 사람들이 이 증상을 호소하고 있고, 스웨덴과 스페인에서는 병으로 인정할 만큼 심각한 문제가 되고 있다. 또한, 프랑스에서는 2015년에 전자파 과민증으로 직장을 그만둔 여성에게 장애 수당을 지급하라는 결정이 나오는 등 관련 판결들도 나오고 있다.

전자파에 둘러싸인 세상

전자파의 원래 명칭은 전자기파(electromagnetic wave)로 전기장과 자기장이 시간에 따라 변할 때 발생하는 파동으로 공간 속에서 빛의 속도로 퍼져나간다. 전자기파는 전기가 흐르는 곳이면 어디에서나 존재하며, 휴대전화나 무선 인터넷, DMB, GPS, 교통 카드 등에도 활용되고 있어서 우리 일상생활 속 대부분 공간에 존재한다고 볼 수 있다.

일상생활 속 전자기파 ㅣ 전기를 이용한 장치들과 전파를 이용한 기기들에서는 전자기파가 발생한다.

암을 유발하는 전자파?!

전자파가 인체에 영향을 미치는지에 대한 국내외 연구도 활발하게 진행 중이다. 하지만 세계보건기구(WHO)에서도 '강한 세기의 전자파에 대한 인체 유해 가능성은 인정되지만, 일상생활에서 경험하는 전자파의 세기가 인체에 유해하다는 과학적인 근거는 없다'고 말하고 있는 것과 같이 전자파가 암이나 백혈병 등과 같은 다른 질병의 발병률을 증가시키거나 촉진한다는 일관성 있는 과학적 증거는 현재까지 밝혀진 것이 없다.

일상생활에서 발생하는 전자파의 세기는 국제기구 및 정부에서 마련한 『전자파 인체 보호 기준치』보다 훨씬 낮아 인체에 해로운 영향을 주지 않는다고 보고 있다. 하지만 전자파로 인한 고통을 호소하고 있는 사람들이 있으며, 불안해하는 사람들도 많은 것이 현실이다. 그렇다면 전자파를 차단할 수 있는 효과적인 방법은 무엇이 있을까?

일반적으로 알고 있는 숯이나 선인장, 10원짜리 동전이 전자파를 차단해 준다는 것은 연구 결과 효과가 없는 것으로 나타났다. 전자파는 거리에 따라서 급격히 약해지는 성질이 있다. 따라서 전자파를 차단하는 가장 효과적인 방법은 가전제품에서 적정 거리인 30cm 이상 떨어져 있는 것이 가장 좋은 방법이다. 또한, 어린이나 청소년은 신체적으로 아직 미성숙하기 때문에 같은 양의 전자파에 노출되더라도 어른보다는 더 민감할 수 있다고 한다. 따라서 전자기기 사용을 되도록 줄이는 것이 좋다고 한다.

Q1 생활 속에서 전자파의 영향을 줄일 수 있는 나만의 수칙을 만들어 보시오.

04
에너지

인간이 사용할 수 없는 에너지가 있을까?

21강. 돌림힘과 평형

1. 돌림힘   2. 지레와 도르래   3. 역학적 평형   4. 구조물의 안정성

1. 돌림힘

(1) 돌림힘 : 물체의 회전축으로부터 일정한 거리만큼 떨어진 지점에 힘을 작용하면 물체가 어떤 점을 중심으로 회전한다. 이때 물체의 회전 운동을 변화시키는 물리량을 돌림힘 또는 토크(torque)라고 한다. 돌림힘은 물체가 회전 운동을 하게 만드는 원인으로 힘과는 다르다.

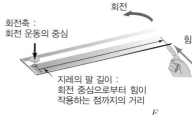

회전축 : 회전 운동의 중심

지레의 팔 길이 : 회전 중심으로부터 힘이 작용하는 점까지의 거리

(2) 돌림힘의 발생 : 지레의 팔의 방향에 나란하지 않은 힘이 작용할 때 돌림힘이 발생하여 물체가 회전하게 된다.

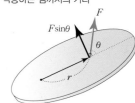

(3) 돌림힘의 크기 : 돌림힘(τ)의 크기는 물체를 회전시키는 힘(F)과 작용점과 회전 축 사이의 수직 거리인 지레의 팔의 길이(r)와의 곱으로 나타낸다.

$$\tau = Fr\sin\theta, \text{ 단위 : N} \cdot \text{m}$$

① $\theta = 0°$ 일 때

▲ 돌림힘이 작용하지 않아 물체는 회전하지 않는다.

② $0° < \theta < 90°$ 일 때

▲ 돌림힘이 작용하여 물체가 회전한다.

③ $\theta = 90°$ 일 때

▲ 돌림힘이 최대가 되어 물체가 회전한다.

(4) 짝힘 : 회전축을 중심으로 서로 반대쪽에 있는 지점에서 크기가 같고 방향이 반대인 두 평행한 힘을 짝힘이라 한다. 짝힘이 작용하면 지레의 팔이 더 길어진 효과와 같아져 더 큰 돌림힘이 작용하게 된다.

$$\tau = Fr_1 + Fr_2 = F(r_1 + r_2) = Fr$$

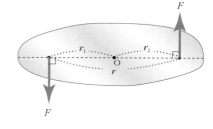

여백 (왼쪽)

● 돌림힘(토크)의 방향

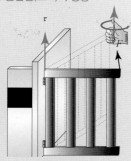

· 힘을 지레의 팔의 길이에 곱하여 얻는 돌림힘은 크기와 방향을 가지는 물리량이다.

· 돌림힘의 방향은 오른손 엄지 손가락을 회전 중심과 나란히 하고, 오른손의 나머지 네 손가락을 회전하는 방향으로 감쌌을 때 엄지 손가락이 향하는 방향이다.

· 돌림힘의 방향은 시계 방향과 반시계 방향이 존재한다. 이때 시계 방향을 (+)로 나타낼 경우, 반시계 방향은 (−)이다.

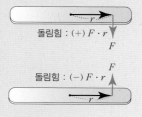

돌림힘 : (+) $F \cdot r$

돌림힘 : (−) $F \cdot r$

● r과 F의 각도에 따른 토크의 크기

· $\theta = 0°$ 일 때 : $\sin\theta = 0$ 이므로 돌림힘 $\tau = 0$ 이다.

· $\theta = 90°$ 일 때 : $\sin\theta = 1$ 이므로 돌림힘 $\tau = F \cdot r$ 으로 크기가 최대이다.

개념확인 1

다음은 돌림힘에 대한 설명이다. 빈칸에 알맞은 말을 각각 넣으시오.

돌림힘은 (㉠)이라고도 하는데, 그 크기는 작용한 힘과 (㉡)을 곱하여 얻는다.

㉠(   ), ㉡(   )

확인+1

돌림힘은 지레의 팔과 힘 사이의 각도가 몇 도일 때 최대인가?

(   )

2. 지레와 도르래

(1) 지레 : 막대의 한 점을 받침점으로 하여 막대의 한 쪽에 물체를 놓고 다른 쪽에서 힘을 작용하여 물체를 들어올리는 도구이다. 물체를 들어올릴 때 받침점에 대한 양쪽의 돌림힘은 같다.

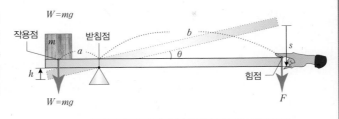

$$aW = bF$$

a : 작용점과 받침점 사이의 거리
b : 힘점과 받침점 사이의 거리

〈 지레의 종류 〉

지레는 힘점, 받침점, 작용점의 위치에 따라 세 가지 종류로 구분된다.

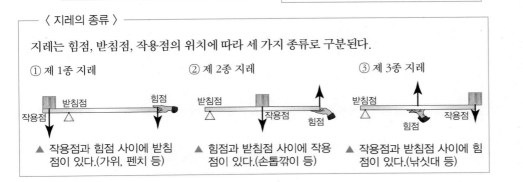

① 제 1종 지레
② 제 2종 지레
③ 제 3종 지레

▲ 작용점과 힘점 사이에 받침점이 있다.(가위, 펜치 등)

▲ 힘점과 받침점 사이에 작용점이 있다.(손톱깎이 등)

▲ 작용점과 받침점 사이에 힘점이 있다.(낚싯대 등)

(2) 도르래 : 고정 도르래는 힘의 방향을 바꿀 수 있고, 움직 도르래 1개를 사용하면 똑같은 힘 두 개가 물체를 잡아당기게 되므로 물체 무게의 절반의 힘으로 물체를 들어 올릴 수 있다.

① 고정 도르래(1종 지레)
② 움직 도르래(2종 지레)

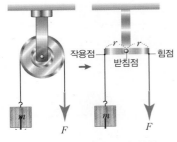
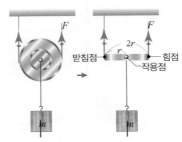

▲ 물체의 무게와 같은 크기의 힘으로 물체를 들어 올린다. $F=mg$

▲ 물체 무게의 절반의 힘으로 물체를 들어 올린다. $F=mg/2$

개념확인 2
정답 및 해설 **36쪽**

다음 도구들은 몇 종 지레에 해당하는지 쓰시오.

(1) 가위, 펜치, 대저울 ( ) 지레

(2) 낚싯대 ( ) 지레

(3) 병따개, 손톱깎이 ( ) 지레

확인+2

고정 도르래와 움직 도르래를 사용하여 물체를 들어 올릴 때 어느 것이 힘이 덜 드는가?

( )

◈ 지레에서 일의 원리

$$a : b = h : s$$

⇒ 물체가 받은 일 = Wh
힘이 한 일 = Fs

$$Wa = Fb$$

⇒ $F = \dfrac{Wa}{b}$

$$∴ Fs = \dfrac{Wa}{b} \times \dfrac{bh}{a} = Wh$$

물체에 한 일과 힘이 한 일은 같다.

◈ 축바퀴

반지름이 다른 두 바퀴가 하나의 회전축에 붙어 있는 도구

· 지름이 큰 바퀴를 작은 힘으로 돌려 작은 바퀴에 걸린 무거운 물체를 들어 올린다.

· 회전축을 중심으로 작은 바퀴와 큰 바퀴의 돌림힘의 크기는 같다.

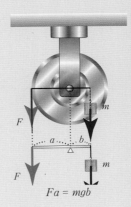

$$Fa = mgb$$

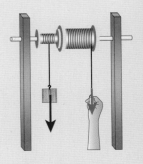

⇒ 반지름의 차이에 의해 물체의 무게보다 작은 힘으로 물체를 들어 올릴 수 있다.

◈ 축바퀴의 이용

기어변속 자전거, 수도꼭지, 문 손잡이, 자동차 운전대 등

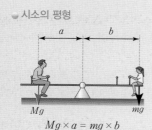

$$Mg \times a = mg \times b$$

구조물이 안정적으로 서 있
으려면, 힘의 평형과 돌림힘
의 평형이 동시에 이루어져
야 한다.

3. 역학적 평형

(1) 힘의 평형 : 물체에 작용하는 모든 힘의 합력이 0인 상태(알짜힘이 0인 상태)로 운동 상태의 변화가 없다.

$$F_1 + F_2 + F_3 + \cdots = \sum F = 0$$

· 아래 그림 (가)는 한 물체에 작용하는 크기가 같고 방향이 반대인 두 힘 F_1, F_2를 나타낸 것으로 두 힘은 힘의 평형 상태이다.

· 아래 그림 (나)는 한 물체에 작용하는 크기가 같고 방향이 반대인 두 힘 F_1, F_2가 같은 작용선 상에 있지 않은 것을 나타낸 것이다. 이 경우 힘의 합력은 0 이지만 돌림힘의 합은 0 이 아니다.

(가) : 알짜힘과 돌림힘이 모두 0인 상태   (나) : 알짜힘은 0이지만 돌림힘이 0이
아닌 상태

(2) 돌림힘의 평형 : 물체에 작용하는 모든 돌림힘의 합이 0 인 상태로, 회전 운동 상태의 변화가 없다.

$$\tau_1 + \tau_2 + \tau_3 + \cdots = \sum \tau = 0$$

· 아래 그림 (가)는 회전축을 중심으로 지레의 팔의 길이가 같고, 크기도 같은 두 힘이 작용하고 있는 것을 나타낸 것으로 돌림힘의 합이 0 인 상태이므로 회전하지 않는다.

· 아래 그림 (나)는 회전축을 중심으로 지레의 팔의 길이가 다르고, 크기도 다른 두 힘이 작용하고 있는 것을 나타낸 것으로 이 경우에도 돌림힘의 합이 0 인 상태이다.

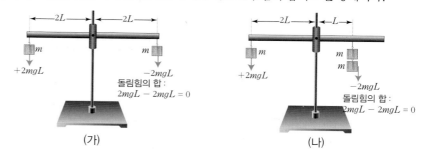

(가)   (나)

(3) 역학적 평형 : 물체에 작용하는 힘의 평형과 돌림힘의 평형이 동시에 이루어진 상태로, 물체의 운동 상태가 변하지 않으며 회전하지도 않는다.

개념확인 3

물체가 역학적 평형 상태에 있으려면 힘의 평형과 (   )의 평형이 동시에 이루어져야 한다.

(   )

확인+3

다음은 시소 위에 남자 아이와 여자 아이가 앉아 있는 모습을 나타낸 것이다. $a = 1\,\mathrm{m}$, $b = 2\,\mathrm{m}$, $m = 10\,\mathrm{kg}$ 이면 질량 M 은 얼마인가?

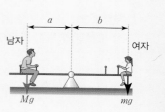

(   )kg

4. 구조물의 안정성

(1) 무게 중심 : 물체를 이루는 입자들의 전체 무게가 한 곳에 집중되어 있다고 볼 수 있는 점이다.

① 대칭인 물체 : 무게 중심은 물체의 중심에 있다. 예 정육면체, 구 등

② 대칭이 아닌 물체 : 무게 중심은 한쪽에 치우쳐 있으며, 물체의 서로 다른 점을 실로 매달 았을 때 실의 방향 또는 연장선이 만나는 점이 무게 중심이다.

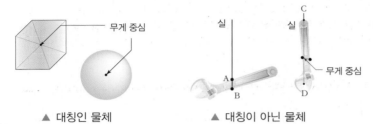

▲ 대칭인 물체　　　▲ 대칭이 아닌 물체

(2) 무게 중심과 안정성 : 물체를 기울였을 때 무게 중심으로부터 지표면에 내린 수선이 물체 의 밑면의 범위 안에 들어 있거나 무게 중심의 위치가 아랫면에 가까울수록 안정적이다.

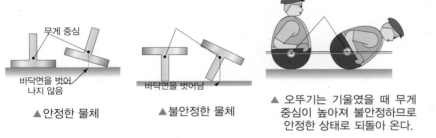

▲ 안정한 물체　　　▲ 불안정한 물체　　　▲ 오뚝이는 기울였을 때 무게 중심이 높아져 불안정하므로 안정한 상태로 되돌아 온다.

(3) 안정적인 구조물(복원력의 작용) : 안정적인 구조물은 기울였을 때 무게 중심으로부터 지표면에 내린 수선이 받침면 위를 벗어나 지 않아 복원력이 작용하여 원래의 상태로 돌아갈 수 있다.

▲ 안정한 물체

① 물체가 원 상태로 돌아오는 경우 : 물체를 기울였을 때 무게 중심의 수선이 받침면 위에 있으면 무게 중심에 작용하는 중력에 의한 돌림힘이 원래 위치로 돌아가도록 한다.

② 물체가 원 상태로 돌아오지 못하는 경우 : 물체를 기울였을 때 무게 중심의 수선이 받침면 위에서 벗어나면 무게 중심에 작용 하는 중력에 의한 돌림힘이 물체를 회전시켜 넘어뜨린다.

▲ 불안정한 물체

개념확인 4

정답 및 해설 36쪽

기울어진 오뚝이에서 무게 중심에 작용하는 (　　　)에 의한 돌림힘이 복원력으로 작용하여 원래 위치로 돌아간다.

(　　　　　　　)

확인+4

그림은 물체가 실에 매달려 운동하고 있는 모습을 나타낸 것이다. 중력의 크기가 20 N, $\theta = 30°$ 일 때 복원력의 크기는 얼마인가?

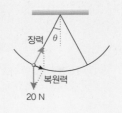

(　　　　　)

🔵 **사람의 동작에서의 안정성**

사람은 걸으면서 다른 동작을 할때 무게 중심이 발 위에 오 도록 몸을 움직인다. 허리를 굽 히는 간단한 동작을 하는 경우 도 엉덩이를 뒤로 빼서 무게 중심이 발 위에 오도록 한다.

▲ 무거운 짐　▲ 배 낭 을
을 들 때　　 매고 걸
　　　　　　어 갈 때

🔵 **구조물의 안정성**

· 아치형 다리 : 아치형의 다 리 구조는 돌림힘을 분산시 켜 다리를 안정화한다.

▲ 아치형 다리

· 크레인 : 크레인의 추는 무 거운 짐과 돌림힘의 평형을 이루기 위해 추를 매단다.

▲ 크레인

· 럭비 : 럭비에서 수비를 할 때 무게 중심을 낮추면 잘 넘어지지 않는다.

▲ 럭비

🔵 **복원력**

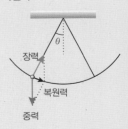

미니 사전

복원력 [復 회복하다 元 으 뜸 力 힘] 평형 위체에서 벗 어난 물체가 원래의 위치로 되돌아가려고 하는 힘

01 돌림힘에 대한 설명으로 옳지 <u>않은</u> 것은?

① 단위는 N · m 이다.
② 물체의 회전 운동을 변화시키는 물리량이다.
③ 힘의 크기가 클수록 돌림힘의 크기는 작아진다.
④ 지레의 팔의 길이가 길수록 돌림힘의 크기는 커진다.
⑤ 지레의 팔의 방향과 힘의 방향이 수직일 때 돌림힘의 크기는 최대이다.

02 다음 그림과 같이 길이가 0.2 m 이고 한쪽 끝이 고정된 렌치의 반대쪽 끝에 수직으로 20 N 의 힘을 가할 때 생기는 돌림힘의 크기는 몇 N · m 인가?

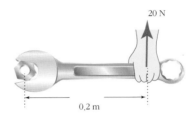

① 1 N · m   ② 2 N · m   ③ 3 N · m   ④ 4 N · m   ⑤ 5 N · m

03 그림은 지레를 사용하여 무게가 100 N 인 돌을 들어 올리는 것을 나타낸 것이다. 돌을 들어 올리는데 필요한 최소한의 힘의 크기는 몇 N인가?

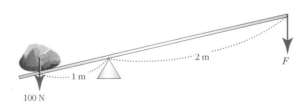

① 10 N   ② 20 N   ③ 30 N   ④ 40 N   ⑤ 50 N

04 오른쪽 그림은 반지름이 1 m 인 움직 도르래에 질량이 m 인 물체를 매달고 줄의 한쪽 끝에 20 N 의 힘이 작용할 때, 물체가 일정한 속력으로 움직이는 순간을 나타낸 것이다. 점 A 를 축으로 하는 20 N 의 힘에 의한 돌림힘의 크기는 얼마인가?

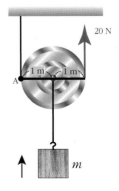

① 10 N · m   ② 20 N · m   ③ 30 N · m   ④ 40 N · m   ⑤ 50 N · m

05 오른쪽 그림은 반지름의 비가 1 : 2 인 두 바퀴로 이루어진 축바퀴를 이용하여 무게 200 N인 물체를 일정한 속력으로 들어올리는 것을 나타낸 것이다. 이때 힘 F의 크기는 얼마인가?

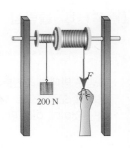

① 100 N　　　② 200 N　　　③ 300 N　　　④ 400 N　　　⑤ 500 N

06 그림은 물체 A 와 돌이 시소 위에서 균형을 이루고 있는 모습을 나타낸 것이다. 돌의 무게는 얼마인가?

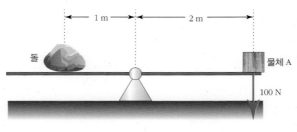

① 100 N　　　② 200 N　　　③ 300 N　　　④ 400 N　　　⑤ 500 N

07 실에 매달려 수평 상태를 유지하고 있는 원기둥 모양의 균일한 막대에 물체 A 가 그림과 같이 매달려 있다. 막대와 물체 A 의 무게는 각각 30 N, 5 N 이고, 막대의 길이는 10 m 일 때, 오른쪽 실이 막대를 당기는 힘의 크기 F 는 얼마인가? (막대의 무게는 무게 중심에 작용한다.)

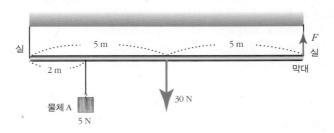

① 2 N　　　② 4 N　　　③ 8 N　　　④ 12 N　　　⑤ 16 N

08 오른쪽 그림은 무게가 20 N 인 물체를 길이가 1 m 인 막대의 한쪽 끝에 붙여 놓고, 막대의 다른 쪽 끝은 회전축에 매달아 둔 모습을 나타낸 것이다. 이 진자가 수직 방향과 30° 의 각도를 이루고 있을 때 회전축에 대한 돌림힘의 크기는 얼마인가? (단, 막대의 무게는 무시한다.)

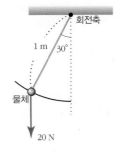

① 5 N · m　　　② 10 N · m　　　③ 15 N · m　　　④ 20 N · m　　　⑤ 25 N · m

[유형21-1] 돌림힘

그림은 막대의 회전축에서 왼쪽으로 1 m 떨어진 곳에서 9 N 의 힘이 막대의 길이에 대한 방향과 30° 의 각을 이루며 작용하고, 오른쪽으로 3 m 떨어진 곳에서 힘 F 가 막대의 길이에 대한 방향과 60° 의 각을 이루며 작용하고 있는 것을 나타낸 것이다. 이때 막대는 회전하지 않고 있다. 다음 물음에 답하시오.

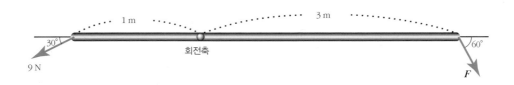

(1) 9 N의 힘에 의한 돌림힘의 크기는 얼마인가?

    ① 3 N · m   ② 3.5 N · m   ③ 4 N · m   ④ 4.5 N · m   ⑤ 5 N · m

(2) 힘 F의 크기는 얼마인가?

    ① 1N   ② 2 N   ③ $\sqrt{3}$ N   ④ 2 N   ⑤ $2\sqrt{3}$ N

01 그림은 O 점을 축으로 회전할 수 있는 막대가 마찰이 없는 수평면 위에 정지해 있는 상태에서 작용하는 세 힘 ㉠, ㉡, ㉢ 을 나타낸 것이다. 힘 ㉠ 과 ㉢ 은 막대에 수직 방향으로, 힘 ㉡ 은 막대의 길이 방향으로 작용하고, 세 힘의 크기는 모두 F 로 같다.

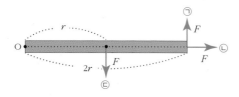

이에 대한 설명으로 옳은 것만을 〈보기〉에서 있는 대로 고른 것은?

─── 〈 보기 〉 ───

ㄱ. 힘 ㉡ 에 의한 돌림힘은 0 이다.
ㄴ. 막대가 회전하는 방향은 시계 방향이다.
ㄷ. 세 힘에 의한 돌림힘의 크기는 $2Fr$ 이다.

① ㄱ   ② ㄴ   ③ ㄷ
④ ㄴ, ㄷ   ⑤ ㄱ, ㄴ, ㄷ

02 그림은 질량을 무시할 수 있는 시소를 타고 있는 남자와 여자를 나타낸 것이다. 시소는 수평으로 정지해 있는 상태이고, 남자와 여자가 있는 곳까지의 거리는 각각 a, $2a$ 이다.

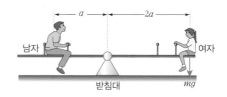

여자의 무게가 mg 일 때, 이에 대한 설명으로 옳은 것만을 〈보기〉에서 있는 대로 고른 것은?

─── 〈 보기 〉 ───

ㄱ. 시소가 여자를 받치는 힘의 크기는 mga 이다.
ㄴ. 시소가 남자를 받치는 힘의 크기는 $2mg$ 이다.
ㄷ. 받침대가 시소를 밀어올리는 힘의 크기는 $3mg$ 이다.

① ㄱ   ② ㄴ   ③ ㄷ
④ ㄴ, ㄷ   ⑤ ㄱ, ㄴ, ㄷ

[유형21-2] 지레와 도르래

그림은 질량이 80 kg 인 남자와 질량이 40 kg 인 여자가 질량이 10 kg 인 시소를 타고 수평인 상태를 유지하고 있는 것을 나타낸 것이다. 남자와 여자는 받침점으로부터 각각 5 m, x 만큼 떨어져 있다. 다음 물음에 답하시오.(단, 중력 가속도 $g = 10$ m/s² 이다.)

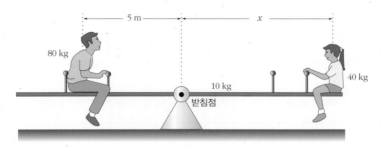

(1) 받침점에서 시소에 작용하는 수직 항력의 크기는 얼마인가?

① 1200 N   ② 1300 N   ③ 1600 N   ④ 1900 N   ⑤ 2200 N

(2) 시소가 평형을 유지하려면 여자는 받침점으로부터 x 만큼 떨어져 있어야 한다. x 의 값은 얼마인가?

① 2 m   ② 4 m   ③ 6 m   ④ 8 m   ⑤ 10 m

03 힘점 – 작용점, 작용점 – 받침점의 거리가 각각 그림과 같은 여러 가지 형태의 지레에 같은 크기의 힘 F 가 작용하고 있다. 힘 F 에 의해 작용점에 나타나는 힘의 크기가 큰 것부터 순서대로 나열한 것은?

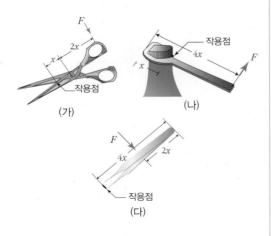

① (가)–(나)–(다)   ② (가)–(다)–(나)
③ (나)–(가)–(다)   ④ (나)–(다)–(가)
⑤ (다)–(나)–(가)

04 그림은 ㉠, ㉡ 두 줄이 걸린 축바퀴를 나타낸 것이다. 반지름의 비는 2 : 1 이고, O 는 바퀴축이다.

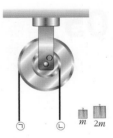

이에 대한 설명으로 옳은 것만을 〈보기〉에서 있는 대로 고른 것은?

─〈 보기 〉─
ㄱ. ㉠에 질량 $2m$ 인 물체를 매달고, ㉡에 질량이 m 인 물체를 매달면 평형 상태를 유지한다.
ㄴ. ㉠에 질량 m 인 물체를 매달고, ㉡에 질량 $2m$ 인 물체를 매달면 O를 축으로 하는 각 물체에 대한 돌림힘의 크기 비는 1 : 1 이다.
ㄷ. ㉠에 질량 m, $2m$ 인 두 물체를 매달아 정지해 있으려면 ㉡에 질량 $6m$ 인 물체를 매달면 된다.

① ㄱ   ② ㄴ   ③ ㄷ
④ ㄴ, ㄷ   ⑤ ㄱ, ㄴ, ㄷ

유형 익히기&하브루타

[유형21-3] **역학적 평형**

그림은 질량이 4 kg 이고 길이가 8 m 인 균일한 두께인 막대의 ㉠ 점과 ㉡ 점에 받침대를 놓고 질량이 2 kg 인 물체를 막대의 오른쪽에서 2 m 만큼 떨어진 지점에 올려 놓은 것을 나타낸 것이다. 막대가 정지 상태를 유지하고 있을 때 다음 물음에 답하시오. (단, 중력 가속도 $g = 10 \text{ m/s}^2$ 이다.)

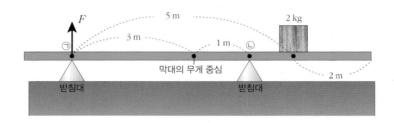

(1) 두 개의 받침대가 막대를 위로 올리는 힘의 합은 얼마인가?

① 20 N   ② 30 N   ③ 40 N   ④ 50 N   ⑤ 60 N

(2) 힘 F의 크기는 얼마인가?

① 5 N   ② 10 N   ③ 15 N   ④ 20 N   ⑤ 25 N

05 그림은 돌과 물체를 받침대의 양쪽에 올려놓았더니 수평을 유지하고 있는 모습을 나타낸 것이다. 돌과 물체는 받침점으로부터 같은 직선 거리에 있다.

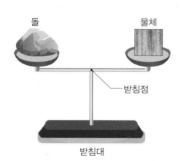

이에 대한 설명으로 옳은 것만을 〈보기〉에서 있는 대로 고른 것은? (단, 받침점은 고정되지 않았다.)

〈 보기 〉
- ㄱ. 돌의 질량이 물체의 질량보다 크다.
- ㄴ. 돌림힘의 크기는 돌과 물체가 서로 같다.
- ㄷ. 돌림힘의 방향은 돌과 물체가 서로 같다.

① ㄱ   ② ㄴ   ③ ㄷ
④ ㄴ, ㄷ   ⑤ ㄱ, ㄴ, ㄷ

06 그림은 길이가 $4x$ 이고 질량이 2 kg 인 두께가 균일한 막대가 두 개의 저울 위에 놓여 있고, 막대의 왼쪽으로 부터 x 만큼 떨어진 곳에 질량이 4 kg 인 물체가 올려져 있는 모습이다.

이에 대한 설명으로 옳은 것만을 〈보기〉에서 있는 대로 고른 것은? (단, 중력 가속도 = 10 m/s² 이다.)

〈 보기 〉
- ㄱ. 저울 1 의 눈금은 10 N 이다.
- ㄴ. 저울 2 의 눈금은 20 N 이다.
- ㄷ. 위의 상태는 힘의 평형과 돌림힘의 평형을 동시에 만족한다.

① ㄱ   ② ㄴ   ③ ㄷ
④ ㄴ, ㄷ   ⑤ ㄱ, ㄴ, ㄷ

[유형21-4] 구조물의 안정성

그림 (가)와 (나)는 오뚝이가 서 있을 때와 기울었을 때 무게 중심과 접촉점의 위치를 나타낸 것이다. 이에 대한 설명으로 옳은 것만을 〈보기〉에서 있는 대로 고른 것은?

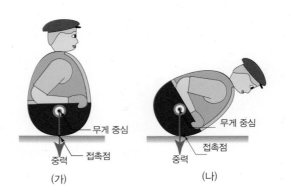

〈 보기 〉

ㄱ. 접촉점에 대한 무게 중심의 위치는 (가)에서와 (나)에서가 같다.
ㄴ. (가)에서 접촉점을 회전축으로 할 경우 오뚝이의 무게에 의한 돌림힘의 크기는 0이다.
ㄷ. (나)에서 오뚝이의 무게 중심에 작용하는 돌림힘은 오뚝이를 원래 상태로 돌아가게 한다.

① ㄱ   ② ㄱ, ㄴ   ③ ㄱ, ㄴ   ④ ㄴ, ㄷ   ⑤ ㄱ, ㄴ, ㄷ

---

07 그림과 같이 놓여 있는 물체가 있다.

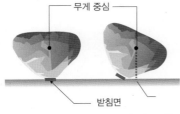

이에 대한 설명으로 옳은 것만을 〈보기〉에서 있는 대로 고른 것은?

〈 보기 〉

ㄱ. 위의 물체는 받침면이 움직이기 때문에 넘어지기 쉽다.
ㄴ. 위의 물체는 지레의 원리가 적용되지 않기 때문에 넘어지기 쉽다.
ㄷ. 위의 물체는 중력에 의한 돌림힘이 발생하기 때문에 넘어지기 쉽다.

① ㄱ   ② ㄴ   ③ ㄷ
④ ㄴ, ㄷ   ⑤ ㄱ, ㄴ, ㄷ

---

08 그림은 철수가 발뒤꿈치와 다리를 벽에 붙이고 몸을 앞으로 숙여 발끝을 잡으려고 하는 모습을 나타낸 것이다.

이에 대한 설명으로 옳은 것만을 〈보기〉에서 있는 대로 고른 것은?

〈 보기 〉

ㄱ. 몸을 앞으로 숙일 때 돌림힘이 발생한다.
ㄴ. 철수의 무게 중심이 받침면 범위를 벗어나 앞으로 넘어진다.
ㄷ. 철수가 넘어지지 않으려면 역학적 평형을 유지해야 한다.

① ㄱ   ② ㄴ   ③ ㄷ
④ ㄴ, ㄷ   ⑤ ㄱ, ㄴ, ㄷ

창의력&토론마당

01 그림은 물체의 무게를 재는 손저울이 수평을 이루어 정지해 있는 모습을 나타낸 것이다. 저울의 막대는 길이가 0.6 m 이고, 질량이 0.5 kg 인 균일한 원통형이며, 매달려 있는 돌의 질량은 1 kg 이다. 다음 물음에 답하시오. (단, 중력 가속도 $g = 10$ m/s^2 이다.)

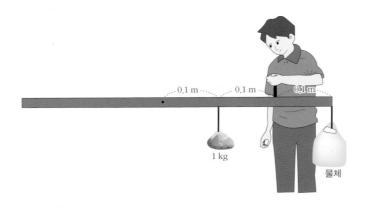

(1) 막대에 작용하는 알짜힘을 구하시오.

(2) 물체의 질량을 구하시오.

(3) 손이 줄을 당기는 힘의 크기를 구하시오.

02 그림은 길이 6 m, 질량이 15 kg 인 균일한 직육면체 막대를 남자 1 은 막대의 왼쪽 끝에서, 남자 2 는 막대의 중심에서 떠받치고 있다가 두 사람이 동시에 출발하여 각각 0.5 m/s, 1 m/s 의 속력으로 오른쪽 방향으로 운동하고 있는 것을 나타낸 것이다. 남자 1 과 남자 2 가 움직이는 동안 막대는 수평을 유지하며 정지해 있다. 남자 2 가 막대의 오른쪽 끝에 도달할 때까지에 대한 물음에 답하시오. (단, 중력 가속도 g = 10 m/s² 이다.)

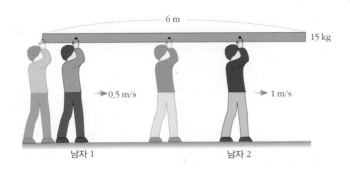

(1) 출발 후 2초인 순간, 남자 1 이 막대를 떠받치는 힘의 크기를 구하시오.

(2) 남자 2 가 오른쪽 끝에 도달했을 때, 남자 1 이 막대를 떠받치는 힘의 크기를 구하시오.

03 오른쪽 그림은 길이가 12 m, 질량이 45 kg인 사다리가 마찰이 없는 벽에 기대어 있는 모습을 나타낸 것이다. 사다리의 위쪽 끝은 마찰이 있는 바닥면에서 높이 9.3 m 인 곳에 있고, 무게 중심은 바닥면 접촉점에서 사다리를 따라 4 m 되는 곳에 있다. 질량이 72 kg의 소방관의 무게 중심은 사다리의 중간에 있다. 물음에 답하시오. (단, 중력 가속도 $g = 10 \text{ m/s}^2$ 이다.)

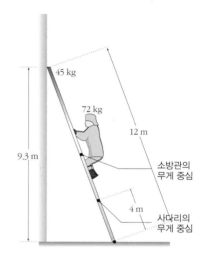

(1) 벽이 사다리를 수직으로 미는 힘을 구하시오.

(2) 바닥면이 사다리에 작용하는 수직 항력을 구하시오

04 그림은 볼링 선수가 질량 7 kg 인 볼링공을 손으로 들고 있는 모습을 나타낸 것이다. 위팔과 아래 팔은 수직, 아래 팔은 질량이 2 kg 이고, 수평 상태이다. 이두박근은 아래 팔에 수직으로 연결되어 있고, 팔꿈치 접점과 이두박근의 연결점 사이의 수평 거리가 0.05 m 이다. 이때 이두박근이 아래 팔에 작용하는 힘을 구하시오.(단, 중력 가속도 $g = 10 \text{ m/s}^2$ 이다.)

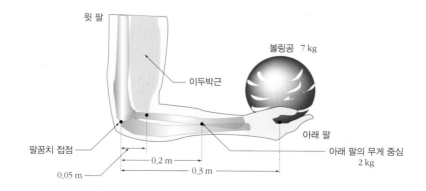

(   )N

05 그림 처럼 질량 400 kg 의 금고가 수평과 수직 방향의 길이가 각각 2 m 로 같은 지지대에 밧줄로 매달려 있다. 지지대는 질량 80 kg 의 균일한 두께의 막대와 수평한 강철줄, 그리고 경첩으로 이루어져 있다. 다음 물음에 답하시오. (단 중력 가속도 g = 10 m/s² 이고, 강철줄과 밧줄의 질량은 무시한다.)

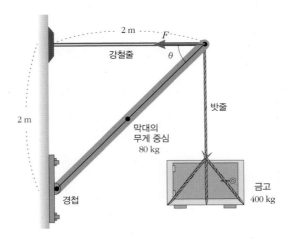

(1) 강철줄에 걸리는 장력 F의 크기를 구하시오.

(2) 경첩이 막대에 가하는 알짜 힘의 크기를 구하시오.

01 돌림힘을 이용하는 경우로 옳지 <u>않은</u> 것은?

① 너트를 조이는 경우
② 여닫이 문을 여는 경우
③ 수도꼭지를 돌리는 경우
④ 칼로 종이를 자르는 경우
⑤ 자동차의 운전대를 돌리는 경우

02 그림 (가)는 길이가 0.2 m 인 렌치의 한 끝에 수직으로 힘을 가하여 너트를 조이는 모습을 나타낸 것이다. 이때 최소한 30 N 이상의 힘을 작용해야 너트를 조일 수 있다. 그림 (나)는 (가)에서 렌치의 길이를 0.3 m 로 늘인 것을 나타낸 것이다. (가)의 돌림힘의 크기와 (나)에서 너트를 조이기 위해 렌치의 끝에 수직으로 가해야 하는 힘 F 의 최소 크기를 바르게 짝지은 것은?

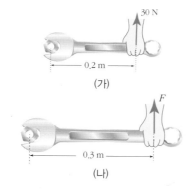

(가)

(나)

	돌림힘	F
①	3 N · m	10 N
②	3 N · m	20 N
③	6 N · m	10 N
④	6 N · m	20 N
⑤	6 N · m	30 N

03 길이가 10 m인 막대에 O 점을 회전축으로 각각 F_1, F_2, F_3 의 힘을 그림처럼 가해 주었다.

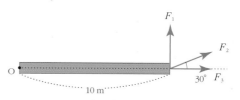

이에 대한 설명으로 옳은 것만을 〈보기〉에서 있는 대로 고른 것은? (단, $F_1 = F_2 = F_3 = 5$ N 이다.)

〈 보기 〉

ㄱ. 돌림힘의 크기가 가장 큰 힘은 F_1이다.
ㄴ. F_1에 의한 돌림힘의 크기는 50 N · m이다.
ㄷ. F_3에 의한 돌림힘의 크기는 0 이다.

① ㄱ   ② ㄴ   ③ ㄱ, ㄴ
④ ㄱ, ㄷ   ⑤ ㄱ, ㄴ, ㄷ

04 그림은 수평면 상에서 나무 막대의 한쪽 끝을 고정한 후 (가)는 막대의 중앙, (나)는 다른 쪽 끝에 각각 크기가 같은 힘을 같은 방향으로 작용시킨 순간의 모습이다.

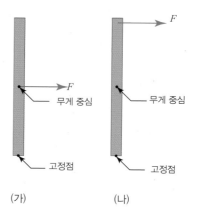

(가)   (나)

이에 대한 설명으로 옳은 것만을 〈보기〉에서 있는 대로 고른 것은?

〈 보기 〉

ㄱ. 돌림힘의 크기는 (가)와 (나)가 같다.
ㄴ. 고정점에 작용하는 힘의 크기는 (가)와 (나)가 같다.
ㄷ. (가)는 무게 중심에 힘이 작용했으므로 회전하지 않는다.

① ㄱ   ② ㄴ   ③ ㄷ
④ ㄱ, ㄴ   ⑤ ㄱ, ㄴ, ㄷ

05 그림은 여자와 남자가 앉아 있는 시소가 균형을 이루고 있는 모습을 나타낸 것이다.

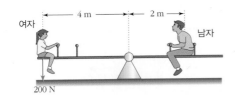

이에 대한 설명으로 옳은 것만을 〈보기〉에서 있는 대로 고른 것은? 단, 회전 방향은 정면에서 봤을 때의 방향이다.

─── 〈 보기 〉 ───

ㄱ. 시소를 시계 반대 방향으로 회전시키는 돌림힘의 크기는 800 N · m이다.

ㄴ. 시소를 시계 방향으로 회전시키는 돌림힘의 크기는 400 N · m이다.

ㄷ. 남자의 몸무게는 200 N이다.

① ㄱ   ② ㄴ   ③ ㄷ
④ ㄱ, ㄴ   ⑤ ㄱ, ㄴ, ㄷ

06 그림은 무게가 2 kg 인 물체를 지레 위에 올려놓고 지레의 한쪽 끝에는 고정 도르래와 매우 가벼운 움직 도르래가 연결된 줄을 일정한 힘 F 로 당겨 지레를 수평으로 유지하는 모습을 나타낸 것이다. 지레의 길이는 5 m 이고, 지레의 받침점으로부터 물체까지의 거리는 1 m 이다. 지레의 무게가 2 kg 일 때 지레를 수평으로 유지시키기 위해 필요한 힘 F 는 얼마인가? (단, 중력 가속도는 10 m/s² 이고, 물체의 크기와 모든 마찰은 무시한다.)

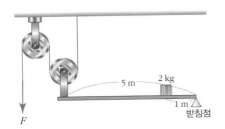

① 5 N   ② 7 N   ③ 9 N
④ 11 N   ⑤ 13 N

07 그림은 지레(㉠), 축바퀴(㉡), 도르래(㉢)를 이용하여 무게가 동일한 물체를 들어 올리는 모습을 나타낸 것이다. 물체를 들어 올리는 데 필요한 힘의 크기의 대소 관계를 바르게 표현한 것은?

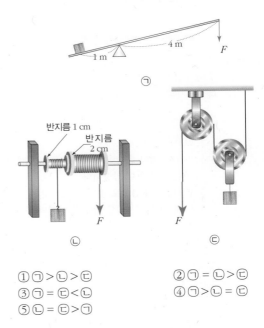

① ㉠ > ㉡ > ㉢   ② ㉠ = ㉡ > ㉢
③ ㉠ = ㉢ < ㉡   ④ ㉠ > ㉡ = ㉢
⑤ ㉡ = ㉢ > ㉠

08 그림은 가로 2 cm, 세로 4 cm 인 두께가 균일한 물체를 나타낸 것이다. 그림의 x 축의 무게 중심 좌표와 y 축의 무게 중심 좌표를 바르게 짝지은 것은?

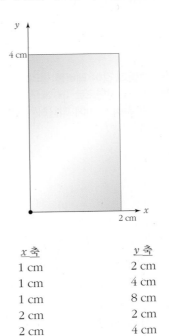

	x 축	y 축
①	1 cm	2 cm
②	1 cm	4 cm
③	1 cm	8 cm
④	2 cm	2 cm
⑤	2 cm	4 cm

B

09 그림은 야구 방망이의 O점을 받쳤을 때 정지 상태를 유지하는 모습을 나타낸 것이다.

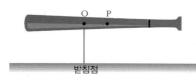

이에 대한 설명으로 옳은 것만을 〈보기〉에서 있는 대로 고른 것은?

〈 보기 〉

ㄱ. O점은 무게 중심이다.
ㄴ. 야구 방망이 손잡이 쪽에 작용하는 돌림힘의 방향은 시계 반대 방향이다.
ㄷ. 받침점을 P점으로 옮기면 받침점이 야구 방망이에 작용하는 힘은 야구 방망이의 무게보다 작아진다.

① ㄱ   ② ㄴ   ③ ㄷ
④ ㄱ, ㄴ   ⑤ ㄱ, ㄴ, ㄷ

10 그림과 같이 레버를 돌리기 위해 축의 끝에서 축과 30° 의 방향으로 100 N 의 힘을 주었을 때, 2 m 길이의 축이 레버에 작용하는 돌림힘의 크기는 얼마인가?

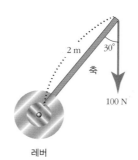

① 50 N · m   ② 100 N · m   ③ 150 N · m
④ 200 N · m   ⑤ 250 N · m

11 그림 (가)와 (나)는 물체에 크기가 같은 두 힘 F_1, F_2 가 작용하는 두 가지 경우를 각각 나타낸 것이다. (가) 는 두 힘이 서로 다른 작용선에서 작용하고, (나) 는 같은 작용선에서 작용할 때, (가) 의 물체는 회전 상태이고, (나) 의 물체는 정지 상태이다.

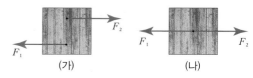

이에 대한 설명으로 옳은 것만을 〈보기〉에서 있는 대로 고른 것은?

〈 보기 〉

ㄱ. 물체에 작용하는 알짜힘의 크기는 (가)와 (나)가 같다.
ㄴ. (가)에서 두 힘에 의한 돌림힘의 합은 0이다.
ㄷ. (나)에서는 힘의 평형과 돌림힘의 평형을 동시에 만족한다.

① ㄱ   ② ㄴ   ③ ㄷ
④ ㄱ, ㄷ   ⑤ ㄱ, ㄴ, ㄷ

12 그림은 마찰이 없는 수평면에 정지한 상태로 놓인 정사각형 물체에 크기가 같은 두 힘 F_1, F_2 가 작용하는 모습을 나타낸 것이다. O 점은 회전축이며 눈금선의 위치는 각 변의 중앙이다. 판이 회전하는 경우만을 있는 대로 고른 것은?

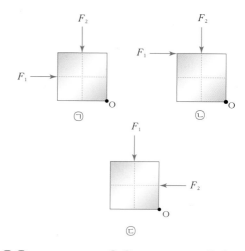

① ㉠   ② ㉡   ③ ㉢
④ ㉡, ㉢   ⑤ ㉠, ㉡, ㉢

13 그림은 천장에 수평으로 매달린 길이 1 m 인 균일한 재질의 막대에 물체가 매달려 있는 모습을 나타낸 것이다. 막대의 무게는 500 N 이고, 실이 매인 위치는 왼쪽 끝과 왼쪽 끝으로부터 0.7 m 인 지점이다. 두 줄의 장력 T_1, T_2 의 크기는 서로 같다.

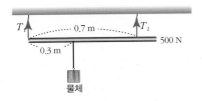

이에 대한 설명으로 옳은 것만을 〈보기〉에서 있는 대로 고른 것은?

〈 보기 〉
ㄱ. 위의 상태는 힘의 평형과 돌림힘의 평형을 동시에 만족한다.
ㄴ. 장력 T_1 의 크기는 1,000 N이다.
ㄷ. 물체의 무게는 1,500 N이다.

① ㄱ   ② ㄴ   ③ ㄷ
④ ㄱ, ㄷ   ⑤ ㄱ, ㄴ, ㄷ

14 그림은 길이가 4 m 인 가벼운 다리 위의 물체가 다리의 왼쪽 끝에서 1 m 되는 지점에 놓여 있는 것을 나타낸 것이다. 물체의 무게는 100 N 이며, 다리의 두 지점 A, B 에서 물체를 받치고 있는 힘은 각각 F_A, F_B 이다.

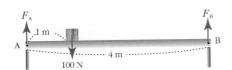

이에 대한 설명으로 옳은 것만을 〈보기〉에서 있는 대로 고른 것은? (단, 물체의 크기와 다리 자체의 무게는 무시한다.)

〈 보기 〉
ㄱ. 두 힘 F_A, F_B 의 합력의 크기는 100 N 이다.
ㄴ. A 를 중심으로 하는 F_B 에 의한 돌림힘의 크기는 $4F_A$ 이다.
ㄷ. F_A 의 크기는 80 N 이다.

① ㄱ   ② ㄴ   ③ ㄷ
④ ㄱ, ㄷ   ⑤ ㄱ, ㄴ, ㄷ

15 그림은 두 받침대 A, B 에 질량이 $2m$, 길이가 $4L$ 인 균일한 두께의 막대를 수평면과 나란하게 올려놓고, O 점으로부터 $3L$ 인 지점에 질량이 m 인 물체를 올려놓았을 때 물체가 정지해 있는 모습을 나타낸 것이다. A, B 가 막대에 작용하는 힘의 크기는 각각 F_A, F_B 이다.

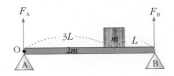

이에 대한 설명으로 옳은 것만을 〈보기〉에서 있는 대로 고른 것은? (단, g는 중력 가속도이다.)

〈 보기 〉
ㄱ. $F_A + F_B = 3mg$이다.
ㄴ. $4F_B L = 4mgL$이다.
ㄷ. $F_A = \dfrac{5}{4}mg$이다.

① ㄱ   ② ㄴ   ③ ㄷ
④ ㄱ, ㄷ   ⑤ ㄱ, ㄴ, ㄷ

16 그림은 전체 길이가 6 m 인 구조물 끝에 돌이 정지해 있는 것을 나타낸 것이다. 구조물은 수평인 상태로 정지해 있다. 고정점에서 구조물에 연직 아래 방향으로 작용하는 힘의 크기는 F_1 이고, 받침점에서 구조물에 연직 위 방향으로 작용하는 힘의 크기는 F_2 이다. $F_1 : F_2$ 는? (단, 구조물의 질량은 무시한다.)

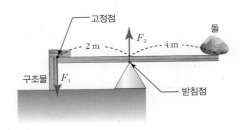

① 1 : 2   ② 1 : 3   ③ 2 : 3
④ 3 : 4   ⑤ 3 : 5

17 그림 (가)는 밀도가 균일한 막대의 점 ㉠ 과 ㉡ 에 질량이 각각 m, 8 kg 인 물체 A, B 를 실로 매달아 막대가 수평을 이룬 것을 나타낸 것이다. 그림 (나) 는 (가) 에서 물체 A 를 점 ㉡ 에 옮겨 매달고 점 ㉠ 에 질량 2 kg 인 물체 C 를 매달아 다시 수평을 이룬 것을 나타낸 것이다. 물체 A 의 질량 m 은 얼마인가? (단, 막대의 중심은 회전이 가능하며, 실의 질량과 마찰은 무시한다.)

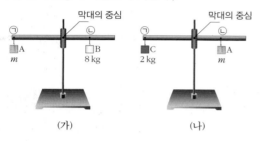

(가)   (나)

① 1 kg   ② 2 kg   ③ 3 kg
④ 4 kg   ⑤ 5 kg

18 그림은 공 ㉠, ㉡ 이 각각 받치고 있는 나무판 A, B 가 수평을 유지하고 있는 모습을 나타낸 것이다. 나무판 A 위에는 질량을 알 수 없는 두 물체가 정지해 있다. A, B 의 길이는 각각 $6L$ 이고, 나무판 A, B, 공 ㉠의 질량은 각각 m 으로 동일하다. 두 물체가 나무판 A 를 수직으로 누르는 힘의 크기를 각각 F_1, F_2 라고 할 때, $F_1 : F_2$ 는? (단, 나무판 A, B 의 밀도는 균일하며 두께와 폭은 무시하고, 공 ㉠ 과 ㉡ 의 무게 중심은 서로 $\dfrac{L}{4}$ 만큼 떨어져 있다.)

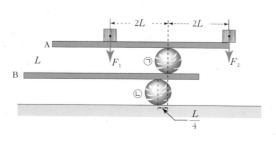

① 1 : 1   ② 1 : 3   ③ 5 : 7
④ 7 : 8   ⑤ 9 : 11

19 점 O 에 대해서 회전하는 물체에 그림처럼 두 힘이 작용하고 있다 $r_1 = 1$ m, $r_2 = 2$ m, $F_1 = 4$ N, $F_2 = 5$ N, $\theta_1 = \theta_2 = 30°$ 일 때 회전점 O 에 작용하는 돌림힘의 크기와 회전 방향을 바르게 짝지은 것은?

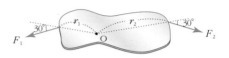
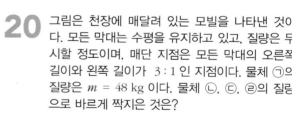

	돌림힘의 크기	회전 방향
①	3 N · m	시계 방향
②	3 N · m	반시계 방향
③	4 N · m	시계 방향
④	4 N · m	반시계 방향
⑤	5 N · m	시계 방향

20 그림은 천장에 매달려 있는 모빌을 나타낸 것이다. 모든 막대는 수평을 유지하고 있고, 질량은 무시할 정도이며, 매단 지점은 모든 막대의 오른쪽 길이와 왼쪽 길이가 3 : 1 인 지점이다. 물체 ㉠의 질량은 $m = 48$ kg 이다. 물체 ㉡, ㉢, ㉣의 질량으로 바르게 짝지은 것은?

	㉡	㉢	㉣
①	10 kg	3 kg	1 kg
②	10 kg	3 kg	2 kg
③	12 kg	3 kg	1 kg
④	12 kg	4 kg	2 kg
⑤	12 kg	4 kg	1 kg

21 그림은 호두까개로 호두를 까는 모습을 나타낸 것이다. 호두까개로 호두를 까기 위해서는 호두 껍데기 양쪽에 최소한 40 N 의 힘을 가해야 한다. 그림의 호두까개에서 L = 12 cm, d = 3 cm 일 때 호두를 까기 위해서 손잡이에 가해야 할 수직한 힘의 성분 F 는 얼마인가?

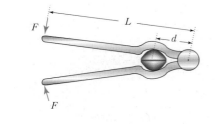

① 2 N   ② 4 N   ③ 6 N
④ 8 N   ⑤ 10 N

22 그림은 질량 10 kg 의 공이 마찰이 없고 수평각 θ_1 = 30° 의 경사면에 매어져 있는 것을 나타낸 것이다. 각도 θ_2 = 60° 일 때 줄에 걸리는 장력은 얼마인가? (단, 중력 가속도 g = 10 m/s² 이다.)

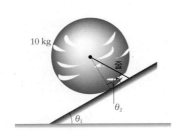

① 50 N   ② 100 N   ③ 150 N
④ 200 N   ⑤ 250 N

23 그림은 받침점이 2개인 받침대 위에 놓인 가로 빔이 수평으로 평형을 유지하고 있는 모습을 나타낸 것이다. 두 받침점 사이의 간격은 L 이고, 빔의 길이는 18L, 빔의 질량은 m 이다. 빔의 왼쪽 끝에서부터 길이 x 만큼 떨어진 지점에 매달린 물체, 빔 위에 놓인 물체, 빔의 오른쪽 끝에 매달린 물체의 질량은 각각 4m, 9m, 6m 이다. 평형이 유지되는 x 의 최댓값과 최솟값의 차이는 얼마인가? (단, 빔의 밀도는 균일하며 빔의 두께와 폭은 무시한다. 빔 위에 놓인 물체는 좌우 대칭이고, 밀도는 균일하다.)

[수능 기출 유형]

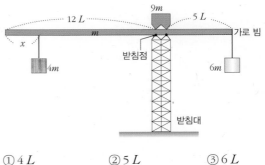

① 4 L ② 5 L ③ 6 L
④ 7 L ⑤ 8 L

24 그림은 질량 2 kg, 길이 3 m 인 균일한 막대 위에 질량 8 kg 인 물체 A 와 질량 3 kg 인 물체 B 를 올린 후, 막대를 책상에 올려놓았더니 막대가 수평을 유지하는 모습을 나타낸 것이다. 막대는 책상에 1 m 걸쳐 있고, 막대의 왼쪽 끝과 물체 A 사이의 거리는 0.5 m 이다. 물체 B 만 천천히 오른쪽으로 움직일 때, 막대가 수평을 유지할 수 있는 물체 A 와 물체 B 사이 거리의 최댓값은 얼마인가? (단, 물체 A, B 의 크기와 막대의 두께는 무시한다.)

[수능 기출 유형]

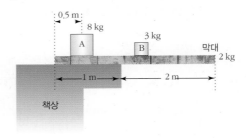

① 0.5 m   ② 1.0 m   ③ 1.5 m
④ 2.0 m   ⑤ 2.5 m

심화

25 오른쪽 그림은 힘 F 가 도르래를 통해 질량이 7 kg 의 물체와 평형을 유지하는 모습을 나타낸 것이다. 이때 천장과 연결된 밧줄의 장력 T 와 힘 F 의 크기를 바르게 짝지은 것은? (단, 중력 가속도 g = 10 m/s² 이고, 도르래의 질량과 마찰은 무시한다.)

	F	T
①	10 N	80 N
②	10 N	90 N
③	20 N	80 N
④	20 N	90 N
⑤	20 N	100 N

26 그림 (가)는 두 받침대 A, B 위에 놓인 길이 6 m, 질량 40 kg 인 나무판 위에 물체가 놓여 정지해 있는 모습을 나타낸 것이다. 이때 받침대 A 가 나무판을 떠 받치는 힘의 크기는 650 N이다. 그림 (나)는 그림 (가)의 받침대 B 의 위치를 왼쪽으로 x 만큼 이동시킨 후, 물체가 나무판의 오른쪽 끝에 놓여져 있는 모습을 나타낸 것이다. 나무판이 정지 상태를 유지할 수 있는 x 의 최댓값은 얼마인가? (단, 중력 가속도 g = 10 m/s² 이고, 나무판의 밀도는 균일하며 두께와 폭은 무시한다.)

[수능 기출 유형]

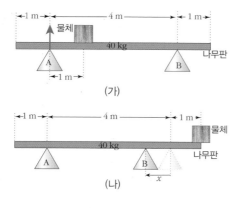

(가)

(나)

① 0.2 m   ② 0.4 m   ③ 0.6 m
④ 0.8 m   ⑤ 1.0 m

27 그림은 받침대 위에 놓인 나무판 ㉠ 의 양쪽 끝에 질량이 m 인 공 A, B 를 각각 올려 놓고, 질량이 $4m$ 인 나무판 ㉡ 의 한쪽 끝에 실을 연결한 후 반대쪽 끝을 공 B 위에 올려놓았다. 나무판 ㉠ 과 ㉡ 은 지면과 수평을 이루고 있고, 공 A, B 는 정지해 있다. 받침대로부터 공 A 와 B 까지의 거리는 각각 $2x$, x 이다. 나무판 ㉠ 의 질량은 얼마인가? (단, 나무판 ㉠, ㉡의 밀도는 균일하고, 두께와 폭, 실의 질량, 물체의 크기는 무시한다.)

[수능 기출 유형]

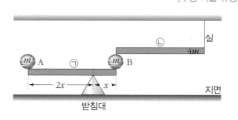

① $1m$ ② $2m$ ③ $3m$
④ $4m$ ⑤ $5m$

28 그림은 두 받침대 A, B 위에 놓인 길이 8 m, 질량 50 kg 인 나무판 위에 질량 100 kg 인 볼링공과 오른쪽 끝에 물체가 각각 정지해 있는 상태에서 나무판이 수평을 유지하고 있는 모습을 나타낸 것이다. 이때 받침대 A 가 나무판을 떠받치는 힘의 크기는 받침대 B 가 나무판을 떠받치는 힘의 크기의 세 배이다. 물체가 나무판 위에서 왼쪽으로 이동할 때, 나무판이 수평 상태를 유지할 수 있는 물체의 이동 거리의 최댓값은 얼마인가? (단, 나무판의 밀도는 균일하며 두께, 폭, 물체의 크기는 무시한다.)

[수능 기출 유형]

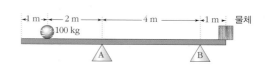

① 1 m   ② 2 m   ③ 3 m
④ 4 m   ⑤ 5 m

29 그림은 질량이 2 kg 의 물체가 짧은 줄에 매어 있고, 그 줄은 다시 줄 1 을 통해 벽에, 줄 2 를 지나 천장에 매달려 있는 것을 나타낸 것이다. 줄 1 은 수평과 $30°$, 줄 2 는 수평과 $60°$ 를 이루고 있다. 줄 1 의 장력 T_1 는 얼마인가? (단, 중력 가속도 $g = 10 \text{ m/s}^2$ 이다.)

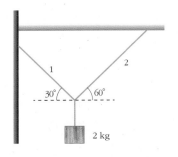

① 5 N   ② 10 N   ③ 15 N
④ 20 N   ⑤ 25 N

31 그림은 직육면체 나무 막대 A, B, C, D 가 평형을 유지하고 있는 상태에서 A 를 B 쪽으로 x 만큼 이동시켰을 때, 평형을 계속 유지하고 있는 모습을 나타낸 것이다. A, B, C 의 질량은 각각 $2m$, $4m$, m 이고, D 는 수평한 책상면 위에 고정되어 있다. 평형을 유지하기 위한 x 의 최댓값은 얼마인가? (단, 막대의 밀도는 균일하고, 마찰은 무시한다.)

[수능 기출 유형]

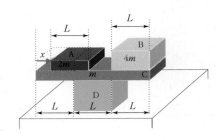

① $0.5L$ ② $0.75L$ ③ $1.0L$
④ $1.25L$ ⑤ $1.5L$

30 그림은 발목과 발의 해부학 그림으로, 발끝으로 서 있는 경우를 나타낸 것이다. 뒤꿈치를 약간 들고 있어서 실제 발은 점 C 에서만 바닥과 접촉한다. $a = 5.0 \text{ cm}$, $b = 15 \text{ cm}$, 사람의 몸무게 $W = 9 \text{ N}$ 으로 가정하자. 발에 가해지는 힘 중 종아리 근육이 점 A 에 가하는 힘의 크기 F_A 와 발목뼈가 점 B 에 작용하는 힘의 크기 F_B 를 바르게 짝지은 것은?

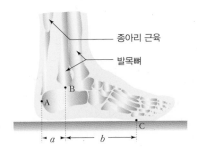

종아리 근육
발목뼈

	F_A	F_B
①	20 N	30 N
②	20 N	36 N
③	20 N	90 N
④	27 N	30 N
⑤	27 N	36 N

32 그림은 구조물에 힘 F_1, F_2, F_3 을 가할 때 위에서 내려다 본 모습을 나타낸 것이다. 점 A 에 성분이 F_4 와 F_5 인 힘을 가해 구조물이 평형을 이루고자 한다. $a = 2 \text{ m}$, $b = 3 \text{ m}$, $c = 1 \text{ m}$, $F_1 = 30 \text{ N}$, $F_2 = 10 \text{ N}$, $F_3 = 5 \text{ N}$ 일 때, F_4, F_5 각각의 힘의 크기와 점 O 와 점 A 사이의 거리 d 를 바르게 짝지은 것은?

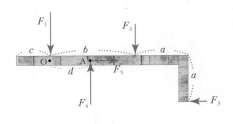

	F_4	F_5	d
①	20 N	1 N	1 m
②	20 N	5 N	1.2 m
③	20 N	10 N	1.5 m
④	40 N	5 N	1 m
⑤	40 N	5 N	1.5 m

22강. 유체 Ⅰ

1. 유체   2. 압력의 측정   3. 부력   4. 파스칼 법칙

1. 유체

(1) 유체 : 물질은 고체, 액체, 기체의 세 가지 상태가 존재한다. 이 중 고체는 힘이 가해져도 모양이 쉽게 변하지 않지만 액체나 기체는 힘이 가해지면 모양이 쉽게 변하고 흐를 수 있는 물질이기 때문에 유체라고 한다.

① **밀도** : 단위 부피당 질량 ⇒ 밀도$(\rho) = \dfrac{\text{질량}(M)}{\text{부피}(V)}$ [단위 : kg/m^3, g/cm^3]

② **비중** : 물체의 밀도를 4 ℃ 물의 밀도로 나눈 값 ⇒ 비중 $= \dfrac{\text{물체의 밀도}}{4\,℃\ \text{물의 밀도}}$

③ **압력** : 단위 면적당 누르는 힘 ⇒ 압력$(P) = \dfrac{\text{힘}(F)}{\text{면적}(A)}$ [단위 : $N/m^2 = Pa$(파스칼)]

(2) 유체의 압력 : 기압과 수압이 존재한다.

① **기압** : 대기의 압력으로 지면으로부터 높이가 높을수록 작아진다.

> 1기압 = 수은 기둥 76 cm의 무게에 의한 압력 = 물기둥 약 10 m의 무게에 의한 압력
> [1기압 = 1 atm = 76 cmHg]

② **수압** : 물에 의한 압력으로, 물표면에서의 압력은 대기압과 같으며 물의 깊이가 10 m 깊어질 때마다 수압은 약 1기압씩 증가한다.

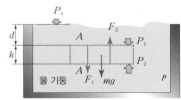

> 물속의 수압 = 물의 깊이에 따른 압력 + 대기압

(3) 깊이에 따른 유체의 압력 변화 : 정지 유체에서 깊이가 h 인 곳에서의 압력은 다음과 같다.

$$P = P_0 + \rho g h \quad (P_0 : \text{대기압})$$

> 물이 채워진 수조에서 중간쯤에 있는 면적 A, 높이 h인 가상의 원통형 물기둥을 생각해 보자. 이 가상의 물기둥은 움직이지 않고 정지해 있다. (물기둥에 작용하는 모든 힘은 평형 상태)
> F_1 : 물기둥 윗면에 작용하는 힘
> F_2 : 물기둥 아랫면에 작용하는 힘
> P_1 : 물기둥 윗면의 압력 P_2 : 물기둥 아랫면의 압력
> ρ : 물의 밀도, m : 높이 h 의 물기둥의 질량
> $F_1 + mg = F_2, \ F_1 = P_1 A, \ F_2 = P_2 A$
> ⇒ $P_1 A + mg = P_2 A, \ m = \rho V = \rho A h$
> ⇒ $P_2 = P_1 + \rho g h$

개념확인 1

다음 빈칸에 알맞은 말을 각각 쓰시오.

> 대기의 압력은 지면으로부터 높이가 높을수록 ㉠(   )지고, 물에 의한 압력은 수면으로부터 물의 깊이가 깊을수록 ㉡(   )진다.

확인+1

그림은 물속 깊이에 따른 수압을 나타낸 것이다. 물의 깊이가 40 m 인 지점의 수압은 얼마인가?

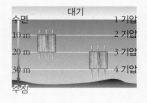

(   ) 기압

비압축성 유체

유체는 흐를 수 있는 물질이다. 액체처럼 압력에 따른 부피의 변화가 없는 유체를 비압축성 유체라 한다. 기체는 비압축성 유체가 아니다.

밀도

물의 밀도를 흔히 1 이라고 말하지만 이때의 단위는 g/cm^3이다. 물의 밀도를 국제단위계로 나타내면 $1000\ kg/m^3$이다.

$$1\ g/cm^3 = \dfrac{10^{-3}\ kg}{(10^{-2}\ m)^3}$$
$$= 1000\ kg/m^3$$

기체의 비중

알고 싶은 기체의 비중은 기체의 밀도를 0℃, 1기압의 공기의 밀도로 나눈 값이다.

1 L

$1\ L = 10\ cm \times 10\ cm \times 10\ cm$
$= 10^3\ cm^3$
$= 10^{-3}\ m^3$
$1\ mL = 1\ cm^3 = 10^{-6}\ m^3$

유체 속의 물체가 받는 압력

· 유체 속 물체의 모든 표면에 수직으로 유체의 압력이 작용한다.
· 물체가 유체 속에 깊이 잠겨 있을수록 유체의 압력이 커진다.

▲ 정지해 있는 유체 내의 한 점에 작용하는 압력은 모든 방향에서 작용하며, 그 크기가 같다.

미니 사전

비압축성 [(非 아니다 壓 압력 壓 縮 줄이다 縮 성질 性] 압력을 가해도 부피가 변하지 않는 성질

2. 압력의 측정

(1) 대기압의 측정(수은 기압계) : 길이가 1 m 정도이고 한 쪽이 막힌 유리관에 수은을 가득 채워 열린 부분을 막아 수은이 흘러 내리지 않게 한 후 뒤집어서 수은이 담긴 그 릇에 넣으면 수은 기둥이 조금 내려오다가 정지한다. 이 때 윗부분은 진공이 되어 내부 압력은 0이 되고, 밀도가 ρ 인 수은 기둥에 의한 압력 $\rho g h$ 는 대기압 P 와 같아진다. 수은의 밀도가 13.6 g/cm³ 이고, 대기압이 1기압일 때 수은 기둥의 높이는 76 cm 가 된다.

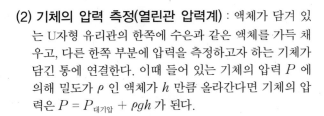

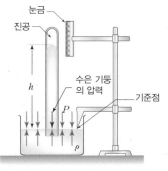
▲ 수은 기압계

(2) 기체의 압력 측정(열린관 압력계) : 액체가 담겨 있는 U자형 유리관의 한쪽에 수은과 같은 액체를 가득 채우고, 다른 한쪽 부분에 압력을 측정하고자 하는 기체가 담긴 통에 연결한다. 이때 들어 있는 기체의 압력 P 에 의해 밀도가 ρ 인 액체가 h 만큼 올라간다면 기체의 압력은 $P = P_{대기압} + \rho g h$ 가 된다.

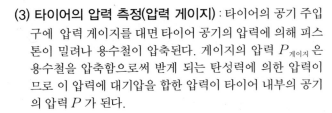

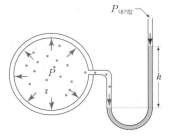
▲ 열린관 압력계

(3) 타이어의 압력 측정(압력 게이지) : 타이어의 공기 주입 구에 압력 게이지를 대면 타이어 공기의 압력에 의해 피스톤이 밀려나 용수철이 압축된다. 게이지의 압력 $P_{게이지}$ 은 용수철을 압축함으로써 받게 되는 탄성력에 의한 압력이므로 이 압력에 대기압을 합한 압력이 타이어 내부의 공기의 압력 P 가 된다.

$$P(\text{타이어 내부 공기 압력}) = P_{게이지} + P_{대기압}$$

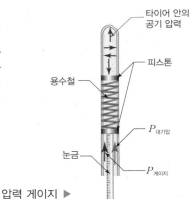
압력 게이지 ▶

정답 및 해설 42쪽

개념확인 2

오른쪽 그림은 한쪽이 막힌 유리관에 수은을 가득 채워 열린 부분을 막아 수은이 흘러 내리지 않게 한 후 뒤집어서 수은이 담긴 그릇에 넣으면 수은 기둥이 조금 내려오다가 정지하는 모습을 나타낸 것이다. 대기압이 1기압일 때 수은 기둥의 높이는 얼마인가? (단, 수은의 밀도는 13.6 g/cm³ 이고, 중력 가속도는 9.8 m/s² 이다.)

( )

확인+2

오른쪽 그림과 같은 열린관 압력계에서 액체의 밀도가 2×10^3 kg/m³ 이고, h = 1 m 일 때, 기체의 압력을 구하시오. (단, 대기압 $P_{대기}$ = 1.0 $\times 10^5$ N/m², 중력 가속도 g = 10 m/s² 이다.)

( )

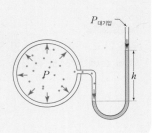

● **단위 torr (토르)**

수은 기압계를 이용하여 최초로 대기압을 측정한 토리첼리를 기념하여 만든 압력의 단위이다. 수은 기둥 1 mm 높이의 압력을 말한다.

$$1 \text{ mmHg} = 1 \text{ torr}$$
$$1\text{기압} = 760 \text{ torr}$$
$$= 760 \text{ mmHg}$$

● **아네로이드 기압계**

독성이 강한 수은 액체를 사용하지 않고 용수철의 탄성력을 이용하여 간편하게 기압을 측정할 수 있다. 이 기압계는 내부가 진공인 금속 상자에 용수철을 넣어 대기압과 평형이 되게 만들어 대기압이 커지면 금속 상자가 수축하고, 대기압이 작아지면 금속 상자가 팽창하는 원리를 이용한 것이다.

▲ 아네로이드 기압계

● **압력의 단위**

① 기압 (atm) : 해수면에서의 평균 대기압

$$1\text{기압} = 1.013 \times 10^5 \text{ Pa}$$
$$= 1,013 \text{hPa}$$

② Pa (파스칼) : 국제 표준 단위의 압력 세기 단위

$$1\text{Pa} = 1\text{N/m}^2$$

3. 부력

(1) **아르키메데스 법칙** : 유체에 잠긴 물체는 잠긴 부분의 부피에 해당하는 유체의 무게 만큼 가벼워진다.

(2) **부력** : 유체 속에 잠긴 물체에 작용하여 윗부분과 아랫부분의 압력 차이에 의해서 물체를 위로 떠오르게 하는 힘을 부력이라고 한다.

① **부력의 방향** : 중력의 반대 방향으로 작용한다.

② **부력의 크기** : 밀도 ρ 인 유체 속에 잠긴 물체의 부피 V 에 해당하는 유체의 무게(mg)와 같다.

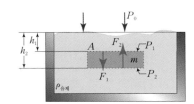

$$P_1 = P_0 + \rho g h_1 \, , \; P_2 = P_0 + \rho g h_2$$
$$\Delta P = P_2 - P_1 = \rho g h_2 - \rho g h_1 = \rho g (h_2 - h_1)$$
$$F_{\text{부력}} = \Delta P A = \rho g (h_2 - h_1) A = \rho_{\text{유체}} g V = mg$$

〈 부력의 크기 〉

물과 식용유의 밀도가 달라서 물체가 밀어내는 액체의 부피는 같으나 무게는 다르다. 따라서 물과 식용유에서 같은 물체에 작용하는 부력의 크기가 다르다.

$$\rho_{\text{물}} > \rho_{\text{식용유}} \, , \; F_{\text{물}} > F_{\text{식용유}}$$

▲ 물   ▲ 식용유

③ **물체가 떠오르고 가라앉는 조건** : 유체 속에 잠긴 물체에 작용하는 부력이 중력보다 클 때 떠오르고, 중력보다 작을 때 가라앉는다.

▲ 떠오른다.   ▲ 가라앉는다.   ▲ 머물러 있다.
$\rho_{\text{유체}} > \rho_{\text{물체}}$ $\rho_{\text{유체}} < \rho_{\text{물체}}$ $\rho_{\text{유체}} = \rho_{\text{물체}}$

$$F_{\text{알짜힘}} \, (\text{유체 속 물체}) = F_{\text{부력}} - F_{\text{중력}} = (\rho_{\text{유체}} - \rho_{\text{물체}}) g V$$

(개념확인 3)

물체가 유체 속에 잠기면 물체의 부피만큼 유체를 밀어내며, 밀어낸 유체의 무게만큼 가벼워진다. 이를 무슨 법칙이라고 하는가?

(   ) 법칙

(확인+3)

밀도가 2×10^3 kg/m^3 인 액체 속에 부피가 1.0×10^{-3} m^3 인 금속 물체를 넣었다. 금속 물체가 액체 속에 완전히 잠겼을 때 받는 부력의 크기를 구하시오.(단, 중력 가속도 $g = 10$ m/s^2 이다.)

(   )

비중과 부력

비중은 $\dfrac{\text{물체의 밀도}}{4\text{℃ 물의 밀도}}$ 이고, 4℃ 물의 밀도는 1g/cm^3 이므로, 비중은 밀도와 같고, 단위는 없다.

물체의 비중 > 1 이면, 물속에서 물체는 가라앉는다.

부력의 이용

비행선, 수세식 변기, 잠수함, 튜브, 열기구, 애드벌룬 등

· 비행선 : 공기보다 밀도가 작은 헬륨 기체를 비행선에 채우면 부력이 비행선의 무게보다 커져 비행선이 공기 중에 뜰 수 있게 된다.

· 잠수함 : 공기 탱크에 공기를 공급하여 무게가 부력보다 작아지면 떠오르고, 공기를 밖으로 배출하면서 물을 채워 무게가 부력보다 커지면 가라앉는다.

· 수세식 변기 : 변기의 물통에 물이 차오르면 공기가 들어 있는 부구가 부력에 의해 떠오르고, 일정한 높이가 되면 급수관의 입구를 막아서 일정량의 물을 저장할 수 있다.

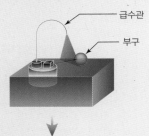

급수관
부구

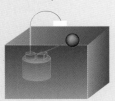

▲ 수세식 변기의 급수 원리

4. 파스칼 법칙

(1) 파스칼 법칙 : 밀폐된 용기에 담긴 비압축성 유체의 표면에 압력이 가해질 때 유체를 담은 통 모든 지점에 같은 크기의 압력이 나타난다.

┌─〈 파스칼 법칙과 유압 장치 〉────────
│ 유압 장치는 단면적이 다른 두 실린더
│ 가 관으로 연결되어 있고, 두 실린더
│ 에는 움직일 수 있는 피스톤이 각각
│ 설치되어 있으며 내부는 기름 등의 액
│ 체로 채워져 있다.
└─────────────────────

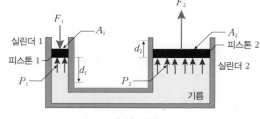

▲ 유압 장치

① **단면적과 힘** : 기름은 모든 방향으로 같은 크기의 압력을 작용하기 때문에 단면적이 커지면 받는 힘도 커진다.

$$P_1 = P_2 \implies \frac{F_1}{A_1} = \frac{F_2}{A_2}$$

② **단면적과 이동 거리** : 실린더 1에서 부피가 V_1 만큼 줄어들면서 피스톤 1이 d_1 만큼 내려 가면, 실린더 2에서 부피가 V_2 만큼 늘어나면서 피스톤 2가 d_2 만큼 올라간다. 이때 V_1 과 V_2 는 같기 때문에 단면적이 클수록 이동 거리가 줄어든다.

$$V_1 = V_2 \implies A_1 d_1 = A_2 d_2 \implies d_2 = \frac{A_1}{A_2} d_1$$

(2) 파스칼 법칙의 이용 : 작은 힘으로 큰 힘을 낼 수 있어서 유압식 브레이크 및 자동차를 들어 올리는 장치 등에 이용된다.

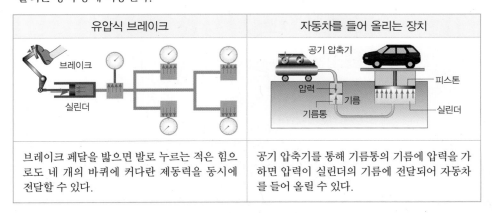

유압식 브레이크	자동차를 들어 올리는 장치
브레이크 페달을 밟으면 발로 누르는 적은 힘으로도 네 개의 바퀴에 커다란 제동력을 동시에 전달할 수 있다.	공기 압축기를 통해 기름통의 기름에 압력을 가하면 압력이 실린더의 기름에 전달되어 자동차를 들어 올릴 수 있다.

유압 장치에서 일의 원리

피스톤 1을 d_1 만큼 아래로 움직이면 피스톤 2는 d_2 만큼 올라간다. 양쪽 피스톤의 위치 변화로 생기는 비압축성 액체의 부피 변화는 같아야 하므로 $V = A_1 d_1 = A_2 d_2$ 이고 이로부터 피스톤 2에서 이동한 거리는 $d_2 = \dfrac{A_1}{A_2} d_1$ 이 된다.
따라서 피스톤 2가 한 일은
$W_2 = F_2 d_2 = (\dfrac{A_2}{A_1} F_1) \times (\dfrac{A_1}{A_2} d_1) = F_1 d_1 = W_1$ 이 되어 유체는 피스톤 1에서 받은 일 만큼 피스톤 2에 일을 한다.

파스칼 법칙의 이용

자동차 정비용 유압식 리프트, 포크레인, 유압식 사다리차, 유압식 브레이크, 유압식 기중기 등

▲ 유압식 장비

[개념확인 4]   정답 및 해설 **42쪽**

유압식 브레이크 장치에서는 브레이크 페달을 밟으면 발로 누르는 적은 힘으로도 네 개의 바퀴에 커다란 제동력을 동시에 전달할 수 있다. 이 장치에 이용되는 법칙은 무엇인가?

(   ) 법칙

[확인+4]

유압 장치에서 피스톤의 단면적 비가 2 : 1 일 때, 각각 피스톤에 작용하는 힘의 비를 구하시오.

(   )

01 유체의 압력에 대한 설명으로 옳지 <u>않은</u> 것은?

① 1기압은 물 기둥 7.6 m 의 무게에 의한 압력과 같다.
② 1기압은 수은 기둥 76 cm 의 무게에 의한 압력과 같다.
③ 대기의 압력은 지상 위보다 지면에 가까울수록 커진다.
④ 물에 의한 압력은 표면으로부터 물의 깊이가 깊을수록 커진다.
⑤ 물의 무게에 의한 압력은 물의 깊이가 10 m 깊어질 때마다 약 1기압씩 증가한다.

02 밀폐된 방안의 방바닥의 넓이는 20 m² 이고, 방바닥의 압력은 2 N/m² 이다. 이때 방바닥을 누르는 힘은 몇 N인가?

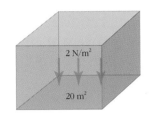

① 10 N   ② 20 N   ③ 30 N   ④ 40 N   ⑤ 50 N

03 그림은 네 개의 다른 모양의 그릇에 물이 담겨 있는 모습을 나타낸 것이다. 깊이 h 에서 압력의 크기를 바르게 비교한 것은?

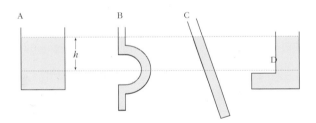

① A > B > C > D   ② B > A > C > D   ③ C > A > B > D
④ D > C > B > A   ⑤ A = B = C = D

04 다음 그림과 같이 물통에 높이가 다른 세 개의 구멍 A, B, C 를 뚫고, 물을 가득 채운 후 각각의 구멍에서 나오는 물줄기를 관찰하였다. 이에 대한 설명으로 옳은 것만을 〈보기〉에서 있는 대로 고른 것은? (단, 공기 저항과 물통과 물 사이의 마찰은 무시한다.)

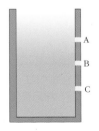

─── 〈 보기 〉───

ㄱ. 구멍 A 에서 나온 물줄기가 가장 멀리 날아간다.
ㄴ. 구멍 A, B, C 에 작용하는 대기압의 크기는 모두 같다.
ㄷ. 구멍의 높이가 높을수록 물의 무게에 의한 압력의 크기가 크다.

① ㄱ   ② ㄴ   ③ ㄱ, ㄴ   ④ ㄴ, ㄷ   ⑤ ㄱ, ㄴ, ㄷ

05 그림은 부피가 3×10^{-3} m³ 인 볼링공을 용수철 저울에 매달아 물속에서 무게를 측정하는 모습을 나타낸 것이다. 이때 용수철 저울의 눈금은 5 N 이었다. 공기 중에서 이 볼링공의 무게는 얼마인가? (단, 공기 중에서 받는 부력은 무시하고, 중력 가속도 $g = 10$ m/s², 물의 밀도 $\rho_물 = 1.0 \times 10^3$ kg/m³ 이다.)

① 30 N   ② 35 N   ③ 40 N   ④ 45 N   ⑤ 50 N

06 그림은 부피가 같은 물체 A, B, C 를 물속에 넣었더니, A 는 물 위에 떠올라 절반만 잠긴 채로 정지해 있고, B 는 유체의 중간 위치에 정지해 있으며, C 는 바닥에 가라앉은 모습을 나타낸 것이다. 물체가 받는 부력의 크기를 바르게 비교한 것은?

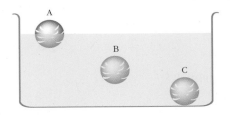

① A < B < C   ② A < C < B   ③ A < B = C   ④ A = B < C   ⑤ A = B = C

07 그림은 밀도가 1 g/cm³ 인 액체가 담긴 용기 속에 밀도가 4 g/cm³ 이고 부피가 100 cm³ 인 볼링공이 바닥에 가라앉아 있는 것을 나타낸 것이다. 볼링공이 바닥을 누르는 힘의 크기는 얼마인가? (단, 중력 가속도 $g = 10$ m/s² 이다.)

① 1 N   ② 2 N   ③ 3 N   ④ 4 N   ⑤ 5 N

08 그림은 단면적이 각각 1 m², 5 m² 인 두 실린더 1, 2 로 이루어진 유압 장치를 나타낸 것이다. 실린더 2 의 피스톤 위에 무게가 2×10^3 N 인 물체를 올려놓았다. 실린더 2 의 피스톤이 위로 움직이기 위해서 실린더 1 의 피스톤에 수직으로 작용해야 하는 힘 F_1 의 최소 크기는 얼마인가? (단, 피스톤의 무게와 마찰은 무시한다.)

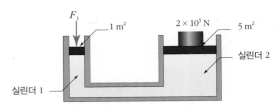

① 100 N   ② 200 N   ③ 300 N   ④ 400 N   ⑤ 500 N

유형 익히기& 하브루타

[유형22-1] 유체

그림은 U자 관 안에서 액체 A와 물이 정적 평형을 이루고 있는 모습을 나타낸 것이다. 물이 U자 관 오른쪽 관에 있고, 밀도를 알 수 없는 액체 A가 왼쪽 관에 있다. $a = 30\,mm$, $b = 70\,mm$ 라고 할 때, 다음 물음에 답하시오. (단, 물의 밀도 $\rho_{물}$ $= 1.0 \times 10^3\,kg/m^3$ 이다.)

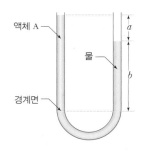

(1) 액체 A의 비중은 얼마인가?

① 0.1   ② 0.3   ③ 0.5   ④ 0.7   ⑤ 0.9

(2) 액체 A의 밀도는 얼마인가?

① 100 kg/m³   ② 300 kg/m³   ③ 500 kg/m³   ④ 700 kg/m³   ⑤ 900 kg/m³

01 그림은 부피가 같은 두 물체 A 와 B 를 같은 깊이의 물속에 넣었을 때의 모습을 나타낸 것이다. 시간이 흐른 뒤 A 는 가라앉고, B 는 위로 떠올랐다.

이에 대한 설명으로 옳은 것만을 〈보기〉에서 있는 대로 고른 것은?

─── 〈 보기 〉 ───
ㄱ. 밀도는 A 가 B 보다 크다.
ㄴ. 질량은 A 가 B 보다 작다.
ㄷ. 시간이 흐른 뒤 물체가 받는 압력은 B 가 A 보다 크다.

① ㄱ   ② ㄴ   ③ ㄱ, ㄴ
④ ㄴ, ㄷ   ⑤ ㄱ, ㄴ, ㄷ

02 그림은 서로 다른 모양의 투명한 관이 서로 연결되어 액체가 담겨 있는 모습을 나타낸 것이다.

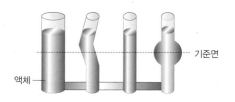

이에 대한 설명으로 옳은 것만을 〈보기〉에서 있는 대로 고른 것은?

─── 〈 보기 〉 ───
ㄱ. 각 관의 액체 표면에 작용하는 압력은 같다.
ㄴ. 기준면에서 각 관의 액체의 압력은 모두 같다.
ㄷ. 어느 관에서나 같은 깊이에서는 압력이 같다.

① ㄱ   ② ㄴ   ③ ㄱ, ㄴ
④ ㄴ, ㄷ   ⑤ ㄱ, ㄴ, ㄷ

[유형22-2] 압력의 측정

그림 (가)는 지표면에서 밀도가 ρ 인 액체 A 를 길이 H 인 유리관에 가득 담은 것이고, 그림 (나) 는 그림 (가) 의 유리관을 액체 A 를 담은 용기 위에 연직으로 거꾸로 세웠더니, 유리관 내의 꼭대기에 빈 공간이 생기고 높이 h 에서 액체 A 가 멈춰 있는 모습을 나타낸 것이다. 그림 (다) 는 유리관을 기울여 세웠을 때, (나)와 같은 높이 h 를 유지하며 액체 A 가 멈춰 있는 모습을 나타낸 것이다. 이에 대한 설명으로 옳은 것만을 〈보기〉에서 있는 대로 고른 것은?

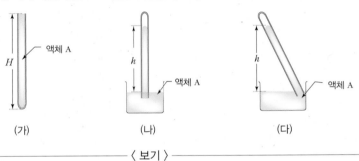

(가)   (나)   (다)

―――〈 보기 〉―――

ㄱ. 대기압은 ρgh 이다.
ㄴ. 높이 h 에 해당하는 관 속 액체 A의 질량은 (나)에서가 (다)에서 보다 작다.
ㄷ. 밀도가 2ρ 인 액체를 사용하면 유리관 액체 기둥의 높이가 절반으로 줄어든다.

① ㄱ   ② ㄴ   ③ ㄱ, ㄴ   ④ ㄴ, ㄷ   ⑤ ㄱ, ㄴ, ㄷ

03

표는 그림과 같이 물 위의 대기에 있는 점 A, B 와 물속에 있는 점 C, D 를 수면으로부터 높이 또는 깊이로 나타낸 것이다.

지점	높이	지점	깊이
A	20 m	C	10 m
B	10 m	D	20 m

이에 대한 설명으로 옳은 것만을 〈보기〉에서 있는 대로 고른 것은?

―――〈 보기 〉―――

ㄱ. 압력이 가장 작은 점은 A 이다.
ㄴ. 압력이 가장 큰 점은 D 이다.
ㄷ. 점 C 와 점 D 에서 작용하는 압력은 같다.

① ㄱ   ② ㄴ   ③ ㄱ, ㄴ
④ ㄴ, ㄷ   ⑤ ㄱ, ㄴ, ㄷ

04

그림은 실린더에 물을 넣고 면적이 $0.01 \ m^2$ 이고 질량을 무시할 수 있는 피스톤 위에 무게 $1.0 \times 10^3 \ N$ 인 추를 올려놓은 것이다. 추에 의한 압력 P_1 과 피스톤이 물에 전달하는 압력 P_2 를 바르게 짝지은 것은? (단, 대기압 $P_{대기압} = 1.0 \times 10^5$ N/m^2 이다.)

	P_1	P_2
①	$1.0 \times 10^5 \ N/m^2$	$1.0 \times 10^5 \ N/m^2$
②	$1.0 \times 10^5 \ N/m^2$	$2.0 \times 10^5 \ N/m^2$
③	$1.0 \times 10^5 \ N/m^2$	$3.0 \times 10^5 \ N/m^2$
④	$1.1 \times 10^5 \ N/m^2$	$2.0 \times 10^5 \ N/m^2$
⑤	$1.1 \times 10^5 \ N/m^2$	$3.0 \times 10^5 \ N/m^2$

[유형22-3] 부력

그림 (가) 와 같이 모양이 불규칙한 돌의 무게를 측정하였더니 30 N 이었고, 이 돌을 그림 (나) 와 같이 물속에 완전히 잠기게 하여 무게를 측정하였더니 10 N 이었다. 다음 물음에 답하시오. (단, 물의 밀도 $\rho_{물}$ = 1.0×10^3 kg/m³ 이고, 중력 가속도 g = 10 m/s² 이다.)

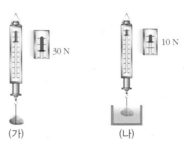

(1) 물체에 작용하는 부력은 얼마인가?

① 10 N   ② 20 N   ③ 30 N   ④ 40 N   ⑤ 50 N

(2) 물체의 밀도는 얼마인가?

① 0.5×10^3 kg/m³   ② 1.0×10^3 kg/m³   ③ 1.5×10^3 kg/m³   ④ 2.0×10^3 kg/m³   ⑤ 2.5×10^3 kg/m³

05 그림 (가) 와 (나) 는 질량은 m 으로 같고 부피가 서로 다른 물체 A, B 를 물이 가득 차 있는 물통에 각각 넣었더니, 두 물체 A, B 가 물속에 완전히 가라앉아 물이 넘친 모습을 나타낸 것이다.

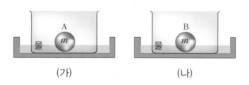

A 의 밀도가 B 의 밀도보다 작을 때, 이에 대한 설명으로 옳은 것만을 〈보기〉에서 있는 대로 고른 것은?

─── 〈 보기 〉 ───
ㄱ. 부피는 A가 B보다 작다.
ㄴ. 넘친 물의 무게는 (가)에서가 (나)보다 작다.
ㄷ. 물로부터 받는 부력의 크기는 A가 B보다 크다.

① ㄱ   ② ㄴ   ③ ㄷ
④ ㄱ, ㄴ   ⑤ ㄱ, ㄴ, ㄷ

06 그림은 밀도가 ρ 이고, 부피가 V 인 볼링공이 물속에 반쯤 잠긴 채 가만히 떠 있는 모습을 나타낸 것이다.

이에 대한 설명으로 옳은 것만을 〈보기〉에서 있는 대로 고른 것은? (단, 중력 가속도는 g 이다.)

─── 〈 보기 〉 ───
ㄱ. 물체가 받는 중력의 크기는 $\rho g V$ 이다.
ㄴ. 물체가 받는 중력과 부력의 크기는 같다.
ㄷ. 물보다 비중이 작은 액체 속에 물체를 넣으면 물체는 더 가라앉는다.

① ㄱ   ② ㄴ   ③ ㄱ, ㄴ
④ ㄴ, ㄷ   ⑤ ㄱ, ㄴ, ㄷ

[유형22-4] 파스칼 법칙

그림은 유압 장치를 나타낸 것이다. A_2는 A_1의 10배이고, 이 유압 장치로 일을 할 때 입력 쪽의 피스톤에 F_1만큼의 힘을 가해 d_1만큼 이동시키면 출력 쪽의 피스톤은 F_2만큼 힘을 받으며 d_2만큼 올라가게 된다. 다음 물음에 답하시오. (단, A_1은 입력 쪽 피스톤의 단면적이고, A_2는 출력 쪽 피스톤의 단면적이고, 피스톤의 무게는 무시한다.)

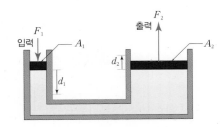

(1) F_1의 크기가 10 N이라면 F_2의 크기는 얼마인가?

① 100 N ② 110 N ③ 120 N ④ 130 N ⑤ 140 N

(2) d_1과 d_2의 비를 구하시오.

① 2 : 1 ② 4 : 1 ③ 6 : 1 ④ 8 : 1 ⑤ 10 : 1

07 다음은 파스칼 법칙에 대한 설명이다.

그림과 같은 유압 장치에서 두 피스톤이 같은 높이에서 정지 상태에 있으면, 단면적이 A_1인 피스톤에 가해지는 압력은 같은 크기로 단면적이 A_2인 피스톤에 전달된다.

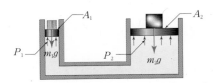

A_1, A_2 : 면적
P_1, P_2 : 압력
m_1, m_2 : 질량
g : 중력 가속도

이 상태의 물리량에 대한 관계식은?

① $m_1 A_1 = m_2 A_2$
② $m_1 A_2 = m_2 A_1$
③ $P_1 A_1 = P_2 A_2$
④ $P_1 A_2 = P_2 A_1$
⑤ $F_1 A_1 = F_2 A_2$

08 그림은 자동차를 들어 올리는 장치인 유압식 기중기를 나타낸 것이다.

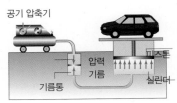

이에 대한 설명으로 옳은 것만을 〈보기〉에서 있는 대로 고른 것은? (단, 여기에서 기름은 비압축성 유체이며, 기름에 의한 중력 효과는 무시한다.)

〈 보기 〉

ㄱ. 기름통 속의 기름의 압력은 실린더 내부의 기름의 압력과 같다.
ㄴ. 공기 압축기의 작은 힘으로 무거운 무게를 들어 올렸지만 일의 이득은 없다.
ㄷ. 기름통에서 공기가 기름을 누르는 힘의 크기는 기름이 피스톤을 밀어내는 힘보다 작다.

① ㄱ ② ㄴ ③ ㄱ, ㄴ
④ ㄴ, ㄷ ⑤ ㄱ, ㄴ, ㄷ

01 그림은 질량이 각각 m, $5m$ 이고 부피가 V 로 같은 물체 A 와 B 가 실로 연결되어 평형 상태를 유지하고 있는 모습을 나타낸 것이다. 물체 A 는 액체에 절반만 잠겨 있고, B 는 수평인 바닥에 닿아 있으며, 액체의 밀도는 물체 A 밀도의 3 배이다. (단, 중력 가속도는 g 이고, 실의 질량은 무시한다.)

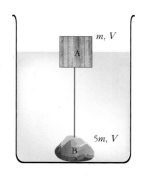

(1) A 와 B 에 작용하는 부력의 크기의 합인 $F_{부력}$ 의 크기를 m, g 를 이용하여 나타내시오.

(2) 바닥이 B 를 떠받치는 힘의 크기인 F_B(수직항력)의 크기를 m, g 를 이용하여 나타내시오.

02 그림은 안쪽 반지름이 0.1 m 이고 바깥쪽 반지름이 0.4 m 인 속이 빈 공이 밀도 800 kg/m³ 의 액체에 절반이 잠긴 채 떠 있는 모습과 공을 반으로 자른 모습의 단면을 나타낸 것이다. 다음 물음에 답하시오. (단, π = 3 이다.)

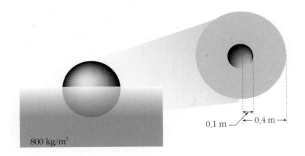

(1) 공의 질량을 구하시오.

(2) 공 내부의 공간을 제외한 공의 밀도를 구하시오.

03 한 변의 길이가 0.6 m 이고 질량이 450 kg 인 정육면체 모양의 물체가 줄에 매달려 그림처럼 물 속에 떠 있다. 다음 물음에 답하시오. (단, 중력 가속도 $g = 10$ m/s^2, 물의 밀도 $\rho_물 = 1.0 \times 10^3$ kg/m^3, 대기압 = 1.01 $\times 10^5$ N/m^2 이다.)

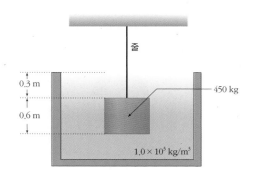

(1) 대기와 물이 정육면체의 윗면에서 아래로 작용하는 힘의 크기를 구하시오.

(2) 정육면체의 아랫면에서 위로 작용하는 힘의 크기를 구하시오.

(3) 정육면체에 작용하는 부력의 크기를 구하시오.

(4) 줄의 장력의 크기를 구하시오.

04 그림은 길이가 $8L$ 인이고 질량이 $2m$ 인 직육면체 모양의 막대가 수평을 이루며 물체 A, B, C 와 접촉한 상태로 정지해 있는 모습을 나타낸 것이다. 물체 A, B 는 각각 밀도가 ρ_1, ρ_2 인 액체에 같은 부피만큼 잠겨 있고, 물체 A, B, C 의 질량은 각각 m, m, $2m$ 이다. $\rho_1 : \rho_2$ 는? (단, 막대의 밀도는 균일하다.)

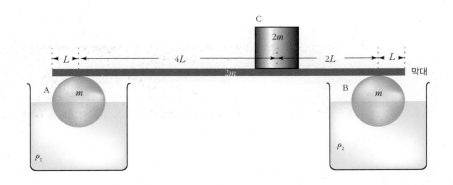

05 그림은 작은 공을 수면으로부터 0.2 m 깊이의 지점에서 놓았을 때, 공이 떠오르다가 수면 위로 튀어 오르는 모습을 나타낸 것이다. 공의 밀도가 물의 밀도의 0.5 배일 때, 공은 수면으로부터 얼마나 높이 튀어 오르는가? (단, 물의 밀도 $\rho_\text{물} = 1.0 \times 10^3 \text{ kg/m}^3$, 중력 가속도 $g = 10 \text{ m/s}^2$ 이고, 물과 공기의 저항과 물결파의 효과는 무시한다.)

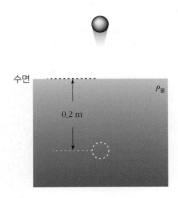

01 그림은 물을 가득 채운 컵에 밀도가 18 g/cm³ 인 물체를 넣었더니 2 cm³ 의 물이 흘러넘친 모습을 나타낸 것이다. 이 물체의 질량은 몇 g 인가?

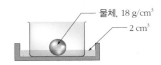

물체, 18 g/cm³
2 cm³

① 2 g   ② 4 g   ③ 8 g
④ 18 g   ⑤ 36 g

02 그림은 밀도가 $\rho = 1.5 \times 10^4$ kg/m³ 인 정지해 있는 유체를 나타낸 것이다. 유체 속 깊이 60 cm 지점인 점 A 에서의 압력은 얼마인가? (단, 유체 표면에서의 압력은 1.0×10^5 N/m², 중력 가속도 $g = 10$ m/s² 이다.)

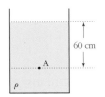

60 cm
A
ρ

① 0.9×10^5 N/m²   ② 1.0×10^5 N/m²
③ 1.5×10^5 N/m²   ④ 1.9×10^5 N/m²
⑤ 2.0×10^5 N/m²

03 그림과 같은 모양의 물통에 물이 채워져 있다. 각 지점 A, B, C, D 에서의 압력 P_A, P_B, P_C, P_D 의 크기를 바르게 비교한 것은?

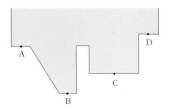

① $P_A > P_B > P_C > P_D$ ② $P_B > P_A > P_C > P_D$
③ $P_B > P_C > P_A > P_D$ ④ $P_B > P_A > P_D > P_C$
⑤ $P_D > P_C > P_B > P_A$

04 다음은 토리첼리의 실험에 대한 설명이다. ㉠, ㉡ 에 들어갈 말을 바르게 짝지은 것은?

한쪽 끝이 막힌 길이 1 m 정도의 유리관에 수은을 가득 채운 후, 수은이 담긴 용기에 거꾸로 세우면 유리관 속의 수은이 내려오다가 용기의 수은 표면으로부터 높이 (㉠)인 지점에서 멈추고, 유리관 윗부분은 진공이 된다. 토리첼리는 유리관 속의 수은이 중도에서 멈추는 원인을 (㉡)때문이라고 판단했다.

	㉠	㉡
①	76 mm	기압
②	76 mm	부력
③	7.6 cm	기압
④	76 cm	부력
⑤	76 cm	기압

05 그림 (가) 는 풍선에 추를 매달아 물속에 넣었더니 표면 근처에서 평형을 이루고 있는 모습을 나타낸 것이고, 그림 (나) 는 풍선을 물속으로 깊숙이 밀어 넣었을 때의 모습을 나타낸 것이다.

(가)   (나)

이에 대한 설명으로 옳은 것만을 〈보기〉에서 있는 대로 고른 것은?

〈 보기 〉

ㄱ. 수심이 깊어질수록 수압이 증가한다.
ㄴ. 풍선이 가라앉을수록 풍선의 부피는 줄어든다.
ㄷ. 풍선에서 손을 떼면 풍선은 떠오른다.

① ㄱ   ② ㄴ   ③ ㄱ, ㄴ
④ ㄱ, ㄷ   ⑤ ㄱ, ㄴ, ㄷ

06 그림은 열기구가 떠오르는 모습을 나타낸 것이다. 열기구 밖의 공기 밀도가 열기구 안 공기 밀도의 1.5 배라고 할 때 열기구가 떠오르는 가속도의 크기는 얼마인가? (단, 중력 가속도 $g = 10 \text{ m/s}^2$ 이고, 열기구의 껍데기와 바구니의 질량은 무시한다.)

열기구

① 1 m/s^2 ② 3 m/s^2 ③ 5 m/s^2
④ 7 m/s^2 ⑤ 9 m/s^2

07 그림은 물과 알코올이 섞인 액체 속에 고추기름이 액체 중간에 떠 있는 모습을 나타낸 것이고, 표는 세 액체의 비중을 나타낸 것이다. 세 액체의 비중이 다르고 물과 알코올에 고추기름이 섞이지 않는 성질을 이용한 것이다. 물과 알코올은 서로 섞이며 비율에 따라 혼합액의 비중이 0.8 ~ 1 사이가 된다.

혼합액

고추기름

액체	비중
물	1
알코올	0.8
고추기름	0.9

이에 대한 설명으로 옳은 것만을 〈보기〉에서 있는 대로 고른 것은?

─── 〈 보기 〉 ───
ㄱ. 고추기름에 작용하는 부력과 중력의 크기는 같다.
ㄴ. 알코올을 더 넣으면 고추기름은 가라앉는다.
ㄷ. 물을 더 넣으면 고추기름이 받는 부력이 더 커진다.

① ㄱ ② ㄴ ③ ㄱ, ㄴ
④ ㄱ, ㄷ ⑤ ㄱ, ㄴ, ㄷ

08 그림 (가) 는 저울 위에 놓인 수조에 부피가 $2V$ 인 물체를 놓았을 때 저울의 눈금이 5 N 을 가리키는 모습을 나타낸 것이고, 그림 (나)는 부피 $10V$ 의 액체 속에 물체가 잠기도록 질량을 무시할 수 있는 실로 수조 바닥에 고정시켰을 때 저울의 눈금이 90 N 을 가리키는 모습을 나타낸 것이다.

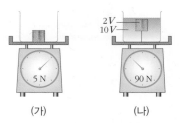

(가) (나)

이에 대한 설명으로 옳은 것만을 〈보기〉에서 있는 대로 고른 것은? (단, 수조의 무게는 무시한다.)

─── 〈 보기 〉 ───
ㄱ. 액체의 무게는 85 N 이다.
ㄴ. 물체에 작용하는 부력의 크기는 15 N 이다.
ㄷ. 실이 물체를 당기는 힘의 크기는 5 N 이다.

① ㄱ ② ㄴ ③ ㄱ, ㄴ
④ ㄱ, ㄷ ⑤ ㄱ, ㄴ, ㄷ

09 그림은 폭이 5 m, 길이가 10 m, 높이가 5 m 인 사각형 모양의 모래를 가득 넣은 통이 물속으로 2 m 잠긴 채 뜬 상태로 정지해 있는 모습을 나타낸 것이다.

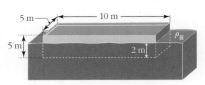

이에 대한 설명으로 옳은 것만을 〈보기〉에서 있는 대로 고른 것은? (단, 물의 밀도 $\rho_{물} = 1.0 \times 10^3 \text{ kg/m}^3$, 중력 가속도 $g = 10 \text{ m/s}^2$ 이고, 통의 두께는 무시한다.)

─── 〈 보기 〉 ───
ㄱ. (통+모래)의 무게는 통의 물에 잠긴 부피에 해당하는 물의 무게와 같다.
ㄴ. (통+모래)의 무게는 $1.0 \times 10^6 \text{ N}$이다.
ㄷ. (통+모래)의 밀도는 200 kg/m³이다.

① ㄱ ② ㄱ, ㄴ ③ ㄱ, ㄷ
④ ㄴ, ㄷ ⑤ ㄱ, ㄴ, ㄷ

10 그림은 유압 장치 양쪽의 피스톤이 모두 정지해 있는 모습을 나타낸 것이다. 양쪽 피스톤의 단면적 비는 $A_1 : A_2 = 1 : 3$ 이다. 이때 양쪽 피스톤에 작용하고 있는 압력비와 피스톤에 올려놓은 추의 질량의 비를 바르게 짝지은 것은?

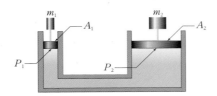

	$P_1 : P_2$	$m_1 : m_2$
①	1 : 1	1 : 2
②	1 : 1	1 : 3
③	1 : 2	1 : 2
④	2 : 1	2 : 1
⑤	2 : 1	1 : 3

B

11 그림 (가)는 물체 A 가 물에 떠서 정지해 있는 모습을 나타낸 것이고, 그림 (나)는 (가)의 물체 A 위에 물체 B 를 올려놓았을 때의 모습이다. (가)와 (나)에서 수면 위로 나온 물체 A 의 부피는 각각 V, $0.7V$ 이고, 물과 물체 A 의 밀도는 각각 ρ, 0.9ρ 이다.

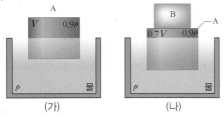

이에 대한 설명으로 옳은 것만을 〈보기〉에서 있는 대로 고른 것은?

[수능 기출 유형]

〈 보기 〉
ㄱ. 물체 A의 부피는 $10V$ 이다.
ㄴ. 물체 B의 질량은 $0.3\rho V$ 이다.
ㄷ. (나)에서 물체 A에 작용하는 부력의 크기는 물체 B가 A에 작용하는 힘의 크기와 같다.

① ㄱ 　　② ㄴ 　　③ ㄱ, ㄴ
④ ㄴ, ㄷ 　　⑤ ㄱ, ㄴ, ㄷ

12 그림 (가)는 질량이 m 이고 부피가 $6V$ 인 물체가 실에 매달려 물속에 $2V$ 만큼 잠긴 채로 정지해 있는 모습을 나타낸 것이고, 그림 (나)는 (가)에서 실을 끊었을 때 물체가 $4V$ 만큼 잠긴 채로 정지해 있는 모습을 나타낸 것이다. 질량 m 과 (가)에서의 실의 장력 T 를 바르게 짝지은 것은? (단, 중력 가속도는 g, 물의 밀도는 ρ 이고, 실의 질량은 무시한다.)

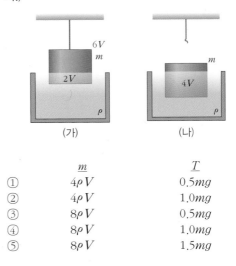

	m	T
①	$4\rho V$	$0.5mg$
②	$4\rho V$	$1.0mg$
③	$8\rho V$	$0.5mg$
④	$8\rho V$	$1.0mg$
⑤	$8\rho V$	$1.5mg$

13 그림 (가)는 밀도가 ρ 인 액체에 부피가 $6V$ 인 물체 A가 절반만 잠겨 정지해 있는 것을 나타낸 것이고, 그림 (나)는 (가)에서 물체 A 위에 물체 B 를 올려놓았더니 물체 A가 $4V$ 만큼 잠겨 정지해 있는 모습을 나타낸 것이다. 그림 (다)는 (가)에서 물체 A 아래에 물체 B 를 놓았더니 물체 B 는 완전히 잠겨 있고 물체 A 는 $1.5V$ 만큼 잠겨 정지해 있는 모습을 나타낸 것이다. 물체 A 의 질량과 물체 B 의 밀도를 바르게 짝지은 것은?

[수능 기출 유형]

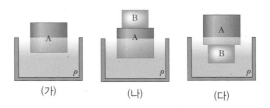

	물체 A의 질량	물체 B의 밀도
①	$1\rho V$	0.2ρ
②	$1\rho V$	0.4ρ
③	$2\rho V$	0.2ρ
④	$3\rho V$	0.2ρ
⑤	$3\rho V$	0.4ρ

14 그림 (가)는 물이 담긴 단면적 A 인 비커를 저울 위에 올려 놓은 모습을 나타낸 것이다. 이때 비커 바닥면으로부터 수면의 높이는 h_0 이고, 저울의 눈금은 w_0 이다. 그림 (나)는 밀도가 물보다 크고 질량이 m 인 금속구를 그림과 같이 실로 묶어 비커 바닥에 닿지 않게 고정시킨 모습을 나타낸 것이다. 이때 수면의 높이는 h 이고, 저울의 눈금은 w 이다. [수능 기출 유형]

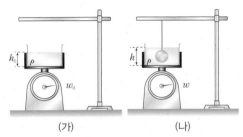

(가)   (나)

이에 대한 설명으로 옳은 것만을 〈보기〉에서 있는 대로 고른 것은? (단, 물의 밀도는 ρ 이고, 중력 가속도는 g 이다.)

〈 보기 〉

ㄱ. 실이 금속구에 작용하는 힘의 크기는 mg 이다.
ㄴ. 물이 금속구로부터 받는 힘은 금속구에 작용하는 부력과 크기가 같고 방향은 반대이다.
ㄷ. $w = w_0 + \rho g A(h - h_0)$ 이다.

① ㄱ   ② ㄴ   ③ ㄱ, ㄴ
④ ㄴ, ㄷ   ⑤ ㄱ, ㄴ, ㄷ

15 그림은 부피가 같은 물체 A, B를 물속에 가만히 놓았더니 A는 완전히 가라앉고 B는 떠올라 정지해 있는 모습을 나타낸 것이다.

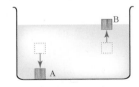

이에 대한 설명으로 옳은 것만을 〈보기〉에서 있는 대로 고른 것은?

〈 보기 〉

ㄱ. 정지 상태에서 물체에 작용하는 부력의 크기는 A와 B가 같다.
ㄴ. 물체 A에 작용하는 부력의 크기는 A의 무게보다 작다.
ㄷ. 정지 상태에서 물체 B에 작용하는 합력은 0 이다.

① ㄱ   ② ㄴ   ③ ㄱ, ㄴ
④ ㄴ, ㄷ   ⑤ ㄱ, ㄴ, ㄷ

16 그림은 질량 2 kg 인 물체 A와 액체 속에 잠겨있는 질량 0.6 kg 인 물체 B를 길이가 $4L$ 이고 질량 M 인 막대에 가벼운 실로 연결한 후 막대의 중앙점 O 에서 왼쪽으로 L 만큼 떨어진 점 P에 실을 묶어 천장에 매달았더니 막대가 수평을 이루며 정지하고 있는 것을 나타낸 것이다. 물체 B의 부피는 200 cm³ 이며, 액체의 밀도는 $\rho = 0.5$ g/cm³ 이다. 액체 내에서의 부력의 크기와 질량 M 을 바르게 짝지은 것은? (단, 중력 가속도 $g = 10$ m/s² 이고, 막대의 밀도는 균일하다.)

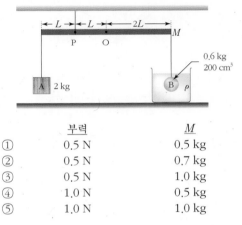

	부력	M
①	0.5 N	0.5 kg
②	0.5 N	0.7 kg
③	0.5 N	1.0 kg
④	1.0 N	0.5 kg
⑤	1.0 N	1.0 kg

17 그림은 부피가 V 로 같고 밀도는 ρ_A, ρ_B 로 서로 다른 물체 A, B가 단면적이 S_1 인 피스톤 1과 단면적이 S_2 인 피스톤 2 위에 각각 놓여 정지해 있는 것을 나타낸 것이다. 피스톤 1이 액체에 작용하는 압력과 밀도의 비 $\rho_A : \rho_B$ 를 바르게 짝지은 것은? (단, 중력 가속도는 g, 대기압은 P_0 이고, 피스톤의 질량과 마찰은 무시한다.)

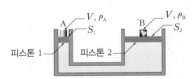

	압력	$\rho_A : \rho_B$
①	$P_0 + \dfrac{\rho_A V g}{S_1}$	$S_1 : S_2$
②	$P_0 + \dfrac{\rho_A V g}{S_2}$	$S_1 : S_2$
③	$P_0 + \dfrac{\rho_B V g}{S_1}$	$S_1 : S_2$
④	$P_0 + \dfrac{\rho_B V g}{S_1}$	$S_2 : S_1$
⑤	$P_0 + \dfrac{\rho_B V g}{S_2}$	$S_1 : S_2$

C

18 그림 (가)와 (나)는 간단한 유압 장치의 작동 원리를 모식적으로 나타낸 것이다. 그림 (가)와 같이 손잡이를 들어올리면 밸브 1 을 통하여 실린더 1 으로 기름이 들어오고, 그림 (나)와 같이 손잡이를 누르면 밸브 1 은 닫히고 밸브 2 가 열려 실린더 2 에 기름이 채워진다. 손잡이를 누르는 힘에 의해 피스톤 1 에 작용하는 압력이 피스톤 2 에 전달되어 무거운 물체를 천천히 들어올리는 것이다.

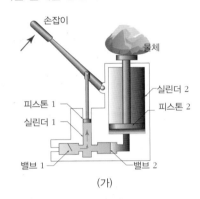

(가)

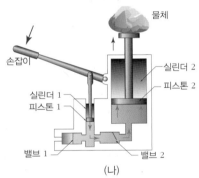

(나)

(나)에 대한 설명으로 옳은 것만을 〈보기〉에서 있는 대로 고른 것은? (단, 모든 마찰과 피스톤의 무게는 무시한다.)

─────〈 보기 〉─────

ㄱ. 손잡이에 작용하는 힘은 지레의 원리에 의해 손잡이에 작용하는 힘보다 더 큰 힘을 피스톤 1에 작용한다.

ㄴ. 손잡이를 누를 때 피스톤 1에 작용하는 압력은 피스톤 2에 작용하는 압력보다 크다.

ㄷ. 손잡이에 작용하는 힘의 크기는 물체의 무게보다 크다.

① ㄱ   ② ㄴ   ③ ㄱ, ㄴ
④ ㄴ, ㄷ   ⑤ ㄱ, ㄴ, ㄷ

19 그림은 용수철 저울에 달린 물체가 공기, 물, 액체 A 에 각각 잠겼을 때의 무게를 나타낸 것이다. 공기에서는 용수철 저울의 눈금이 32 N, 물에서는 16 N, 액체 A 에서는 24 N 이었다. 액체 A 의 밀도는 얼마인가? (단, 물의 밀도 $\rho_물 = 1.0 \times 10^3$ kg/m^3, 중력 가속도 $g = 10$ m/s^2 이다.)

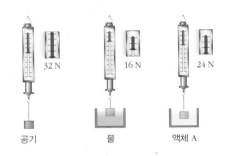

공기   물   액체 A

① 3.0×10^2 kg/m^3 ② 3.5×10^2 kg/m^3
③ 4.0×10^2 kg/m^3 ④ 4.5×10^2 kg/m^3
⑤ 5.0×10^2 kg/m^3

20 그림은 질량 5 kg, 밀도 450 kg/m^3 의 나무토막의 윗면에 밀도 2×10^3 kg/m^3 의 쇠구슬을 박은 후 물에 띄웠을 때 나무토막 부피의 90 % 가 물에 잠긴 모습을 나타낸 것이다. 쇠구슬의 질량은 얼마인가? (단, 물의 밀도 $\rho_물 = 1.0 \times 10^3$ kg/m^3, 중력 가속도 $g = 10$ m/s^2 이다.)

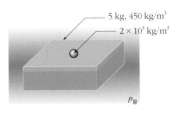

5 kg, 450 kg/m^3
2×10^3 kg/m^3
$\rho_물$

① 1 kg   ② 2 kg   ③ 3 kg
④ 4 kg   ⑤ 5 kg

21 그림 (가)는 물체 B가 올려진 물체 A가 밑면적이 S인 원통형 수조 안의 물에 떠서 평형 상태를 유지하고 있는 모습을 나타낸 것이다. 그림 (나)는 (가)에서 B가 A에서 떨어져 가라앉은 후, 두 물체가 정지해 있는 모습을 나타낸 것이다. 물과 물체 B의 밀도는 각각 ρ, 2ρ이고, 물체 B의 부피는 V이다.

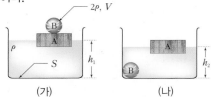

(가)와 (나)에서 물의 깊이를 각각 h_1, h_2라 할 때, 이에 대한 설명으로 옳은 것만을 〈보기〉에서 있는 대로 고른 것은?

〈 보기 〉

ㄱ. (가)와 (나)에서 물체 A에 작용하는 부력의 크기는 서로 같다.
ㄴ. (나)에서 물체 B의 부력에 영향을 주는 물의 부피는 V이다.
ㄷ. $h_1 - h_2 = 0$이다.

① ㄱ 　　　② ㄴ 　　　③ ㄱ, ㄴ
④ ㄴ, ㄷ 　　⑤ ㄱ, ㄴ, ㄷ

22 그림 (가)는 밀도가 균일한 금속 용기에 물을 가득 담은 모습을 나타낸 것이다. 이때 물의 부피는 $6V_0$이다. 그림 (나)는 (가)의 빈 용기가 물에 떠서 정지해 있는 모습을 나타낸 것이다. 이때 수면의 연장선 위 금속 부분의 부피는 V_0이고, 수면의 연장선 아래 빈 공간의 부피는 $4V_0$이다. 그림 (다)는 (나)에서 용기의 윗면이 수조의 수면과 일치할 때까지 부피 V의 물을 용기에 서서히 채워 용기가 정지한 모습의 단면을 나타낸 것이다. V는 얼마인가?

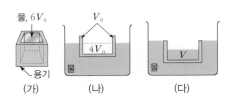

① V_0 　　　② $2V_0$ 　　　③ $3V_0$
④ $4V_0$ 　　　⑤ $5V_0$

23 그림 (가)는 길이가 L인 막대에 질량이 m인 추와 질량이 각각 m, M인 물체 A, B를 매달아 물체 B만을 물속에 잠기게 하였더니 막대가 수평을 이룬 채 정지해 있는 모습을 나타낸 것이다. 그림 (나)는 막대와 물체 A를 연결한 실을 잘랐더니 물체 A는 물에 절반만 잠기고 B는 전체가 잠긴 채로 정지해 있는 모습을 나타낸 것이다. 물체 A, B의 부피는 서로 같으며, A의 밀도는 물의 0.25배이다. 물체 B의 질량 M과 그림 (가)에서 x의 값을 바르게 짝지은 것은? (단, 막대와 실의 질량은 무시한다.)

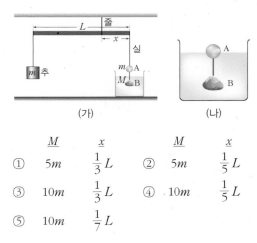

	M	x		M	x
①	$5m$	$\frac{1}{3}L$	②	$5m$	$\frac{1}{5}L$
③	$10m$	$\frac{1}{3}L$	④	$10m$	$\frac{1}{5}L$
⑤	$10m$	$\frac{1}{7}L$			

24 그림은 용수철 상수가 4×10^4 N/m인 용수철이 고정된 단단한 들보와 유압 장치의 출력 피스톤 사이에 연결되어 있는 모습을 나타낸 것이다. 빈 통이 입력 피스톤 위에 놓여있고, 입력 피스톤의 단면적은 A_1이고 출력 피스톤의 단면적은 $A_2 = 20A_1$이다. 천천히 빈 통에 모래를 부어 용수철을 5 cm만큼 수축시키려 한다. 몇 kg의 모래를 넣어야 하는지 구하시오. (단, 중력 가속도 $g = 10$ m/s^{2}이고, 빈 통, 피스톤의 질량은 무시하고, 피스톤은 가속 운동을 하지 않으며, 유체는 비압축성 유체이다.)

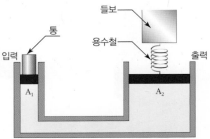

① 10 kg 　　② 20 kg 　　③ 30 kg
④ 40 kg 　　⑤ 50 kg

스스로 실력 높이기

심화

25 그림과 같은 단면적이 5 cm^2 인 플라스틱 관이 있다. 길이가 0.8 m 의 짧은 관이 채워질 때까지 물을 채운 다음에, 짧은 관을 막고 긴 관에 계속해서 물을 채운다. 짧은 관을 막은 마개가 10 N 이상의 힘을 받으면 튀어 나간다. 긴 관에 높이 h 만큼의 물을 채웠을 때 마개가 10 N 의 힘을 받는다고 하면 높이 h 는 얼마인가? (단, 물의 밀도 $\rho_\text{물}$ = 1.0 × 10^3 kg/m^3, 중력 가속도 g = 10 m/s^2 이다.)

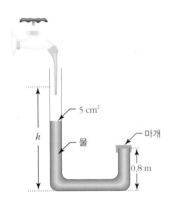

① 1.8 m   ② 2.8 m   ③ 3.8 m
④ 4.8 m   ⑤ 5.8 m

26 그림은 탄산 수 안에 있는 공기 방울을 나타낸 것이다. 공기 방울의 반지름이 0.2 mm 이고, 10 m/s^2 의 가속도로 위로 올라가고 있다. 방울의 움직임에 대한 저항을 무시할 때 공기 방울의 질량은 얼마인가? (단, π = 3, 중력 가속도 g = 10 m/s^2, 탄산수의 밀도 $\rho_\text{탄산수}$ = 1.0 × 10^3 kg/m^3 이다.)

① 1.6 × 10^{-5} g   ② 1.6 × 10^{-4} kg
③ 1.6 × 10^{-2} g   ④ 1.6 × 10^{-2} kg
⑤ 1.6 × 10^{-1} g

27 그림처럼 두께 H = 6 cm 이고, 밀도가 $\rho_\text{토막}$ = 800 kg/m^3 인 나무 도막이 밀도가 $\rho_\text{유체}$ = 1,200 kg/m^3 인 유체에 h 만큼 잠긴 채 떠 있다. 나무 도막이 나무 도막을 눌러서 완전히 잠겼다가 놓았을 때의 가속도의 크기 a 와 잠긴 깊이 h 를 바르게 짝지은 것은? (단, 중력 가속도 g = 10 m/s^2 이다.)

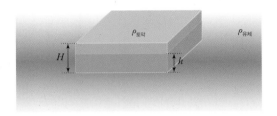

	h	a
①	4 cm	5 m/s^2
②	4 cm	6 m/s^2
③	4 cm	7 m/s^2
④	5 cm	5 m/s^2
⑤	5 cm	6 m/s^2

28 그림은 밀도 $\rho_\text{바다}$ = 1,200 kg/m^3 의 바닷물과 밀도 $\rho_\text{강}$ = 1,000 kg/m^3 의 강물에 각각 떠 있는 밀도가 $\rho_\text{빙산}$ = 900 kg/m^3 인 빙산을 나타낸 것이다. 각각의 빙산은 부피의 몇 % 가 수면 위로 나와 있는지 바르게 짝지은 것은? (단, 중력 가속도 g = 10 m/s^2 이다.)

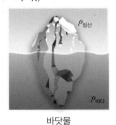 

바닷물   강물

	바닷물	강물
①	20 %	5 %
②	20 %	7 %
③	25 %	5 %
④	25 %	7 %
⑤	25 %	10 %

29 그림처럼 반지름이 0.1 m, 길이가 0.2 m 인 원통형 통나무를 엮어 만든 뗏목 위에 질량이 20 kg 인 쇠구슬 3개를 올려서 물 위에 띄우려고 한다. 쇠구슬 세 개를 올려놓았을 때 물 위에 뜨려면 통나무 몇 개가 필요한가? (단, $\pi = 3$, 물의 밀도 $\rho_{물} = 1.0 \times 10^3$ kg/m³, 통나무의 밀도 $\rho_{통나무} = 800$ kg/m³ 이다.)

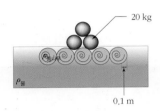

① 10 개   ② 20 개   ③ 30 개
④ 40 개   ⑤ 50 개

31 그림 (가)는 직육면체 물체가 액체 속으로 천천히 들어가기 시작하는 모습을 나타낸 것으로 물체의 높이는 d 이고, 아랫면과 윗면의 면적은 $A = 5$ cm² 로 같다. 그래프 (나)는 물체가 액체 속에 담긴 깊이 h 와 겉보기 무게 W 의 관계를 나타낸 것이다. 겉보기 무게란 실제 무게에서 부력의 크기를 뺀 값이다. 액체의 밀도는 얼마인가? (단, 중력 가속도 $g = 10$ m/s² 이다.)

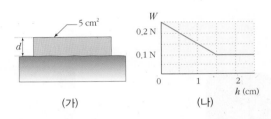

(가)   (나)

① 1.0×10^3 kg/m³   ② 2.0×10^3 kg/m³
③ 3.0×10^3 kg/m³   ④ 4.0×10^3 kg/m³
⑤ 5.0×10^3 kg/m³

30 그림은 속이 빈 쇠공이 수면에 접하여 잠겨있는 모습과 공을 반으로 자른 단면의 모습을 나타낸 것이다. 공의 바깥 반지름이 r_1, 안쪽 반지름이 r_2, 밀도가 $\rho_{공}$ 이고, 물의 밀도가 $\rho_{물}$ 일 때, $(r_2)^3$ 을 구하시오. (단, 공기의 무게는 무시한다.)

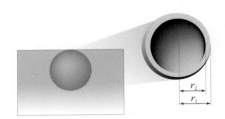

① $(r_1)^3 \times (1 + \dfrac{\rho_{물}}{\rho_{공}})$ ② $(r_1)^3 \times (1 - \dfrac{\rho_{공}}{\rho_{물}})$

③ $(r_1)^3 \times (1 + \dfrac{\rho_{공}}{\rho_{물}})$ ④ $(r_1)^3 \times (1 - \dfrac{\rho_{물}}{\rho_{공}})$

⑤ $(r_1)^3 \times (2 - \dfrac{\rho_{공}}{\rho_{물}})$

32 그래프는 속이 찬 작은 공을 여러 종류의 액체에 완전히 잠긴 상태에서 액체 밀도에 따른 운동 에너지를 나타낸 것이다. 공의 밀도와 부피를 바르게 짝지은 것은? (단, 중력 가속도 $g = 10$ m/s² 이고, 액체 내에서 물체는 정지하거나 위아래로 운동하는데, 위아래로 운동하는 경우 4 cm 를 올라가거나 내려간 순간의 운동 에너지이다.)

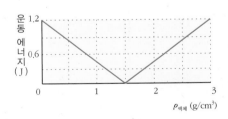

	밀도	부피
①	1.0×10^3 kg/m³	1.0×10^{-3} m³
②	1.0×10^3 kg/m³	2.0×10^{-3} m³
③	1.5×10^3 kg/m³	1.0×10^{-3} m³
④	1.5×10^3 kg/m³	1.5×10^{-3} m³
⑤	1.5×10^3 kg/m³	2.0×10^{-3} m³

23강. 유체 II

1. 정상 흐름과 이상 유체   2. 연속 방정식   3. 베르누이 법칙   4. 베르누이 법칙의 적용

1. 정상 흐름과 이상 유체

(1) 정상 흐름 : 유체의 흐름이 시간에 따라 속력과 방향이
변하지 않을 때 이 흐름을 정상 흐름이라고 한다.
① **흐름선(유선)** : 유체의 흐름을 나타내는 선이다.
② **흐름관(유관)** : 특정 면적을 지나는 흐름의 다발이다.
③ **층류와 난류** : 유체가 흐르는 형태에 따라 층류와 난류
로 구분한다.

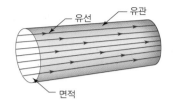

층류(정상 흐름)	난류(막 흐름)
일정한 유체의 흐름으로, 한 지점을 통과한 유체의 모든 입자가 똑같은 경로로 이동하고 흐름선이 교차하지 않는다.	불규칙한 유체의 흐름으로, 소용돌이가 발생하거나 흐름선이 끊긴다.
	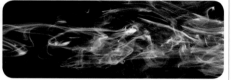

(2) 이상 유체 : 시간에 따라 일정한 흐름을 갖는 유체이다. 이상 유체는 비압축성, 비점성, 비
회전, 정상 흐름 성질을 갖는다.
① **비압축성** : 밀도가 균일하다.
② **비점성** : 고체의 운동에서 마찰이 운동에 저항하는 역할을 한다면, 유체에서는 마찰 대
신 점성이라는 개념을 생각할 수 있다. 예를 들어 꿀은 물보다 흐름에 대한 저항이 더
크므로, 물보다 점성이 크다고 말한다. 이상 유체의 경우 점성에 의한 저항이 없어서 관
내부를 일정한 속력으로 움직일 수 있고, 에너지의 손실이 없다.
③ **비회전** : 일정한 축을 중심으로 회전하는 유체를 회전성 유체라고 한다. 이상 유체의 경
우 회전하지 않고 관의 경로를 따라 흐르게 된다.
④ **정상 흐름(층흐름)** : 정상 흐름에서는 유체 속 한 지점에서 속력의 방향과 크기가 시간
에 따라 변하지 않는다. 잔잔히 흐르는 시냇물 중심부에서 물의 흐름은 정상 흐름이지
만 급류에서는 그렇지 않다.

(개념확인 1)

층류와 난류 중 불규칙한 유체의 흐름으로, 소용돌이가 발생하거나 흐름선이 끊기는 것은 무엇
인가?

(   )

(확인+1)

이상 유체의 성질 중 점성이 없어 에너지 손실 없이 유체가 관 내부를 흐르거나 장애물 주위를
흐를 수 있다는 것을 설명하는 것은?

(   )

◉ 이상 유체의 운동

실제 유체의 흐름은 복잡하다.
따라서 이러한 운동을 단순화
하기 위해 이상 유체의 흐름
를 다음과 같이 정의했다. 이
상 유체는 정상 흐름(또는 층
흐름), 비압축성 흐름, 비점성
흐름, 비회전 흐름을 한다.

◉ 연기에서의 정상 흐름

처음에는 정상 흐름(층류)이지
만 어느 높이에 이르면 소용
돌이(난류)가 생겨 정상 흐름
에서 막 흐름(난류)으로 바뀐
다.

◉ 유체 요소의 속도

유체 요소가 유선을 따라 움
직일 때 임의의 점에서 유체
요소의 속도는 유선의 접선
방향이다.

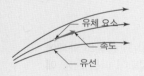

미니 사전

점성 [粘 붙다 性 성질] 액
체의 끈끈한 성질로, 점성이
있는 액체는 마찰에 의한
에너지 손실이 생김

2. 연속 방정식

(1) 연속 방정식(유체 흐름의 질량 보존 법칙)

밀도가 ρ 인 유체가 굵기가 변하는 관을 통과할 때, 같은 시간 동안 단면적 A_1과 A_2를 통과한 질량(또는 같은 시간 동안 통과한 유체의 부피)은 서로 같다.

> A_1, A_2 : 관의 단면적
> v_1 : A_1에서 유체의 속력
> v_2 : A_2에서 유체의 속력
> Δx_1, Δx_2 : 유체가 흐른 거리
> $\Delta m_1 = \rho A_1 \Delta x_1$, $\Delta m_2 = \rho A_2 \Delta x_2$
> $\Delta x_1 = v_1 \Delta t$, $\Delta x_2 = v_2 \Delta t$
> $\Delta m_1 = \Delta m_2$이므로, $A_1 v_1 = A_2 v_2$이다.

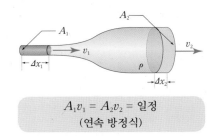

$A_1 v_1 = A_2 v_2 =$ 일정
(연속 방정식)

⇒ 관의 단면적과 유체의 속력이 반비례함을 나타내는 방정식을 연속 방정식이라고 한다.

(2) 연속 방정식의 대표적인 예

① **노즐** : 상대적으로 호스보다 유체가 지나가는 단면적을 작게 하여 속력을 크게 한다. 이에 따라 호스 밖으로 나가는 유체는 더 큰 속도를 갖게 되고 이 때문에 더 멀리 나갈 수 있게 된다.

② **모세 혈관** : 우리 몸 안의 모세 혈관은 우리 몸 안에서 가장 단면적이 큰 혈관이다. 따라서 모세 혈관 내부의 피의 속력은 혈관 중 가장 느리다.

③ **수도꼭지** : 수도꼭지에서 물을 약하게 틀면 밑으로 갈수록 물줄기가 가늘어진다. 중력의 영향을 받아 물이 밑으로 갈수록 속력이 증가하기 때문에 단면적은 줄어들게 된다.

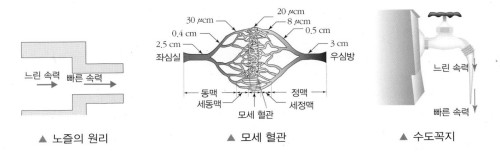

▲ 노즐의 원리   ▲ 모세 혈관   ▲ 수도꼭지

개념확인 2

정답 및 해설 **49쪽**

이상 유체의 흐름에서 속력과 단면적의 곱은 일정하다는 것은 어떤 방정식으로 나타나는가?

(   )

확인+2

그림은 이상 유체가 단면적이 2 m^2 인 관을 통해서 5 m/s 의 속력으로 흐르다가 단면적이 5 m^2 인 관으로 빠져나올 때의 모습을 나타낸 것이다. 이상 유체가 빠져나올 때의 속력은 얼마인가?

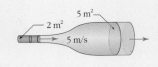

(   )

● 연속 방정식
단위 시간당 지나가는 부피이다.

$R_V = Av =$ 일정
[단위 : m^3/s]

$R_V =$ 부피 흐름율
$A =$ 면적
$v =$ 유체의 속력

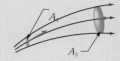

A_1의 단위 시간당 부피 흐름율은 A_2의 단위 시간당 부피 흐름율과 같다.

3. 베르누이 법칙

(1) **베르누이 법칙(유체 흐름의 역학적 에너지 보존 법칙)** : 비압축성 유체가 흐름관을 따라 흐를 때 서로 다른 두 위치에서 유체의 압력과 속력 및 높이 사이의 관계를 나타내는 법칙이다.

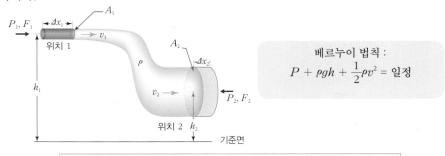

베르누이 법칙 :
$$P + \rho g h + \frac{1}{2}\rho v^2 = 일정$$

> F_1, F_2 : 각 단면에 작용하는 힘, P_1, P_2 : 각 단면의 압력
> A_1, A_2 : 관의 단면적, v_1, v_2 : 각 단면에서 유체의 속력
> h_1, h_2 : 기준면으로 부터의 높이, $\Delta x_1, \Delta x_2$: 유체가 흐른 거리
> ρ : 유체의 밀도, g : 중력 가속도
> $$P_1 + \rho g h_1 + \frac{1}{2}\rho v_1{}^2 = P_2 + \rho g h_2 + \frac{1}{2}\rho v_2{}^2$$

(2) 베르누이 법칙의 유도 과정

일정한 시간(Δt)동안 이상 유체가 위치 1과 위치 2에서 각각 Δx_1과 Δx_2 만큼 흐른다고 하자.

① 유체에 작용하는 힘 F_1이 한 일은 $W_1 = F_1\Delta x_1 = P_1 A_1 v_1 \Delta t = P_1 V_1$이고, 유체에 작용하는 힘 F_2 이 한 일은 $W_2 = F_2\Delta x_2 = P_2 A_2 v_2 \Delta t = P_2 V_2$ 이다. 이상 유체이므로 연속 방정식에 의해 $V_1 = V_2 = V$ 라고 한다면, Δt 동안 유체에 한 알짜일은 다음과 같다.
$$\Delta W = W_1 - W_2 = (P_1 - P_2)\Delta V \ (\Delta V : 부피 흐름량)$$

② Δt 동안 흘러간 유체의 부피는 ΔV이고 질량은 $\Delta m = \rho \Delta V$ 이다. 따라서 Δt 동안의 운동 에너지 $(E_k = \frac{1}{2}mv^2)$ 변화량 ΔE_k은 다음과 같다.
$$\Delta E_k = E_{k.2} - E_{k.1} = \frac{1}{2}\rho \Delta V v_2{}^2 - \frac{1}{2}\rho \Delta V v_1{}^2 = \frac{1}{2}\rho \Delta V (v_2{}^2 - v_1{}^2)$$

③ Δt 동안 질량 Δm의 중력에 의한 위치 에너지$(E_p = mgh)$ 변화량 ΔE_p은 다음과 같다.
$$\Delta E_p = E_{p.2} - E_{p.1} = \Delta mgh_2 - \Delta mgh_1 = \Delta mg(h_2 - h_1) = \rho \Delta V g(h_2 - h_1)$$

④ 일 $-$ 에너지 원리에서 힘이 한 알짜일은 다음과 같다.
$$\Delta W = \Delta E_k + \Delta E_p = \frac{1}{2}\rho \Delta V(v_2{}^2 - v_1{}^2) + \rho \Delta V g(h_2 - h_1) = (P_1 - P_2)\Delta V$$
$$\therefore P_1 + \rho g h_1 + \frac{1}{2}\rho v_1{}^2 = P_2 + \rho g h_2 + \frac{1}{2}\rho v_2{}^2 = 일정$$

(개념확인3)

이상 유체가 층 흐름을 할 때 에너지 보존 법칙을 적용하여 유체의 위치 에너지와 운동 에너지의 합이 항상 일정하다는 것을 의미하는 법칙은 무엇인가?

(   ) 법칙

(확인+3)

베르누이 법칙에서 유체가 같은 높이를 흐르는 경우 유체의 속력이 증가하면 유체의 압력이 ㉠(   )지고, 반대로 속력이 감소하면 유체의 압력이 ㉡(   )진다.

㉠ (   ), ㉡ (   )

●베르누이 법칙과 에너지 보존 법칙

베르누이 법칙은 역학적 에너지 보존 법칙의 응용이다. 즉, 유체의 퍼텐셜 에너지, 운동 에너지의 합이 항상 일정하다는 것을 의미한다.

유체에 작용하는 알짜일은 유체의 운동 에너지와 위치 에너지로 전환되고 이는 유관의 단면적과 높이와 상관없이 항상 보존된다. 이러한 에너지 보존 법칙을 유체의 물리량으로 정리한 것이 베르누이 법칙이다.

●베르누이 법칙(유체가 정지해 있는 경우 : $v_1 = v_2 = 0$)
$$P_1 + \rho g h_1 = P_2 + \rho g h_2$$
$$= 일정$$
정지한 유체에서 높이에 따라 $P_1 - P_2 = \rho g(h_2 - h_1)$만큼 압력 차이가 발생한다.

●베르누이 법칙(유체가 흐를 때 높이 차이가 없는 경우 : $h_1 = h_2$)
$$P_1 + \frac{1}{2}\rho v_1{}^2 = P_2 + \frac{1}{2}\rho v_2{}^2$$
$$= 일정$$
$v_1 < v_2$이면 $P_1 > P_2$이므로 유체의 속력이 증가하면 유체의 압력이 낮아지고, 속력이 감소하면 유체의 압력이 높아진다.

4. 베르누이 법칙의 적용

(1) **벤츄리관** : 관의 단면적이 클수록 유속이 느리고 단면적이 작을수록 유속이 빠른 성질을 이용하여 유량이나 유체의 속력을 측정하는 장치이다.

A_1, A_2 : 관의 단면적
$P_1 - P_2$: 두 지점의 압력 차
P_1, P_2 : 두 단면적에 작용하는 압력
v_1, v_2 : 두 단면에서 유체의 속력
h : 두 지점 간 수은 기둥의 높이 차
ρ : 유체의 밀도
흐름량 $Q = A_1v_1 = A_2v_2$

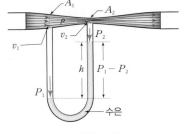

▲ 벤츄리관

(2) **마그누스 힘** : 유체 속의 물체가 회전 운동을 하며 진행할 때, 회전축에 대해 수직인 방향으로 물체에 작용하는 힘이 발생하며, 이를 마그누스 힘이라고 한다.

점성이 있는 유체 속 마그누스 힘 ▶

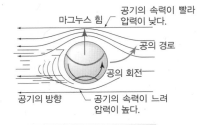

① 공기의 흐름과 공의 회전 방향이 같을 때 : 공 표면의 마찰에 의해 공기의 속력이 증가하여 압력(기압)이 낮아진다.
② 공기의 흐름과 공의 회전 방향이 반대일 때 : 공 표면의 마찰에 의해공기의 속력이 감소하여 압력(기압)이 높아진다.
⇒ 공은 기압이 높은 쪽에서 낮은 쪽으로 힘을 받아 진행 방향이 휘어진다.

(3) **양력(비행기가 뜨는 힘)** : 비행기는 진행 방향의 반대 방향으로 공기가 흐른다. 비행기의 날개가 위로 볼록하므로, 공기의 속력은 같은 시간 동안 더 긴 거리를 가는 날개 위쪽에서 더 빨라진다. 베르누이 법칙에 의해 속력이 더 느린 아래쪽의 압력이 위쪽보다 커지게 되고, 이때 압력 차이만큼 위쪽으로 작용하는 힘인 양력이 생기고, 이 힘으로 비행기가 뜬다.

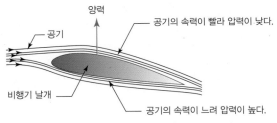

▲ 비행기 날개에 나타나는 양력

벤츄리관에서의 유량 식

유체가 같은 높이에 있으므로 베르누이의 법칙($P_1 + \frac{1}{2}\rho v_1^2 = P_2 + \frac{1}{2}\rho v_2^2$ = 일정)과 연속 방정식($A_1v_1 = A_2v_2$)에 의해 $v_2 = \frac{A_1}{A_2}v_1$

⇒ $P_1 - P_2 = \frac{1}{2}\rho(\frac{A_1^2}{A_2^2} - 1)v_1^2$

⇒ $v_1 = \sqrt{\frac{2(P_1 - P_2)A_2^2}{\rho(A_1^2 - A_2^2)}}$이다.

따라서 유량 $Q = A_1v_1$이므로

$Q = A_1A_2\sqrt{\frac{2(P_1 - P_2)}{\rho(A_1^2 - A_2^2)}}$

회전하는 공이 받는 압력

바람이 불지 않는 공기의 밀도를 ρ, 공의 반지름을 r, 공이 회전하는 각속도를 ω, 공이 날아가는 속력을 v, 공기의 점성 상수를 k 라고 할 때, A와 B 부분의 압력 P_A, P_B 라고 할 때 다음과 같이 베르누이 법칙을 적용하여 압력 차를 구할 수 있다.(A, B 사이의 높이 차는 무시할 수 있다.)

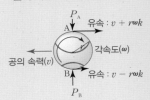

$P_A + \frac{1}{2}\rho(v + rwk)^2$
$= P_B + \frac{1}{2}\rho(v - rwk)^2$

⇒ $\Delta P = P_B - P_A = 2k\rho vrw$

개념확인 4

정답 및 해설 **49쪽**

유체 속에 있는 물체와 유체 사이에 상대적인 속력이 있을 때, 물체의 회전에 의해 진행 방향에 수직으로 물체에 작용하는 힘이 발생하는데 이 힘을 무엇이라고 하는가?

(   ) 힘

확인+4

비행기에서 날개 윗면과 아랫면의 압력 차이에 의해 나타나는 힘을 무엇이라고 하는가?

(   )

01 이상 유체에 대한 설명으로 옳지 <u>않은</u> 것은?

① 비압축성 유체이다.
② 두 흐름선이 서로 교차한다.
③ 일정한 흐름선을 형성하면서 흐른다.
④ 유체 속 한 지점에서의 속력이 일정하다.
⑤ 유체가 흐르는 관에서 작용하는 마찰은 없다.

02 그림은 이상 유체가 넓은 관에서 좁은 관으로 흐르고 있는 모습을 나타낸 것이다. A_1 = 16 cm^2, A_2 = 4 cm^2, v_1 = 2 m/s 라면 단면 A_2에서의 속력 v_2는 얼마인가?

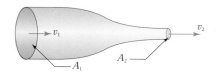

① 2 m/s   ② 4 m/s   ③ 6 m/s   ④ 8 m/s   ⑤ 10 m/s

03 그림과 같은 관에 이상 유체가 흐르고 있다. 양쪽 관의 넓이의 비가 1 : 3 일 때, 단면 A_1과 A_2를 지나는 유체의 속력의 비 $v_1 : v_2$는 얼마인가?

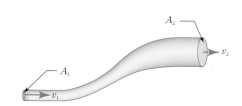

① 1 : 1   ② 2 : 1   ③ 3 : 1   ④ 4 : 1   ⑤ 5 : 1

04 다음의 실생활에서 일어나는 일들 중 베르누이 법칙과 관련이 <u>없는</u> 것은?

① 공기 중에서 회전하며 진행하는 공은 회전 방향으로 휜다.
② 비행기 날개 위쪽은 아래쪽보다 공기의 흐름이 빠르기 때문에 비행기가 뜰 수 있게 된다.
③ 도로를 질주하는 자동차들이 스쳐 지나갈 때 자동차들은 반대편에서 오는 자동차 쪽으로 약간 쏠리게 된다.
④ 탁구공을 가까이 매달고 그 사이에 입김을 불어 공기의 흐름을 빠르게 하면 탁구공이 서로 가까이 붙게 된다.
⑤ 유압식 브레이크는 브레이크 페달을 밟아 실린더 안의 압력이 커지면 이 압력이 네 바퀴에 고르게 힘을 작용한다.

05 그림과 같이 밀도가 ρ 인 이상 유체가 단면적이 같지만 높이가 변하는 관을 통과하고 있다. 두 단면에서의 압력의 차이 $P_1 - P_2$는 얼마인가? (단, 중력 가속도는 g 이다.)

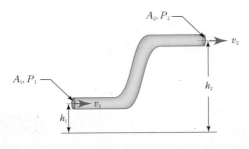

① 0   ② $\rho g(h_1 - h_2)$ ③ $\rho g(h_2 - h_1)$ ④ $2\rho g(h_1 - h_2)$ ⑤ $2\rho g(h_2 - h_1)$

06 그림과 같이 밀도가 $\rho = 1.0 \times 10^3 \ kg/m^3$ 인 이상 유체가 높이가 같고 단면적이 변하는 관을 통과하고 있다. 굵은 관과 가는 관에서의 속력이 각각 $v_1 = 0.1 \ m/s$, $v_2 = 0.3 \ m/s$ 이고 압력이 각각 P_1, P_2 일 때 두 관에서의 압력의 차 $P_1 - P_2$ 는 얼마인가?

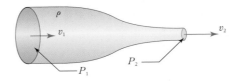

① $10 \ N/m^2$ ② $20 \ N/m^2$ ③ $30 \ N/m^2$ ④ $40 \ N/m^2$ ⑤ $50 \ N/m^2$

07 그림은 단면적이 변하는 관을 통해 이상 유체가 흐르는 것을 나타낸 것이다. 관의 단면적은 각각 A_1, A_2 이고, 이 단면적을 통과하는 유체의 속력은 각각 v_1, v_2 이다. 이에 대한 설명으로 옳은 것만을 〈보기〉에서 있는 대로 고른 것은?

─〈 보기 〉─

ㄱ. 같은 시간 동안 A_1과 A_2를 통과한 유체의 부피는 같다.
ㄴ. 같은 시간 동안 A_1과 A_2를 통과한 유체의 질량은 같다.
ㄷ. v_1 이 v_2 보다 크다.

① ㄱ   ② ㄴ   ③ ㄱ, ㄴ   ④ ㄴ, ㄷ   ⑤ ㄱ, ㄴ, ㄷ

08 비행기가 날 수 있는 것은 비행기 날개에 작용하는 양력 때문이다. 이러한 양력은 어떠한 물리 법칙을 따른 것인가?

① 베르누이 법칙   ② 아르키메데스 법칙   ③ 뉴턴의 운동 법칙
④ 파스칼 법칙   ⑤ 질량 보존 법칙

[유형23-1] 정상 흐름과 이상 유체

그림 (가)는 자동차 주위를 지나는 유체의 흐름을 나타낸 것이고, 그림 (나)는 연기의 흐름을 나타낸 것이다. 이에 대한 설명으로 옳은 것만을 〈보기〉에서 있는 대로 고른 것은?

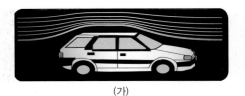

(가)

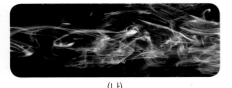

(나)

〈 보기 〉

ㄱ. (가)에서 흐름선은 교차한다.
ㄴ. (가)는 층류이고, (나)는 난류이다.
ㄷ. (나)에서 기체의 흐름은 정상 흐름에서 막 흐름으로 바뀐다.

① ㄱ   ② ㄴ   ③ ㄱ, ㄴ   ④ ㄴ, ㄷ   ⑤ ㄱ, ㄴ, ㄷ

01 그림 (가)는 정상류에 대한 모습을 나타낸 것이고, 그림 (나)는 유체 요소의 운동에 대한 모습을 나타낸 것이다.

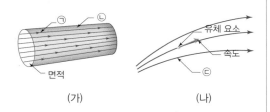

(가)   (나)

이에 대한 설명으로 옳은 것만을 〈보기〉에서 있는 대로 고른 것은?

〈 보기 〉

ㄱ. ㉠과 ㉡은 같은 것이다.
ㄴ. ㉡은 유선의 다발이다.
ㄷ. 유체 요소의 속도는 ㉠의 접선 방향이다.

① ㄱ   ② ㄴ   ③ ㄱ, ㄴ
④ ㄴ, ㄷ   ⑤ ㄱ, ㄴ, ㄷ

02 다음은 이상 유체의 성질에 대한 설명이다. ㉠, ㉡, ㉢ 에 들어갈 말을 바르게 짝지은 것은?

· (㉠) : 밀도의 변화가 없고, (㉡)이 없어 유체가 관 내부를 흐를 때 에너지의 손실이 없다.
· 비(㉡) : 고체의 운동에서 마찰이 운동에 저항하는 역할을 한다면, 유체에서는 마찰 대신 (㉡)이라는 개념을 생각할 수 있다.
· 비회전 : 이상 유체의 경우 회전하지 않고 관의 경로를 따라 흐르게 된다.
· (㉢) : 유체 속 한지점에서 속력의 방향과 크기가 시간에 따라 변하지 않는다.

	㉠	㉡	㉢
①	압축성	점성	정상 흐름
②	비압축성	점성	정상 흐름
③	비압축성	점성	비정상 흐름
④	정상 흐름	점성	비정상 흐름
⑤	정상 흐름	유관	비정상 흐름

[유형23-2] 연속 방정식

그림과 같이 밀도가 ρ 인 이상 유체가 넓이가 A_1 인 단면 1에서 v_1 의 속력으로 관을 따라 흘러서 넓이가 A_2 인 단면 2 에서는 v_2 의 속력이 되었다. 관의 단면적은 $A_1 < A_2$ 이며, x_1, x_2 는 단면 1 과 2 로부터 단면적이 일정하게 각각 같은 시간 동안 유체가 통과한 거리이다. 이에 대한 설명으로 옳은 것만을 〈보기〉에서 있는 대로 고른 것은? (단, 유체는 같은 높이에서 흐른다.)

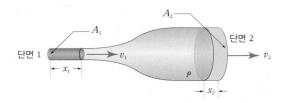

〈 보기 〉
ㄱ. 같은 시간 동안 단면 1, 2를 통과하는 유체의 질량은 서로 같다.
ㄴ. $A_1 x_2 = A_2 x_1$
ㄷ. $v_1 < v_2$

① ㄱ   ② ㄴ   ③ ㄱ, ㄴ   ④ ㄴ, ㄷ   ⑤ ㄱ, ㄴ, ㄷ

03 그림은 이상 유체가 단면적이 A_1 인 지점에서 v_1 의 속력으로 관을 따라 흘러 단면적이 A_2 인 지점에서 속력 v_2 로 흐르는 모습을 나타낸 것이다.

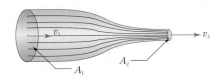

이에 대한 설명으로 옳은 것만을 〈보기〉에서 있는 대로 고른 것은?

〈 보기 〉
ㄱ. 유체 흐름의 질량 보존 법칙을 따른다.
ㄴ. 단면적의 비가 $A_1 : A_2 = 2 : 1$이면 속력의 비도 $v_1 : v_2 = 2 : 1$이다.
ㄷ. $A_1 v_1 = A_2 v_2$

① ㄱ   ② ㄴ   ③ ㄱ, ㄴ
④ ㄱ, ㄷ   ⑤ ㄴ, ㄷ

04 그림은 수도꼭지에서 물줄기가 흘러나오는 모습을 나타낸 것이다.

이에 대한 설명으로 옳은 것만을 〈보기〉에서 있는 대로 고른 것은?

〈 보기 〉
ㄱ. 물줄기의 흐름은 막 흐름이다.
ㄴ. A_1 과 A_2 에서의 부피 흐름율은 서로 같다.
ㄷ. A_1 에서의 속력은 A_2 에서의 속력보다 빠르다.

① ㄱ   ② ㄴ   ③ ㄱ, ㄴ
④ ㄴ, ㄷ   ⑤ ㄱ, ㄴ, ㄷ

[유형23-3] 베르누이 법칙

그림과 같은 관에 이상 유체가 흐르고 있다. 관의 단면적은 $A_1 = 8\,cm^2$, $A_2 = 4\,cm^2$ 이고, A_1 에서의 유체의 속력은 $v_1 = 2\,m/s$ 이고, A_2 에서의 속력은 v_2 이다. $h_2 - h_1 = 5\,m$ 일 때, 다음 물음에 답하시오. (단, 유체의 밀도 $\rho = 1.0 \times 10^3\,kg/m^3$, 중력 가속도 $g = 10\,m/s^2$ 이다.)

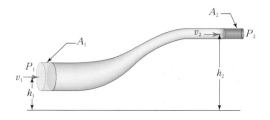

(1) v_2 의 값은 얼마인가?

① 1 m/s   ② 2 m/s   ③ 4 m/s   ④ 8 m/s   ⑤ 16 m/s

(2) $P_1 = 0.9 \times 10^5\,N/m^2$ 일 때, P_2 의 값은 얼마인가?

① $1.4 \times 10^4\,N/m^2$ ② $2.4 \times 10^4\,N/m^2$ ③ $3.4 \times 10^4\,N/m^2$ ④ $4.4 \times 10^4\,N/m^2$ ⑤ $5.4 \times 10^4\,N/m^2$

---

05 그림과 같은 관에 비압축성 유체가 흐르고 있다. 단면적이 A_1, A_2 인 곳에서 유체의 속력은 각각 v_1, v_2, 압력은 각각 P_1, P_2, 높이는 각각 h_1, h_2 이다.

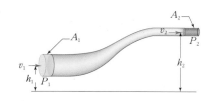

이에 대한 설명으로 옳은 것만을 〈보기〉에서 있는 대로 고른 것은?

〈 보기 〉
ㄱ. 유체의 밀도는 A_1 보다 A_2 에서 더 크다.
ㄴ. 같은 시간 동안 A_1 과 A_2 를 통과한 유체의 부피는 서로 같다.
ㄷ. $A_1 h_1 = A_2 h_2$ 가 성립한다.

① ㄱ   ② ㄴ   ③ ㄱ, ㄴ
④ ㄴ, ㄷ   ⑤ ㄱ, ㄴ, ㄷ

---

06 그림은 이상 유체가 들어 있는 유리관이 연결된 굵기가 다른 관을 따라 공기가 흐르는 모습을 나타낸 것이다.

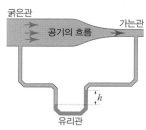

이에 대한 설명으로 옳은 것만을 〈보기〉에서 있는 대로 고른 것은?

〈 보기 〉
ㄱ. 같은 시간 동안 굵은 관의 단면을 흐르는 공기와 가는 관의 단면을 흐르는 공기의 양은 같다.
ㄴ. 굵은 관에서의 기압이 가는 관에서의 기압보다 작다.
ㄷ. 가는 관이 더 가늘어지면 높이 차이 h는 감소한다.

① ㄱ   ② ㄴ   ③ ㄱ, ㄴ
④ ㄴ, ㄷ   ⑤ ㄱ, ㄴ, ㄷ

베르누이 법칙의 적용

그림은 벤츄리관을 나타낸 것으로 단면적의 비 $A_1 : A_2 = 5 : 1$ 이다. 밀도가 ρ_1 인 기체를 v_1 의 속력으로 불어 넣으면 관의 좁은 곳에서 v_2 의 속력으로 변한다. 이때 U자관 속에서 밀도가 ρ_2 인 액체는 h 만큼의 좌우 높이차가 생긴다. 다음 물음에 답하시오. (단, 중력 가속도는 g 이고, ρ_1 은 ρ_2 에 비해 무시할 만큼 작다.)

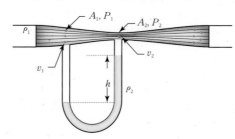

(1) 기체의 속력의 비 $v_1 : v_2$ 는?

① 1 : 1   ② 1 : 2   ③ 1 : 3   ④ 1 : 4   ⑤ 1 : 5

(2) $P_1 - P_2$ 는 얼마인가?

① gh ② $\rho_1 gh$ ③ $\rho_2 gh$ ④ $(\rho_1 + \rho_2)gh$ ⑤ $(\rho_1 - \rho_2)gh$

---

07 그림은 투수가 던진 야구공의 주변에 흐르는 공기 흐름을 나타낸 것이다.

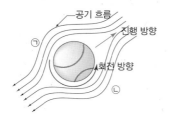

이에 대한 설명으로 옳은 것만을 〈보기〉에서 있는 대로 고른 것은?

〈 보기 〉
ㄱ. ㉠ 부분의 압력이 ㉡ 부분의 압력보다 낮다.
ㄴ. 공은 진행하다가 왼쪽으로 휘어진다.
ㄷ. 공의 회전이 많아질수록 휘어짐의 정도가 더 작아진다.

① ㄱ   ② ㄴ   ③ ㄱ, ㄴ
④ ㄴ, ㄷ   ⑤ ㄱ, ㄴ, ㄷ

08 그림은 비행기가 날아가는 동안 비행기 날개를 세로로 자른 단면과 비행기 날개의 주위 공기의 흐름을 나타낸 것이다.

이에 대한 설명으로 옳은 것만을 〈보기〉에서 있는 대로 고른 것은?

〈 보기 〉
ㄱ. 날개 위쪽과 아래쪽에서 공기의 속력이 같다.
ㄴ. 베르누이 법칙에 의해 날개 위쪽과 아래쪽에 압력 차이가 발생한다.
ㄷ. 양력의 방향은 ㉠이다.

① ㄱ   ② ㄴ   ③ ㄱ, ㄴ
④ ㄴ, ㄷ   ⑤ ㄱ, ㄴ, ㄷ

창의력&토론마당

01 그림은 가정집의 빗물 배수 시설을 도식화하여 나타낸 것이다. 지붕에 떨어진 빗물은 지붕 주위에 있는 홈통으로 떨어져 홈통을 따라 주배수관으로 흘러들어가고, 결국 집 밖의 더 큰 하수관으로 흘러나간다. 홈통 입구의 높이 $h_1 = 11$ m, 지하실 바닥에 있는 배수구의 높이 $h_2 = 1$ m, 주배수관의 반지름 $r = 3$ cm, 집의 폭 $w = 30$ cm, 집의 앞뒤 길이 $L = 60$ cm, 중력 가속도 $g = 10$ m/s^2, $\pi = 3$ 일 때, 강수량이 초당 몇 미터 이상이 되면 주배수관에서 물이 차올라 지하실 바닥으로 넘치는가? (단, 지붕에 떨어진 물은 모두 주배수관으로 들어가고, 바람이 불지 않아 빗방울은 수직으로 떨어진다.)

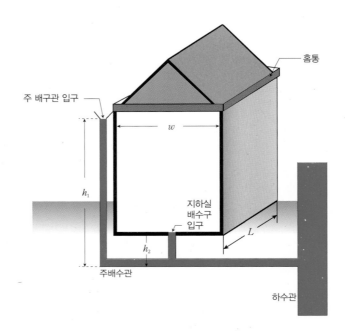

02 그림은 물탱크 바닥 부분에 아주 작은 구멍이 생겨 구멍에서 물이 나오는 모습을 나타낸 것이다. 물탱크 밑바닥으로부터 수면의 높이는 5 m 이다. 다음 물음에 답하시오. (단, 구멍의 크기는 물의 단면적보다 매우 작고, 물의 밀도 $\rho = 1.0 \times 10^3 \, \text{kg/m}^3$, 중력 가속도 $g = 10 \, \text{m/s}^2$ 이다.)

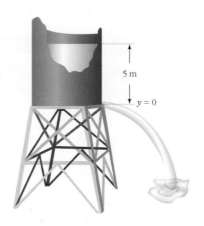

(1) 구멍에서 나오는 물의 속력을 구하시오.

(2) 현재 구멍은 가만히 두고 물탱크를 아래쪽으로 더 길게 만들어 밑바닥에 또다른 구멍을 뚫어 물줄기의 속력이 현재 구멍에서 나오는 물의 속력의 2배가 되게 하려면 물탱크 바닥에서 아래쪽으로 얼마나 더 길게 물탱크를 만들어야 할까?

03 그림처럼 가운데 부분이 가려진 관이 있다. 가운데 부분에서는 관의 반지름이 얼마인지 알지 못한다. 이를 알아내기 위해 반지름이 2 cm 로 같은 관의 양쪽 부분에서 물이 흐르는 속력이 2.5 m/s 가 되도록 조절한 다음에, 점 A에 물감을 풀어서 점 B에 도달하는 시간을 측정하였더니 124 s 가 걸렸다. 중간에서의 관의 평균 반지름은 얼마인가? (단, 물은 이상 유체이고, $\sqrt{5}$ = 2.2 로 계산한다.)

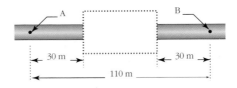

04 벤츄리관이라고 불리는 유속계는 관을 흐르는 유체의 속력을 측정하는 데 사용한다. 관 속에는 밀도가 ρ = 1.0×10^3 kg/m³ 인 물이 흐르고 굵은 관에서의 면적은 $S_A = 5 \times 10^{-2}$ m², 속력은 v_A, 압력은 P_A, 가는 관에서의 면적은 $S_B = 4 \times 10^{-2}$ m², 속력은 v_B, 압력은 P_B 이고, 두 관의 압력 차 $P_A - P_B = 1.8 \times 10^4$ N/m² 이다. 물의 부피 흐름율 $R(= S_A v_A = S_B v_B)$은 얼마인가?

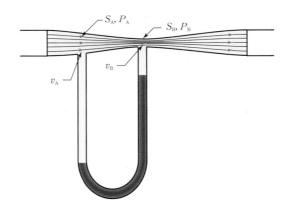

05

그림처럼 물이 가득 차 있는 댐의 수면에서 깊이 5 m 되는 지점에 지름 4 cm 의 관이 댐을 가로질러 수평으로 설치되어 있고 물마개로 관의 끝이 막혀 있다. 다음 물음에 답하시오. (단, $\pi = 3$, 중력 가속도 $g = 10$ m/s², 물의 밀도 $\rho = 1.0 \times 10^3$ kg/m³ 이고, 관의 단면적은 댐의 수면 면적에 비해 매우 작다.)

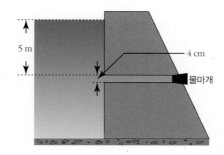

(1) 물마개와 관의 벽 사이의 마찰력을 구하시오.

(2) 물마개를 빼면 초당 얼마만큼의 물이 빠져나오는가?

01 이상 유체에 대한 설명으로 옳지 <u>않은</u> 것은?

① 비압축성이므로 밀도가 균일한다.
② 점성이 없어 마찰에 의한 에너지 손실이 없다.
③ 유체가 흐를 때 어느 부분에서도 소용돌이가 발생하지 않는다.
④ 유체가 한 지점을 통과할 때 이 지점의 모든 입자들의 속력은 같다.
⑤ 유체가 통과하는 관의 지름에 관계없이 유체의 속력은 항상 일정하다.

02 그림 (가)는 호스에서 이상 유체의 성질을 가진 물을 분출시키는 모습을 나타낸 것이고, 그림 (나)는 호스의 입구를 좁게 하여 물을 분출시키는 모습을 나타낸 것이다.

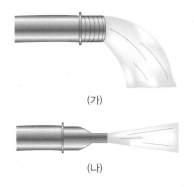

(가)

(나)

이에 대한 설명으로 옳은 것만을 〈보기〉에서 있는 대로 고른 것은? (단, (가)와 (나)의 경우 호스의 높이는 같다.

〈 보기 〉
ㄱ. 호스의 단면적이 작아져 물의 속력이 증가한다.
ㄴ. 호스의 입구에서 (가)와 (나)의 물의 퍼텐셜 에너지는 같다.
ㄷ. 물의 점성에 의해 물의 속력이 증가한다.

① ㄱ　　　　② ㄴ　　　　③ ㄱ, ㄴ
④ ㄱ, ㄷ　　　⑤ ㄱ, ㄴ, ㄷ

03 그림은 이상 유체가 단면적이 A_1 인 단면 1 에서 관을 따라 속력 v_1 으로 흘렀고, 단면적이 A_2 인 단면 2 에서는 v_2 으로 흘렀다. 관의 단면적은 $A_1 < A_2$ 이며 같은 시간 동안 유체가 통과한 거리는 각각 x_1, x_2 이다. 단면적과 거리의 관계와 속력의 대소 관계를 바르게 짝지은 것은?

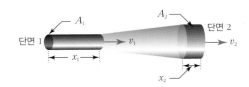

	단면적과 거리의 관계	속력의 대소 관계
①	$A_1x_1 = A_2x_2$	$v_1 < v_2$
②	$A_1x_1 = A_2x_2$	$v_1 > v_2$
③	$A_1x_1 < A_2x_2$	$v_1 = v_2$
④	$A_1x_1 < A_2x_2$	$v_1 < v_2$
⑤	$A_1x_1 < A_2x_2$	$v_1 > v_2$

04 그림은 공기를 불어 넣어 액체를 분사시키는 분무기를 나타낸 것이다.

이에 대한 설명으로 옳은 것만을 〈보기〉에서 있는 대로 고른 것은? (단, A 지점은 분무기의 분사 지점이고, B 지점은 액체 위의 대기 중의 한 지점이다.)

〈 보기 〉
ㄱ. A점이 B점보다 압력이 높다.
ㄴ. 공기를 세게 불수록 A점에서 압력은 작아진다.
ㄷ. 액체가 분무되는 원리는 베르누이 법칙으로 설명할 수 있다.

① ㄱ　　　　② ㄴ　　　　③ ㄱ, ㄴ
④ ㄴ, ㄷ　　　⑤ ㄱ, ㄴ, ㄷ

05 그림은 단면적이 변하는 관을 따라 이상적인 액체가 흐르는 모습을 나타낸 것이다. 좁은 관에서의 단면적은 A_1, 속력은 v_1 이다. 넓은 관에서의 단면적은 A_2, 속력은 v_2 이다.

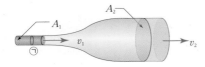

이에 대한 설명으로 옳은 것만을 〈보기〉에서 있는 대로 고른 것은?

─── 〈 보기 〉 ───

ㄱ. ㉠지점을 1초 동안 통과하는 액체의 부피는 A_1v_1 이다.
ㄴ. 1초 동안 단면적 A_1 과 A_2 를 통과하는 액체의 질량은 같다.
ㄷ. $A_1v_2 = A_2v_1$ 이 성립한다.

① ㄱ   ② ㄴ   ③ ㄱ, ㄴ
④ ㄴ, ㄷ   ⑤ ㄱ, ㄴ, ㄷ

06 그림은 관의 지름이 $4 : 1 : 2$ 로 변하는 관을 따라 이상 유체가 흐르고 있는 모습을 나타낸 것이다. 유체의 높이 h_1, h_2, h_3 와 속력 v_1, v_2, v_3 의 관계를 바르게 짝지은 것은?

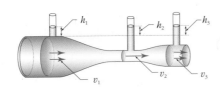

	높이	속력
①	$h_1 > h_2 > h_3$	$v_1 > v_2 > v_3$
②	$h_1 > h_2 > h_3$	$v_1 > v_3 > v_2$
③	$h_1 > h_3 > h_2$	$v_1 > v_2 > v_3$
④	$h_1 > h_3 > h_2$	$v_2 > v_3 > v_1$
⑤	$h_1 > h_3 > h_2$	$v_3 > v_2 > v_1$

07 그림 (가)는 굵기가 변하는 관에 연결된 아래의 관에 액체가 들어있는 것을 나타낸 것으로 관 속의 공기는 정지해 있다. 그림 (나)는 굵기가 변하는 관 속에 공기가 흐르는 것을 나타낸 것이다.

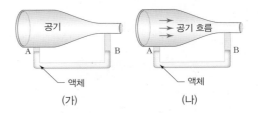

이에 대한 설명으로 옳은 것만을 〈보기〉에서 있는 대로 고른 것은?

─── 〈 보기 〉 ───

ㄱ. (가)에서 수면 A 와 B 의 높이는 같다.
ㄴ. (나)의 A 에서 공기 압력은 B 에서 공기 압력보다 작다.
ㄷ. (나)의 A 에서 수면은 (가)에서보다 올라간다.

① ㄱ   ② ㄴ   ③ ㄱ, ㄴ
④ ㄴ, ㄷ   ⑤ ㄱ, ㄴ, ㄷ

08 그림은 굵기가 변하는 관을 따라 공기가 연속적으로 흐르는 상태를 나타낸 것이다. 이때 굵은 관에서의 단면적과 공기의 속력은 각각 A_1, v_1 이고, 가는 관에서의 단면적과 공기의 속력은 각각 A_2, v_2 이다.

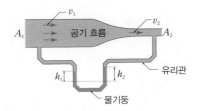

이에 대한 설명으로 옳은 것만을 〈보기〉에서 있는 대로 고른 것은? (단, 공기와 물은 이상 유체이다.)

─── 〈 보기 〉 ───

ㄱ. v_1 이 v_2 보다 느리다.
ㄴ. h_1 이 h_2 보다 더 높다.
ㄷ. 공기의 압력은 가는 관에서 더 크다.

① ㄱ   ② ㄴ   ③ ㄱ, ㄴ
④ ㄴ, ㄷ   ⑤ ㄱ, ㄴ, ㄷ

B

09 그림은 비행기 날개의 단면을 나타낸 것으로 비행기는 공기 중에서 왼쪽으로 이동하고 있다. 점 A는 날개 위의 한 지점이고, B는 날개 아래의 한 지점이다.

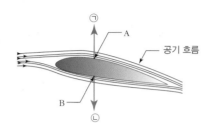

이에 대한 설명으로 옳은 것만을 〈보기〉에서 있는 대로 고른 것은?

〈 보기 〉
ㄱ. 공기의 속력은 A 가 B 보다 빠르다.
ㄴ. 날개에 작용하는 압력은 A 가 B 보다 크다.
ㄷ. 날개가 공기로부터 받는 힘의 방향은 ㉠이다.

① ㄱ　　　　　② ㄴ　　　　　③ ㄱ, ㄴ
④ ㄱ, ㄷ　　　⑤ ㄱ, ㄴ, ㄷ

10 그림은 야구공이 회전하면서 오른쪽으로 날아가는 모습을 나타낸 것이다.

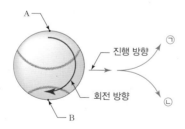

이에 대한 설명으로 옳은 것만을 〈보기〉에서 있는 대로 고른 것은?

〈 보기 〉
ㄱ. 공에 대한 공기의 속력은 A가 B보다 빠르다.
ㄴ. 공기가 공에 작용하는 압력은 A가 B보다 크다
ㄷ. 공은 ㉠ 방향으로 휘어지는 운동을 한다.

① ㄱ　　　　　② ㄴ　　　　　③ ㄱ, ㄴ
④ ㄴ, ㄷ　　　⑤ ㄱ, ㄴ, ㄷ

11 그림은 큰 물통 양쪽에 높이가 h 로 같고 단면적이 다른 구멍이 뚫려 있는 것을 나타낸 것이다.

이에 대한 설명으로 옳은 것만을 〈보기〉에서 있는 대로 고른 것은? (단, 공기의 저항은 무시하고, 구멍의 크기는 물통의 단면적에 비해 매우 작다.)

〈 보기 〉
ㄱ. 양쪽 구멍에서 나오는 물의 속력은 같다.
ㄴ. 물이 땅에 떨어진 곳의 위치는 양쪽이 같다.
ㄷ. 땅에 떨어지기 직전 양쪽의 물은 같은 에너지를 갖는다.

① ㄱ　　　　　② ㄴ　　　　　③ ㄱ, ㄴ
④ ㄴ, ㄷ　　　⑤ ㄱ, ㄴ, ㄷ

12 그림은 물을 분사하는 분무기를 나타낸 것이다. 이때 공기의 밀도를 ρ, 물의 밀도를 $\rho_물$, 대기압을 P_0, 공기가 들어있는 부분(공기통)에서의 압력을 P, 액체로부터 가는 관까지의 높이를 h, 점 B 에서의 최소 속력은 v 이다.

이에 대한 설명으로 옳은 것만을 〈보기〉에서 있는 대로 고른 것은? (단, A 지점은 액체 위 대기 중의 한 지점이다.)

〈 보기 〉
ㄱ. 점 A 와 B 사이의 압력 차는 ρgh이다.
ㄴ. 분무기가 분사되기 위해서는 P 가 $P_0 - \rho_물 gh$ 보다 커야 한다.
ㄷ. $P = P_0 - \rho_물 gh + \dfrac{1}{2}\rho v^2$이다.

① ㄱ　　　　　② ㄴ　　　　　③ ㄱ, ㄴ
④ ㄴ, ㄷ　　　⑤ ㄱ, ㄴ, ㄷ

13 밀도가 ρ 인 물이 그림과 같이 단면적이 변하는 관을 흐르고 있다. 관 내부의 세 점 ㉠, ㉡, ㉢ 에서 단면적은 각각 $2A$, A, $2A$ 이고, ㉠ 과 ㉢ 의 높이 차는 h 이다.

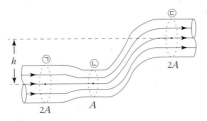

이에 대한 설명으로 옳은 것만을 〈보기〉에서 있는 대로 고른 것은? (단, 중력 가속도는 g 이다.)

[수능 기출 유형]

─────〈 보기 〉─────
ㄱ. 물의 압력은 ㉠ 이 ㉡ 보다 작다.
ㄴ. 물의 속력은 ㉠ 과 ㉢ 이 같다.
ㄷ. ㉠ 과 ㉢ 의 압력 차이는 $\rho g h$ 이다.

① ㄱ   ② ㄴ   ③ ㄱ, ㄴ
④ ㄴ, ㄷ   ⑤ ㄱ, ㄴ, ㄷ

14 그림과 같이 단면적이 $4S$ 인 굵은 관과 단면적이 S 인 가는 관을 연결한 후 관 속에 기체를 흐르게 하였다. 점 A 에서 기체의 속력이 v 일 때 관 아랫부분에 연결된 유리관 속 액체 기둥의 높이 차가 h 였다. A 에서 기체의 속력이 $2v$ 가 되면 점 B 에서 기체의 속력 v_B 과 유리관 속 액체 기둥의 높이차 H 를 바르게 짝지은 것은?

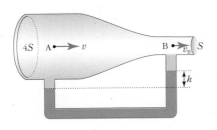

	v_B	H
①	$2v$	$2h$
②	$4v$	$4h$
③	$4v$	$8h$
④	$8v$	$4h$
⑤	$8v$	$8h$

15 그림은 깔때기 속에 탁구공을 넣고 깔때기 속으로 공기를 불어 넣을 때 탁구공이 떨어지지 않고 정지해 있는 모습을 나타낸 것이다.

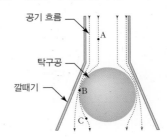

이에 대한 설명으로 옳은 것만을 〈보기〉에서 있는 대로 고른 것은?

─────〈 보기 〉─────
ㄱ. 공기의 속력은 A에서가 C에서보다 크다.
ㄴ. 공기의 압력은 B에서가 C에서보다 작다.
ㄷ. 공기가 탁구공에 작용하는 합력의 방향은 위쪽이다.

① ㄱ   ② ㄴ   ③ ㄱ, ㄴ
④ ㄴ, ㄷ   ⑤ ㄱ, ㄴ, ㄷ

16 그림은 단면적이 각각 $3S$, S 인 관 속에서 물이 흐를 때, 관의 아랫 부분과 유리관이 연결된 모습을 나타낸 것이다. 유리관 속에서 액체 A 의 높이 차는 h 이고, 액체 B 의 높이는 $2h$ 이다. 액체 A, B, 물의 밀도는 각각 5ρ, 3ρ, ρ 이다. 단면적이 $3S$ 인 곳에서 물의 속력이 v 일 때, 단면적이 $3S$ 인 곳과 S 인 곳의 압력 차 $P_1 - P_2$ 와 v^2 을 바르게 짝지은 것은? (단, 중력 가속도는 g 이다.)

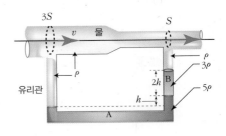

	$P_1 - P_2$	v^2
①	$8\rho g h$	$2gh$
②	$8\rho g h$	$4gh$
③	$8\rho g h$	$8gh$
④	$16\rho g h$	$2gh$
⑤	$16\rho g h$	$4gh$

C

17 그림은 야구공의 진행 방향과 공 주변의 공기 흐름을 나타낸 것이다.

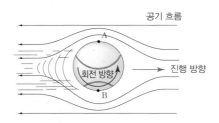

이에 대한 설명으로 옳은 것만을 〈보기〉에서 있는 대로 고른 것은?

〈 보기 〉

ㄱ. 공의 중심에 대한 공기의 속력은 A 가 B 보다 작다.
ㄴ. 공기의 압력은 A 가 B 보다 낮다.
ㄷ. 공에 작용하는 마그누스 힘의 방향은 공의 진행 방향의 아래쪽이다.

① ㄱ   ② ㄴ   ③ ㄱ, ㄴ
④ ㄴ, ㄷ   ⑤ ㄱ, ㄴ, ㄷ

18 그림 (가)는 모형 날개를 저울 위에 올려놓았더니 저울의 눈금이 w_0 가 된 모습을 그림 (나)는 (가)의 모형 날개 주위로 공기가 흐를 때 저울의 눈금이 w 가 되는 모습을 나타낸 것이다. A, B 에서의 압력을 각각 P_A, P_B 이라고 할 때, 저울의 눈금과 압력의 비교를 바르게 짝지은 것은?

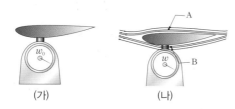

(가)   (나)

	저울의 눈금	압력
①	$w < w_0$	$P_A > P_B$
②	$w < w_0$	$P_A < P_B$
③	$w > w_0$	$P_A > P_B$
④	$w > w_0$	$P_A < P_B$
⑤	$w > w_0$	$P_A = P_B$

19 이상 유체가 그림과 같이 단면적이 일정한 관 속을 흐르고 있다. 관 속의 세 점 A, B, C 에서 A 와 B 의 높이 차는 h 이고, A 와 C 의 높이 차는 $2h$ 이다.

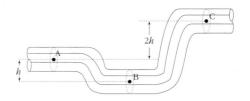

A 와 B 에서의 압력 차가 P_0 일 때, 이에 대한 설명으로 옳은 것만을 〈보기〉에서 있는 대로 고른 것은?

〈 보기 〉

ㄱ. 유체의 속력은 C 가 가장 빠르다.
ㄴ. 유체의 압력은 A 위치보다 C 위치에서 더 작다.
ㄷ. B 와 C 에서의 압력 차는 $2P_0$ 이다.

① ㄱ   ② ㄴ   ③ ㄱ, ㄴ
④ ㄴ, ㄷ   ⑤ ㄱ, ㄴ, ㄷ

20 그림은 굵기가 변하는 관 속에서 물이 아래로 흐르고 있는 모습을 나타낸 것이다. 점 A, B 에서 단면적은 각각 $3S$, S 이고 두 지점의 높이 차는 H 이다. A 에서 물의 속력이 v 일 때, 관 오른쪽에 연결된 유리관 속 액체 기둥의 높이 차는 h 이다. 물과 액체의 밀도가 각각 ρ, 10ρ 일 때, h 는 얼마이겠는가? (단, 중력 가속도는 g 이다.)

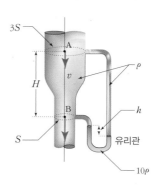

① $\dfrac{v^2}{9g}$ ② $\dfrac{2v^2}{9g}$ ③ $\dfrac{4v^2}{9g}$

④ $\dfrac{5v^2}{9g}$ ⑤ $\dfrac{7v^2}{9g}$

21 그림은 빗물이 가득 찬 물통의 물 표면에서부터 0.8 m 아래 바닥 근처에 배출구가 달려 있는 모습이다. 그림 (가)는 배출구가 수평을 향하도록 열려 있는 모습을, 그림 (나)는 배출구가 위로 향해 열려 있는 모습을 나타낸 것이다. 그림 (가)에서 물이 나오는 속력 v 와 그림 (나)에서 물이 배출되었을 때 물의 최고 높이 h 를 바르게 짝지은 것은? (단, 중력 가속도 $g = 10$ m/s^2 이고, 배출구의 단면은 물통의 단면에 비해 무시할 수 있을 정도로 작다.)

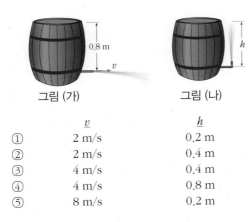

	$\underline{v}$	$\underline{h}$
①	2 m/s	0.2 m
②	2 m/s	0.4 m
③	4 m/s	0.4 m
④	4 m/s	0.8 m
⑤	8 m/s	0.2 m

22 그림은 수평으로 설치된 관을 통해 물이 속력 v_1 = 15 m/s 로 흘러들어가서 대기 중으로 속력 v_2로 나오는 모습을 나타낸 것이다. 왼쪽과 오른쪽 관의 지름이 각각 3 cm, 5 cm 일 때, 10 분 동안 흘러나오는 물의 양 V 와 지름 3 cm 인 왼쪽 관의 압력 P 를 바르게 짝지은 것은? (단, $\pi = 3.14$, $\rho_{물}$ = 1.0×10^3 kg/m^3, $P_{대기압} = 1.01 \times 10^5$ N/m^2 이다.)

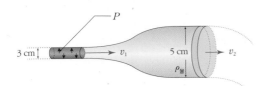

	$\underline{V}$	$\underline{P}$
①	5.4 m^3	1.01×10^5 N/m^2
②	5.4 m^3	1.01×10^3 N/m^2
③	6.4 m^3	2.02×10^3 N/m^2
④	6.4 m^3	3.08×10^3 N/m^2
⑤	6.4 m^3	6.16×10^3 N/m^2

23 그림은 강한 바람이 나오는 헤어드라이어 위에 탁구공을 놓았을 때, 탁구공이 왼쪽으로 운동하는 모습을 나타낸 것이다.

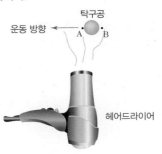

탁구공을 헤어드라이어 위에 놓는 순간에 대한 설명으로 옳은 것만을 〈보기〉에서 있는 대로 고른 것은?

〈 보기 〉

ㄱ. 탁구공에 작용하는 중력은 0 이다.
ㄴ. 공기의 속력은 B 지점이 A 지점보다 빠르다.
ㄷ. 탁구공에 작용하는 압력은 A 지점이 B 지점보다 낮다.

① ㄱ   ② ㄷ   ③ ㄱ, ㄴ
④ ㄴ, ㄷ   ⑤ ㄱ, ㄴ, ㄷ

24 그림과 같은 관 속으로 물이 흐르고 있다. $A_1 = 2A_2$ 이며, 연직관의 물의 높이는 $h_1 = 20$ cm, $h_2 = 5$ cm 이다. 이때 관 속 a 지점의 속력 v_1은 얼마인가? (단, 중력 가속도 $g = 10$ m/s^2 이다.)

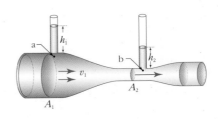

① 1 m/s   ② 2 m/s   ③ 3 m/s
④ 4 m/s   ⑤ 5 m/s

심화

25 그림은 수도꼭지에서 흘러나오는 물줄기를 나타낸 것이다. 물줄기의 수평 단면적이 변화하는 것은 중력이 물줄기의 속력을 증가시키기 때문이다. $A_0 = 5$ cm^2, $A = 4$ cm^2, $h = 18$ mm 라고 가정할 때 수도꼭지에서 흘러나오는 물의 부피 흐름율을 구하시오. (단, 중력 가속도 $g = 10$ m/s^{2}이다.)

① 100 cm^3/s   ② 200 cm^3/s   ③ 300 cm^3/s
④ 400 cm^3/s   ⑤ 500 cm^3/s

27 그림처럼 밀도 $\rho = 1.0 \times 10^3$ kg/m^{3}인 액체 A 가 단면적이 $A_1 = 1.2 \times 10^{-3}$ m^{2}에서 $A_2 = 0.5A_1$로 점점 가늘어지는 관을 통해 수평으로 흐르고 있다. 관 양쪽의 압력 차이는 6.0×10^3 N/m^{2}이다. 액체 A의 부피 흐름율을 구하시오.

① 1.4×10^{-3} m^3/s   ② 2.4×10^{-3} m^3/s
③ 3.4×10^{-3} m^3/s   ④ 4.4×10^{-3} m^3/s
⑤ 5.4×10^{-3} m^3/s

26 그림은 단면적 4 cm^{2}의 관을 통해 물이 40 m/s 의 속력으로 움직이고 있는 모습을 나타낸 것이다. 관의 단면적이 8 cm^{2}까지 서서히 증가하는 동안 관의 높이는 10 m 감소한다. 높은 위치에서 물의 압력이 1.0×10^5 N/m^{2}일 때 낮은 위치에서 물의 속력과 압력을 바르게 짝지은 것은? (단, 중력 가속도 $g = 10$ m/s^2, 물의 밀도 $\rho = 1.0 \times 10^3$ kg/m^{3}이다.)

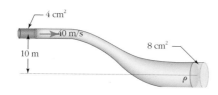

	속력	압력
①	10 m/s	4×10^5 N/m^2
②	10 m/s	8×10^5 N/m^2
③	20 m/s	4×10^5 N/m^2
④	20 m/s	8×10^5 N/m^2
⑤	20 m/s	16×10^5 N/m^2

28 그림은 안지름 2 cm 의 관이 안지름이 1 cm 인 세 개의 관에 연결되어 있다. 작은 관에 흐르는 물의 흐름율을 각각 25 L/min, 20 L/min, 5 L/min 이라고 할 때, B 관의 물 흐름율 R과 $\dfrac{\text{B 관의 속력}}{\text{A 관의 속력}}$ 을 바르게 짝지은 것은?

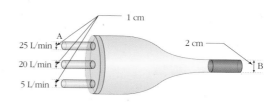

	R	B관과 A관의 속력 비율
①	25 L/min	0.5
②	25 L/min	1.0
③	50 L/min	0.5
④	50 L/min	1.0
⑤	50 L/min	1.5

29 그림과 같이 반지름이 $\sqrt{5}\,R$ 인 A 지점에서 반지름이 R 인 B 지점을 지나 반지름이 $\sqrt{2}\,R$ 인 C 지점으로 물이 흐른다. B 지점에서 물의 속력은 0.5 m/s 이다. 이때 0.4 m³ 의 물이 A 지점에서 C 지점으로 이동하였을 때 한 일은 얼마인가? (단, 물의 밀도 $\rho = 1.0 \times 10^3$ kg/m³ 이다.)

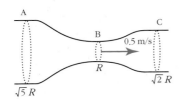

① 2.5 J   ② 4.5 J   ③ 6.5 J
④ 8.5 J   ⑤ 10.5 J

30 그림은 밀도 $\rho = 900$ kg/m³ 인 액체가 수평으로 놓인 관을 따라 흐르는 모습을 나타낸 것이다. 관의 단면적은 각각 $A_1 = 4$ m², $A_2 = 5$ m² 이고, A_1 과 A_2 에서의 압력 차이는 4050 N/m² 이다. 부피 흐름율 R 은 얼마인가?

① 10 m³/s   ② 20 m³/s   ③ 30 m³/s
④ 40 m³/s   ⑤ 50 m³/s

31 그림은 통에 담긴 액체를 U자 형 유리관으로 빨아내는 모습을 나타낸 것이다. 유리관을 액체로 한번 채우기만 하면 통 안에 있는 액체의 높이가 관의 입구 A와 같아질 때까지 액체가 계속해서 흘러나간다. 액체의 밀도 $\rho = 1.0 \times 10^3$ kg/m³, $h_1 = 30$ cm, $d = 12$ cm, $h_2 = 40$ cm 이다. 이때 C 에서 액체가 나오는 속력 v_C 는 얼마인가? (단, 액체의 점성은 무시하고, 관 입구의 면적은 통의 면적에 비해 무시할 만큼 작다. 중력 가속도 $g = 10$ m/s² 이다.)

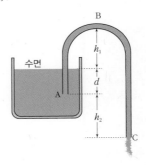

① 1.1 m/s   ② 2.2 m/s   ③ 3.2 m/s
④ 4.2 m/s   ⑤ 5.2 m/s

32 단면적 A_1 의 관으로부터 단면적 A_2 의 관으로 물이 흐른다. 그래프는 어떤 부피 흐름율에 대해 $P_2 - P_1$ 을 A_1^{-2} 의 함수로 나타낸 것이다. A_2 는 불변이고, 유체는 정상 흐름이라고 할 때 부피 흐름율은 얼마인가? (단, 유체의 밀도 $\rho = 1.0 \times 10^3$ kg/m³ 이고, 유체가 흐르는 높이는 같다.)

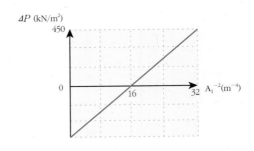

① 1.5 m³/s   ② 3.5 m³/s   ③ 5.5 m³/s
④ 7.5 m³/s   ⑤ 9.5 m³/s

24강. 열역학 법칙

1. 정상 흐름과 이상 유체   2. 연속 방정식   3. 베르누이 법칙   4. 베르누이 법칙의 적용

1. 열역학 제 0법칙

(1) 열역학 제 0법칙 : 접촉하고 있는 두 물체의 온도를 각각 측정했을 때, 두 물체의 온도가 같다면 두 물체는 열평형 상태에 있다. ⇒ 물체 A와 C 가 열평형을 이루고 물체 B 와 C 가 열평형을 이룬다면, 물체 A 와 B 는 열평형을 이룬다. 이를 열역학 제 0법칙이라 한다.

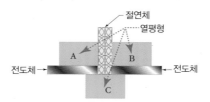
A와 C가 열평형을 이루고, B와 C가 열평형을 이루면 서로 접촉하고 있지 않은 A와 B는 열평형을 이룬다.

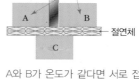
A와 B가 온도가 같다면 서로 접촉하고 있지 않은 A와 B는 열평형을 이룬다.

▲ 열역학 제 0법칙

① **열에너지** : 물체 내부의 분자 운동에 의해 나타나는 에너지이다.
 · 온도 : 물체의 차갑고 뜨거운 정도를 수치로 나타낸 것이다.
 · 열 : 온도가 다른 두 물체가 접촉해 있을 때 온도가 높은 물체에서 낮은 물체로 스스로 이동하는 에너지이다.
② **열평형 상태** : 접촉해 있는 두 물체의 온도가 같아져 더 이상 열의 이동이 없는 상태이다.
 ⇒ 열평형 상태에서 두 물체의 분자들의 평균 운동 에너지는 같다.

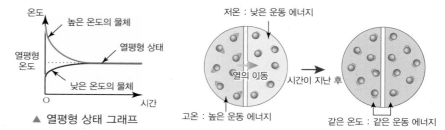

▲ 열평형 상태 그래프

(2) 열량과 비열

비열(c)	물질 1 kg의 온도를 1K(°C) 올리는 데 필요한 열량 [단위 : J/kg · K, kcal/kg · K]
열용량(C)	어떤 물체(질량:m)의 온도를 1K(°C) 올리는 데 필요한 열량 [단위 : J/K, kcal/K] $C = mc$ (m : 질량, c : 비열)
열량(Q)	열의 이동에 의해 물체가 얻거나 잃은 열의 양 [단위 : J(줄), cal(칼로리)] $Q = C\Delta T = mc\Delta T$ (m : 질량, c : 비열, ΔT : 온도 변화량)

개념확인 1

두 물체가 접촉해 있을 때 두 물체의 온도가 같아져 더 이상 열의 이동이 없는 상태를 무슨 상태라 하는가?

(   ) 상태

확인+1

질량이 0.05 kg인 구리의 열용량을 구하시오. (단, 구리의 비열은 0.09 kcal/kg · K이다.)

(   )

온도의 종류

· 섭씨 온도 : 1기압에서 순수한 물의 어는점을 0°C, 끓는 점을 100°C 로 하여 그 사이를 100 등분한 온도이다.
[단위 : °C]

· 화씨 온도 : 1기압에서 순수한 물의 어는점이 32°F, 끓는점을 212°F 로 하여 그 사이를 180 등분한 온도이다.
[단위 : °F]
$$T_F(°F) = \frac{9}{5}T_C(°C) + 32$$
T_F : 화씨 온도
T_C : 섭씨 온도

· 절대 온도 : 물질의 분자 운동이 0 이 되었을 때(−273°C)를 가장 낮은 온도 0K 으로 정하고 그 사이를 섭씨 온도와 같게 등분한 온도이다.
[단위 : (켈빈)K]
$$T(K) = T_C(°C) + 273$$
T : 절대 온도
T_C : 섭씨 온도

여러 물질의 비열

물질 (15°C)	비열 (kcal/kg · K)
알루미늄	0.210
철	0.104
구리	0.091
은	0.056
납	0.030
물(15°C)	1.000
수소	3.390
얼음	0.939
유리	0.190

열의 일당량

1 kcal = 1000 cal = 4186 J

2. 이상 기체

(1) 이상 기체 : 분자의 크기가 무시할 수 있을 만큼 작고, 분자들 사이에 인력이 작용하지 않는 이상적인 기체로 기체의 온도, 압력, 부피 사이에는 일정한 법칙이 적용된다.

(2) 보일-샤를 법칙

① **보일 법칙** : 온도가 일정할 때, 기체의 부피는 압력에 반비례 한다.

② **샤를 법칙** : 압력이 일정할 때, 기체의 부피는 절대 온도에 비례한다.

③ **보일-샤를 법칙** : 용기 내부의 기체의 양이 일정하다면, 기체의 종류에 관계없이 기체의 부피는 압력에 반비례하고, 절대 온도에 비례한다.

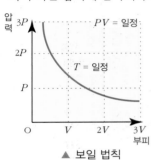

▲ 보일 법칙

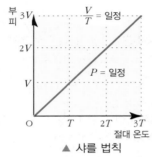

▲ 샤를 법칙

$$\frac{PV}{T} = 일정$$

(3) 아보가드로 법칙 : 기체의 종류에 관계없이 모든 기체는 같은 온도, 같은 압력에서 같은 부피를 차지하며, 같은 수의 분자를 갖는다.

· 아보가드로 수 : 질량수가 A인 분자 A g(1몰) 속에 포함된 분자 수이다.

$$(아보가드로 수) N_A = 1몰의 개수 = 6.02 \times 10^{23} 개$$

(4) 기체 상수 : 보일-샤를 법칙에서 $\frac{PV}{T}$ 는 1몰의 기체에서 기체의 종류나 상태에 관계없이 항상 일정한 값(기체 상수)을 갖는다.

$$R(기체상수) = \frac{PV}{T} = 8.31 \, J/mol \cdot K$$

(5) 이상 기체의 상태 방정식 : 보일-샤를 법칙에 따라 이상 기체의 mol 수를 n이라고 할 때, 다음과 같은 상태 방정식이 성립한다.

$$\frac{PV}{T} = nR \Rightarrow PV = nRT$$

이상 기체가 하는 일

피스톤의 단면적을 A, 기체의 압력을 P라고 할 때 기체가 피스톤에 작용하는 힘은

$$F = PA$$

기체에 의한 힘 F를 받아 피스톤이 Δl 만큼 밀려 나갈 때 기체가 피스톤에 대하여 하는 일 W는

$$W = F \cdot \Delta l = P \cdot A\Delta l$$
$$= P\Delta V$$
(ΔV : 부피 변화량)

· $\Delta V = 0$ 일 때 : 기체가 외부에 대하여 한 일 $W = 0$ 이다.

· $\Delta V > 0$(팽창)일 때 : 기체는 외부에 일을 한다. (기체의 내부 에너지는 감소한다.)

· $\Delta V < 0$(압축)일 때 : 기체는 외부로부터 일을 받는다.(기체의 내부 에너지는 증가한다.)

▲ 기체가 팽창할 때

mole(몰)

아보가드로수(N_A) 만큼의 물질의 양으로 n몰의 분자수 N은 $N = nN_A$로 쓸 수 있다.

볼츠만 상수를 이용한 이상 기체의 상태 방정식

분자수 N 일 때, 기체 상수 R을 아보가드로수 N_A 로 나눈 값을 볼츠만 상수 k_B라고 하면,

$$PV = nRT = \frac{N}{N_A}RT$$
$$= Nk_BT$$
$$k_B = \frac{n}{N}R = \frac{R}{N_A}$$
$$= 1.38 \times 10^{-23} \, J/K$$

이상 기체 상태 방정식의 정리

기체의 몰수를 n, 분자량을 M, 기체의 질량을 m, 분자수를 N이라 할 때, 상태 방정식은 다음과 같다.

$$PV = nRT = \frac{m}{M}RT$$
$$= \frac{N}{N_A}RT$$

개념확인2

정답 및 해설 **55쪽**

용기 내부의 기체의 양이 일정할 때, 기체의 종류에 관계없이 기체의 부피는 압력에 반비례하고, 절대 온도에 비례한다. 이를 설명하는 법칙은 무엇인가?

(·   )

확인+2

물질 1 mol 에 들어 있는 원자나 분자의 수는 몇 개인가?

(   )

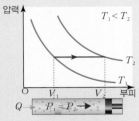

▲ 등압 과정(정압 과정)

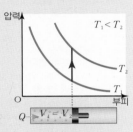

▲ 등적 과정(정적 과정)

▲ 등온 과정

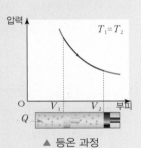

▲ 단열 과정

내부 에너지(운동 에너지)

이상 기체인 경우 분자의 위치 에너지는 존재하지 않으며, 운동 에너지는 내부 에너지와 같다.

· 단원자 기체일 때 분자 1개의 내부 에너지

$$E_k = \frac{3}{2} k_B T$$

E_k : 내부 에너지
k_B : 볼츠만 상수
T : 절대 온도

· 단원자 분자 n 몰(분자 수 N개)의 내부 에너지

$$U = \frac{3}{2} k_B T \cdot N$$

$$= \frac{3}{2} \frac{R}{N_A} T \cdot n N_A$$

$$= \frac{3}{2} n R T$$

U : 내부 에너지
n : 기체의 mol 수
R : 기체 상수
T : 절대 온도

3. 열역학 제1법칙

(1) **열역학 제1법칙** : 외부에서 기체에 가해준 열량(Q)은 기체의 내부 에너지 증가량(ΔU)과 기체가 외부에 한 일의 양(W)의 합과 같다.

$$Q(\text{열량}) = \Delta U(\text{내부 에너지 증가량}) + W(\text{외부에 한 일의 양})$$

(2) **열역학 제1법칙과 이상 기체의 변화 과정(열역학 과정)**

① **등압 과정(정압 과정)** : 압력을 일정하게 유지시키고 열을 가한다.

$$Q = \Delta U + W = \Delta U + P \Delta V$$

② **등적 과정(정적 과정)** : 부피를 일정하게 유지시키고 열을 가한다.

$$Q = \Delta U + W = \Delta U \ (W = 0)$$

③ **등온 과정** : 온도를 일정하게 유지시키며 열을 가한다.

$$Q = \Delta U + W = W \ (\Delta U = 0)$$

④ **순환 과정** : 기체가 여러 변화 과정을 거쳐 처음 상태로 되돌아오는 과정이다.

경로	과정	일정한 물리량	Q	ΔU	W
A → B	등적	V	+	+	0
B → C	등압	P	+	+	+
C → D	등온	T	+	0	+
D → A	등압	P	−	−	−

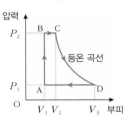

⑤ **단열 과정** : 외부에서의 열 출입 없이 기체의 변화를 일으키는 과정이다.

$$\Delta U = -W = -P\Delta V \ (Q = 0)$$

⑥ **자유 팽창** : 한쪽은 기체로 가득 차 있고 다른 한쪽은 진공 상태인 공간을 가정하자. 단열된 상태로 외부와 주고받는 열량이 없을 때, 중간의 칸막이를 제거하면 기체는 빠르게 팽창하여 용기 전체를 채우게 된다. 이때 용기의 부피가 변하지 않으므로 외부에 한 일은 없다.

$$Q = 0, \ W = 0, \ \Delta U = 0$$

개념확인 3

외부에서 기체에 열(Q)을 가하면, 기체의 내부 온도가 올라가 부피가 팽창하게 된다. 그 결과 기체의 내부 온도와 비례하여 기체의 내부 에너지가 증가하고($\Delta U > 0$), 부피가 팽창하면서 외부에 일(W)을 하게 된다. 이때 $Q = \Delta U + W$ 관계를 무엇이라고 하는가?

( )

확인+3

등압 과정, 등적 과정, 등온 과정, 단열 팽창, 자유 팽창 중 A → B 과정에 해당하는 것은 무엇인가?

( )

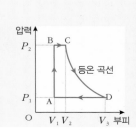

4. 열역학 제2법칙

(1) **열역학 제2법칙** : 자연 현상의 진행 방향에 관한 법칙으로 열 또는 에너지의 이동에 방향성이 있다는 것을 나타낸다.
  ⇒ 열은 항상 고온의 물체에서 저온의 물체로 흐르지만 그 반대 방향으로는 흐를 수 없다.

(2) **열기관** : 고열원의 열 (Q_1)을 사용하여 일(W)을 해 주는 기관이다. 열기관의 한 순환 과정에서 공급한 열 (Q_1)에 대하여 외부에 한 일(W)의 비를 열효율(e)이라고 한다.

$$e = \frac{W}{Q_1} = \frac{Q_1 - Q_2}{Q_1} = 1 - \frac{Q_2}{Q_1}$$

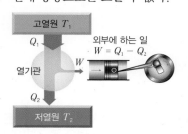

▲ 열기관의 원리

(3) **냉동 기관** : 외부에서 일을 해 줌으로써 저열원의 열을 고열원으로 보내는 장치이다. 온도가 T_2인 저열원에서 Q_2의 열에너지를 흡수하여 온도가 T_1인 고열원으로 Q_1의 열에너지를 방출한다. 이때 저열원에서 고열원으로 스스로 열의 이동이 일어나지 않으므로 외부에서 일(W)을 해 주어야 한다. 냉동 기관의 성능은 성능 계수 K로 정의하고, 성능 계수의 값이 클수록 효율이 좋다.

$$K = \frac{Q_2}{W} = \frac{Q_2}{Q_1 - Q_2}$$

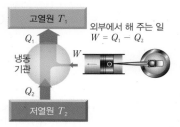

▲ 냉동 기관의 원리

(4) **카르노 열기관** : 프랑스 과학자 카르노는 최대의 열효율을 내는 이상적인 열기관을 이론적으로 고안하였다. 이때 열기관의 작동 물질로 이상 기체를 사용하여 4단계의 순환 과정을 거치도록 하였다.
  ① **A → B(등온 팽창)** : 흡수한 열에너지는 외부에 한 일과 같고, 그 양은 $AB V_2 V_1$의 넓이와 같다.
  ② **B → C(단열 팽창)** : 감소한 내부 에너지는 외부에 한 일과 같고, 그 양은 $BC V_3 V_2$의 넓이와 같다.
  ③ **C → D(등온 압축)** : 방출한 열에너지는 외부에서 받은 일과 같고, 그 양은 $CD V_4 V_3$의 넓이와 같다.
  ④ **D → A(단열 압축)** : 증가한 내부 에너지는 외부에서 받은 일과 같고, 그 양은 $DA V_1 V_4$의 넓이와 같다.

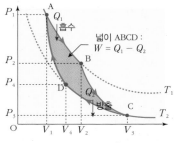

▲ 카르노 순환 과정

엔트로피(S)

자연 현상은 무질서도가 증가하는 방향으로 진행된다. 이때 무질서도의 정도를 엔트로피라고 한다. 잉크가 물속에서 퍼지는 경우 가장 골고루 퍼져 있을 때가 엔트로피(무질서도)가 가장 크다. 엔트로피 변화량은 다음 식으로 표현된다.

$$\Delta S = \frac{\Delta Q}{T}$$

ΔS : 엔트로피 변화량
ΔQ : 흡수하는 열량
T : 절대 온도

카르노 열기관의 열효율

최대 효율을 갖는 이상적인 열기관이다. 따라서 카르노 기관보다 효율이 높은 기관을 만들 수 없으며, 실제 열기관의 경우 열효율은 40 % 이하이다.

$$(최대 효율)e = 1 - \frac{T_2}{T_1}$$

실제 열기관의 열효율

실제 열기관의 경우 마찰 등에 의한 손실 때문에 열효율은 카르노 기관의 열효율 값보다 작아진다.

$$(열효율)e \le 1 - \frac{T_2}{T_1}$$

열기관의 설계를 개선하면 열효율을 높일 수 있지만, 고열원의 열이 저열원으로 스스로 흐르는 것을 막을 수 없기 때문에 100 %의 열효율을 갖는 열기관을 설계하는 것은 불가능하다.

여러 열기관의 열효율

열기관	열효율
증기 기관	10 %
가솔린 기관	20 ~ 30 %
증기 터빈	30 ~ 40 %
디젤 기관	30 ~ 40 %

개념확인 4   정답 및 해설 55쪽

열은 스스로 고온의 물체에서 저온의 물체로 이동하지만, 반대로는 스스로 이동하지 않는다. 이는 열 또는 에너지 이동에 방향성이 있음을 나타내는데 이 법칙을 무엇이라고 하는가?

(   )

확인+4

열효율이 0.2 인 120 W 의 열기관이 있다. 이 열기관은 1분에 120회 작동한다고 한다. 이 기관이 고온의 열원에서 1회 흡수한 열량은 얼마인가?

(   )

01 113.5 ℃ 의 쇳덩어리에 열을 가했더니 절대 온도가 2 배만큼 높아졌다. 열을 가한 후의 섭씨 온도와 화씨 온도를 바르게 짝지은 것은?

	섭씨 온도(℃)	화씨 온도(℉)		섭씨 온도(℃)	화씨 온도(℉)
①	300	932	②	500	952
③	300	952	④	500	972
⑤	500	932			

02 그림은 100 ℃ 의 액체 A 가 든 비커를 40 ℃ 의 액체 B 가 든 수조에 넣은 후 시간에 따른 온도 변화를 나타낸 것이다. 이에 대한 설명으로 옳은 것만을 〈보기〉에서 있는 대로 고른 것은? (단, 외부로 손실되는 열은 없다.)

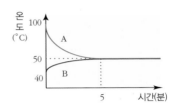

〈 보기 〉

ㄱ. 열평형 온도는 50 ℃이다.
ㄴ. A 가 잃은 열량은 B 가 얻은 열량보다 많다.
ㄷ. 5분 이후 액체 A 와 B 사이에서 열의 이동은 없다.

① ㄱ   ② ㄴ   ③ ㄱ, ㄴ   ④ ㄱ, ㄷ   ⑤ ㄱ, ㄴ, ㄷ

03 그림은 일정량의 이상 기체의 압력과 부피가 A 상태에서 B 상태로 변하는 것을 타나낸 것이다. A → B 과정에서 기체가 한 일은 몇 J 인가?

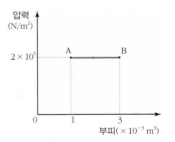

① 100 J   ② 200 J   ③ 300 J   ④ 400 J   ⑤ 500 J

04 그림은 일정량의 이상 기체가 들어 있는 부피가 변하지 않는 용기 안에 열 공급 장치를 연결하여 열을 공급한 모습을 나타낸 것이다. 이에 대한 설명으로 옳은 것만을 〈보기〉에서 있는 대로 고른 것은?

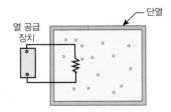

〈 보기 〉

ㄱ. 기체의 압력은 증가한다.
ㄴ. 기체는 외부에 일을 한다.
ㄷ. 기체의 내부 에너지는 변하지 않는다.

① ㄱ   ② ㄴ   ③ ㄱ, ㄴ   ④ ㄴ, ㄷ   ⑤ ㄱ, ㄴ, ㄷ

05 그림은 실린더 안의 이상 기체에 서서히 열을 가했더니, 기체 내부 압력이 외부의 압력과 평형을 유지하면서 기체의 부피가 V_1 에서 V_2 까지 팽창하는 모습을 나타낸 것이다. 이때 외부의 압력은 P 로 일정하다. 이에 대한 설명으로 옳은 것만을 〈보기〉에서 있는 대로 고른 것은? (단, 모든 마찰은 무시한다.)

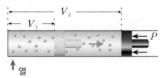

─〈 보기 〉─
ㄱ. 실린더 안 기체의 압력은 P 로 일정하다.
ㄴ. 기체가 외부에 한 일은 $P(V_2 - V_1)$ 이다.
ㄷ. 기체의 온도는 일정하다.

① ㄱ   ② ㄴ   ③ ㄱ, ㄴ   ④ ㄴ, ㄷ   ⑤ ㄱ, ㄴ, ㄷ

06 그림 (가), (나)는 단열 용기에 들어 있는 같은 양의 이상 기체를 가열하는 모습이다. (가)는 부피를, (나)는 압력을 일정하게 유지하면서 각각 가열하였다. 이에 대한 설명으로 옳은 것만을 〈보기〉에서 있는 대로 고른 것은? (단, 외부로 손실되는 열은 없고, 피스톤과 실린더 사이의 마찰은 무시한다.)

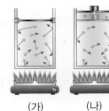

(가)   (나)

─〈 보기 〉─
ㄱ. (가)에서 기체가 한 일은 0이다.
ㄴ. (가)에서 기체의 압력은 증가한다.
ㄷ. (나)에서 기체의 온도는 상승한다.

① ㄱ   ② ㄴ   ③ ㄱ, ㄴ   ④ ㄴ, ㄷ   ⑤ ㄱ, ㄴ, ㄷ

07 오른쪽 그림은 압력 – 부피 그래프를 나타낸 것이다. B → A 과정에서 W, ΔU, Q 의 부호를 바르게 짝지은 것은?

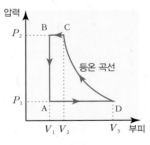

	W	ΔU	Q		W	ΔU	Q
①	0	+	+	②	0	−	−
③	+	+	+	④	+	−	−
⑤	−	+	+				

08 어떤 이상적인 열기관에서 고열원의 온도가 500 K 이고 저열원의 온도가 400 K 이면, 이 열기관의 최대 열효율은 몇 % 인가?

① 10 %   ② 20 %   ③ 30 %   ④ 40 %   ⑤ 50 %

[유형24-1] 열역학 제0법칙

그림은 온도가 다른 물 A, B, C 를 단열 용기에 넣고 서로 접촉시켰을 때 각각의 온도를 시간에 따라 나타낸 그래프이다. 이에 대한 설명으로 옳은 것만을 〈보기〉에서 있는 대로 고른 것은? (단, 외부와의 열 출입은 없다.)

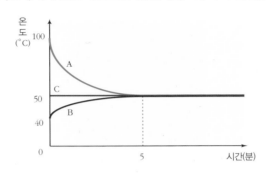

〈 보기 〉
ㄱ. 질량은 B 가 A 의 5배이다.
ㄴ. A 가 잃은 열량은 B 가 얻은 열량과 같다.
ㄷ. 5분이 지난 후의 A, B, C 는 열평형 상태이다.

① ㄱ   ② ㄴ   ③ ㄱ, ㄴ   ④ ㄴ, ㄷ   ⑤ ㄱ, ㄴ, ㄷ

01 그림 (가)는 100 °C 의 액체 A 가 든 비커를 40 °C 의 액체 B 가 든 수조에 넣었을 때 시간에 따른 온도 변화를 나타낸 것이고, 표 (나)는 두 액체 A와 B의 질량과 비열을 나타낸 것이다.

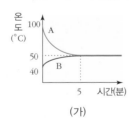

액체	A	B
질량(kg)	1.5	5
비열 (kcal/ kg · °C)	1	(가)

(가)   (나)

표에 대한 설명으로 옳은 것만을 〈보기〉에서 있는 대로 고른 것은? (단, 외부로 손실되는 열은 없다.)

〈 보기 〉
ㄱ. (가)에 들어갈 값은 0.3 이다.
ㄴ. 온도를 1 °C 높이는 데 필요한 열량은 A 가 B 보다 작다.
ㄷ. 같은 질량의 온도를 1 °C 높이는 데 필요한 열량은 A 와 B 가 같다.

① ㄱ   ② ㄴ   ③ ㄴ, ㄷ
④ ㄱ, ㄴ   ⑤ ㄱ, ㄴ, ㄷ

02 표는 몇 가지 물질의 비열을 나타낸 것이다.

물질	비열(kcal/kg · °C)
알루미늄	0.22
철	0.11
구리	0.09
납	0.03

표에 대한 설명으로 옳은 것만을 〈보기〉에서 있는 대로 고른 것은?

〈 보기 〉
ㄱ. 구리 1 kg 을 0 °C 에서 1 °C 로 높이는 데 필요한 열량은 9 kcal 이다.
ㄴ. 철 2 kg 과 알루미늄 1 kg 을 각각 100 °C 높이는데 필요한 열량은 같다.
ㄷ. 질량과 온도가 같은 알루미늄과 납에 같은 열량을 주면 알루미늄의 온도가 더 높아진다.

① ㄱ   ② ㄴ   ③ ㄴ, ㄷ
④ ㄱ, ㄷ   ⑤ ㄱ, ㄴ, ㄷ

[유형24-2] 이상 기체

그림은 핀으로 고정된 단열 칸막이에 의해 A 와 B 두 부분으로 나누어진 단열 실린더에 각각 일정량의 이상 기체가 들어 있는 모습을 나타낸 것이다. 핀을 제거하였더니 칸막이는 오른쪽으로 이동하였다. 이에 대한 설명으로 옳은 것만을 〈보기〉에서 있는 대로 고른 것은?

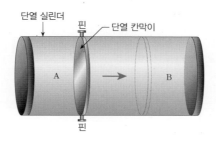

〈 보기 〉

ㄱ. A 부분의 기체의 압력은 낮아진다.
ㄴ. A 부분의 기체의 온도는 올라간다.
ㄷ. B 부분의 기체의 내부 에너지는 증가한다.

① ㄱ   ② ㄴ   ③ ㄷ   ④ ㄱ, ㄷ   ⑤ ㄱ, ㄴ, ㄷ

03 그림은 일정량의 이상 기체의 상태가 화살표 방향을 따라 변화하는 것을 나타낸 그래프이다. 이 기체가 $A \rightarrow B \rightarrow C \rightarrow D \rightarrow A$ 로 1 회 순환하는 동안 외부에 한 일의 양은 몇 J 인가?

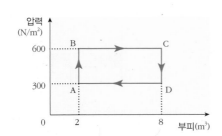

① 1.0×10^3 J   ② 1.2×10^3 J   ③ 1.4×10^3 J
④ 1.6×10^3 J   ⑤ 1.8×10^3 J

04 그림은 실린더에 들어 있는 이상 기체에 열을 가했더니 기체의 압력이 P 로 일정하게 유지되면서 부피가 증가하는 모습을 나타낸 것이다.

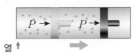

부피가 증가하는 동안에 이상 기체에서 일어나는 현상에 대한 설명으로 옳은 것만을 〈보기〉에서 있는 대로 고른 것은?

〈 보기 〉

ㄱ. 기체의 온도는 상승한다.
ㄴ. 기체 분자의 평균 속력은 감소한다.
ㄷ. 기체가 흡수한 열량은 기체가 외부에 한 일과 같다.

① ㄱ   ② ㄴ   ③ ㄷ
④ ㄱ, ㄴ   ⑤ ㄱ, ㄴ, ㄷ

유형 익히기 & 하브루타

[유형24-3] **열역학 제1법칙**

그림 (가)와 (나)는 대기압이 작용하는 지표면에서 외부와 단열된 실린더 내부의 기체를 같은 열원으로 가열하는 모습을 나타낸 것이다. 이때 그림 (가)는 피스톤을 핀으로 실린더에 고정시킨 모습이고, (나)는 피스톤 위에 추를 올린 후 피스톤이 자연스럽게 움직일 수 있게 한 모습이며, 가열하기 전 두 실린더에 각각 들어 있는 기체의 부피는 같다. 실린더 내부 기체의 상태 변화에 대한 설명으로 옳은 것만을 〈보기〉에서 있는 대로 고른 것은? (단, 처음 온도와 압력은 각각 같으며, 피스톤의 무게는 무시한다.)

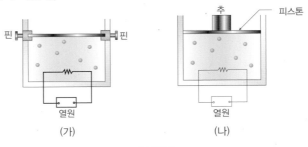

(가)   (나)

〈 보기 〉
ㄱ. 온도는 (나)보다 (가)가 높아진다.
ㄴ. 압력은 (나)보다 (가)가 커진다.
ㄷ. (나)에서 기체의 압력은 피스톤의 단위 면적당 추의 무게와 대기압을 합한 값과 같다.

① ㄱ   ② ㄴ   ③ ㄱ, ㄴ   ④ ㄴ, ㄷ   ⑤ ㄱ, ㄴ, ㄷ

---

05 그림은 밀폐된 그릇에 담긴 이상 기체의 압력과 부피 변화에 대해 나타낸 것이다.

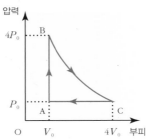

이에 대한 설명으로 옳은 것만을 〈보기〉에서 있는 대로 고른 것은?

〈 보기 〉
ㄱ. A → B 과정은 등온 과정이고, 기체의 내부 에너지는 일정하다.
ㄴ. B → C 과정은 등온 팽창 과정이고, 기체는 외부로 열을 방출한다.
ㄷ. C → A 과정은 등압 압축 과정이고, 외부로부터 기체는 $3P_0V_0$만큼의 일을 받는다.

① ㄱ   ② ㄴ   ③ ㄷ
④ ㄱ, ㄴ   ⑤ ㄱ, ㄴ, ㄷ

06 그림은 단열 팽창 현상을 이용하여 방사선의 흔적을 관찰하는 윌슨의 안개상자를 나타낸 것이다.

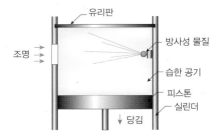

이에 대한 설명으로 옳은 것만을 〈보기〉에서 있는 대로 고른 것은?

〈 보기 〉
ㄱ. 피스톤을 아래로 당기면 습한 공기의 압력은 낮아진다.
ㄴ. 팽창된 습한 공기는 온도가 높아진다.
ㄷ. 상자 내에는 수증기가 응결된다.

① ㄱ   ② ㄴ   ③ ㄷ
④ ㄱ, ㄷ   ⑤ ㄱ, ㄴ, ㄷ

[유형24-4] **열역학 제2법칙**

그림은 어떤 열기관을 나타낸 것이다. 이 열기관에 들어가는 수증기의 온도는 227 °C, 나오는 수증기의 온도는 127 °C 이다. 이때 열기관에 공급한 열이 4×10^3 J 일 때 물음에 답하시오.

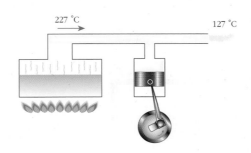

(1) 열기관의 최대 효율은 얼마인가?

① 10 %   ② 15 %   ③ 20 %   ④ 25 %   ⑤ 30 %

(2) 열기관이 최대로 할 수 있는 일은 얼마인가?

① 200 J   ② 400 J   ③ 600 J   ④ 800 J   ⑤ 1000 J

07 그림은 고열원에서 Q_1 의 열을 흡수하여 W 의 일을 외부에 하고 저열원으로 Q_2 의 열을 방출하는 열기관을 나타낸 것이다.

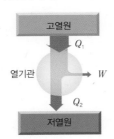

이에 대한 설명으로 옳은 것만을 〈보기〉에서 있는 대로 고른 것은?

─〈 보기 〉─

ㄱ. $\dfrac{Q_2}{Q_1}$ 가 커질수록 열효율은 높아진다.

ㄴ. $Q_2 = W$ 이면 열 효율은 50 %이다.

ㄷ. $Q_1 = W$ 이면 열역학 제2법칙에 위배된다.

① ㄱ   ② ㄴ   ③ ㄱ, ㄴ
④ ㄴ, ㄷ   ⑤ ㄱ, ㄴ, ㄷ

08 그림과 같이 카르노 엔진 하나가 다른 카르노 엔진에 연결되어 작동하고 있다. 고열원 온도는 T_1 = 1000 K 이고, 저열원 온도는 T_2 = 900 K 이다. 윗 엔진에서 방출한 열을 아랫 엔진이 흡수할 때, 엔진의 전체 효율은 몇 % 인가? (단, 전체 열효율은 윗 엔진이 흡수한 열량에 대한 전체 일의 비율이다.)

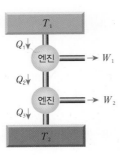

① 10 %   ② 20 %   ③ 30 %
④ 40 %   ⑤ 50 %

01 그림과 같이 실린더의 외벽은 단열재로 둘러싸여서 열의 출입이 없다. 실린더의 중간에 질량을 무시할 수 있는 분리대가 있고, 분리대는 열을 전달할 뿐 분리대 자체가 열을 흡수하지는 않는다. 처음에 왼쪽 칸에는 2 mol, 오른쪽 칸에는 1 mol 의 이상 기체가 각각 들어 있다. 왼쪽 칸의 온도는 $2T_0$, 부피는 V_0 이고, 오른쪽 칸의 온도는 T_0, 부피는 $2V_0$ 이다. 다음 물음에 답하시오.

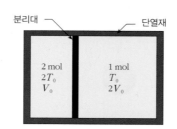

	왼쪽	오른쪽
	2 mol	1 mol
초기 상태	$2T_0$	T_0
	V_0	$2V_0$

(1) 분리대는 움직이지 않게 고정되어 있고, 분리대를 통해서 열교환이 일어난다고 하자. 계가 평형 상태에 도달했을 때, 왼쪽 칸의 압력 P_1과 오른쪽 칸의 압력 P_2의 비 $P_1 : P_2$는 얼마인가?

(2) 분리대를 움직일 수 있고, 분리대를 통해서 열교환이 일어난다고 하자. 계가 평형 상태에 도달했을 때 평형 조건은 무엇인가?

(3) 위의 (2)번에서 왼쪽 칸의 부피 V_1과 오른쪽 칸의 부피 V_2의 비 $V_1 : V_2$는 얼마인가?

02 단원자 분자 이상 기체가 그림과 같이 피스톤 모양의 용기에 들어 있다. 피스톤과 용기는 단열재로 제작되었고 용기 속에는 500 W 의 발열량을 낼 수 있는 열원이 부착되어 있다. 또 피스톤은 용기와 마찰이 없이 움직일 수 있다. 그래프는 이 기체의 상태를 A → B → C → D 의 순으로 변화하는 모습을 보여주는 그래프이다. 상태 A 에서의 온도는 300 K 이고 피스톤은 대기압과 평형을 이루고 있다.

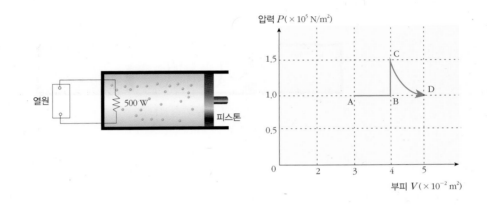

상태 A 에서 피스톤을 자유롭게 움직이게 한 상태에서 열원으로 기체를 5초 동안 가열하여 부피 4×10^{-2} m^2 인 상태 B, 다시 상태 B 에서 피스톤을 고정시켜 6초 동안 가열하여 상태 C 가 되었다. 다시 피스톤을 자유로이 움직이게 하여 열은 가하지 않고 상태 C 에서 기체의 압력이 대기압과 평형이 될 때까지 피스톤을 서서히 이동시킨다. 이때 압력이 대기압과 같아지는 순간이 부피가 5×10^{-2} m^2 인 상태 D 이다. 다음 물음에 답하시오. (단, 대기압은 $P_{대기압} = 1.0 \times 10^5$ N/m^2 이고, 열원에 의한 가열은 용기 내의 기체에 균일하게 전달되며 용기, 피스톤 ,열원에 의한 열 손실은 무시한다.)

(1) 상태 B, C, D의 기체의 온도는 각각 얼마인가?

(2) 상태가 A → B → C 순으로 변할 때, 기체의 내부 에너지 증가량은 얼마인가?

(3) 상태 C에서 D로 변화하는 동안 기체가 한 일은 얼마인가?

03

그림과 같이 단면적 S, 길이가 $3L$ 인 밀폐된 실린더 속에 마찰 없이 움직일 수 있는 두 개의 피스톤이 연결되어 있다. 용수철이 있는 방은 진공 상태이며, 피스톤의 두께는 무시한다. 각각의 방에 단원자 분자 이상 기체 1 mol 이 들어 있고, A, B 기체의 온도는 T_0 로 같으며, 용수철의 길이는 L 이다. 다음 물음에 답하시오. (단, 용수철이 늘어나지 않았을 때의 길이는 $2L$, 탄성 계수는 k, 기체 상수는 R 이다.)

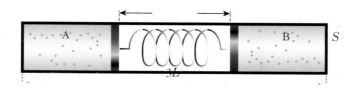

(1) A, B 기체의 온도가 T_0 일 때 기체 A의 내부 에너지는 얼마인가?

(2) 기체 A, B 의 온도를 T_0 에서 $T_0 - t$ 로 내리면 용수철의 길이는 $\frac{3}{2}L$이 된다. 이때 t 는 얼마인가?

04 물 1 mol의 부피는 약 18 cm³ 이다. 즉, 물 분자가 아보가드로수(6×10^{23} 개)만큼 모여 있을 때 차지하는 부피가 18 cm³ 이다. 물을 가열하여 100 ℃, 1 기압의 수증기로 만들었을 때 수증기 분자 사이의 거리(d)는 약 몇 m 인가? (단, 1 기압 = 1.013×10^5 N/m², 기체 상수 R = 8.3 J/mol · K 이다. 힌트 : 그림 참고)

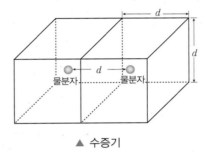

▲ 수증기

05 그림처럼 용기 A 에 압력 5.0×10^5 N/m², 온도 300 K 의 이상 기체가 들어 있다. 용기 A 는 가느다란 관과 닫힌 밸브로 용기 B 와 연결되어 있고, 부피가 용기 A 의 네 배인 용기 B 에는 압력 1.0×10^5 N/m², 온도 400 K 의 이상 기체가 들어 있다. 밸브를 열어 압력이 같도록 만들되 각 용기의 온도는 처음 온도와 같게 유지한다. 두 용기의 압력은 얼마인가?

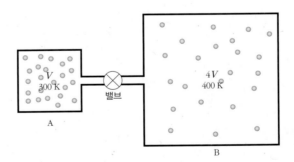

01 그림은 질량이 2 kg, 비열이 c_A 인 물체 A 와 질량이 1 kg, 비열이 c_B인 물체 B 를 각각 가열할 때 열량과 온도 사이의 관계를 나타낸 것이다. 두 물질의 비열의 비 $c_A : c_B$ 는 얼마인가?

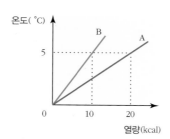

① 1 : 1   ② 1 : 2   ③ 2 : 1
④ 1 : 3   ⑤ 3 : 1

02 그림 (가)와 같이 금속을 끓는 물에 넣고 3 ~ 4 분 정도 기다린 다음, 끓는 물에서 꺼내 그림 (나)와 같은 스티로폼 컵 안의 찬물에 재빨리 넣고 잘 저어주면서 찬물의 온도를 측정하였다. 실험 결과가 다음과 같을 때 이 금속의 비열은 얼마인가? (단, 물의 비열 $c_물$ = 1 kcal/kg · ℃ 이다.)

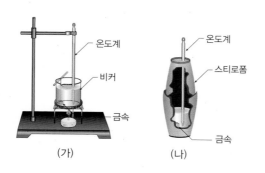

(가)   (나)

· 금속의 질량 : 0.1 kg
· 찬물의 질량 : 0.2 kg
· 찬물의 처음 온도 : 20 ℃
· 금속과 물의 열평형 온도 : 30 ℃

① 0.23 kcal/kg · ℃   ② 0.26 kcal/kg · ℃
③ 0.29 kcal/kg · ℃   ④ 0.32 kcal/kg · ℃
⑤ 0.35 kcal/kg · ℃

03 표는 납, 구리, 철의 비열을 나타낸 것이다. 처음 온도가 같고, 납 0.1 kg, 구리 0.05 kg, 철 0.01 kg 을 같은 조건에서 동시에 가열하여 시간이 지난 후 온도를 측정하였다. 시간이 지난 후의 온도를 바르게 비교한 것은?

금속	비열(kcal/kg · ℃)
납	0.03
구리	0.09
철	0.11

① 철 > 구리 > 납   ② 철 > 납 > 구리
③ 납 > 철 > 구리   ④ 납 > 구리 > 철
⑤ 구리 > 납 > 철

04 그림은 온도가 다른 두 물체 A, B 를 접촉시켜 놓았을 때 시간에 따른 온도 변화를 나타낸 그래프이다.

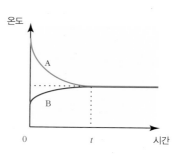

이에 대한 설명으로 옳은 것만을 〈보기〉에서 있는 대로 고른 것은?

〈 보기 〉

ㄱ. A 와 B 의 온도 변화량은 같다.
ㄴ. 시간 t 가 지나면, A와 B 사이의 열 이동은 더 이상 없다.
ㄷ. A 에서 B 로 이동한 에너지를 열이라고 한다.

① ㄱ   ② ㄴ   ③ ㄱ, ㄴ
④ ㄴ, ㄷ   ⑤ ㄱ, ㄴ, ㄷ

05 그림은 압력 P_1, P_2, P_3를 기체의 부피와 온도 사이의 관계로 나타낸 것이다. P_1, P_2, P_3의 크기를 바르게 비교한 것은?

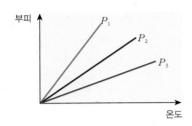

① $P_1 < P_2 < P_3$ ② $P_1 < P_3 < P_2$
③ $P_2 < P_1 < P_3$ ④ $P_2 < P_3 < P_1$
⑤ $P_3 < P_2 < P_1$

06 그림은 이상 기체의 상태가 A → B → C → A 를 따라 순환하는 과정을 온도와 부피에 대하여 나타낸 것이다.

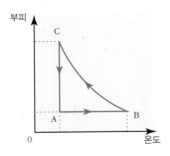

이에 대한 설명으로 옳은 것만을 〈보기〉에서 있는 대로 고른 것은? (단, B → C 과정은 단열 과정이다.)

―――― 〈 보기 〉 ――――
ㄱ. A → B 과정은 등압 과정이다.
ㄴ. C → A 과정에서는 내부 에너지의 변화가 없다.
ㄷ. B → C 과정에서는 외부에서 이상 기체에 한 일은 0보다 작다.

① ㄱ   ② ㄴ   ③ ㄱ, ㄴ
④ ㄴ, ㄷ   ⑤ ㄱ, ㄴ, ㄷ

07 다음 그림은 일정량의 이상 기체의 상태가 A → B → C → A 를 따라 순환하는 과정을 압력과 부피에 대하여 나타낸 것이다. A 점에서 기체의 온도 T_A = 200 K 이다.

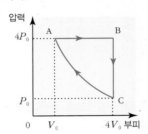

이에 대한 설명으로 옳은 것만을 〈보기〉에서 있는 대로 고른 것은?

―――― 〈 보기 〉 ――――
ㄱ. A → B 과정은 외부에 일을 한다.
ㄴ. B점의 온도는 800 K이다.
ㄷ. C점의 온도는 200 K이다.

① ㄱ   ② ㄴ   ③ ㄱ, ㄴ
④ ㄴ, ㄷ   ⑤ ㄱ, ㄴ, ㄷ

08 그림은 이상 기체의 상태가 A → B → C → D → A 를 따라 순환하는 과정을 압력과 부피에 대하여 나타낸 것이다. 이때 각 구간에서 기체의 내부 에너지 변화를 바르게 나타낸 것은? (단, C → D 는 등온 과정이며, 내부 에너지 증가는 +, 일정은 0, 감소는 - 로 표시한다.)

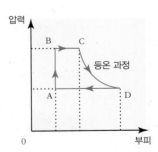

	A→B	B→C	C→D	D→A
①	+	+	0	-
②	+	+	0	0
③	-	-	0	0
④	-	+	+	-
⑤	0	-	+	+

B

09 그림은 온도가 다른 두 기체 A, B 를 나타낸 것이고, 표는 두 기체의 온도를 나타낸 것이다.

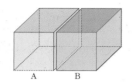

기체	온도
A	17 °C
B	290 K

이에 대한 설명으로 옳은 것만을 〈보기〉에서 있는 대로 고른 것은?

─── 〈 보기 〉 ───

ㄱ. 온도는 A 가 B 보다 높다.
ㄴ. A 와 B 를 접촉시켜도 열의 이동은 없다.
ㄷ. B 가 A 보다 기체 분자의 평균 운동 에너지가 작다.

① ㄱ   ② ㄴ   ③ ㄱ, ㄴ
④ ㄴ, ㄷ   ⑤ ㄱ, ㄴ, ㄷ

10 그림은 고열원으로부터 Q_1 의 열을 흡수하여 외부에 15 J 의 일을 하고 Q_2 의 열을 저열원으로 방출하는 열기관이다. 이 열기관의 열효율은 20 % 일 때, Q_1 과 Q_2 를 바르게 짝지은 것은?

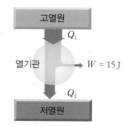

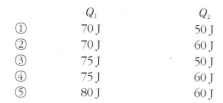

	Q_1	Q_2
①	70 J	50 J
②	70 J	60 J
③	75 J	50 J
④	75 J	60 J
⑤	80 J	60 J

11 그림은 질량이 0.2 kg 으로 같은 두 액체 A, B 를 서로 다른 비커에 담고 소비 전력이 400 W 인 열원으로 똑같이 가열하면서 일정한 간격으로 온도를 측정한 것을 나타낸 것이다.

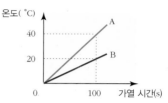

이에 대한 설명으로 옳은 것만을 〈보기〉에서 있는 대로 고른 것은? (단, 열원에서 나온 열은 모두 액체의 온도를 올리는데 사용된다.)

─── 〈 보기 〉 ───

ㄱ. 100초 동안 A가 얻은 열량은 4×10^4 J 이다.
ㄴ. B 의 비열은 1×10^4 J/kg · K이다.
ㄷ. A 의 열용량은 1×10^3 J/K이다.

① ㄱ   ② ㄴ   ③ ㄱ, ㄴ
④ ㄴ, ㄷ   ⑤ ㄱ, ㄴ, ㄷ

12 그림 (가)는 공기가 든 플라스크에 압력계를 연결하여 밀봉한 후, 이것을 뜨거운 물이 채워진 수조에 담고, 물이 식는 동안 물의 온도와 플라스크 내부 공기의 압력을 측정하는 모습이고, 표 (나)는 측정한 온도와 압력이다.

온도(K)	압력(kPa)
363	126
348	121
333	116
318	111
303	106

(가)   (나)

이에 대한 설명으로 옳은 것만을 〈보기〉에서 있는 대로 고른 것은?

─── 〈 보기 〉 ───

ㄱ. 플라스크 안의 기체의 압력은 절대 온도에 비례한다.
ㄴ. 온도가 0 °C 일 때, 기체의 압력은 약 96 kPa 일 것이다.
ㄷ. 온도가 60 °C 일 때의 기체 분자의 평균 운동 에너지는 30 °C 일 때의 2 배이다.

① ㄱ   ② ㄴ   ③ ㄱ, ㄴ
④ ㄴ, ㄷ   ⑤ ㄱ, ㄴ, ㄷ

13 그림 (가)와 (나)는 단열된 실린더에 들어 있는 같은 양의 동일한 이상 기체에, (가)는 부피를 (나)는 압력을 일정하게 유지시키면서 열원으로 각각 동일한 열량 Q 를 공급하는 모습이다. 가열 전 (가)와 (나)에서 기체의 부피와 절대 온도는 각각 V, T 로 같고, 가열 후 (나)에서 기체의 부피는 $2V$ 이다.

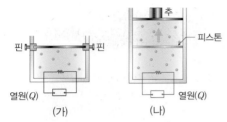

이에 대한 설명으로 옳은 것만을 〈보기〉에서 있는 대로 고른 것은? (단, 실린더와 피스톤 사이의 마찰은 무시한다.)

[수능 기출 유형]

────── 〈 보기 〉 ──────
ㄱ. 가열 후 (나)에서 기체의 절대 온도는 $2T$ 이다.
ㄴ. 가열 후 기체의 내부 에너지 변화량은 (가)의 경우가 (나)의 경우보다 크다.
ㄷ. (나)에서 기체가 외부에 한 일은 (가)에서 기체의 내부 에너지 증가량보다 크다.

① ㄱ   ② ㄴ   ③ ㄷ
④ ㄱ, ㄴ   ⑤ ㄱ, ㄴ, ㄷ

14 그림은 단열된 실린더에 들어 있는 일정량의 이상 기체에 열을 공급하는 모습을 나타낸 것이다. 실린더 속의 기체는 (가)에서는 부피를 고정시켰고, (나)에서는 압력을 일정하게 유지시켰다.

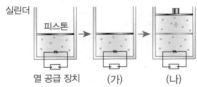

이에 대한 설명으로 옳은 것만을 〈보기〉에서 있는 대로 고른 것은? (단, 피스톤은 단열되어 있고, 모든 마찰은 무시한다.)

────── 〈 보기 〉 ──────
ㄱ. (가)에서 기체가 흡수한 열량은 기체의 내부 에너지 증가량과 같다.
ㄴ. (나)에서 기체는 외부에 일을 한다.
ㄷ. (가)와 (나)에서 기체의 온도는 증가한다.

① ㄱ   ② ㄴ   ③ ㄷ
④ ㄱ, ㄴ   ⑤ ㄱ, ㄴ, ㄷ

15 그림 (가)는 이상 기체가 들어 있는 단열 실린더가 단열 피스톤에 의해 A, B 로 구간이 나누어져 있는 모습을, 그림 (나)는 (가)에서 A 의 기체에 열량 Q 를 가했더니 피스톤이 천천히 B 쪽으로 이동하다가 정지한 모습을 나타낸 것이다.

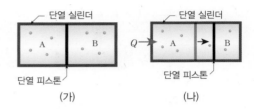

그림 (나)에 대한 설명으로 옳은 것만을 〈보기〉에서 있는 대로 고른 것은? (단, 모든 마찰은 무시한다.)

────── 〈 보기 〉 ──────
ㄱ. A와 B의 기체 내부 에너지 변화량의 합은 Q 이다.
ㄴ. B의 기체가 받은 일은 Q 보다 크다.
ㄷ. B의 기체는 온도가 감소하였다.

① ㄱ   ② ㄴ   ③ ㄷ
④ ㄱ, ㄴ   ⑤ ㄱ, ㄴ, ㄷ

16 그림은 외부로부터 단열시킨 상자의 절반을 칸막이로 막고 오른쪽에만 이상 기체를 채워 놓았다.

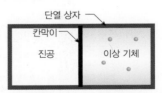

칸막이를 제거했을 때 나타나는 현상으로 옳은 것만을 〈보기〉에서 있는 대로 고른 것은? (단, 다른 한쪽은 진공 상태이다.)

────── 〈 보기 〉 ──────
ㄱ. 온도는 일정하다.
ㄴ. 내부 에너지는 감소한다.
ㄷ. 외부에 일을 한다.

① ㄱ   ② ㄴ   ③ ㄷ
④ ㄱ, ㄴ   ⑤ ㄱ, ㄴ, ㄷ

Ⓒ

17 그림은 온도가 T_1 인 열원에서 10 kJ 의 열을 흡수하여 W 의 일을 하고 온도가 T_2 인 열원으로 6 kJ 의 열을 방출하는 열기관을 나타낸 것이다.

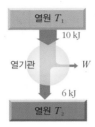

이에 대한 설명으로 옳은 것만을 〈보기〉에서 있는 대로 고른 것은?

──── 〈 보기 〉 ────

ㄱ. T_1 은 T_2 보다 크다.
ㄴ. W = 16 kJ 이다.
ㄷ. 열기관의 열효율은 0.6 이다.

① ㄱ   ② ㄴ   ③ ㄱ, ㄴ
④ ㄴ, ㄷ   ⑤ ㄱ, ㄴ, ㄷ

18 그림은 양초로 작동하는 간단한 열기관을 나타낸 것이다. 양초로 실린더를 가열하면 실린더 안의 공기가 팽창하면서 피스톤을 위로 밀어 올린다. 이때 고무막을 통해서 뜨거운 공기가 밖으로 빠져 나가면 실린더 밖으로부터 낮은 온도의 공기가 유입되면서 피스톤이 내려간다. 이러한 과정을 통한 피스톤의 왕복 운동으로 일을 할 수 있다.

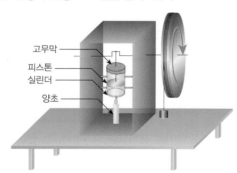

이 열기관은 피스톤이 한 번 왕복할 때마다 촛불로부터 받은 열(Q = 1.0 J)의 일부를 일에 사용하고 나머지 열을 실린더 밖으로 방출한다. 이 열기관의 열효율이 10 % 라고 한다면 피스톤이 한 번 왕복할 때마다 열기관이 할 수 있는 일은 얼마인가? (단, 모든 마찰은 무시한다.)

① 0.1 J   ② 0.2 J   ③ 0.3 J
④ 0.4 J   ⑤ 0.5 J

19 그림과 같이 질량이 25 kg 인 두 개의 추를 매달아 3 m 높이에서 지면까지 낙하시키면서 열량계 속의 회전 날개로 물을 저어 물의 온도를 높였다. 열량계 속의 물의 질량이 1 kg 일 때, 중력이 추에 한 일과 증가한 물의 온도를 바르게 짝지은 것은? (단, 열의 일당량은 4.2 J/cal, 중력 가속도 g = 9.8 m/s², 물의 비열 c = 1 kcal/kg · ℃ 이고, 열량계에 의한 열손실과 모든 마찰은 무시한다.)

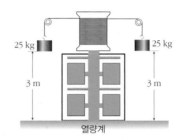

	중력이 추에 한 일	증가한 물의 온도
①	1470 J	0.30 ℃
②	1470 J	0.35 ℃
③	1475 J	0.30 ℃
④	1475 J	0.35 ℃
⑤	1480 J	0.35 ℃

20 처음 온도가 21 ℃ 인 납 알갱이들이 담겨 있는 길이 1 m 인 원통형 용기를 10회 반복하여 연직면 상에서 흔들었다. 이때 납 알갱이들의 온도가 22 ℃ 로 상승하였다면 납의 비열은 얼마인가? (단, 중력 가속도 중력 가속도 g = 10 m/s² 이다.)

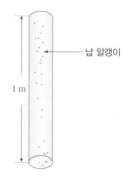

① 100 J/kg · K   ② 200 J/kg · K
③ 300 J/kg · K   ④ 400 J/kg · K
⑤ 500 J/kg · K

21 그림과 같은 부피 $V = 16.6 \times 10^{-3}$ m³인 용기 속에 온도 $T = 300$ K 이고, 압력 $P = 3 \times 10^5$ N/m²인 수소 기체가 들어 있다. 용기 속에 들어 있는 수소의 mol 수 n 과 수소 분자의 수 N 을 바르게 짝지은 것은? (단, 기체 상수 $R = 8.3$ J/mol · K, 아보가드로수 $N_A = 6 \times 10^{23}$ 개/mol 이다.)

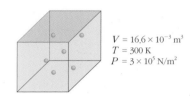

	n	N
①	1 mol	1.1×10^{24} 개
②	1 mol	1.2×10^{24} 개
③	2 mol	1.1×10^{24} 개
④	2 mol	1.2×10^{24} 개
⑤	2 mol	1.3×10^{24} 개

22 그림과 같이 부피가 각각 2 L, 1 L 인 두 용기 A, B 를 밸브가 달린 가느다란 관으로 서로 연결하였다. 용기 A 에는 320 K, 2 기압의 수소 기체가 들어 있고, 용기 B 에는 240 K, 1.2 기압의 산소 기체가 들어 있다. 밸브를 열고 두 용기의 온도를 300 K 로 유지했을 때 용기 내부의 압력 P 와 혼합 기체의 mol 수 n 을 바르게 짝지은 것은? (단, 기체 상수 $R = 0.082$ 기압 · L/mol · K 이다.)

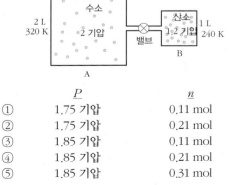

	P	n
①	1.75 기압	0.11 mol
②	1.75 기압	0.21 mol
③	1.85 기압	0.11 mol
④	1.85 기압	0.21 mol
⑤	1.85 기압	0.31 mol

23 그림은 질량이 0.05 kg 인 기름과 0.1 kg 인 물을 똑같은 열원으로 각각 가열하였을 때 시간에 따른 온도 변화를 나타낸 것이다.

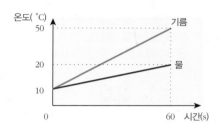

이에 대한 설명으로 옳은 것만을 〈보기〉에서 있는 대로 고른 것은? (단 c 는 비열이고, C 는 열용량이다.)

───── 〈 보기 〉 ─────
ㄱ. $c_{기름} : c_{물} = 1 : 2$ 이다.
ㄴ. $C_{기름} : C_{물} = 1 : 4$ 이다.
ㄷ. 같은 시간 동안 기름과 물에 가해진 총 열에너지는 같다.

① ㄱ   ② ㄴ   ③ ㄱ, ㄴ
④ ㄴ, ㄷ   ⑤ ㄱ, ㄴ, ㄷ

24 그림과 같은 실린더 내부에 $T = 300$ K, $P = 1 \times 10^5$ N/m²인 이상 기체가 들어 있다. 처음 피스톤은 왼쪽 끝에서부터 1 m 떨어진 지점에 위치해 있다가 실린더에 열을 가하였더니 피스톤이 오른쪽으로 0.2 m 만큼 밀려났다. 피스톤의 단면적이 1×10^{-2} m² 이고, 외부로부터 기체가 흡수한 열량이 420 J 일 때 기체가 팽창하는 동안 기체의 온도는 몇 °C 증가하는가? (단, 기체 상수 $R = 8.31$ J/mol · K 이고, 피스톤이 밀려나는 동안 압력은 일정하게 유지된다.)

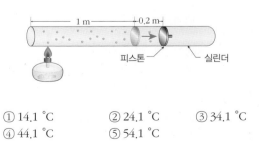

① 14.1 °C   ② 24.1 °C   ③ 34.1 °C
④ 44.1 °C   ⑤ 54.1 °C

심화

25 그림 (가)는 추, 밀도가 균일한 유체, 이상 기체가 평형 상태를 유지하고 있는 모습을 나타낸 것이다. 그림 (나)는 (가)의 기체에 일정 시간 동안 열을 가했더니 기체의 부피가 증가한 상태로 피스톤이 정지한 모습을 나타낸 것이다. 실린더와 피스톤을 통한 열 출입은 없고, 아래 피스톤의 단면적은 위 피스톤의 단면적보다 크다.

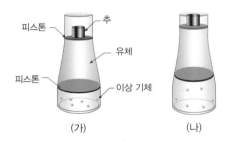

(가)   (나)

이에 대한 설명으로 옳은 것만을 〈보기〉에서 있는 대로 고른 것은? (단, 피스톤의 질량, 모든 마찰은 무시하고, 대기압은 일정하다.)

[수능 기출 유형]

〈 보기 〉
ㄱ. (가)에서 (나)로 변하는 동안 기체가 한 일은 추의 중력에 의한 퍼텐셜 에너지 변화량과 같다.
ㄴ. 기체의 내부 에너지 변화량은 기체가 받은 열량보다 작다.
ㄷ. (가)에서의 압력과 (나)에서의 압력은 같다.

① ㄱ   ② ㄴ   ③ ㄱ, ㄴ
④ ㄴ, ㄷ   ⑤ ㄱ, ㄴ, ㄷ

26 그림처럼 질량 m_c = 75 g 의 구리 덩어리를 실험실에서 T_c = 312 ℃ 까지 가열한 후, 질량 m_w = 220 g 의 물이 담긴 유리 비커에 떨어뜨렸다. 비커의 열용량 C_b = 45 cal/K 이고, 물과 비커의 초기 온도는 T_i = 12 ℃ 이다. 물은 증발하지 않는다고 가정할 때, 열평형을 이루는 최종 온도 T_f 는 얼마인가? (단, 구리의 비열 c_c = 0.0923 cal/g·K, 물의 비열 c_w = 1 cal/g·K 이고, 비커 외부로의 열방출은 일어나지 않는다.)

비커
물
구리

① 10 ℃   ② 20 ℃   ③ 30 ℃
④ 40 ℃   ⑤ 50 ℃

27 온도가 7 ℃ 인 60 m 깊이의 물속에 생긴 부피 10 cm³ 인 공기 방울이 온도가 27 ℃ 인 수면으로 천천히 떠올랐다. 이때의 부피는 얼마인가?

① 15 cm³   ② 35 cm³   ③ 55 cm³
④ 75 cm³   ⑤ 95 cm³

28 절대 온도가 T 인 단원자 기체 분자 1개의 평균 운동 에너지는 $E_k = \frac{3}{2} k_B T$ 이다.
같은 온도에서 네온 기체 분자 한 개의 질량이 헬륨 기체 분자 한 개의 질량의 5배일 때, 헬륨 기체 분자의 평균 속력은 네온 기체 분자의 평균 속력의 몇 배인가? (단, k_B는 볼츠만 상수이다.)

① 1   ② 2   ③ $\sqrt{5}$
④ $2\sqrt{5}$ ⑤ $3\sqrt{5}$

29 그림은 이상 기체의 상태가 경로 B 를 따라 V_1 = 1 m³, P_1 = 40 N/m² 에서 V_2 = 4 m³, P_2 = 10 N/m² 으로 팽창한 후, 다시 경로 B → A 또는 B → C 를 따라 부피 V_1 으로 압축되는 과정을 압력과 부피에 대하여 나타낸 것이다. 순환 과정 동안 경로 B → A 와 경로 B → C 에 대해 기체가 한 일을 바르게 짝지은 것은?

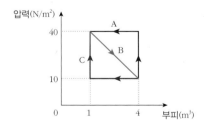

	B → A	B → C
①	0	+45 J
②	+45 J	+45 J
③	+45 J	−45 J
④	−45 J	+45 J
⑤	−45 J	−45 J

30 그림은 이상 기체의 상태가 A → B → C → A 를 따라 순환하는 과정을 압력과 부피에 대하여 나타 낸 것이다. 경로 C → A 에서 내부 에너지는 −160 J 만큼 변하고, 기체에 전달된 열에너지는 경로 A → B 에서 200 J 이고, 경로 B → C 에서는 40 J 이 다. 경로 A → B → C 와 경로 A → B 에 대해 기체 가 한 일을 바르게 짝지은 것은?

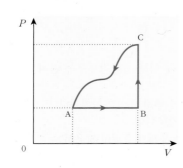

	A → B → C	A → B
①	0	+80 J
②	+80 J	+80 J
③	+80 J	−80 J
④	−80 J	+80 J
⑤	−80 J	−80 J

31 이상 기체가 상태 i 에서 상태 f 로 그림과 같이 경로 i → A → f 를 따라 변할 때 $Q_{i \to A \to f} = 50$ cal 이고, $W_{i \to A \to f} = 20$ cal 이다. 돌아오는 경로 $f \to i$ (파란색 경로)에 대해 $W_{f \to i} = -13$ cal일 때 $Q_{f \to i}$ 를 구하고, $U_i = 10$ cal, $U_B = 22$ cal 일 때 경로 B → f 에서의 $Q_{B \to f}$ 를 구해서 바르게 짝 지은 것은?

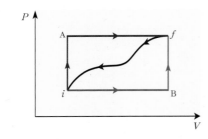

	Q	$Q_{B \to f}$
①	−43 cal	+18 cal
②	−43 cal	+36 cal
③	−53 cal	+18 cal
④	−53 cal	+36 cal
⑤	+53 cal	+18 cal

32 그림은 이상 기체의 상태가 A 에서 B 로 바뀌는 세 가지 과정을 나타낸 것이다. 과정 1 에서 기체 에 전달된 열에너지가 10 PV 일 때, 과정 1 에서 의 $U_B - U_A$ 와 과정 2 에서 기체에 전달된 열에 너지(Q)를 PV 의 단위로 바르게 짝지은 것은? (단, U 는 내부 에너지이다.)

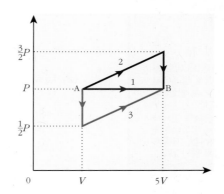

	$(U_B - U_A)$(과정 1)	Q(과정 2)
①	5 PV	10 PV
②	5 PV	11 PV
③	6 PV	10 PV
④	6 PV	11 PV
⑤	6 PV	12 PV

25강. 열전달과 전기 에너지 이용

1. 열의 이동 방법   2. 잠열과 기상 현상   3. 전기 에너지 이용 Ⅰ   4. 전기 에너지 이용 Ⅱ

1. 열의 이동 방법

(1) 전도 : 열이 물체의 한 부분에서 다른 부분으로 물체를 따라 이동하는 현상이다.

· 열에너지를 받은 분자들의 운동이 활발해져 인접한 분자들과 충돌하여 에너지를 전달한다.

· 전도되는 열량(Q) : 단면적이 A이고 길이가 l인 전도체의 양 끝의 온도가 각각 T_1, $T_2(T_1 > T_2)$일 때 t초 동안 전도체를 통하여 이동하는 열량(Q)는 단면적(A)과 온도 변화량($\Delta T = T_2 - T_1$)에 비례하고 길이(l)에 반비례 한다.

$$Q = kA\left(\frac{T_1 - T_2}{l}\right) \cdot t \;\; \text{(J)} \,(k : \text{열전도율})$$

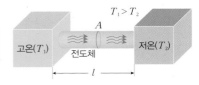

(2) 대류 : 물질을 이루는 분자들이 밀도 차에 의해 집단적으로 순환하면서 이동하여 열을 전달하는 현상이다.

· 온도 변화에 따라 액체나 기체의 밀도가 변하여 가벼워지거나 무거워지면서 뜨고 가라앉으며 분자가 이동하면서 열 에너지가 전달된다.

· 자연 대류는 온도에 따라 부피가 변하는 유체가 중력이 작용하는 공간에 있을 때 일어난다.

▲ 자연 대류 현상 – 해륙풍

(3) 복사 : 열에너지가 매질 없이 물체의 표면에서 전자기파 형태로 직접 이동하는 현상이다.

· 열복사 : 온도가 다른 두 물체를 진공 속에서 약간 떼어 놓으면 고온의 물체는 전자기파를 방출하여 온도가 내려가고, 상대적으로 저온의 물체는 전자기파를 흡수하여 온도가 올라간다. 이와 같은 현상을 열복사라고 한다.

> 고온(T_1)의 물체가 전자기파를 방출하여 저온(T_2)의 물체와 온도가 같아질 때까지 온도가 내려간다.

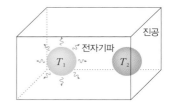

(개념확인 1)

열의 이동 방법 세 가지를 쓰시오.

(,   ,   )

(확인+1)

온도가 다른 두 물체를 진공 속에서 떼어 놓으면 고온의 물체에서 저온의 물체로 어떤 형태로 열이 이동하는가?

(   )

열 도체와 열 부도체(단열재)

· 열 도체 : 열의 전도가 잘 일어나는 물질로 금, 은, 구리, 철 등과 같은 대부분의 금속이다. (k 값이 크다.)

· 열 부도체 : 열의 전도가 잘 일어나지 않는 물질로 단열재라고도 한다. 산소, 물 등과 같은 대부분의 유체와 콘트리드 등이 있다. (k 값이 작다.)

자연 대류와 강제 대류

· 자연 대류 : 유체의 밀도 차이로 자연스럽게 열에너지를 전달한다. 기상 현상, 모닥불 등이 있다.

· 강제 대류 : 유체를 강제적으로 이동시켜 열에너지를 전달한다. 에어컨, 자동차 엔진 냉각 장치 등이 있다.

흑체 복사와 슈테판–볼츠만 법칙

들어오는 모든 열복사선을 흡수하고 외부보다 온도가 높을 때에는 열에너지를 100 % 방출하는 이상적인 물체를 흑체(black body)라 한다.

어떤 복사체의 표면을 흑체라고 할 때, 절대 온도에 따라 단위 면적에서 단위 시간 동안 방출되는 복사 에너지는 슈테판 – 볼츠만 법칙에 따른다.

$$E = \sigma T^4$$

E : 흑체 표면의 단위 면적으로부터 단위 시간 동안 방출하는 복사열 또는 복사 에너지

σ (시그마) : 슈테판–볼츠만 상수

$\sigma = 5.67 \times 10^{-8} \, \text{W/m}^2 \cdot \text{K}^4$

T : 복사체 표면의 절대 온도

빈의 변위 법칙

특정한 온도에서 물체가 최대로 복사하는 빛의 파장은 물체의 표면 온도에 반비례한다.

$$\lambda_{max} T = 2.9 \times 10^{-3} \, \text{m} \cdot \text{K}$$

λ_{max} : 복사선의 파장

T : 표면의 절대 온도

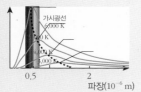

2. 잠열과 기상 현상

(1) 물질의 상태 변화 : 물체를 가열하여 물체의 온도를 높이면 물체 내의 분자 운동이 활발해지면서 물체의 상태가 고체 → 액체 → 기체 상태로 변한다. 반대로 열이 방출되어 온도가 낮아지면 기체 → 액체 → 고체 상태로 변한다.

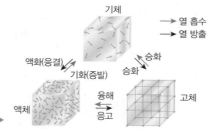

물질의 상태 변화 ▶

(2) 잠열(숨은열) : 물체 1 kg의 온도를 변화시키는 데 사용되지 않고 상태만을 변화시키는 데 필요한 열량이다.

· 상태 변화의 열량 : 상태 변화하는 동안 온도는 일정하게 유지되지만 열의 출입은 이루어진다. 어떤 물질의 잠열을 H, 질량을 m이라고 할 때, 상태 변화에 관계하는 열량 Q는 다음과 같다.

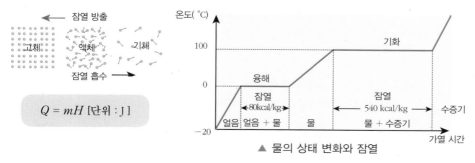

$$Q = mH \text{ [단위 : J]}$$

▲ 물의 상태 변화와 잠열

(3) 물의 잠열과 기상 현상 : 태양 에너지를 잠열의 상태로 흡수 또는 방출하여 대기와 물이 순환하면서 기상 현상이 일어난다.

① 태양에서 복사된 열에너지가 해양과 지표에 흡수되어 물을 증발시켜 잠열을 흡수한 상태의 수증기를 만든다.

② 가열된 수증기는 대류에 의해 상승하여 에너지를 방출하면서 응결되어 구름으로 변한다. 구름은 비나 눈의 형태로 해양과 지표로 되돌아온다.

③ 육지에 내린 비나 눈은 지하수, 호수, 강 등을 구성하면서 바다로 흘러 들어가 순환된다.

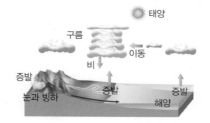

개념확인 2   정답 및 해설 **62쪽**

기상 현상의 근본적인 에너지원은 무엇인가?

(   ) 에너지

확인+2

100 ℃의 물 2 kg이 100 ℃의 수증기로 바뀌었다. 이 과정에서 열의 형태로 흡수된 에너지는 얼마인가? (단, 기화열 $H_{기화열}$ = 2,260 kJ/kg이다.)

(   )

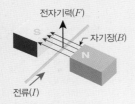

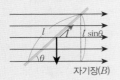
3. 전기 에너지의 이용 Ⅰ

(1) 전동기 : 전류가 흐르는 도선 주위에 자기장이 형성되는 것을 이용하여 전기 에너지를 역학적 에너지로 전환하는 장치이다.

① **직류 전동기** : 자석 사이에 있는 코일에 직류 전류가 흐를 때 자석과 코일 사이의 자기력에 의해 코일이 회전하게 되는 원리이다.

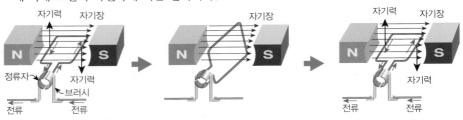

㉠ 외부에서 공급되는 직류 전류가 정류자와 브러시를 통해 코일에 흐르면 자기력이 발생하고, 이 자기력에 의한 돌림힘이 코일을 회전시킨다.	㉡ 코일이 회전하여 코일의 면이 자기장의 방향과 수직이 되는 순간 정류자에 의해 코일에 흐르는 전류의 방향이 바뀐다.	㉢ 코일에 흐르는 전류의 방향이 바뀌면 자기력이 다시 ㉠에서와 같이 작용하므로, 코일은 계속해서 한쪽 방향으로 회전한다.

② **교류 전동기** : 가운데 원통형의 회전 막대 코일이 있고 그 주위에 자기장을 만드는 고정 코일로 둘러 쌓여 있는 장치이다.

㉠ 고정 코일에 교류 전류가 흐르면, 고정 코일에서 세기와 방향이 변하는 자기장이 형성된다.
㉡ 자기장의 변화에 의해 회전 코일에 전류가 유도된다.
㉢ 유도 전류는 자기장의 변화를 방해하는 방향으로 흐르므로(렌츠 법칙), 고정 코일과 회전 코일 사이에 서로 척력이 작용하여 회전 코일이 회전한다.

▲ 교류 전동기의 원리

· 실제 교류 전동기에서는 가장자리에 코일을 여러 개 설치하고, 이 코일에 흐르는 전류를 변화시켜 코일이 만드는 자기장을 연속적으로 변화시킴으로써 회전 코일을 마치 자석이 회전하는 것처럼 자기장을 만들어 회전시킨다.

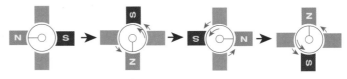

▲ 교류 전동기의 회전 원리

개념확인 3

전류의 자기 작용으로 회전 운동을 일으키는 장치는 무엇인가?

( )

확인+3

그림과 같이 자기장 속에 전류가 흐르는 도선이 자기장에 수직으로 놓여있다. 자기장의 세기가 $B = 4$ N/A·m, 전류의 세기가 $I = 2$ A, 도선의 길이가 $l = 1$ m 일 때, 도선이 받는 전자기력의 크기는 얼마인가?

( )

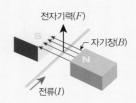

4. 전기 에너지의 이용 II

(1) 조명 기구

① **백열전구** : 텅스텐이 주성분인 필라멘트에 전류가 흐를 때 일정 온도에 도달하면 필라멘트의 저항에 의해 발생하는 열에너지가 빛에너지의 형태로 방출된다.
- 장점 : 저렴하다.
- 단점 : 전기 에너지의 대부분이 열로 손실되어 효율이 5 ~ 10% 정도이다.

▲ 백열전구

② **형광등** : 양쪽 끝이 봉해진 가느다란 유리관 속에 아르곤, 네온, 크립톤 가스가 대기압의 0.3 % 정도의 압력으로 들어 있다. 또 유리관 안에 수은 액체 두 방울 정도가 들어 있고, 이들 중 일부는 증발하여 수은 증기가 된다.

ㄱ 고전압이 걸린 필라멘트에서 방출된 전자가 수은 원자와 충돌한다.

ㄴ 수은 원자 내의 전자가 높은 에너지 준위로 올라갔다가 낮은 에너지 준위로 떨어지면서 자외선을 방출한다.

ㄷ 자외선이 유리관 안쪽 표면의 형광 물질에 부딪쳐 빛(가시광선)을 낸다.

▲ 형광등

③ **발광 다이오드(LED)** : 규소에 갈륨, 인, 비소 등을 첨가하여 만든 p형 반도체와 n형 반도체를 접합하여 만든 반도체 소자이다.

ㄱ p−n 접합 다이오드에 순방향 전압을 걸어준다.

ㄴ n형 반도체의 전도띠에 있던 전자가 접합면을 통과하여 p형 반도체로 이동한다.

ㄷ 전자가 전도띠에서 원자가띠로 전이하면서 양공과 결합하여 에너지 준위의 차이에 해당하는 에너지를 빛으로 방출한다.

▲ 발광 다이오드(LED)

(2) 전열기 : 전기 에너지를 열에너지로 바꾸는 장치
- 전류가 흐르는 도선에 저항체를 연결하면 저항체에서 전기 에너지가 열에너지로 전환된다.

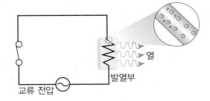

개념확인 4

정답 및 해설 62쪽

발광 다이오드(LED)는 반도체 내의 (　　　)와 (　　　)이 결합하여 에너지 준위의 차이에 해당하는 에너지를 빛으로 방출시킨다.

(　　　　　　　　　　), (　　　　　　　　　)

확인+4

어떤 전기 기구는 정격 전압이 220 V이고 소비 전력이 4840 W이다. 이 전기 기구의 저항은 얼마인가?

(　　　　　　　　　)

백열전구 속의 혼합 가스

백열전구 속을 공기로 채우면 필라멘트가 타버리고 진공으로 만들면 필라멘트가 가늘어지기 때문에 백열전구 속을 아르곤과 질소의 혼합 가스로 채워 필라멘트가 가늘어지는 것을 막는다.

형광등의 안정기와 점등관

형광등의 전극에서 전기를 방전시키려면 높은 전압을 걸어주어야 하므로 점등관과 안정기를 통해 순간적으로 높은 전압을 발생시킨다.

전력

전력은 전류가 1초 동안 하는 일(전류의 일률) 또는 1초 동안에 공급된 전기 에너지이다. 저항(R)의 양 끝에 전압(V)을 걸어 전류(I)가 흐를 때 전류가 t초 동안 W의 일을 한다면 전력(P)은 다음과 같이 나타낼 수 있다.

$$P = \frac{W}{t} = \frac{VIt}{t} = VI$$
$$= I^2R = \frac{V^2}{R}$$

[단위 : (와트)W, J/s]

전력량

전력량은 t초 동안에 사용한 전기 에너지(W)의 총량이다.

$$W = Pt = VIt$$
$$= I^2Rt = \frac{V^2}{R}t$$

[단위 : J]

전력량은 에너지이므로 J(줄) 단위가 사용되지만 실용적으로는 Wh(와트시)를 사용한다. 1 Wh는 1 W의 전력으로 1시간 동안 사용한 전력량이다.

$$1\ Wh = 1W \times 3600\ s = 3600\ J$$

전열기의 저항

전열기의 저항은 저항체 또는 발열체라고도 한다. 니크롬선(니켈−크롬 합금), 철−크롬−알루미늄 합금, 니켈−크롬−철 합금 등을 사용하고, 효율을 높이기 위해 나선형으로 감아 사용한다.

에너지 효율

에너지 효율(%)

$= \dfrac{\text{유용한 형태로 전환된 에너지량}}{\text{공급된 총 에너지량}} \times 100$

01 열의 이동 방법 중 전도에 대한 설명으로 옳은 것만을 〈보기〉에서 있는 대로 고른 것은?

〈 보기 〉

ㄱ. 액체나 기체에서도 전도가 일어난다.
ㄴ. 난로 옆에 있을 때 따뜻해지는 현상은 전도에 의한 열전달이다.
ㄷ. 전도는 접촉한 두 물체 사이에서 물체를 구성하는 입자의 진동에 의해 열이 전달되는 과정이다.

① ㄱ ② ㄴ ③ ㄱ, ㄷ ④ ㄴ, ㄷ ⑤ ㄱ, ㄴ, ㄷ

02 열의 이동 방법 중 복사에 대한 설명으로 옳은 것만을 〈보기〉에서 있는 대로 고른 것은?

〈 보기 〉

ㄱ. 모든 물질은 복사열을 방출한다.
ㄴ. 낮은 온도의 물질은 복사열을 방출하지 못한다.
ㄷ. 기체에서는 복사에 의한 열전달이 일어나지 않는다.

① ㄱ ② ㄴ ③ ㄱ, ㄴ ④ ㄴ, ㄷ ⑤ ㄱ, ㄴ, ㄷ

03 20 °C 의 물 0.5 kg 에 얼음을 넣어 얼음이 없는 0 °C 의 물을 만들려고 한다. 이때 물에 넣어야 하는 0 °C 의 얼음의 양은 얼마인가? (단, 얼음의 비열 $c_{얼음}$ = 2.1 × 10³ J/kg · °C, 얼음의 융해열 H = 3.33 × 10⁵ J/kg, 물의 비열 $c_물$ = 4.2 × 10³ J/kg · °C 이다.)

① 0.120 kg ② 0.126 kg ③ 0.130 kg ④ 0.136 kg ⑤ 0.140 kg

04 그림은 얼음 1 kg 을 가열하는 동안에 공급한 열에너지에 대한 온도 변화를 나타낸 것이다.

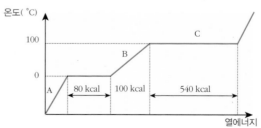

이에 대한 설명으로 옳은 것만을 〈보기〉에서 있는 대로 고른 것은?

〈 보기 〉

ㄱ. A 구간에서 공급되는 열은 모두 얼음의 온도를 올리는 데 사용된다.
ㄴ. 비열은 A 구간이 B 구간보다 크다.
ㄷ. C 구간에서 공급되는 열은 물질의 온도를 올리는 데 사용된다.

① ㄱ ② ㄴ ③ ㄱ, ㄴ ④ ㄴ, ㄷ ⑤ ㄱ, ㄴ, ㄷ

05 그림은 직류 전동기의 모습을 나타낸 것으로 전류는 A에서 B로 흐르고 있다.

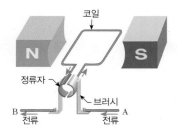

이에 대한 설명으로 옳은 것만을 〈보기〉에서 있는 대로 고른 것은?

〈 보기 〉
ㄱ. 전동기의 코일의 회전 방향은 정류자 쪽에서 볼 때 시계 방향이다.
ㄴ. 코일에 흐르는 전류는 전자기 유도 때문에 발생한다.
ㄷ. 코일은 전자기력에 의한 돌림힘이 작용하여 회전한다.

① ㄱ   ② ㄴ   ③ ㄱ, ㄴ   ④ ㄱ, ㄷ   ⑤ ㄱ, ㄴ, ㄷ

06 정류자에 대한 설명으로 옳은 것만을 〈보기〉에서 있는 대로 고른 것은?

〈 보기 〉
ㄱ. 전류의 세기를 일정하게 해 주는 장치이다.
ㄴ. 코일에 흐르는 전류의 세기를 증폭시켜 주는 증폭기이다.
ㄷ. 코일에 흐르는 전류의 방향을 바꾸어 전동기를 일정한 방향으로 회전시켜주는 장치이다.

① ㄱ   ② ㄴ   ③ ㄷ   ④ ㄱ, ㄴ   ⑤ ㄱ, ㄴ, ㄷ

07 백열전구에 대한 설명으로 옳은 것만을 〈보기〉에서 있는 대로 고른 것은?

〈 보기 〉
ㄱ. 전기 에너지는 대부분 열에너지로 변환된다.
ㄴ. 필라멘트는 전기 저항이 큰 금속을 사용한다.
ㄷ. 전구 속의 혼합 가스는 필라멘트가 가늘어지는 것을 막는다.

① ㄱ   ② ㄴ   ③ ㄷ   ④ ㄱ, ㄴ   ⑤ ㄱ, ㄴ, ㄷ

08 220 V−44 W 인 전구를 110 V 의 전원에 연결하여 사용할 경우 전류의 세기는 얼마인가?

① 0.1 A   ② 0.2 A   ③ 0.3 A   ④ 0.4 A   ⑤ 0.5 A

[유형25-1] 열의 이동 방법

그림은 태양 복사 에너지에 의한 물의 순환 과정을 나타낸 것이다. 이에 대한 설명으로 옳은 것만을 〈보기〉에서 있는 대로 고른 것은?

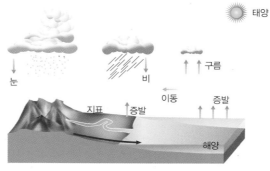

〈 보기 〉

ㄱ. 바닷물은 태양 복사 에너지를 흡수하여 수증기로 증발된다.
ㄴ. 증발된 수증기는 상승하다가 주변에 열을 흡수하여 응결된다.
ㄷ. 구름에 있는 물방울이 비가 되어 떨어지면서 물방울의 운동 에너지가 증가한다.

① ㄱ　　　　② ㄴ　　　　③ ㄱ, ㄴ　　　　④ ㄱ, ㄷ　　　　⑤ ㄱ, ㄴ, ㄷ

01 그림은 보온병의 구조를 나타낸 것이다.

은도금한 유리병
따뜻한 물
진공

이에 대한 설명으로 옳은 것만을 〈보기〉에서 있는 대로 고른 것은?

〈 보기 〉

ㄱ. 이중벽 사이의 진공은 공기의 대류에 의한 열 전달을 막는다.
ㄴ. 은도금을 하면 전도에 의한 열전달을 차단할 수 있다.
ㄷ. 이중벽으로 하면 복사에 의한 열전달을 차단할 수 있다.

① ㄱ　　② ㄴ　　③ ㄱ, ㄴ
④ ㄴ, ㄷ　　⑤ ㄱ, ㄴ, ㄷ

02 다음은 열의 이동 방법에 대한 설명이다. A, B, C에 알맞는 열의 이동 방법을 바르게 짝지은 것은?

A. 액체나 기체 같은 분자들이 제멋대로 다른 장소로 이동하면서 열을 전달한다.
B. 물체의 한 부분에서 다른 부분으로 물체를 따라 열이 이동 한다.
C. 물질을 거치지 않고 에너지가 전자기파의 형태로 직접 이동한다.

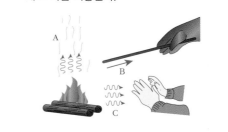

	A	B	C
①	대류	전도	복사
②	대류	복사	전도
③	전도	대류	복사
④	전도	복사	대류
⑤	복사	대류	전도

[유형25-2] 잠열과 기상 현상

그림은 온도가 −40 °C인 얼음에 일정한 열을 가하는 동안 온도를 가열 시간에 대해 나타낸 것이다. 다음 물음에 답하시오. (단, 1 분당 20 kcal 의 열량을 일정하게 공급하며, 모든 열 손실은 무시한다.)

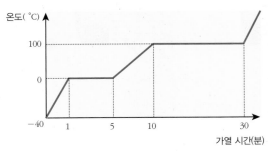

(1) 얼음과 물의 비열 비 $c_{얼음} : c_{물}$ 는?

① 1 : 1   ② 1 : 2   ③ 1 : 3   ④ 2 : 1   ⑤ 3 : 1

(2) 얼음의 융해열과 물의 기화열의 비 $H_{융해열} : H_{기화열}$ 는?

① 1 : 1   ② 1 : 2   ③ 1 : 3   ④ 1 : 4   ⑤ 1 : 5

03 다음은 한 지역에서 물의 순환으로 일어나는 에너지 순환 과정을 설명한 것이다. ㉠, ㉡에 들어갈 말을 바르게 짝지은 것은?

태양 복사 에너지는 바닷물이 수증기로 증발할 때 (㉠)(으)로 흡수되고, 수증기는 상승하여 (㉡)을 방출하여 구름을 생성한다. 구름의 퍼텐셜 에너지는 비가 되어 내리면서 운동 에너지로 전환된다. 태양 복사 에너지는 물의 순환 과정에서 여러 가지 에너지로 전환되는 것이다.

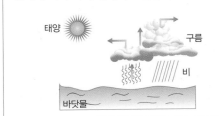

	㉠	㉡
①	기화열	응고열
②	기화열	액화열
③	액화열	응고열
④	액화열	기화열
⑤	응고열	액화열

04 표는 물의 비열, 얼음의 융해열, 물의 기화열을 나타낸 것이다.

물의 비열 (J/kg · °C)	얼음의 융해열 (J/kg)	물의 기화열 (J/kg)
4.2×10^3	3.35×10^5	2.26×10^6

표에 대한 설명으로 옳은 것만을 〈보기〉에서 있는 대로 고른 것은?

〈 보기 〉

ㄱ. 0 °C 얼음 1 kg 을 모두 0 °C 물로 만드는 데 필요한 열에너지의 양은 4.2×10^3 J 이다.

ㄴ. 100 °C 물 1 kg 을 모두 100 °C 수증기로 만드는 데 필요한 열에너지의 양은 2.26×10^6 J 이다.

ㄷ. 0 °C 얼음 1 kg 을 모두 100 °C 수증기로 만드는 데 필요한 열에너지의 양은 30.15×10^5 J 이다.

① ㄱ   ② ㄴ   ③ ㄱ, ㄴ
④ ㄴ, ㄷ   ⑤ ㄱ, ㄴ, ㄷ

유형 익히기&하브루타

그림은 직류 전동기의 작동 원리를 나타낸 것이다. 이에 대한 설명으로 옳은 것만을 〈보기〉에서 있는 대로 고른 것은?

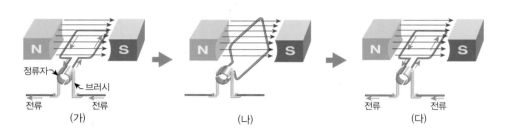

───〈 보기 〉───

ㄱ. (가)에서 자석 사이에 있는 코일은 정류자 쪽에서 볼 때 반시계 방향으로 회전한다.
ㄴ. (나)에서 정류자에 의해 코일에 흐르는 전류의 방향은 바뀌게 된다.
ㄷ. (다)에서 자석 사이에 있는 코일은 반시계 방향으로 회전한다.

① ㄱ
② ㄴ
③ ㄱ, ㄴ
④ ㄱ, ㄷ
⑤ ㄱ, ㄴ, ㄷ

05

그림은 자기장 속에서 전류가 흐르는 도선이 받는 힘의 방향을 찾는 방법을 나타낸 것이다. A, B, C 가 가르키는 방향을 바르게 짝지은 것은?

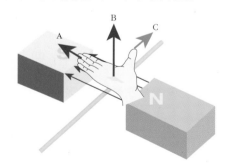

	A	B	C
①	힘의 방향	전류의 방향	자기장의 방향
②	힘의 방향	자기장의 방향	전류의 방향
③	전류의 방향	힘의 방향	자기장의 방향
④	자기장의 방향	전류의 방향	힘의 방향
⑤	자기장의 방향	힘의 방향	전류의 방향

06

그림은 직류 전동기의 회전자에 전류가 흘러 회전하고 있는 한 순간을 나타낸 것이다. A, B 는 회전자에서의 두 지점을 나타낸 것이다.

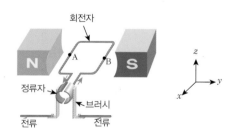

이에 대한 설명으로 옳은 것만을 〈보기〉에서 있는 대로 고른 것은?

───〈 보기 〉───

ㄱ. 회전자는 정류자 쪽에서 볼 때 시계 방향으로 회전한다.
ㄴ. A 지점이 받는 자기력의 방향은 $-z$ 방향이다.
ㄷ. 자석의 극을 바꾸어 놓으면 B 지점이 받는 자기력의 방향은 $-z$ 방향이다.

① ㄱ
② ㄴ
③ ㄱ, ㄴ
④ ㄴ, ㄷ
⑤ ㄱ, ㄴ, ㄷ

[유형25-4] 전기 에너지의 이용 II

다음은 백열전구와 백열전구에 표시되어 있는 전기용품 안전 관리법에 의한 표시의 일부분이다. 이에 대한 설명으로 옳은 것만을 〈보기〉에서 있는 대로 고른 것은?

· 제품명 : 백열전구
· 모델명 : ####
· 안전 인증 번호 : ####
· 정격 전압 : AC 220 V / 60 Hz
· 소비 전력 : 110 W
· 제조 년월 : ####
· 제조국 : ####

─── 〈 보기 〉 ───
ㄱ. 이 전구를 220 V 의 전원에 열결하면 전구에 흐르는 전류의 세기는 0.5 A 이다.
ㄴ. 이 전구를 220 V 에서 1 시간 동안 사용할 때의 소비 전력량은 110 Wh 이다.
ㄷ. 이 전구를 110 V 의 전원에 연결하면 소비 전력은 220 W 가 되어 전구의 필라멘트가 끊어진다.

① ㄱ　　　　② ㄴ　　　　③ ㄱ, ㄴ　　　　④ ㄱ, ㄷ　　　　⑤ ㄱ, ㄴ, ㄷ

07 그림은 형광등 내부 구조를 나타낸 것이다.

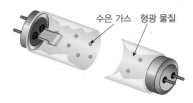

수은 가스　형광 물질

이에 대한 설명으로 옳은 것만을 〈보기〉에서 있는 대로 고른 것은?

─── 〈 보기 〉 ───
ㄱ. 형광등 양쪽에 있는 전극의 필라멘트 사이에 높은 전압이 걸리면 필라멘트가 가열되면서 전자가 방출된다.
ㄴ. 형광 물질은 자외선을 눈에 보이는 가시광선으로 바꾸어 준다.
ㄷ. 수은 원자가 들떴다가 안정한 상태로 될 때 나오는 빛을 이용하여 조명에 사용한다.

① ㄱ　　　　② ㄴ　　　　③ ㄱ, ㄴ
④ ㄴ, ㄷ　　　　⑤ ㄱ, ㄴ, ㄷ

08 그림은 LED 전구에 표시된 정격 전압과 소비 전력을 나타낸 것이다.

· 정격 전압 : AC 220 V
· 소비 전력 : 110 W

이에 대한 설명으로 옳은 것만을 〈보기〉에서 있는 대로 고른 것은?

─── 〈 보기 〉 ───
ㄱ. 이 LED 전구를 110 V 의 전원에 연결하면 소비하는 전력은 55 W 이다.
ㄴ. 이 LED 전구를 220 V 의 전원에 연결하면 1 초 동안 소비하는 전기 에너지는 220 J 이다.
ㄷ. 이 LED 전구를 220 V 의 전원에 연결하여 1 시간 동안 사용할 때의 소비 전력량은 110 Wh 이다.

① ㄱ　　　　② ㄴ　　　　③ ㄷ
④ ㄱ, ㄴ　　　　⑤ ㄱ, ㄴ, ㄷ

01 그림은 세 겹으로 이루어진 벽의 단면을 나타낸 것이다. 각 칸의 두께는 L_1, $L_2 (= 0.8L_1)$, $L_3 (= 0.5L_1)$이고, 열전도도는 k_1, $k_2 (= 0.8k_1)$, $k_3 (= 0.5k_1)$이다. 정상 상태에서 $T_H = 30\ ^\circ\text{C}$, $T_C = -15\ ^\circ\text{C}$ 일 때, 다음 물음에 답하시오.

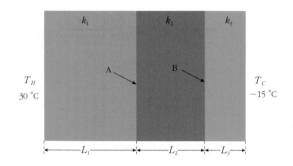

(1) 가운데 칸의 경계면 A와 B의 온도 차 ΔT의 값은 얼마인가?

(2) k_2의 값이 $1.2k_1$일 때 위의 경우에 비해 벽의 에너지 전달률은 늘어나는가? 줄어드는가? 아니면 같은가?

02

그림은 추운 날씨에 옥외의 물탱크 속 물의 표면에 두께 5 cm 의 얼음이 만들어져 있는 모습을 나타낸 것이다. 얼음 위의 대기의 온도가 −10 ˚C 일 때 얼음판에서 얼음이 만들어지는 비율을 cm/h(=단위 시간당 두께 변화량)단위로 구하시오. (단, 얼음의 열전도도 k = 0.004 cal/s · cm · ˚C, 1 kcal = 4186 J, 융해열 H = 333 × 10³ J/kg, 얼음의 밀도 ρ = 0.92 × 10³ kg/m³ 이고, 복사 효과는 무시한다.)

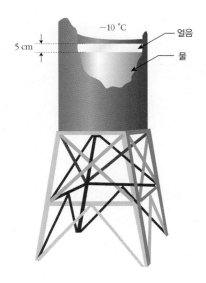

03 그림은 온도가 300 ℃ 인 프라이팬 위에 물방울이 올려져 있는 모습을 나타낸 것이다. 물방울과 프라이팬의 금속 표면 사이에는 얇은 공기층이 형성되어 있어서 물방울이 프라이팬 위에서 평평한 형태를 유지할 수 있다. 다음 물음에 답하시오. (단, 물방울의 높이 h = 1.5 mm, 면적 $A = 4 \times 10^{-6}$ m², 물방울과 프라이팬 사이 거리(공기층 두께) L = 0.1 mm, 물방울의 온도 T = 100 ℃, 물의 밀도 $\rho = 1 \times 10^3$ kg/m³, 공기 층의 열 전도도 k = 0.026 W/m · K, 증발열 $H = 2.256 \times 10^6$ J/kg 이고, 전도 외의 열의 전달 수단은 모두 무시한다.)

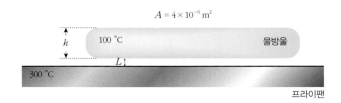

(1) 프라이팬으로부터 물방울의 바닥면으로 단위 시간동안 전달되는 에너지는 얼마인가?

(2) 물방울은 프라이팬 위에서 몇 초 동안에 모두 증발되는가? (단, 소수점 첫째 자리에서 반올림한다.)

04 그림은 얕은 연못에 얼음이 얼어 있는 모습을 나타낸 것이다. 얼음 바로 위의 공기 온도는 −5 ℃ 이고, 연못 바닥의 온도는 4 ℃ 이다. 얼음과 물을 합친 깊이가 1.4 m 라면, 얼음의 두께는 얼마인가? (단, 얼음의 열전도도 $k_{얼음}$ = 0.4 cal/m·s·℃, 물의 열전도도 $k_{물}$ = 0.12 cal/m·s·℃ 이고, 연못은 정상 상태이다.)

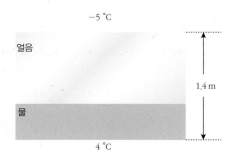

−5 ℃

얼음

물

1.4 m

4 ℃

05 원통형 음료수통 안에 물이 담겨 있다. 음료수통은 가죽으로 되어 있어 윗면과 옆면에서 물의 증발로 에너지를 잃고, 주변으로부터의 복사로 에너지를 얻어서 내부의 물은 항시 같은 온도를 유지한다. 물과 음료수통의 온도 T_1 = 17 ℃, 주변의 온도 T_2 = 32 ℃ 이고, 처음에 원통형 음료수통의 반지름 r = 2 cm, 높이 h = 10 cm 이다. 음료수통 속 물의 질량 손실률($\Delta m / \Delta t$)은 얼마인가? (단, 증발열 H = 2.256 × 10^6 J/kg, 복사에 의한 에너지 전달률 $P = \sigma A T^4$ (A : 단면적, σ = 5.67 × 10^{-8} W/m²·K⁴), π = 3 이고, 이외의 다른 에너지 교환은 무시한다.)

01 그림 (가)는 충돌구 실험 장치로 한쪽 끝의 쇠구슬 하나를 들어 올렸다 놓으면 다른 쪽 구슬이 튕겨지게 된다. 그림 (나)는 물을 끓이고 있는 냄비를 손으로 들고 있는 모습을 나타낸 것이다.

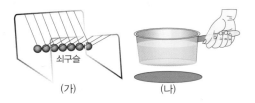

(가)   (나)

이에 대한 설명으로 옳은 것만을 〈보기〉에서 있는 대로 고른 것은?

〈 보기 〉

ㄱ. (가)에서 쇠구슬 간의 충돌로 운동 에너지가 전달된다.
ㄴ. (나)에서 냄비가 가열되면 전도에 의해 물이 끓는다.
ㄷ. (나)에서 물이 끓으면 물 위의 공기가 뜨거워져서 공기 분자가 직접 이동하는 대류가 일어난다.

① ㄱ   ② ㄴ   ③ ㄱ, ㄴ
④ ㄱ, ㄷ   ⑤ ㄱ, ㄴ, ㄷ

02 그림은 질량이 각각 m, $2m$ 인 얼음 A, B 를 각각 밀폐된 용기에 담아 같은 전열 장치로 가열하였을 때의 온도를 시간에 대해 나타낸 것이다.

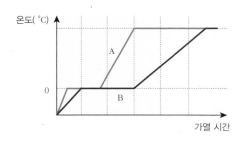

이에 대한 설명으로 옳은 것만을 〈보기〉에서 있는 대로 고른 것은?

〈 보기 〉

ㄱ. 얼음일 때, 열용량은 A 가 B 보다 크다.
ㄴ. 물이 된 후, 온도 변화는 A 가 B 보다 빠르다.
ㄷ. 융해되는 동안 흡수한 열량은 A 와 B 가 같다.

① ㄱ   ② ㄴ   ③ ㄱ, ㄴ
④ ㄱ, ㄷ   ⑤ ㄱ, ㄴ, ㄷ

03 그림은 일정한 질량의 고체 물질을 일정한 열로 가열했을 때 열량에 대한 온도 변화를 나타낸 것이다.

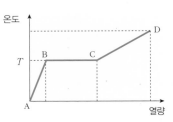

이에 대한 설명으로 옳은 것만을 〈보기〉에서 있는 대로 고른 것은?

〈 보기 〉

ㄱ. 이 물질은 AB 구간에서는 고체 상태이다.
ㄴ. 이 물질은 BC 구간에서는 액체 상태이다.
ㄷ. 비열은 액체의 경우보다 고체일 때 더 작다.

① ㄱ   ② ㄴ   ③ ㄱ, ㄴ
④ ㄱ, ㄷ   ⑤ ㄱ, ㄴ, ㄷ

04 그림은 전동기가 회전하는 원리를 나타낸 것이다.

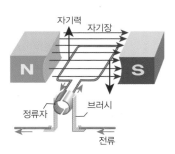

이에 대한 설명으로 옳은 것만을 〈보기〉에서 있는 대로 고른 것은?

〈 보기 〉

ㄱ. 교류를 사용한 전동기이다.
ㄴ. 자석과 코일 사이에 작용하는 자기력에 의한 돌림힘 때문에 코일이 회전한다.
ㄷ. 코일이 90 °회전할 때마다 정류자에 의해 코일에 흐르는 전류의 방향이 바뀐다.

① ㄱ   ② ㄴ   ③ ㄱ, ㄴ
④ ㄱ, ㄷ   ⑤ ㄱ, ㄴ, ㄷ

05 그림은 직류 전동기의 작동 원리를 모식적으로 나타낸 것이다.

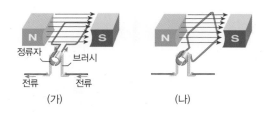

(가)   (나)

이에 대한 설명으로 옳은 것만을 〈보기〉에서 있는 대로 고른 것은?

─── 〈 보기 〉 ───

ㄱ. 직류 전동기는 전기 에너지를 역학적 에너지로 전환한다.
ㄴ. (가)에서 자석 사이에 있는 코일은 정류자 쪽에서 볼 때 반시계 방향으로 회전한다.
ㄷ. (나)에서 정류자에 의해 코일에 흐르는 자기장의 방향이 바뀐다.

① ㄱ   ② ㄴ   ③ ㄱ, ㄴ
④ ㄱ, ㄷ   ⑤ ㄱ, ㄴ, ㄷ

06 그림은 가정에서 흔히 사용되는 형광등을 나타낸 것이다. 형광등이 밝게 켜지는 이유는 형광등 내부의 어떤 물질 때문인가?

① 아르곤 가스   ② 수은 가스   ③ 전자
④ 필라멘트   ⑤ 형광 물질

07 그림 (가) ~ (다)는 전기 에너지를 다른 형태의 에너지로 전환하여 사용하는 전기 제품들이다.

(가) 전기 난로   (나) 전기 냉장고   (다) 전기 주전자

(가) ~ (다)에서 전류의 열작용에 의한 에너지의 전환을 이용한 예인 것만을 있는 대로 고른 것은?

① (가)   ② (나)   ③ (가), (나)
④ (가), (다)   ⑤ (가), (나), (다)

08 그림은 심야의 남는 전기 에너지를 이용하여 온수를 만들어 쓰는 장치이다. 야간에는 전열기로 축열 물질을 가열하여 열에너지를 저장하고, 주간에는 저장된 열에너지로 물을 데워 사용한다.

스테인리스 관
← 따뜻한 물 나오는 곳
← 찬 물 들어가는 곳
축열 물질(내부)
축열 탱크
전열기

이에 대한 설명으로 옳은 것만을 〈보기〉에서 있는 대로 고른 것은?

─── 〈 보기 〉 ───

ㄱ. 축열 탱크는 열전도율이 좋은 금속관을 사용한다.
ㄴ. 축열 물질은 열을 오랫동안 저장하기 위해 비열이 큰 물질을 사용한다.
ㄷ. 주간에는 축열 물질에서 찬물로 열에너지가 이동한다.

① ㄱ   ② ㄴ   ③ ㄱ, ㄴ
④ ㄱ, ㄷ   ⑤ ㄱ, ㄴ, ㄷ

B

09 표는 어느 가정집에서 사용하는 전기 기구의 소비 전력과 1일 사용 시간을 조사한 것이다. 정격 전압이 모두 같을 때 전류가 가장 많이 흐르는 전기 기구와 이 집에서 30일 동안 사용하는 전력량을 바르게 짝지은 것은?

전기 기구	소비 전력(W)	1일 사용 시간(h)
A	50	8
B	100	4
C	200	2
D	800	0.5

	전기 기구	전력량
①	A	28 kWh
②	A	38 kWh
③	A	48 kWh
④	D	38 kWh
⑤	D	48 kWh

10 표는 여러 가지 조명 기구를 220 V 의 전원에 연결하였을 때의 정격 소비 전력과 밝기에 대한 자료이다.

전등	정격 소비 전력(W)	밝기(루멘)
형광등	40	3,200
백열등	100	2,300
수은등	100	5,600

이에 대한 설명으로 옳은 것만을 〈보기〉에서 있는 대로 고른 것은? (단, 루멘은 밝기의 단위로 그 값이 클수록 더 밝다.)

─── 〈 보기 〉 ───
ㄱ. 동일한 시간 동안 켜 두면, 수은등이 소모한 전력량은 백열등과 같다.
ㄴ. 백열등을 1시간 동안 켜 두면 사용된 전력량은 0.1 kWh이다.
ㄷ. 같은 밝기를 얻는 데 백열등이 수은등보다 더 많은 전력을 소비한다.

① ㄱ   ② ㄴ   ③ ㄱ, ㄴ
④ ㄱ, ㄷ   ⑤ ㄱ, ㄴ, ㄷ

11 그림은 시험관에 물을 넣고 시험관 위쪽을 가열하면 위에 있는 물은 끓지만, 시험관 아래에 있는 물은 끓지 않는 모습을 나타낸 것이다.

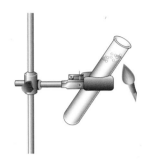

위 현상과 동일한 원리로 나타나거나 위 원리를 이용하는 경우를 〈보기〉에서 있는 대로 고른 것은?

─── 〈 보기 〉 ───
ㄱ. 물은 표면에서부터 언다.
ㄴ. 에어컨 찬바람이 위쪽에서 나오도록 한다.
ㄷ. 산 위에서 밥을 할 때는 설익기 쉽다.

① ㄱ   ② ㄴ   ③ ㄱ, ㄴ
④ ㄱ, ㄷ   ⑤ ㄱ, ㄴ, ㄷ

12 유리창의 두께를 2 mm 에서 4 mm 로 바꾸었다. 열전도로 유출되는 열량은 몇 배가 되는가?

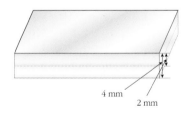

4 mm
2 mm

① 0.5   ② 1.0   ③ 1.5
④ 2.0   ⑤ 2.5

13 60 ℃ 의 물 9 kg 에 −10 ℃ 의 얼음 1 kg 을 넣어 녹이면 물의 온도는 몇 ℃ 가 되는가? (단, 얼음의 비열 $c_{얼음}$ = 0.5 kcal/kg·℃, 물의 비열 $c_물$ = 1 kcal/kg·℃, 얼음의 융해열 H = 80 kcal/kg 이고, 용기의 열량은 무시한다.)

(　　)℃

14 그림은 얼음에 일정한 열을 가하여 시간에 따른 온도 변화를 나타낸 것이다. 열을 가하기 시작하여 14분이 되었을 때 물의 온도는 얼마인가? (단, 물의 비열 $c_물$ = 1 kcal/kg · ℃, 얼음의 융해열 H = 80 kcal/kg 이다.)

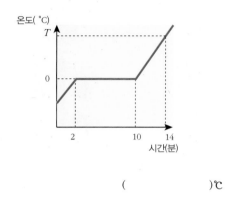

(   )℃

15 그림은 직류 전동기의 회전자에 전류가 흘러 회전하는 순간을 나타낸 것이다. 점 A, B, C 는 같은 평면 상에 있다.

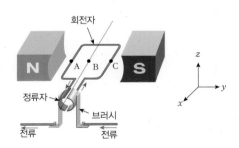

이에 대한 설명으로 옳은 것만을 〈보기〉에서 있는 대로 고른 것은?

〈 보기 〉

ㄱ. B 점의 전류에 의한 자기장 방향은 z 방향이다.
ㄴ. A 점과 C 점의 자기력의 방향은 서로 같다.
ㄷ. 정류자는 회전자가 한쪽 방향으로만 회전하도록 한다.

① ㄱ   ② ㄴ   ③ ㄱ, ㄴ
④ ㄱ, ㄷ   ⑤ ㄱ, ㄴ, ㄷ

16 그림은 교류 전동기를 나타낸 것이다.

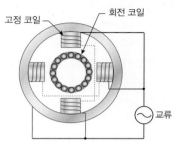

이에 대한 설명으로 옳은 것만을 〈보기〉에서 있는 대로 고른 것은?

〈 보기 〉

ㄱ. 정류자가 없다.
ㄴ. 직류 전동기에 비해 수명이 길다.
ㄷ. 회전 코일에 흐르는 교류 전류에 의해 고정 코일에 유도 전류가 흐른다.

① ㄱ   ② ㄴ   ③ ㄱ, ㄴ
④ ㄱ, ㄷ   ⑤ ㄱ, ㄴ, ㄷ

17 110 V 의 전원에 사용하던 전기 기구를 220 V 의 전원에 사용하려고 한다.

· 정격 전압 : AC 110 V
· 소비 전력 : 4400 W

이 전기 기구를 220 V 의 전원에 계속 사용하기 위한 방법으로 옳은 것만을 〈보기〉에서 있는 대로 고른 것은? (단, 전기 기구의 정격 소비 전력은 4400 W 이다.)

〈 보기 〉

ㄱ. 110 V − 40 A 출력의 가정용 변압기를 사용한다.
ㄴ. 전기 기구 내부에 있는 것과 같은 저항을 하나 더 병렬로 연결한다.
ㄷ. 전기 기구 내부에 있는 것과 같은 저항을 하나 더 직렬로 연결한다.

① ㄱ   ② ㄴ   ③ ㄱ, ㄴ
④ ㄱ, ㄷ   ⑤ ㄱ, ㄴ, ㄷ

18 표는 여러 전기 기구의 정격 전압과 소비 전력을 나타낸 것이다.

전기 기구	정격 전압	소비 전력
청소기	AC 220V, 60 Hz	1500 W
텔레비전	220 V, 60 Hz	200 W
전자레인지	AC 220V, 60 Hz	1000 W

이에 대한 설명으로 옳은 것만을 〈보기〉에서 있는 대로 고른 것은?

〈 보기 〉

ㄱ. 청소기 전원으로는 교류 60 Hz 를 사용해야 한다.
ㄴ. 텔레비전을 110 V 의 전원에 연결하면 제 기능을 하지 못한다.
ㄷ. 전자레인지를 220 V 의 전원에 연결하여 1시간 동안 사용했을 때 사용 전력량은 1 kWh 이다.

① ㄱ　　　　　② ㄴ　　　　　③ ㄱ, ㄴ
④ ㄱ, ㄷ　　　　⑤ ㄱ, ㄴ, ㄷ

19 그림과 같은 전동기에 200 V, 2 A 의 전원을 연결하여 1 kg 의 물체를 등속으로 높이 4 m 끌어 올리는데 2 초 걸렸다. 이때, 전동기의 효율은 얼마인가? (단, 중력 가속도 $g = 10$ m/s^2 이다.)

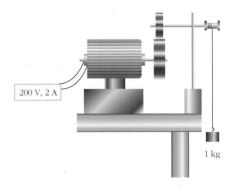

200 V, 2 A

1 kg

(　　　　　) %

20 그림은 줄의 실험 장치를 나타낸 것이다. 추가 낙하하면서 회전 날개를 돌리는 일(W)과 이때 발생하는 열량(Q) 사이의 관계를 나타낸 그래프로 적절한 것은?

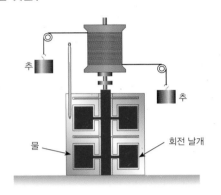

추　　　추

물　　　회전 날개

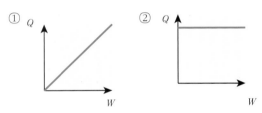

① Q / W　　　② Q / W

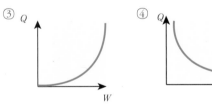

③ Q / W　　　④ Q / W

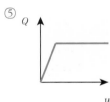

⑤ Q / W

21 그림 (가)는 형광등의 구조를 나타낸 것이고, 그림 (나)는 발광 다이오드(LED)의 구조를 나타낸 것이다.

(가)　　　　(나)

이에 대한 설명으로 옳은 것만을 〈보기〉에서 있는 대로 고른 것은?

〈 보기 〉

ㄱ. 수명은 (가)가 (나)보다 길다.
ㄴ. 소비 전력은 (가)가 (나)보다 작다.
ㄷ. (나)는 p형 반도체와 n형 반도체를 접합하여 제작한다.

① ㄱ　　　　② ㄷ　　　　③ ㄱ, ㄴ
④ ㄱ, ㄷ　　　⑤ ㄱ, ㄴ, ㄷ

22 그림은 직류 전원 장치를 나타낸 것이고, 표는 직류 전원 장치에 표기된 라벨 내용을 나타낸 것이다.

제품	직류 전원 장치
입력	220 V, 60 Hz
출력	12 V, 2 A

이에 대한 설명으로 옳은 것만을 〈보기〉에서 있는 대로 고른 것은?

〈 보기 〉

ㄱ. 위의 그림은 교류를 직류로 바꾸는 장치이다.
ㄴ. 출력되는 전력은 440 W이다.
ㄷ. 전기 에너지를 빛에너지로 전환한다.

① ㄱ　　　　② ㄷ　　　　③ ㄱ, ㄴ
④ ㄱ, ㄷ　　　⑤ ㄱ, ㄴ, ㄷ

23 그림 (가)는 전력량계의 구조를 나타낸 것이고, 그림 (나)는 어떤 전기 기구 사용에 따른 전력량계의 수치 변화를 나타낸 것이다.

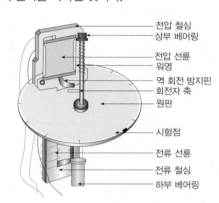

(가)

6월 7일 오후 1시

6월 7일 오후 4시

(나)

이에 대한 설명으로 옳은 것만을 〈보기〉에서 있는 대로 고른 것은?

〈 보기 〉

ㄱ. 그림 (가)는 자기장 속에서 전류가 받는 힘을 이용한 장치이다.
ㄴ. 그림 (나)에서 전기 기구의 소비 전력은 15 kWh이다.
ㄷ. 그림 (나)에서 사용한 전기 에너지는 5.4×10^7 J 이다.

① ㄱ　　　　② ㄷ　　　　③ ㄱ, ㄴ
④ ㄱ, ㄷ　　　⑤ ㄱ, ㄴ, ㄷ

24 그림과 같은 회로에 20 V 의 전원과 저항이 $R = 10 \, \Omega$ 인 니크롬선과 가변 저항기를 연결하고 가변 저항기의 저항을 0 ~ ∞까지 변화시켰다. 이때 가변 저항기의 최대 소비 전력은 얼마인가?

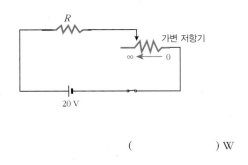

(   ) W

26 그림은 고온(T_2 = 110 °C)의 열 저장고와 저온(T_1 = 10 °C)의 열 저장고 사이에 원기둥이 들어 있는 모습을 나타낸 것이다. 원기둥의 길이 L = 25 cm, 단면적 A = 90 cm² 이고, 원기둥은 구리로 만들어져 있다. 원기둥을 통한 단위 시간당 전달되는 에너지는 얼마인가? (단, 원기둥의 열전도도 k = 400 W/m · K 이다.)

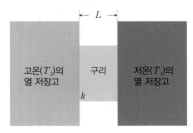

① 1.44×10^3 J/s   ② 2.44×10^3 J/s
③ 3.44×10^3 J/s   ④ 4.44×10^3 J/s
⑤ 5.44×10^3 J/s

25 물을 담은 그릇을 추운 겨울날 밖에 놓았더니 두께가 10 cm 인 얼음이 생겼다. 얼음 위의 공기 온도는 −10 °C 일 때, 얼음의 밑면에서 시간당 어는 얼음의 두께는 얼마인가? (단, 얼음의 열전도율 k = 1.68 J/m·s·K, 얼음의 밀도 ρ = 920 kg/m³, 얼음의 융해열 H = 3.36×10^5 J/kg 이고, 그릇은 단열 물질로 되어 있다.)

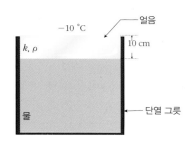

① 1.96×10^{-3} m/h   ② 2.96×10^{-3} m/h
③ 3.96×10^{-3} m/h   ④ 4.96×10^{-3} m/h
⑤ 5.96×10^{-3} m/h

27 그림과 같이 벽은 맨 안쪽이 두께 L_A 인 전나무 판이고 바깥쪽은 두께 L_C(= $2L_A$)인 벽돌로 이루어져 있다. 두 벽 사이에는 판이 들어가 있다. 전나무와 벽돌의 열전도도는 각각 k_A, k_C(= $5k_A$)이고, 벽의 면적(A)은 알지 못한다. 벽을 통한 열전도도가 정상상태에 도달했을 때 T_1 = 30 °C, T_2 = 20 °C, T_4 = −10 °C 이다. T_3 는 얼마인가?

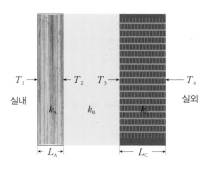

(   )°C

28 가로(a), 세로(b), 높이(c)가 각각 20 cm, 10 cm, 15 cm 인 육면체 모양의 같은 재질의 두 금속을 bc 면적을 용접한 모습이 그림 (가)이고, ab 면적을 용접한 모습이 그림(나)이다. 이때 두 경우에 T_1 = 0 ℃, T_2 = 100 ℃ 이다. 그림 (가)에서 2 분 동안 T_2 에서 T_1 으로 10 J 의 에너지가 전달되었다면 그림 (나)에서 10 J 의 에너지를 전달하는 데 걸리는 시간은 얼마인가?

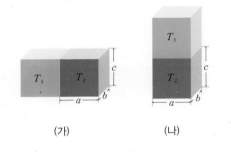

(가)   (나)

(   )분

29 실외와 실내의 온도가 각각 −20 ℉, 72 ℉ 이고, 두께가 각각 3 mm 인 두 유리창 사이에는 7.5 cm 의 공기층이 있다. 유리창을 통한 에너지 손실률은 얼마인가? (단, 유리창의 열전도도 k_A = 1 W/m · K, 공기의 열전도도 k_B = 0.026 W/m · K 이고, 에너지 손실은 오직 열전도만을 통해서 일어난다.)

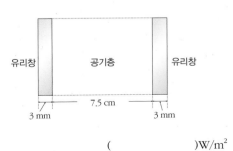

(   )W/m²

30 태양에서 일정 거리 떨어진 곳에서 우주복 없이 우주 유영을 잠깐 동안 한다면 몸에서 에너지를 내보내기만 하고 주위로부터 열을 흡수하지 못하므로 추위를 느끼게 될 것이다. 이때 2 초 동안 얼마만큼의 에너지를 잃는가? (단, 사람의 평균 표면적 A = 2 m², 우주에서 사람의 온도 T = 300 K, 비례 상수 σ = 5.67×10^{-8} W/m² · K⁴ 이다.)

(   )J

31 100 ℃ 의 수증기와 0 ℃ 얼음 150 g 을 단열 용기에 섞어서 50 ℃ 의 물을 만들 때 필요한 수증기의 질량은 얼마인가? (단, 액화열 $H_{액화열}$ = 540 cal/g, 융해열 $H_{융해열}$ = 80 cal/g, 물의 비열 $c_물$ = 1 cal/g · ℃ 이다.)

(   )g

32 78 ℃ 의 기체 상태였던 에탄올 0.5 kg 이 −114 ℃ 의 고체로 될 때 방출되는 에너지는 얼마인가? (단, 에탄올의 끓는점은 78 ℃, 어는점은 −114 ℃ 이고, 증발열 $H_{증발열}$ = 880 kJ/kg, 융해열 $H_{융해열}$ = 110 kJ/kg, 에탄올의 비열 c = 2.5 kJ/kg · K 이다.)

(   ) kJ

자연에서 배운다!
– 생체 모방 건축

자연을 모방하며 발전해온 과학 기술

오랫동안 새가 나는 모습을 연구하여 '오니톱터'라는 최초의 하늘을 나는 기계를 만든 레오나르도 다빈치, 도깨비풀을 이용하여 흔히 찍찍이라고 부르는 벨크로를 발명한 조르주 드 메스트랄. 이처럼 인류는 자연을 모방해 일상생활에 필요한 도구들을 만들어 왔다. 우리가 알고 싶은 거의 모든 것은 자연으로부터 배워왔으며, 현대에는 나노 기술 등의 과학 기술의 발달에 힘입어 자연을 모방하려는 생체 모방 분야는 갈수록 주목받고 있다.

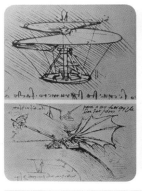

(좌) 레오나르도 다빈치의 '오니톱터' 스케치 (우) 벨크로
I 인류는 자연을 관찰하면서 과학 기술을 발달시켜왔다.

생체 모방(biomimetics)이란 생명을 뜻하는 bios와 모방을 의미하는 mimesis라는 두 단어를 합성한 것으로, 오랫동안 자연에 적응해 오며 살아온 생물체의 우수한 특성들을 재료, 기계 설계, 의학 분야 등에 활용하는 것이다. 풍뎅이를 보고 만든 무인 비행기, 딱정벌레의 물주머니를 응용한 인공 오아시스, 연잎을 응용한 젖지 않는 메모리 소자, 거미줄을 응용한 방탄조끼 등 매우 다양한 분야에 생체 모방이 적용되고 있다.

인간의 몸을 닮은 파리 에펠탑

(좌) 에펠탑 (우) 대퇴골 I 에펠탑의 모델이 된 인간의 대퇴골

에펠탑은 인간의 뼈 중 가장 단단한 구조인 대퇴골을 모방하여 철골을 연결하였다. 대퇴골은 중심이 비어 있고, 관절 주변이 촘촘히 이어져 있어 위아래에서 받는 힘을 적절하게 분산시켜 몸의 균형과 안정을 유지할 수 있게 해준다. 에펠탑은 트러스라 불리는 X 자 형태의 구조물을 바탕으로 하고 있다. 에펠탑의 트러스는 더 작은 트러스들로 이루어져 있고, 그 작은 트러스는 다시 더 작은 트러스로 구성되어 있어서 철로만 만들었을 때보다 빈 공간이 더 많은 구조로 되어 있어 힘을 분산시켜 주고 있는 것이다.

(좌) 이스트 게이트 쇼핑센터 (우) 흰개미가 만든 개미탑
| 세계 최초의 자연 냉방 건물의 모델이 된 개미탑

아프리카 흰개미가 만든 '개미탑'이 모델이 된 자연 냉방 건물 - 『이스트 게이트 쇼핑센터』

아프리카 짐바브웨에 있는 『이스트 게이트 쇼핑센터』는 세계 최초의 자연 냉방 건물이다. 일교차가 30℃가 넘는 아프리카의 한여름에도 에어컨 없이 실내 온도를 24℃ 안팎으로 유지할 수 있었던 것은 아프리카 흰개미가 만든 '개미탑'의 원리를 이용한 것이다.

아프리카에서 흰개미들은 타액과 배설물을 섞어서 사람 키의 몇 배가 넘는 높이의 개미탑을 만든다. 이때 탑을 높게 지어 가능한 한 더운 공기는 위로 올라가게 하고, 시원한 공기는 아래에 머물도록 하였으며, 탑의 꼭대기에는 구멍을 내어 더운 공기를 밖으로 내보낼 수 있게 하였다. 이를 이용하여 건물을 지으면 에너지의 30%를 절약할 수 있다.

자연이 주는 다양한 아이디어

이외에도 효율적이고 튼튼한 구조인 육각형 벌집 구조를 이용하여 공간 활용의 팁을 얻었으며, 이러한 공간 활용 기술은 건축뿐만 아니라 휴대전화 기지국을 짓거나 충격 완화 장치에도 이용되고 있다.

이처럼 많은 건축가가 '자연을 흉내를 내는 것이야말로 인간이 지내기에 최적의 공간'이라는 생각으로 친환경, 생체 모방 건축을 시도하고 있다.

육각형 벌집 구조 | 공간을 효율적으로 빈틈없이 채울 수 있는 육각형

Q1 학습한 내용을 토대로 에펠탑의 구조적 안정성에 대하여 설명하시오.

Q2 이스트 게이트 쇼핑센터가 한여름에도 에어컨 없이 실내 온도는 낮게 유지할 수 있는 원리에 대하여 서술하시오.

[탐 구] 자료 해석

증기 기관은 사람의 힘을 들이지 않고, 물체를 움직이고자 한 인류의 오랜 꿈을 이뤄주었다. 증기 기관의 기본 원리인 증기 압력을 이용하여 물체를 움직일 수 있다는 생각은 기원전 250년 전부터 존재하였지만, 증기 기관을 처음으로 실용화한 사람은 18세기의 뉴커먼이었다. 뉴커먼의 증기 기관을 토대로 산업 혁명의 동력으로 작용한 제임스 와트의 증기 기관이 개발될 수 있었다.

뉴커먼의 증기 기관과 와트의 증기 기관의 원리는 다음과 같다.

▲ 뉴커먼의 증기 기관

▲ 와트의 증기 기관

① 보일러에서 물을 가열하여 발생된 증기가 실린더에 직접 유입된다.
② 실린더에 증기가 가득 차면, 보일러와 실린더 사이의 증기 밸브가 닫힌다.
③ 실린더의 피스톤이 위로 올라간 상태에서 냉각수가 뿌려지면, 공기가 응축되어 물이 되고, 실린더 내부가 부분적으로 진공 상태가 된다.
④ 대기압과의 차이로 인해 실린더 위쪽의 피스톤이 아래로 내려간다.
⑤ 피스톤이 실린더 바닥까지 내려가면, 다른 마개를 열어 고인 물을 배출하고, 마개를 잠근다.
⑥ ①~⑤의 과정이 반복된다.

① 보일러에서 물을 가열하여 발생된 증기가 피스톤 헤드 밸브를 통해 실린더에 유입된다.
② 실린더에 증기가 가득차면, 피스톤 헤드 밸브가 닫히면서 동시에 냉각실의 밸브가 열려 실린더 내부에 있던 고온의 증기가 냉각실로 이동한다.
③ 냉각수가 분사되면 증기가 순간적으로 응축되어 물이 되고, 실린더 내부가 부분적으로 진공 상태가 된다.
④ 대기압과의 차이로 인해 실린더 위쪽의 피스톤이 아래로 내려간다.
⑤ 다시 피스톤 헤드의 밸브가 열리고, 냉각실의 밸브는 닫히면서 ①~④의 과정이 반복된다.

와트는 자신이 고안한 증기 기관이 뉴커먼의 증기 기관보다 열 효율성 측면에서 훨씬 우수하다는 것을 소형 모델을 제작하여 증명하였다. 와트의 증기 기관의 발명으로 인간은 이전보다 훨씬 효율적인 에너지원을 가질 수 있게 되었다.

1. 글래스고 대학교에는 뉴커먼 기관을 정확한 비례로 축소시켜 놓은 교육용 뉴커먼 기관의 모형이 있었다. 그 구조는 실물 그대로였지만 실제로 작동하지 않아 제임스 와트가 수리하는 일을 맡게 되었고, 엔진 모형을 수리하던 와트는 뉴커먼의 증기 기관이 엔진의 효율성 측면에서 문제가 있다는 것을 발견하면서 새로운 모형의 증기 기관을 고안해 냈다.

① 교육용 뉴커먼 기관이 작동하지 않았던 이유는 무엇일까?

② 뉴커먼의 증기 기관과 비교할 때, 와트의 증기 기관의 장점은 무엇이 있을까?

2. 뉴커먼의 증기 기관이 한 번의 과정을 거치는 동안 실린더 내부의 압력(P) – 부피(V) 그래프를 완성하시오.

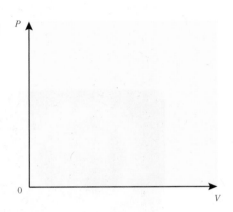

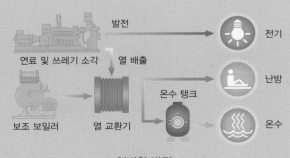

우리나라 주요 발전소는 대부분 화력 발전소와 원자력 발전소이다. 이 두 발전소의 가장 큰 단점은 환경오염 물질이 배출된다는 점, 그리고 전기를 생산할 때 발생하는 열의 손실이 크다는 것이다. 보통 화력 발전소나 원자력 발전소에서 발전을 위해 들어간 에너지 중에서 전기로 바뀌는 비율은 35% 정도밖에 안 된다. 전기를 생산할 때 발생한 나머지 열은 모두 쓰지 못하는 폐열이 되어서 밖으로 버려지는 것이다.

이처럼 전기를 먼저 생산하고 남은 폐열을 지역 냉 · 난방, 공업용 스팀 등으로 이용하는 것을 열병합 발전이라고 한다. 열병합 발전은 에너지 이용 효율이 80% 이상으로 높아지기 때문에 경제적인 발전 방식이다.

▲ 열병합 발전

이와 같이 쓰레기 소각장에서 쓰레기를 태울 때 나오는 폐열로 온수를 만들어 공급하는 방법 등 자원을 효율적으로 이용하기 위한 하나의 방법으로 폐열 이용 시스템에 대한 연구가 활발해지고 있다.

미래형 주택,
제로 에너지 하우스

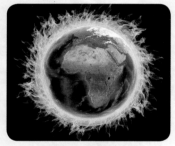

▲ 더워지고 있는 지구

한정된 자원인 화석 연료, 그로 인한 지구 온난화

에너지 수입 의존도가 97%에 이르는 우리나라는 석유 소비 세계 7위, 석유 수입 세계 3위, 석탄 및 천연가스 수입 세계 2위, 전력 소비 세계 12위의 세계 10대 에너지 소비국이다. 우리나라뿐만 아니라 현재 세계 에너지 소비의 80% 이상을 석유, 석탄, 천연가스 등의 화석 연료에 의존하고 있다. 하지만 그 양은 한정되어 있고, 화석 연료의 과도한 사용으로 인한 지구 온난화 현상 때문에 화석 연료를 대체하기 위하여 각 나라에서는 각고의 노력을 기울이고 있다. 그 중 각 나라에서 많은

관심을 보이는 분야가 바로 건물 내부 에너지 분야이다. 전체 에너지 사용의 40%를 차지하는 건축 분야에서의 에너지 소비를 줄이는 것은 매우 중요한 온실가스 감축 요소이다. 우리나라도 난방에 의한 에너지 소비가 전체 에너지 소비의 67.7%에 이르기 때문에 새로운 미래형 주거 형태인 '제로 에너지 하우스'가 각광받고 있는 것이다.

미래형 주거 형태, '제로 에너지 하우스'

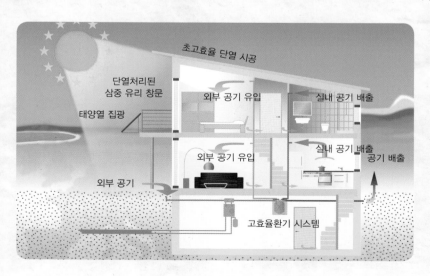

'제로 에너지 하우스' ▶
모식도

'제로 에너지 하우스'란 화석 연료에 의존하지 않고 필요한 에너지를 조달하는 집을 말하며, 태양열 흡수 장치 등과 같은 재생 에너지를 적극적으로 활용하는 주택인 액티브(Active) 하우스와 단열재와 3중 유리창 등을 설치하는 등 집 내부 열의 유출을 억제하여 에너지 사용량을 최소화하는 에너지 절감형 주택인 패시브(Passive) 하우스를 합친 형태이다.

패시브 하우스에서 가장 중요한 것은 '단열'

건축물 내에서는 사람의 인체열이나 기계의 발열과 같이 열을 발생시키는 요소가 많으므로 이러한 열들을 이용하여 난방을 할 수 없겠느냐는 아이디어에서 출발한 것이 바로 패시브 하우스이다. 또한, 주택에서 난방으로 인한 에너지 소비가 가장 크기 때문에 패시브 하우스에서 가장 중요한 것이 열을 차단하는 단열이다. 여름에는 뜨거운 열기가 집 내부로 들어오는 것을 막고, 겨울에는 따뜻한 온기가 외부로 나가는 것을 적절하게 막아 주어야 한다. 하지만 보온병과 같이 기밀성(기체를 통하지 않는 성질)을 높이게 되면, 실내 공기가 악화되기 때문에 효율적인 환기 장치도 필수이다.

패시브 하우스 방식의 건축은 가정집뿐만 아니라 주택, 아파트, 상가 등에도 모두 적용이 가능하다. 현재 유럽 전역에 건축된 패시브 하우스는 10만여 채에 이르며, 독일에서는 모든 신축 건물과 리모델링 건축물에도 패시브 하우스 공법의 적용을 의무화하고 있다.

'제로 에너지 하우스'의 목적은 외적인 아름다움보다는 쾌적하고 효율적으로 사는 것이다. 앞으로 미래를 위한 다양한 제로 에너지 하우스의 발전이 기대된다.

▲ 독일의 패시브 하우스

Q1 'ㄷ'자나 'ㄴ'자 형태의 패시브 하우스는 보기 어려운 반면에, 대부분의 패시브 하우스는 직사각형의 형태를 띠고 있다. 그 이유에 대하여 자신의 생각을 서술하시오.

Q2 창문이 있는 내 방을 설계하고자 한다. 이때 열의 이동을 막기 위해 고려해야 할 요소들은 무엇이 있을까? 열의 전달 방법을 이용하여 설명하시오.

MEMO

세페이드 I 변광성은
지구에서 은하까지의
거리를 재는 기준별이
며 우주의 등대라고 불
린다.

창의력과학

세페이드

3F. 물리학(하)
개정판
정답과 해설

Ⅰ 정보와 통신

16강. 소리 Ⅰ

1. 탄성파   **2.** >, >   **3.** (1) ㉡ (2) ㉢ (3) ㉠
4. (1) ㉡ (2) ㉠ (3) ㉠   **5.** 3   **6.** ㉡, ㉠

1. 답 탄성파
해설 파동은 매질의 유무에 따라 탄성파와 전자기파로 나뉜다. 음파는 매질을 통해 에너지를 전달하는 탄성파이다.

2. 답 >, >
해설 물질의 상태에 따라 분자 사이의 거리가 기체 > 액체 > 고체 순이 되므로, 파동은 거리가 가까운 고체에서 진동이 가장 **빠르게** 전달된다. 따라서 소리는 고체에서 가장 빠르고 기체에서 가장 느리다.

5. 답 3
해설 소리가 크게 들리는 횟수는 두 파동에 의한 맥놀이의 수에 해당한다. 맥놀이의 수는 중첩되는 두 파동의 진동수의 차이가 되므로 소리가 크게 들리는 횟수는 303 − 300 = 3

6. 답 ㉡, ㉠
해설 관측자와 음원이 멀어질 때는 소리의 파장이 길어지고, 진동수는 감소하여 낮은 소리로 들린다.

1. 0.25   **2.** (1) O (2) O   **3.** (1) ㉠ (2) ㉡ (3) ㉡
4. 30   **5.** ㉡   **6.** 1,300

1. 답 0.25
해설 파동은 한 주기 동안 한 파장을 진행한다. 따라서 파동의 속력은 다음과 같다.

$$v = \frac{\lambda}{T} = \frac{0.5 \text{ m}}{2\text{초}} = 0.25 \text{ m/s}$$

4. 답 30
해설 두 파동이 중첩되었을 때 합성파의 최대 진폭은 두 파장의 진폭의 합과 같다.(보강 간섭)

$$\therefore y = y_1 + y_2 = 10\text{cm} + 20\text{cm} = 30\text{cm}$$

5. 답 ㉡
해설 다음의 보강 간섭 조건, 상쇄 간섭 조건 중 어느 것을 만족시키는지 보아야 한다.

$$PA \sim PB = \frac{\lambda}{2} \cdot 2m \ \ (m = 0, 1, 2, \cdots) \text{ ; 보강(크게 들림)}$$
$$PA \sim PB = \frac{\lambda}{2} \cdot (2m+1) \text{ ; 상쇄(소리가 안들림)}$$

문제에서는 $PA \sim PB = 5 - 4 = 1 = \frac{\lambda}{2} \times 1$(홀수) ($\lambda$ = 2 m) 이므로, 이것은 $m = 0$ 일 때의 상쇄 조건을 만족시키므로 점 P에서는 소리가 들리지 않는다.

6. 답 1,300
해설 주어진 상황은 관측자와 음원이 가까워지고 있는 경우이다. 따라서 사이렌 앞의 건널목에 서 있는 사람이 듣는 사이렌의 진동수는 다음과 같다.

$$f = f_0 \frac{v}{v - v_s} = 1,200 \times \frac{325}{325 - 25} = 1,300(\text{Hz})$$

01. (1) X (2) O (3) X   **02.** ③   **03.** ⑤   **04.** ⑤
05. ②   **06.** (1) ㉡, ① (2) ㉠, ②   **07.** 2   **08.** 1,400

01. 답 (1) X (2) O (3) X
해설 (1) 매질이 없어도 에너지를 전달하는 파동을 전자기파라고 한다.
(2) 매질의 진동 방향과 파동의 진행 방향이 수직인 파동을 횡파, 나란한 파동을 종파라고 한다.
(3) 파동의 변위−위치 그래프에서는 매질이 1회 진동하는 동안 이동한 거리를 알 수 있다. 따라서 파장과 진폭을 알 수 있다.

02. 답 ③
해설 탄성파는 매질을 통해 에너지를 전달하는 파동으로 물결파, 음파, 초음파, 지진파(P파, S파)가 있다.
종파는 파동의 진행 방향과 매질의 진동 방향이 나란한 파동으로 음파, 초음파, 지진파 P파가 있다.

03. 답 ⑤
해설 ㄱ. 소리는 매질이 필요한 탄성파로, 액체에서도 전달된다.
ㄴ. 온도가 같을 때 분자 사이의 거리가 가장 멀리 떨어져 있는 기체의 속력이 가장 느리고, 액체, 고체 순으로 속력이 빨라진다.

04. 답 ⑤
해설 그림은 낮에 소리가 위로 휘어지면서 진행하는 모습을 나타낸 것이다. 낮에는 지표면이 빨리 데워지기 때문에 지표면에서 하늘로 올라갈수록 공기 온도가 낮아진다.(ㄹ) 공기의 온도가 낮은 곳을 지나가는 소리의 속력은 느려지므로 지표면에서 하늘로 올라갈수록 소리의 속력은 느려진다.(ㄷ) 따라서 소리는 위로 휘어진다.
ㄱ. 소리가 굴절할 때 진동수는 변하지 않는다.
ㄴ. 소리의 파장은 지표면에서 하늘로 갈수록 짧아진다.

05. 답 ②

해설 ㄴ. 파동이 굴절할 때 파동의 파장, 속력은 변하지만, 진동수는 변하지 않는다.

ㄹ. 두 파동이 중첩된 후 분리된 각각의 파동은 서로 다른 파동의 영향을 받지 않고 중첩되기 전 각각의 파동의 특성을 그대로 유지한다(파동의 독립성).

06. 답 (1) ㉡, ① (2) ㉠, ㉢

해설 보강 간섭은 파동의 변위와 방향이 같은 두 파동이 중첩되어 일어나는 간섭으로, 합성파의 진폭이 커진다.
상쇄 간섭은 파동의 변위와 방향이 반대인 두 파동이 중첩되어 일어나는 간섭으로, 합성파의 진폭이 작아진다.

07. 답 2

해설 소리의 세기가 최소이므로 두 스피커에서 나오는 소리가 관측자 지점에서 상쇄 간섭한다. 관측 지점을 P라 하면
$|\overline{AP} \sim \overline{BP}| = \dfrac{\lambda}{2} \cdot (2m+1)$ ($m = 0, 1, 2, \cdots$)

$(\overline{AP})^2 = 3^2 + 4^2 = 5^2$ 이므로, $\overline{AP} = 5$

$|\overline{AP} \sim \overline{BP}| = 5 - 4 = 1$ m 이다.

$\therefore 1 = \dfrac{\lambda}{2} \cdot (2m+1)$ → $m = 0$ 일 때, 파장은 최대가 된다.

$\therefore \lambda_{max} = 2$(m)

08. 답 1,400

해설 $f = f_0 \dfrac{v \pm v_D}{v \mp v_S}$ (v_D : 관측자 속도, v_S : 기차의 속도)

144 km/h $= \dfrac{144 \times 1,000\text{m}}{1시간 \times 60분 \times 60초} = 40$ m/s(기차의 속도)

$\therefore f = 1,200 \times \dfrac{340 + 10}{340 - 40} = 1,400$ (Hz)

유형 익히기 & 하브루타		20~23쪽
[유형 16-1] ②	**01.** ①	**02.** ③
[유형 16-2] ②	**03.** ④	**04.** ③
[유형 16-3] ④	**05.** ④	**06.** ③
[유형 16-4] (1) 200 **(2)** 300 **(3)** 100		
	07. ⑤	**08.** ⑤

[유형16-1] 답 ②

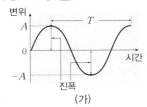 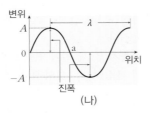

ㄱ. ㉠은 주기, ㉡은 진폭, ㉢은 파장이다.

ㄴ. (나) 그래프가 종파를 이루는 매질의 변위와 진행 방향을 횡파의 형태로 나타낸 그래프이고, 현재 파동의 진행 방향인 오른쪽을 (+)라고 하자. a점의 왼쪽에 있는 매질의 변

위는 (+)이므로, 오른쪽(a점을 향해)으로 움직이는 순간이며, a점의 오른쪽에 있는 매질의 변위는 (−)이므로, 왼쪽(역시 a점을 향해)움직이는 순간임을 알 수 있다. 따라서 a점이 가장 밀한 부분이 된다.

ㄷ. 그래프 (가)와 (나)가 같은 파동을 나타낸 그래프라면, 파동의 속력은 $v = \dfrac{\lambda}{T}$ 이므로 $\dfrac{㉢}{㉠}$ 이 된다.

01. 답 ①

해설 (가)는 매질의 진동 방향과 파동의 진행 방향이 수직인 횡파, (나)는 매질의 진동 방향과 파동의 진행 방향이 나란한 종파이다.

ㄱ. 전자기파는 횡파이다.

ㄴ. 초음파는 종파, 지진파 S파는 횡파이다.

ㄷ. 용수철 파동은 매질이 용수철인 파동이다. 파동은 진행할 때 매질은 이동하지 않고, 에너지만 전달한다. 따라서 용수철은 파동의 진행 방향으로 움직이지 않고 제자리에서 진동만 한다.

02. 답 ③

해설 횡파가 2초 후 같은 모습이 되었다는 것은 횡파의 주기가 2초라는 의미이다. 따라서 1초 후 파동의 모습은 파장이 반파장 진행했을 때 파동의 모습이 되므로 현재 모습과 위치 축을 기준으로 정반대의 모습(위치 축을 대칭으로 한 그래프)이 된다. 이때 진폭은 변하지 않는다.

[유형16-2] 답 ②

해설 ㄱ. 밀한 부분(㉠)이 소한 부분(㉡)보다 공기의 압력이 크다.

ㄴ. 소리의 진행 방향으로 소리 에너지가 전달될 뿐 매질인 공기 분자는 제자리에서 진동만 한다.

ㄷ. ㉢은 이웃한 밀한 곳과 밀한 곳까지의 거리인 파장이다. 이때 파동의 속력은 파장과 진동수의 곱으로 나타낼 수 있다.

ㄹ. 건조한 공기 t (℃)에서 소리의 속력은 다음과 같다.
$$v = 331.45 + 0.6t$$
따라서 10℃ 온도가 높아지면 속도 변화는 $0.6 \times 10 = 6$ m/s 가 된다.

03. 답 ④

해설 소리는 온도가 같을 때, 고체 > 액체 > 기체 순으로 속력이 빠르고, 같은 상태일 때는 온도가 올라갈수록 속력이 빠르다. 따라서 고체 상태인 얼음(ㄹ)에서 속력이 가장 빠르고, 공기 중에서는 온도가 높은 30 ℃ 공기(ㄴ)가 10 ℃ 공기(ㄱ)보다 빠르며, 공기가 없는 진공 상태에서 소리는 전달이 되지 않으므로 속력이 0 이다.

$\therefore$ −3 ℃ 얼음(ㄹ) > 20 ℃ 강물(ㄷ) > 30 ℃ 공기(ㄴ) > 10 ℃ 공기(ㄱ) > 진공(ㅁ)

04. 답 ③

해설 ㄱ. A는 공기가 밀한 곳에서 인접한 밀한 부분까지의 거리가 되므로 파장이다. 그림에서 주어진 조건 만으로는 음파의 진폭을 알 수 없다.

ㄴ. 공기의 온도가 올라갈수록 소리의 속력은 빨라지며, 이

때 파동의 진동수는 동일하므로 파장(A)은 길어진다.
ㄷ. 음파는 매질의 진동 방향과 파동의 진행 방향이 나란한 종파이자, 매질을 통해 에너지를 전달하는 탄성파이다.
ㄹ. 소리는 기체에서보다 액체에서 속력이 더 빠르다.

[유형16-3] 답 ④

해설

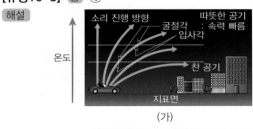

(가)

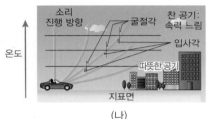

(나)

	(가) 밤	(나) 낮
공기의 온도	지표면 < 하늘	지표면 > 하늘
소리의 속력	지표면 < 하늘	지표면 > 하늘
소리의 파장	지표면 < 하늘	지표면 > 하늘
소리의 진동수	지표면 = 하늘	지표면 = 하늘

05. 답 ④

해설 굴절 법칙 : $\dfrac{sin\ i}{sin\ r} = \dfrac{v_1}{v_2} = \dfrac{\lambda_1}{\lambda_2} = n_{12}$

$$\therefore 0.24 = \dfrac{v_{공기}}{v_{물}} = \dfrac{330}{v_{물}} \rightarrow v_{물} = 1,375 m/s$$

$v_{물} = f\lambda_{물}$, 진동수는 굴절 전후 동일하므로,
$1,375 = 400 \times \lambda_{물} \rightarrow \lambda_{물} = 3.4375 ≒ 3.4$

06. 답 ③

해설 파동이 진행할 때 매질의 변위와 운동 방향이 모두 같은 점은 위상이 서로 같다.

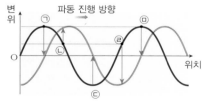

따라서 한 파장만큼 떨어진 두 지점 ㉠과 ㉤은 서로 위상이 같고, 반 파장만큼 떨어진 두 지점 ㉠과 ㉢은 서로 위상이 반대이다.

[유형16-4] 답 (1) 200 (2) 300 (3) 100

해설 (1) 도플러 효과에 의해 진동수는 다음 식과 같이 변한다.

$$f = f_0 \dfrac{v \pm v_D}{v \mp v_S}$$

무한이는 정지해 있고, 멀어져 가는 소리 굽쇠로부터 무한이에게 직접 소리가 도달한다면, 무한이에게 측정되는 진동수 f, 소리 굽쇠가 발생하는 진동수 $f_0 = 240$, 소리의 속력 v, 관측자는 정지해 있으므로 $v_D = 0$, 음원의 속도 v_S (무한이와 멀어지고 있으므로 (+)) = 68이다.

$$\therefore f = 240 \times \dfrac{340}{340 + 68} = 200 Hz$$

(2) 흑판에서 반사하여 무한이에게 도달하는 소리의 진동수는 소리 굽쇠에서 발생한 파동이 흑판에 가까워질 때 흑판이 느끼는 진동수와 같다. 따라서 (1)의 과정과 모두 동일하고, 이때 음원의 접근 속도 v_S (소리 굽쇠가 흑판과 가까워지고 있으므로 (−)) = −68이다.

$$\therefore f = 240 \times \dfrac{340}{340 - 68} = 300 Hz$$

(3) 맥놀이의 횟수는 중첩되는 두 파동의 진동수의 차이가 된다. 따라서 $300 - 200 = 100(회)$ 이다.

07. 답 ⑤

해설

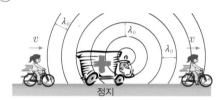

상상이가 구급차에 가까워질 때 A : 음원과 관측자가 가까워지고 있다. 따라서 소리의 파장(λ_A)은 짧아지고, 진동수(f_A)는 증가하여 높은 소리로 들린다.
상상이가 구급차에서 멀어질 때 B : 음원과 관측자가 멀어지고 있다. 따라서 소리의 파장(λ_B)은 길어지고, 진동수(f_B)는 감소하여 낮은 소리로 들린다.
ㄱ. 상상이가 구급차에 가까워질 때 상상이가 느끼는 사이렌 소리의 속력은 $v + v_0$가 되므로, v_0 보다 크다.
ㄴ. $f_0 > f_A$

08. 답 ⑤

해설

관측자 A : 음원과 관측자가 멀어지고 있다. 따라서 소리의 파장(λ_A)은 길어지고, 진동수(f_A)는 감소하여 낮은 소리로 들린다.
관측자 B : 음원과 관측자가 가까워지고 있다. 따라서 소리의 파장(λ_B)은 짧아지고, 진동수(f_B)는 증가하여 높은 소리로 들린다.
ㄱ. $f_A < f_B$ ㄷ. $\lambda_A > \lambda_B$

01

> (1) 3.2m　　　　　　　(2) 〈해설 참조〉

해설 (1) 전갈과 곤충 사이의 거리를 L 이라고 하면,

종파가 전갈에게 도달하는 데 걸린 시간 : $\dfrac{L}{240}$

횡파가 전갈에게 도달하는 데 걸린 시간 : $\dfrac{L}{60}$,

$\therefore 0.04 = \dfrac{L}{60} - \dfrac{L}{240} \rightarrow L = \dfrac{9.6}{3} = 3.2$(m)

(2) 파의 도착 시간 차이가 점점 증가할수록 전갈과 곤충 사이의 거리도 점점 멀어지게 된다. 도착 시간과 전갈과 곤충 사이의 거리의 관계는 다음과 같다.

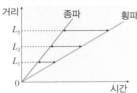

02

(1)

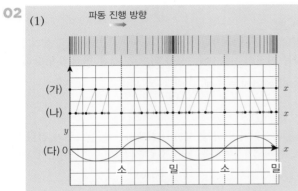

해설 종파인 경우 (가)에서 (나)로 가면서 매질의 변위는 x 축 상에서 일어난다. 변위가 $+x$ 일 때 그래프 (다)에서는 $+y$ 로, $-x$ 일 때 $-y$ 로 바꿔주면 된다. 소와 밀의 중간 부분에서 진폭이 가장 크게 나타난다.

03

> (1) 145 Hz, 31 m/s　　　　(2) 141 Hz

해설 (1) 트럭 A의 관측자가 1초 동안 5번의 맥놀이를 들었다는 것은 트럭 A에서 발생한 소리와 트럭 B에서 발생한 소리의 진동수 차이가 5 Hz 라는 의미이다. 이때 트럭 A에 타고 있는 관측자의 입장에서 음원 B는 멀어지고 있으므로, 관측자가 듣게 되는 음원 B의 진동수는 145 Hz 이다.
도플러 효과에 의한 진동수의 변화식은 다음과 같다.

$$f = f_0 \dfrac{v \pm v_D}{v \mp v_S}$$

[관측자가 듣는 소리의 진동수 f, 스피커에서 나오는

소리의 진동수 $f_0 = 150$Hz, 소리의 속력 $v = 350$m/s, 관측자의 접근 속도 v_D (주어진 문제에서 관측자는 음원 B 에서 속도 v_A로 멀어지고 있으므로 $(-)$), 음원의 접근 속도 v_S (주어진 문제에서 음원인 트럭 B는 $v_B = 20$m/s 로 가까워지고 있으므로 $(-)$)]

$$\therefore f(음원\ B) = 150 \times \dfrac{350 - v_A}{350 - 20} = 145(Hz)$$

$$\rightarrow v_A = 31\text{m/s}$$

(2) 트럭 B에서 발생한 소리를 트럭 A가 반사시킨 후 B가 다시 듣는 경우이다. 이는 트럭 A가 듣는 소리를 다시 B를 향해 발생시키는 것과 같다.
따라서 진동수의 변화식은 다음과 같다.
㉠ 트럭 A가 듣는 소리의 진동수 :

$$f_A = 150 \times \dfrac{350 - 31}{350 - 20} = 145(Hz)$$

㉡ 트럭 A에서 반사하여 돌아온 소리(음원)의 진동수 [v_D: 관측자(트럭 B)는 트럭 A를 향해 속도 $v_B = 20$m/s로 가까워지고 있으므로 $(+)$, v_S : (음원은 $v_A = 31$m/s 로 멀어지고 있으므로 $(+)$)] :

$$\therefore f = 145 \times \dfrac{350 + 20}{350 + 31} = 140.8136 \fallingdotseq 141(Hz)$$

04

> 419

해설 속도 $v_{자동차}$인 자동차는 무한이를 향해 $v_{자동차}$ $\cos 60°$의 속도로 접근한다.

$$\therefore f = 400 \times \dfrac{v_{소리}}{v_{소리} - v_{자동차}\cos 60°}$$

$$= 400 \times \dfrac{330}{330 - 30\cos 60°} \ [\because 108\text{km/h} = 30\text{m/s}]$$

$$= 400 \times \dfrac{330}{330 - 15} = 419.0476 \fallingdotseq 419.0(Hz)$$

05

> (1) 낙하산의 속도가 점점 빨라지므로 진동수도 점점 증가하게 된다.
>
> (2) $f\dfrac{v}{v - \dfrac{mg}{k}} = f\dfrac{kv}{kv - mg}$

해설 (1) 종단 속도에 다다르기 전까지 낙하산의 속도는 증가하므로, 소리의 상대적인 속력($v + v_f$)이 증가하고, 파장이 작아지며 진동수가 점점 증가하게 된다. 단, 증가하는 변화의 폭은 점점 작아지게 된다.
(2) 공기 저항력은 물체의 속도(v')에 비례하여 증가하므로 $F = kv'$ (비례 상수 k 는 물체의 모양에 따라 다름) 로 나타낼 수 있다. 공기 중에서 낙하하는 물체에 작용하는 힘은 중력과 반대 방향의 공기 저항력(F)이다.
따라서 운동 방정식 : $mg - F = ma$
낙하 속력이 점점 커지면서 F와 mg 의 크기가 같아지

면 물체는 알짜힘이 0 인 등속 운동을 한다. 이때 물체의 속도를 종단 속도 v_f 라고 한다.

$$mg - kv_f = 0 \rightarrow v_f = \frac{mg}{k}$$

음원(소리의 속력 v)이 관측자에게 가까이 다가오고 있으므로, 상상이가 듣는 소리의 진동수는 다음과 같다.

$$\therefore f_{상상} = f \times \frac{v}{v - v_f} = f\frac{v}{v - \frac{mg}{k}} = f\frac{kv}{kv - mg}$$

06 〈 해설 참조 〉

해설 음원이 점점 빨리 운동할수록 앞으로 진행하는 음파의 파장은 점점 짧아지게 되고, 음원의 속력이 음속과 같아지게 되면 파장은 0과 가깝게 된다. 음원의 속도 v, 소리의 속도 $v_{소리}$라고 할 때, 음원의 속력이 음속보다 빨라지면 $vt - v_{소리}t$ 만큼 음원이 소리보다 앞서게 된다. 따라서 음원이 만들어 내는 음파의 마루들이 중첩되어 삼각뿔 모양의 파형을 형성하게 되고 큰 소리를 내게 되는데, 이를 충격파라고 한다.

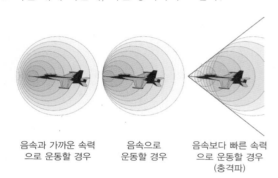

음속과 가까운 속력   음속으로   음속보다 빠른 속력
으로 운동할 경우   운동할 경우   으로 운동할 경우
                              (충격파)

스스로 실력 높이기 28~35쪽

01. 0.9	**02.** ③	**03.** ③	**04.** ⑤
05. 0.15	**06.** 4	**07.** 15, ㉠	**08.** ②
09. ㉠, ㉡, ㉢		**10.** 20	**11.** ④	**12.** ②
13. ④	**14.** ④	**15.** ③	**16.** ①	**17.** ④
18. ③	**19.** ③	**20.** 14.25	
21. (1) A, E (2) C (3) B, D (4) A, C, E			**22.** ①
23. 2.25, 3		**24.** 85.4	**25.** ㄱ, ㄴ, ㄷ
26. ③	**27.** ㉠ 360 ㉡ 170	**28.** 57.8	**29.** ④
30. ①	**31.** ㉣ > ㉠ = ㉢ > ㉡		**32.** 3,000

01. 답 0.9

해설 진동수는 3 Hz이며, 종파의 파장은 인접한 밀한 부분에서 밀한 부분까지의 거리이므로 30 cm = 0.3 m 이다.

$$\therefore v(속력) = f\lambda = 3\text{Hz} \times 0.3\text{m} = 0.9 \text{ m/s}$$

02. 답 ③

해설 파동은 매질의 유무에 따라 매질을 통해 에너지를 전달하는 파동인 탄성파와 매질이 없어도 에너지를 전달하는 파동인 전자기파로 나뉜다. 대표적인 탄성파에는 음파, 물결파, 지진파 등(ⓐ)이 있으며, 전자기파에는 자외선, 가시광선, 전파 등(ⓑ)이 있다.
파동은 매질의 진동 방향과 파동의 진행 방향이 수직인 횡파와 두 방향이 나란한 파동인 종파로 나뉜다. 대표적인 횡파로는 물결파, 전자기파, 지진파 S파 등(㉠)이 있으며, 종파에는 음파, 초음파, 지진파 P파 등(㉡)이 있다.

03. 답 ③

해설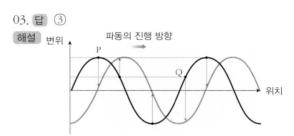

그림처럼 실선의 파동이 시간이 흐르면 점선 모양으로 진행하게 된다. P점과 Q점은 모두 아래 방향으로 운동한다.

04. 답 ⑤

해설 파원에서 거리가 2배, 3배, ⋯ 로 늘어나면, 소리가 들리는 면적이 4배, 9배, ⋯ 가 되므로, 같은 면적에 도달하는 소리 에너지는 $\frac{1}{4}$배, $\frac{1}{9}$배, ⋯가 된다.

05. 답 0.15

해설 소리가 반파장(30cm) 진행하는 동안 2초가 걸렸으므로, 한 파장 진행하는 동안 걸린 시간인 주기는 4초가 된다.

$$\therefore v = \frac{\lambda}{T} = \frac{0.6\text{m}}{4\text{초}} = 0.15\text{m/s}$$

06. 답 4

해설 굴절 법칙에 의해 입사 파장(λ_1)과 굴절 파장(λ_2)은 다음의 관계식을 만족한다.

$$\frac{sin\, i}{sin\, r} = \frac{v_1}{v_2} = \frac{\lambda_1}{\lambda_2} = n_{12}$$

$$\therefore \frac{340}{1,360} = \frac{\lambda_{대기}}{\lambda_물} = \frac{1}{4} \rightarrow \lambda_물 = 4\lambda_{대기}$$

07. 답 15, ㉠

해설 두 파동이 완전히 중첩되었을 때는 마루와 골이 겹쳐졌을 때이다. 따라서 완전히 중첩되었을 때 합성파의 최대 진폭은 두 파장의 진폭의 합과 같고(상쇄 간섭), 방향은 진폭이 큰 쪽의 방향(㉠)이 된다.

$$\therefore y = y_1 + y_2 = 15\text{cm} + (-30\text{cm}) = 15\text{cm}$$

08. 답 ②

해설

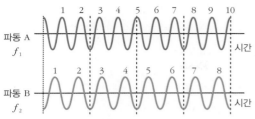

1초 동안의 파동의 변위이므로 파동 A의 진동수는 10Hz, 파동 B의 진동수는 8Hz이다. 따라서 맥놀이 진동수는 두 진동수의 차인 2Hz이다.

10. 답 20

해설 도플러 효과에 의한 진동수의 변화는 다음과 같다.

$$f = f_0 \frac{v \pm v_D}{v \mp v_S}$$

$v_D = 0$, 음원의 접근 속도 $v_S = 20$,

$$3,200\text{Hz} = 3,000 \times \frac{320}{320 - v_S} \ \rightarrow \ 320 - v_S = 300$$

$$\therefore v_S = 20(\text{m/s})$$

11. 답 ④

해설 매질의 한 지점의 변위를 5초 동안 나타낸 그래프이므로, 인접한 마루와 마루까지 걸린 시간은 4초가 된다.

ㄴ. 진동수 $= \dfrac{1}{주기} = \dfrac{1}{4초} = 0.25(\text{Hz})$ ㄷ. A는 진폭이다.

12. 답 ②

해설 ㄱ. 파동의 주기는 매질의 한 점이 1회 진동하는 데 걸린 시간에 해당하며, 변위-위치 그래프에서는 마루와 인접한 마루까지의 거리 또는 골과 인접한 골까지의 거리를 이동하는 데 걸리는 시간이 된다. 따라서 P_1에서 P_2까지인 $\dfrac{1}{4}$ 파장 이동하는 데 걸린 시간이 4초 이므로, 한 파장이 이동하는데 걸린 시간인 파동의 주기는 16초가 된다.

ㄴ. 파동의 속력은 다음과 같다.

$$v = \frac{\lambda}{T} = \frac{4\text{m}}{16초} = 0.25\text{m/초}$$

ㄷ. 파동의 진동수는 속력 식에 의해 다음과 같다.

$$v = f\lambda \ \rightarrow \ f = \frac{v}{\lambda} = \frac{0.25}{4\text{m}} = 0.0625\text{Hz}$$

ㄹ. 파동이 진행할 때 매질은 파동의 진행 방향으로 이동하지 않고 제자리 운동만 한다. 따라서 P_1은 아래로, P_2는 위로 운동한다.

13. 답 ④

해설 파동의 속력은 다음과 같다.

$$v = \frac{\lambda}{T} = f\lambda$$

따라서 속력이 같을 경우, 파장이 커지면, 주기는 커지고(비례 관계), 진동수는 작아진다(반비례 관계) (가)에서 발생하는 음파의 파장은 10cm, (나)에서 발생하는 음파의 파장은 20cm이다.

ㄱ. 속력이 일정하므로 파장이 짧은 (가) 음파의 주기가 (나)

음파의 주기보다 짧다.

ㄴ. (나)의 파장은 (가)의 2배이므로($\lambda_{(나)} = 2\lambda_{(가)}$), (가)의 진동수는 (나)의 2배이다($f_{(가)} = 2f_{(나)}$).

ㄷ. 공기의 온도가 증가하면 음파의 속력은 빨라진다.

14. 답 ④

해설 근정전를 둘러싸고 있는 지붕이 있는 담인 회랑은 임금의 소리를 반사시켜 한 곳으로 모아주어 소리가 잘 들릴 수 있게 해준다.

ㄱ. 파동이 반사할 때 파동의 속력, 파장, 진동수는 변하지 않는다.

ㄴ. 반사 법칙에 의해 파동의 입사각과 반사각의 크기는 항상 같다.

ㄷ. 회랑의 겉표면이 매끄럽고 단단할수록 소리가 더욱 잘 반사된다. 카펫과 같은 재질로 되어 있으면 소리가 흡수된다.

15. 답 ③

해설 지표면에서 하늘로 굴절하는 것으로 보아 낮시간임을 알 수 있다(ㄷ). 낮시간에는 지면이 하늘보다 빠르게 데워지기 때문에 지표면에서 하늘로 올라갈수록 온도가 낮아지게 된다(ㄴ). 따라서 속력이 느린 하늘 쪽으로 소리가 굴절하게 되는 것이다.

ㄱ. 소리가 굴절할 때 파장과 속력이 변하며, 진동수는 변하지 않는다.

ㄹ. 하늘 쪽으로 소리가 굴절되기 때문에 고층에 있는 사람이 지표면에 있는 사람보다 소리를 더 크게 듣는다. 우리 속담 중에 '낮말은 새가 듣고, 밤말을 쥐가 듣는다.'라는 속담이 이를 잘 나타낸다.

16. 답 ①

해설 ㄱ. 보강 간섭이 일어나면 소리가 커지고, 상쇄 간섭이 일어나면 소리가 작아진다.

ㄴ. 한 파장의 거리에 있는 매질의 각 점은 변위와 운동 방향이 같으므로 위상이 같다. 반면에 반 파장의 거리에 있는 매질의 위상은 서로 반대이다.

ㄷ. 위상이 반대인 두 점이 중첩되면 서로 변위의 방향이 반대이기 때문에 진폭은 최소가 된다.

ㄹ. 중첩된 후 분리된 각각의 파동은 중첩되기 전의 파동의 특성인 진폭, 파장, 진동수, 속도를 그대로 유지하면서 독립적으로 진행한다.

17. 답 ④

해설 소리가 크게 들린 것은 두 파동에 의한 맥놀이 현상으로 인한 것이다. 맥놀이 진동수는 24회이다. 따라서 두 번째 줄에 맞춘 음은 주파수가 24Hz 더 낮은 솔음이 된다.

18. 답 ③

해설 도플러 효과에 의한 진동수의 변화는 다음과 같다.

$$f = f_0 \frac{v \pm v_D}{v \mp v_S}$$

범인은 음원으로부터 10m/s로 멀어지고($v_D = +10$), 음원(경찰차)가 40m/s(=144km/h)로 접근하고 있으므로

$(v_S = -40)$,

$$\therefore f_{범인} = 1,500 \times \frac{340 - 10}{340 - 40} = 1,650$$

19. 답 ③

해설 변위-위치 그래프에서 마루와 인접한 마루 사이의 거리가 파동의 파장이 된다. (가)의 파장은 4m, (나)의 파장은 2m, (다)의 파장은 8m이다. 파동의 속력은 다음과 같다.

$$v = \frac{\lambda}{T} = f\lambda$$

따라서 속력이 같을 경우, 파장이 커지면, 주기는 커지고(비례 관계), 진동수는 작아진다(반비례 관계)

ㄱ. 파동의 변위-위치 그래프에서 변위가 최대인 점의 속도는 0이고, x 축을 지날 때 최대가 된다. 따라서 ㉡ 점의 속도가 ㉠ 점의 속도보다 빠르다.

ㄴ, ㄹ 속력이 같을 경우 주기와 파장은 비례 관계이다. (다)의 파장은 (나)의 4배이므로($\lambda_{(다)} = 4\lambda_{(나)}$), (다)의 주기도 (나)의 주기의 4배이다($T_{(다)} = 4T_{(나)}$). 또한 (나)의 주기를 2배로 늘리면, 파장이 2배로 늘어나기 때문에 (가)와 같은 모양의 그래프가 된다.

ㄷ. 진동수가 모두 같을 경우, 파동의 속력은 파장에 비례한다. 따라서 파장이 가장 긴 (다)의 속력이 가장 빠르다.($v_{(다)} > v_{(가)} > v_{(나)}$)

20. 답 14.25

해설 야구장에서 진행해 온 소리의 속력은 다음과 같다.

$$v = \frac{이동 거리}{걸린 시간} = \frac{3400m}{10초} = 340m/s$$

이때 공기의 온도에 따른 소리의 속력은

$$v = 331.45 + 0.6t, \ t(온도) = \frac{v - 331.45}{0.6}$$

$$\therefore t = \frac{340 - 331.45}{0.6} = 14.25(℃)$$

21. 답 (1) A, E (2) C (3) B, D (4) A, C, E

해설

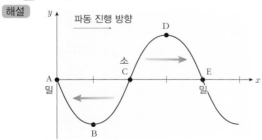

(1) (2) 파동의 진행 방향인 오른쪽을 (+)라고 하자. A점의 경우 A점의 왼쪽에 있는 매질의 변위는 (+)이므로 A점을 향해 운동하고 있고, A점의 오른쪽에 있는 매질의 변위는 (−)이므로 역시 A점을 향해 운동하고 있다. 따라서 A점, E점은 밀한 곳이 된다.

C점의 경우 C점의 왼쪽에 있는 매질의 변위는 (−)이므로 왼쪽을 향하고 있고, C점의 오른쪽에 있는 매질의 변위는 (+)이므로, 오른쪽으로 움직이고 있기 때문에 C점이 가장

소한 부분이다.

(3), (4) 종파의 그래프는 천장에 매달린 용수철에 비유할 수 있다.

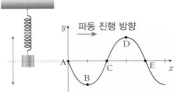

x 축은 물체를 매달았을 때 정지해 있는 평형 지점이고, B 위치는 용수철이 최대로 늘렸을 때의 지점, D위치는 용수철이 최대로 수축했을 때의 지점이다. 따라서 평형 지점인 A, C, E는 변위가 0이며, 속력이 최대, 가속도가 0인 지점이다. B, D는 변위가 최대이며, 속력이 0, 가속도가 최대인 지점이다.

22. 답 ①

해설 ㄱ. 그림 (나)를 보면 파동이 매질 A에서 반(0.5)파장 진행하고, 매질 B에서 2.5 파장 진행하는 동안 9초가 걸렸으므로, 3초 동안 1 파장을 진행한 것이다. 따라서 주기는 3초이다.

$$매질 A에서 파동의 속력 = \frac{3 \text{ m}}{1.5초} = 2 \text{ m/s}$$

$$매질 B에서 파동의 속력 = \frac{3 \text{ m}}{3초} = 1 \text{ m/s}$$

ㄴ. 9 m 지점의 오른쪽으로 마루가 2번, 골이 3번 있으므로 마루가 2번, 골이 3번 통과하였음을 알 수 있다.

ㄷ. 기체의 온도가 증가할수록 탄성파의 속력은 빨라진다. 따라서 속력이 더 빠른 매질 A의 온도가 더 높다.

ㄹ. 온도가 같을 때 물질의 상태가 다르다면 고체에서 탄성파의 속력이 가장 빠르고, 기체에서 가장 느리다. 매질 A의 속력이 매질 B에서의 속력보다 빠르므로, 매질 A가 액체라면, 매질 B는 기체이다.

23. 답 2.25, 3

해설 소리의 세기는 (거리)^{2}에 반비례한다. 스피커 B의 소리의 세기를 E, 스피커 A와 r 만큼 떨어진 위치를 P라 하면,

$$\frac{9E}{r^2} = \frac{E}{(3-r)^2} \ \rightarrow \ (4r-9)(2r-9) = 0, \ r = 2.25(m)$$

이때 P점에는 스피커 A, B로부터 도달한 음파의 세기가 각각 같아서 상쇄간섭하는 경우 소리가 들리지 않게 된다.

상쇄 간섭 조건: $|AP \sim BP| = \frac{\lambda}{2}(2m + 1)(m = 0, 1, 2, \cdots)$

$$\therefore 2.25 - 0.75 = \frac{\lambda}{2} \cdot (2m + 1) \ \rightarrow \ 3 = \lambda(2m + 1)$$

$$\therefore \lambda = 3(m)(m = 0인 경우)$$

24. 답 85.4

해설 도플러 효과에 의한 진동수의 변화는 다음과 같다.

$$f = f_0 \frac{v \pm v_D}{v \mp v_S}$$

주어진 문제에서 상상이가 쏜 초음파가 자동차에 의해 반사되고, 상상이는 자동차에 의해 변화된 진동수를 관측하게 된다.

우선 자동차가 관측자의 입장에 있을 때 자동차가 측정한 진동수 : $f_{자동차}$, v_D : 자동차가 파원에 가까워지는 속도)일 때 다음과 같은 식이 성립한다.

$$\therefore f_{자동차} = 40,000 \times \frac{340 + v_D}{340}$$

자동차에 의해 초음파가 반사되므로 자동차는 진동수가 $f_{자동차}$인 음원을 발생하는 것과 같다. 즉, 자동차가 진동수 $f_{자동차}$인 음원이 되어 상상이(관측자)에게 다가가고 있는 것이다. 그러므로 상상이가 측정한 진동수 $f_{상상}$ = 46,000, 자동차가 방출하는 초음파의 진동수 = $f_{자동차}$라고 하면,

$$f_{상상} = 46,000 = f_{자동차} \times \frac{340}{340 - v_S}$$

$$= 40,000 \times \frac{340 + v_D}{340} \times \frac{340}{340 - v_S}$$

$$= 40,000 \times \frac{340 + v_D}{340 - v_S} \ (자동차의 속력 \ v = v_D = v_S)$$

$$\therefore v \fallingdotseq 23.72 \ \text{m/s} \fallingdotseq 85.4 \ \text{km/h}$$

25. 답 ㄱ, ㄴ, ㄷ

해설 ㄱ. 해발 1,500m 상공의 기온은 1km 당 6℃씩 떨어지므로, 20℃ − (1.5 × 6) = 11℃이다.
소리의 속도 변환 공식인 $v = 331.45 + 0.6t$ 에 의해 해발 1,500m에서 소리의 속도는 다음과 같다.
$v = 331.45 + 0.6 \times 11℃ \fallingdotseq 338 \ \text{m/s}$
$= 0.338 \times 3600 \fallingdotseq 1,217 \ \text{km/h}$
ㄴ. 5,000 m 상공에서 소리의 속력은 다음과 같다.
$$v = 331.45 + 0.6(-10℃) \fallingdotseq 325 \ \text{m/s}$$
이때 마하 1.0 빠르기는 비행기의 속력이 약 325 m/s 일 때가 된다. 지표 근처에서 마하 1.0 빠르기의 비행기의 속력은 343 m/s 이므로 5,000 m 상공에서의 속력보다 크다.
ㄷ. 진동수가 일정할 때, 소리의 파장은 속력에 비례한다($v = f\lambda$). 따라서 지표면으로 갈수록 소리의 속력이 빨라지므로 파장도 길어진다.

26. 답 ③

해설
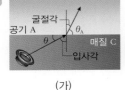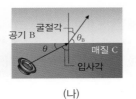

(가)   (나)

ㄱ. 입사각은 법선과 입사파가 이루는 각이고, 굴절각은 법선과 굴절파가 이루는 각이다. 따라사 입사각은 90 − θ, 굴절각은 90 − θ_A(또는 θ_B)이다.
ㄴ. (가)와 (나) 모두 굴절각이 입사각보다 작기 때문에 매질 C에서 속력이 가장 빠르다. 또한 속력 차이가 클수록 진행 방향이 많이 꺾이기 때문에 굴절각이 더 큰 공기 B에서의 속력이 공기 A에서의 속력보다 더 빠른 것을 알 수 있다.
ㄷ. 파동은 굴절할 때 진동수는 변하지 않는다.
ㄹ. 공기 B 에서의의 속력이 공기 A에서의 속력보다 빠른 것으로 보아 공기 B의 온도가 더 높다.

27. 답 ㉠ 360 ㉡ 170

해설 도플러 효과에 의한 진동수의 변화는 다음과 같다.

$$f = f_0 \frac{v \pm v_D}{v \mp v_S}$$

두 열차 A, B가 가까워질 때 열차 B가 느끼는 열차 A의 진동수인 $2.5f_A$는 다음과 같다. 열차 B(관측자)의 속력은 v_D, 열차 A(음원)의 속력은 136m/s이다.

$$2.5f_A = f_A \times \frac{340 + v_D}{340 - 136} \ \rightarrow \ v_D = 170 \text{m/s}$$

두 열차가 지나친 후, 음원(열차 A) 과 관측자(열차 B)는 동시에 멀어진다. $f_A = 1000$Hz이므로,

$$f = f_A \times \frac{340 - 170}{340 + 136} \fallingdotseq 0.36f_A = 360\text{Hz}$$

28. 답 57.8m

해설 음원이 관측자에게서 점점 멀어지면서 발생하는 도플러 효과이므로, 진동수는 다음과 같이 변환된다.

$$f = f_0 \frac{v}{v + v_S} \ \rightarrow \ v_S = \frac{f_0 v}{f} - v$$

따라서 소리 굽쇠의 그 순간의 속도 v_S는

$$v_S = \frac{550 \times 340}{500} - 340 = 34\text{m/s}$$

이때 $v_S = v_0 + at$, $s = v_0 t + \frac{1}{2}at^2$ 이고, 자유 낙하하는 물체의 경우 $v_0 = 0$, $a = g$ 이므로, 속도가 증가하여 34m/s가 될 때까지 걸리는 시간과 떨어진 거리는 다음과 같다.

$$34 = 0 + gt = 10t \ \rightarrow \ t = 3.4초$$

$$s = \frac{1}{2} \times 10 \times (3.4)^2 = 57.8(\text{m})$$

29. 답 ④

해설 관측자가 움직이는 경우의 도플러 효과가 적용된다. 따라서 음파 측정기가 측정한 진동수 $f_{음파}$, 스피커에서 나오는 음파의 진동수 $f_스$, 음파 속력 v, 음파 측정기의 접근 속도 v_D ((−) 멀어질 때, (+) 가까워질 때)이다.

$$\therefore f_{음파} = f_스 \times \frac{v \pm v_D}{v}$$

따라서 음파 측정기가 스피커와 가까워질 때 진동수 $f_{음파}$는 $f_스$보다 커지고, 음파 측정기가 스피커와 멀어질 때 진동수 $f_{음파}$는 $f_스$보다 작아진다.
ㄱ. 진동수의 변화 정도가 클수록 음파 측정기의 이동 속도가 크다. 따라서 구간 ㉠에서 음파 측정기의 속력이 구간 ㉢에서의 속력보다 빠르다.
ㄴ. 진동수가 커지는 경우는 도플러 효과에 의해 음파 측정기가 가까워지고 있는 경우가 된다.
ㄷ. 구간 ㉣에서는 음파 측정기는 속력이 증가하며 멀어지는 운동을 한다.

30. 답 ①

해설 ㄱ. 맥놀이 주기는 단위 시간당 맥놀이의 수, 즉 진폭의 극대값의 수를 말한다. 그림 (나)에 의하면 0.1초당 1번씩 극대값이 나타나므로, 1초에 10번의 극대값이 나타나게 된다. 따라서 맥놀이 진동수는 10Hz이다.

ㄴ. 변위-시간 그래프에서 마루에서 인접한 마루까지의 거리가 주기가 된다. 따라서 $\frac{1}{10}$ 초가 된다.

ㄷ. 관측자가 움직이는 경우의 도플러 효과가 적용된다. 따라서 음파 측정기가 측정한 진동수 $f = f_{음파 A, B}$, 스피커에서 나오는 음파의 진동수 $f_0 = 110$, 음파 속력 $v = 330$, 음파 측정기의 접근 속도 v_M ((−) 멀어질 때, (+) 가까워질 때) →스피커 A와는 멀어지고 있으므로 (−), 스피커 B와는 가까워지고 있으므로 (+)이다.

$$\therefore f_{음파 A} = 110 \times \frac{330 - v_M}{330}, f_{음파 B} = 110 \times \frac{330 + v_M}{330}$$

이때 맥놀이 진동수는 음파 측정기가 측정한 두 파동의 진동수의 차이이다.

$$10 = f_{음파 B} - f_{음파 A} = 110 \times \frac{2v_M}{330}$$

$$\therefore v_M = \frac{330}{2} \times \frac{10}{110} = 15\text{m/s}$$

ㄹ. 음원은 정지하고 관측자(음파측정기)가 운동하는 경우이므로 진동수는 감소하지만 음원에서 나오는 소리의 파장은 일정하다.

31. **답** ㄹ > ㄱ = ㄷ > ㄴ
해설

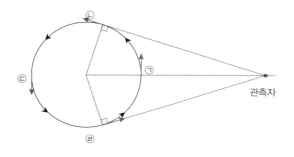

관측자

도플러 효과는 일직선 상에서 음원과 관측자 사이의 거리가 변할 때 발생한다. 따라서 ㄱ과 ㄷ점에서는 각각 관측자와 음원 사이의 일직선 상에서의 거리 변화가 없기 때문에 도플러 효과가 일어나지 않고, 기존의 사이렌 소리의 진동수로 들리게 된다. ㄴ 지점을 지나는 구급차의 경우 관측자와 음원이 멀어지고 있기 때문에 소리의 진동수는 감소하며, ㄹ 지점을 지나는 구급차의 경우 관측자와 음원이 가까워지고 있기 때문에 소리의 진동수는 증가하게 된다.

32. **답** 3,000
해설 스피커 S로부터 출발한 소리가 나누어져 A를 거쳐 D로 가고, B를 거쳐 D로 가게 된다. 두 소리가 상쇄 간섭을 일으켰을 때 음파의 세기가 최소값이 된다. 이때는 경로차가 반파장의 홀수배가 되는 경우이다(경로차 = $\frac{\lambda}{2} \cdot (2m + 1)$ ($m = 0, 1, 2, \cdots$)).
이것보다 경로차가 반파장만큼 증가하면 음파의 세기는 최대값이 된다.(경로차 = $\frac{\lambda}{2} \cdot 2m$ ($m = 0, 1, 2, \cdots$)).
B를 오른쪽으로 2.75cm 잡아당겼을 때(경로차는 2.75 × 2

= 5.5cm 증가한다.) 음파의 세기가 최소값에서 처음 최대값이 되었다고 하였으므로 증가한 경로차 5.5cm는 반파장($=\frac{\lambda}{2}$)에 해당된다. 그러므로 소리의 파장(λ)은 11cm 이다.

$$\therefore v = f\lambda \ \rightarrow \ f = \frac{v}{\lambda} = \frac{330}{0.11} = 3,000(\text{Hz})$$

17강. 소리 II

개념 확인   36~39쪽

1. ㄱ > ㄴ =   **2.** 1, 0
3. (1) O (2) X (3) X   **4.** (1) ㄴ (2) ㄷ (3) ㄱ

1. **답** ㄱ > ㄴ =
해설 소리의 진폭이 같을 때 소리의 진동수가 클수록 높은 소리, 작을수록 낮은 소리이다.

2. **답** 1, 0
해설 정상파의 배 부분에서의 진폭은 중첩되기 전 파동의 진폭의 2배가 되고, 마디 부분은 0이 된다.

3. **답** (1) O (2) X (3) X
해설 (2) 한쪽 끝이 닫힌 관의 경우 관 전체의 길이가 $\frac{1}{4}$ 파장의 홀수배일 때만 정상파가 발생한다.
(3) 관의 재질과 굵기가 같은 피리의 경우 관의 길이가 길수록 공명이 일어나는 소리의 파장이 길어져서 더 낮은 소리가 난다.

확인+   36~39쪽

1. ㄱ   **2.** 10   **3.** 170   **4.** ㄱ

1. **답** ㄱ
해설 음파의 진행 속도가 같을 때 초음파의 진동수가 작을수록 파장이 길기 때문에 더 멀리 진행할 수 있다. 따라서 ㄱ 50 kHz인 초음파를 사용해야 한다.

2. **답** 10
해설 양쪽이 고정된 줄에서 발생하는 정상파 중 가장 긴 파장은 기본 진동일 경우이다. 따라서 $\lambda = 2l = 10(\text{m})$ 이다.

3. **답** 170
해설 한쪽 끝이 닫힌 관에서 기본 진동의 파장은 $\lambda_1 = 4l$, 가 된다. 따라서 50cm인 관에서의 기본 진동의 파장은 $\lambda = 4 \times 0.5 = 2\text{m}$이고, 이때 소리의 속력이 340m/s 이므로, 진동수는 다음과 같다.

$$f = \frac{v}{\lambda} = \frac{340}{2} = 170(\text{Hz})$$

4. 답 ㉠

해설 높이(진동수)가 다른 두 개 이상의 여러 소리가 만나 아름다운 소리를 내는 것을 화음이라고 하며, 소리의 진동수의 비가 간단한 정수비일 때 화음이 일어난다.

→ 도 : 파 : 라 = 1 : 1.33 : 1.68 ≒ 3 : 4 : 5

따라서 서로 화음이다.

01. 답 (1) X (2) O (3) X

해설 (1) db(데시벨)은 소리의 세기(크기)의 단위이다. (3) 같은 음의 소리라도 악기마다 소리가 다르게 들리는 것은 소리의 맵시(파형)가 달라 음색이 달라지기 때문이다.

02. 답 ⑤

해설 자동차 후방 센서에서 발생하는 것은 초음파이다.

ㄱ. 초음파는 매질을 통해 에너지를 전달하는 파동인 탄성파로 공기가 없으면 전달되지 않는다.

ㄴ. 자동차 후방 센서에서 발생되는 초음파는 보이지 않는 곳에 있는 장애물에 반사되고, 그 반사된 파를 감지하여 장애물의 유무를 알아낼 수 있다.

ㄷ. 초음파는 진동수가 20,000Hz 이상인 소리로, 사람이 들을 수 없다.

03. 답 ②

해설 ㄱ. 정상파의 배와 배 사이 길이는 정상파 파장의 반파장이고, 배와 마디 사이 길이는 $\dfrac{\text{정상파의 파장}}{4}$ 이다.

ㄷ. 정상파는 두 파동이 중첩되어 만들어지는 합성파로 제자리에서 진동만 하는 것처럼 보이지만, 정지한 것처럼 보일 뿐 실제로 합성파를 만드는 두 파동은 원래 진행하던 방향으로 계속 진행한다.

04. 답 ㉠ 2 ㉡ 10

해설 줄에서는 다음의 파장 조건에서 정상파가 발생한다.

$$\lambda_n = \frac{2l}{n} \ (\ n = 1, 2, 3, \cdots\ )$$

주어진 문제는 배가 4개가 있으므로 4배 진동(n=4)이다.

이때 파장 $\lambda_4 = \dfrac{2 \times 4}{4} = 2$(m)

(원래 2개의 배의 길이에 해당하는 파장의 파동이 서로 반대 방향으로 진행하여 중첩되었다.) 진동수는 5Hz이므로,

$v = 5 \times 2 = 10$(m/s)이다.

05. 답 ④

해설

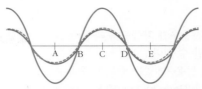

정상파의 배는 두 파동의 마루와 마루, 골과 골이 만나 진폭이 최대인 점이고, 마디는 마루와 골이 만나 진폭이 0이 되는 지점이다. 그림과 같이 두 파동이 $\dfrac{\text{파장}}{4}$ 만큼 각각 진행하게 되면 두 파동에 의한 합성파는 초록색 실선이 된다. 따라서 A, C, E 지점은 배, B, D 지점은 마디가 된다.

06. 답 500

해설 그림은 양끝이 열린 관의 기본 진동의 모습이다. 정상파의 반파장이 35cm 이므로, 한 파장은 70cm가 되며, 기본 진동수는

$$f = \frac{v}{\lambda} = \frac{350}{0.7} = 500(\text{Hz}) \ \text{이다.}$$

07. 답 ②

해설 관이 막힌 쪽은 공기가 진동할 수 없으므로 마디가 되고, 열린 쪽은 배가 되는 정상파가 생긴다.

08. 답 ②

해설 ㄱ. 현악기는 기본음과 그 기본음의 정수배 진동수의 소리가 발생하여 각 음들이 조화롭게 구성되어 듣기 좋은 소리를 낸다.

ㄷ. 타악기는 진동 형태(파형)가 여러 형태가 섞여서 복잡하게 나타난다.

[유형 17-1] 답 ③

해설 ㄱ, ㄴ. 소리의 진동수가 클수록 높은 소리가 난다. A 구간과 C 구간의 진동수는 같으므로 소리의 높낮이가 같다.

ㄷ. 소리의 세기는 진폭이 클수록 크다. 따라서 각 구간 중 진폭이 가장 큰 B 구간의 소리가 가장 세다.

ㄹ. B 구간의 소리는 C 구간의 소리보다 진폭과 진동수가 모두 크므로, B 구간의 소리는 C 구간의 소리보다 크고, 높은 소리이다.

01. 답 ①

해설 진폭과 진동수가 같으므로 소리의 높낮이, 소리의 크

기가 같다. 두 파동의 파형이 다르므로 음색이 다르다.

02. 답 ①
해설 ㄱ. 진동수가 작을수록 파장이 길고 산란에 강하여 더 멀리 진행할 수 있다.
ㄴ. 사람이 들을 수 있는 소리의 주파수인 가청 주파수의 범위는 보통 20Hz ~ 20kHz 이다.
ㄷ. 해저 지형을 탐사할 때는 초음파를 사용한다. 초음파는 진동수가 20kHz 이상인 소리를 말한다. 진동수가 20Hz이하인 소리는 초저주파라고 한다. 초저주파는 주로 동물들이 대화를 할 때 사용한다. 예를 들면 코끼리는 장거리(약 4km) 대화를 위해 14Hz 정도의 낮은 진동수를 사용하고, 코뿔소는 10Hz까지 낮은 진동수를 사용한다.
ㄹ. 30dB은 10dB보다 100배 큰 소리이고, 40dB보다 10배 작은 소리이다.

[유형 17-2] 답 ⑤
해설 ㄱ. 정상파의 파장은 $\lambda_3 = \dfrac{2}{3} \times 120 \text{cm} = 80 \text{cm}$ 이다.
ㄴ. 정상파의 파장, 진동수, 속력은 중첩되기 전 파동과 같다. 따라서 진동자가 발생한 파동의 파장도 80cm이다.
ㄷ. 줄의 진동으로 만들어진 공기의 진동으로 소리가 발생하는 것이므로 줄의 진동수 $f_줄 = 825 \text{Hz}$와 소리의 진동수 $f_{소리}$는 같다. 따라서 소리의 파장은 다음과 같다.

$$\lambda_{소리} = \dfrac{v_{소리}}{f_{소리}} = \dfrac{330}{825} = 0.4(\text{m}) = 40 \text{cm}$$

ㄹ. 3배 진동의 진동수가 825 Hz 이므로, 현의 기본 진동수는 275Hz가 된다. 따라서 진동자의 진동수를 275Hz로 낮추면 배가 1개가 만들어지는 정상파가 생긴다.

03. 답 ⑤
해설 두 파동이 같은 속력으로 서로 반대 방향으로 진행하여 만나면 중첩되어 다음과 같은 정상파를 만든다.

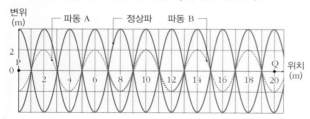

ㄱ. 10m 지점에서는 위상이 같은 두 점이 만나기 때문에 보강 간섭이 일어나서 '배'가 만들어진다.
ㄴ. 정상파의 파장은 중첩되기 전 파동의 파장과 같다.
ㄷ. 정상파의 진폭은 중첩되기 전 파동의 진폭의 2배인 4m가 된다.
ㄹ. 그림처럼 P~Q 사이에 10개의 마디가 생긴다.

04. 답 (1) 0.5 (2) 0.25
해설 (1) 배가 4개인 4배 진동일 경우, 파장은

$$l = \dfrac{\lambda}{2} \times 4 \rightarrow 1\text{m} = 2\lambda \quad \therefore \lambda = 0.5\text{m}$$

(2) 줄의 장력(T)과 줄에 발생하는 파동의 속력(v^2)은 비례한다. ($v^2 \propto T$)

줄의 장력은 매달린 추의 무게와 같으므로 추의 무게가 $\dfrac{1}{4}$이 되면 파동의 속력은 $\dfrac{1}{2}$이 된다. $v = f\lambda$이므로 진동수(f)가 동일하고 속력이 $\dfrac{1}{2}$이므로 정상파의 파장도 $\dfrac{1}{2}$로 줄어서 0.25m 가 된다.

[유형 17-3] 답 ②
해설 (가)는 양 끝이 열린 관에서 만들어진 기본 진동의 정상파이다. 온도가 같으므로 소리의 속력은 v 로 하면

$$L = \dfrac{\lambda_{(가)}}{2} \rightarrow \lambda_{(가)} = 2L, \quad f_{(가)} = \dfrac{v}{2L}$$

(나)는 한쪽 끝이 닫힌 관에서 만들어진 3배 진동의 정상파이다. 따라서 관의 길이와 정상파의 파장의 관계는 다음과 같다. 소리의 속력은 v 이다.

$$L = \dfrac{3}{4} \lambda_{(나)} \rightarrow \lambda_{(나)} = \dfrac{4}{3} L, \quad f_{(나)} = \dfrac{3v}{4L}$$

ㄱ. $f_{(가)} : f_{(나)} = \dfrac{1}{2} : \dfrac{3}{4} = 2 : 3$
ㄴ. 소리의 속력은 v로 변하지 않고, 진동수를 5배하면 파장은 $\dfrac{1}{5}$이 되어 $\lambda' = \dfrac{4}{3} L \times \dfrac{1}{5} = \dfrac{4}{15} L$ 이것은 $\lambda = \dfrac{4}{2n-1} L$인 한쪽 끝이 막힌 관의 정상파 파장 조건에 맞는다.

05. 답 ④
해설 피리는 관 내부에 발생하는 공명에 의해 소리가 난다. 공기의 진동에 의한 소리의 속력은 같고, 관의 길이가 길수록 기본 진동의 파장이 크고 진동수가 작으므로 더 낮은 소리가 난다.

06. 답 ③
해설 한 쪽이 닫힌 관에서 정상파가 만들어질 조건은 관의 길이가 정상파의 $\dfrac{1}{4}$파장의 홀수배일 때이다.

$$L = \dfrac{\lambda}{4}(2n-1) \ (n = 1, 2, 3 \cdots)$$

$L = 30\text{cm}$ 일 때 공명이 일어나고, 바로 그 다음 공명이 $L = 18\text{cm}$이므로(이때 L은 한쪽 끝이 닫힌 관의 길이이다.) 두 공명은 이웃하는 배진동이고, n의 값이 1 차이가 난다.

$$\therefore 18 = \dfrac{\lambda}{4}(2n-1), \ 30 = \dfrac{\lambda}{4}(2n+1)$$

이것을 풀면 $n = 2$, $\lambda = 24(\text{cm})$이다.

또는, $30 - 18 = \dfrac{\lambda}{2}$ 에 해당하므로, $\lambda = 24 \text{ cm}$

[유형 17-4] 답 ⑤
해설 ㄱ, ㄴ. 양끝이 열린관인 플루트는 구멍이 열린 곳에서 배가 만들어진다. 이때 플루트의 구멍을 모두 막게 되면 플루트 양끝에만 배가 만들어지기 때문에 가장 파장이 길어지게 되며 진동수가 작아 가장 낮은 소리가 난다.
ㄷ. 첼로의 누르는 위치를 아래로 할수록 현에 발생하는 정상파의 파장이 짧아진다. 따라서 진동수가 커지므로 높은 소리가 발생한다.
ㄹ. 첼로를 연주할 때 현을 진동시키면, 그 진동으로 발생한

소리가 첼로의 공명통에 전달되고, 공명통에서 발생한 소리와 공명 현상이 일어나 소리가 조화롭게 발생하는 것이다.

07. 답 ②

해설 ㄱ, ㄴ. 줄의 굵기가 굵을수록 선밀도가 커지게 된다. $v = \sqrt{\dfrac{T}{\rho}}$ 이므로 선밀도가 클수록 줄에 의한 소리의 속력은 줄어들고, $v = f\lambda$ 이므로 파장이 일정할 때 진동수가 줄어들게 되므로 낮은 소리가 난다.

ㄷ. 기타 줄의 길이가 길어지면 기타 줄에서 생기는 정상파의 파장도 길어지게 된다. 따라서 속력이 일정할 때 진동수는 파장에 반비례하므로, 진동수가 작아져 낮은 소리가 난다.

08. 답 ③

해설 ㄱ. 평균율에 의하면 각 음과 다음 음의 진동수의 차이는 약 1.06배이다. 미의 2배 진동수인 음은 한 옥타브 차이나는 높은 미가 된다.

ㄴ. 도 : 미 : 파 ≒ 12 : 15 : 16 으로 간단한 정수비가 아니기 때문에 화음을 이루지 않는다.

ㄷ. 두 음정 사이의 진동수가 1 : 2인 음정 관계를 옥타브라고 한다.

창의력 & 토론마당　　46~49쪽

01

(1) 85Hz　　　　(2) 〈해설 참조〉

해설 (1) 숨구멍의 길이가 2m 이고, 이때 숨구멍은 양끝이 열린 관이므로, 기본 진동으로 공명이 일어나기 위한 조건은 다음과 같다.

$$L = \frac{\lambda_0}{2} \rightarrow \lambda_0 = 2L = 4m(\text{기본 진동의 파장})$$

$$f_0(\text{기본진동수}) = \frac{v}{\lambda_0} = \frac{340}{4} = 85(\text{Hz})$$

(2) 암컷 공룡의 숨구멍의 길이가 수컷보다 짧을 경우 숨구멍에서 만들어지는 소리의 기본 진동 파장이 더 짧아지고, 기본 진동수는 커지게 된다. 따라서 암컷이 수컷보다 더 높은 소리를 낸다.

02

〈 해설 참조 〉

해설 ㉠ 한쪽 끝만 열린 관이라고 가정할 경우 :

관 전체의 길이가 $\dfrac{1}{4}$ 파장의 홀수배일 때만 정상파가 발생한다.

주어진 문제에서 f_a는 기본 진동의 진동수가 된다. 이때 파동의 속력은 $v = f \times \lambda = f_a \times 4L$ 이다. 따라서 각 경우의 소리의 속력은 다음과 같다.

폭포	A	B	C	D	E	F
속력(m/s)	1079.2	2172.8	1195.6	1232	988	1280
25% 감속 속력(m)	809.4	1629.6	896.7	924	741	960

평균 속력 = 1324.6(m/s)

25% 감속 속력의 평균 속력 = 993.45(m/s)

㉡ 양쪽이 열린 관이라고 가정할 경우 :

$\lambda = 2L$ 의 일 때 기본 진동을 한다. 이때 파동의 속력 $v = f \times \lambda = f_a \times 2L$ 이다. 각 경우의 소리의 속력은 다음과 같다.

폭포	A	B	C	D	E	F
속력(m/s)	539.6	1086.4	597.8	616	494	640
25% 감속 속력(m)	404.7	814.8	448.35	462	370.5	480

평균 속력 = 662.3(m/s)

25% 감속 속력의 평균 속력 = 496.725(m/s)

→ 공기 방울이 가득 찬 낙하하는 물에서 소리의 속도는 정지한 물에서의 소리의 속도인 1,400m/s보다 약 25% 정도 작을 수 있으므로 약 1050m/s 가 된다. 이것은 한쪽이 열린 관에서의 소리의 속력과 근접한다. 따라서 폭포의 진동은 한쪽 끝만 열린 관에서의 소리에 더 가깝다.

03

(1) 1.6m, 1.66m　　　　(2) 332m/s
(3) 207.5 Hz, 200Hz

해설 (1) 기주 공명 실험 장치에서 소리굽쇠에서 발생하는 소리의 파장은 첫번째 공명이 일어난 물의 높이와 두 번째 공명이 일어난 물의 높이의 차이의 2배가 된다. 즉, λ (소리 굽쇠 소리의 파장) $= 2(l_1 - l_2)$

∴ 소리굽쇠 A, B의 파장을 각각 λ_A, λ_B라고 하면,

$\lambda_A = 2(118 - 38) = 160(\text{cm}) = 1.6(\text{m})$

$\lambda_B = 2(122.5 - 39.5) = 166(\text{cm}) = 1.66(\text{m})$

(2) 소리굽쇠 A, B를 동시에 울렸더니 2초 사이에 15회의 맥놀이 현상이 일어났으므로, 두 소리굽쇠의 진동수의 차이가 $\dfrac{15}{2} = 7.5$ 이다.

두 경우 같은 온도의 공기속을 전파해 가는 음파의 속력 v 는 각각 같고, $f = \dfrac{v}{\lambda}$ 이다.

소리굽쇠 A, B의 진동수를 각각 f_A, f_B라고 하면,

$$f_A = \frac{v}{1.6} , \ f_B = \frac{v}{1.66}$$

$$\therefore |f_A - f_B| = 7.5 = \frac{v}{1.6} - \frac{v}{1.66}, \ v = 332(\text{m/s})$$

(3) $f_A = \dfrac{332}{1.6} = 207.5(\text{Hz})$, $f_B = \dfrac{332}{1.66} = 200(\text{Hz})$

04

〈 해설 참조 〉

해설 (1) 양끝이 고정된 줄에서 발생하는 정상파와 비슷한 원리이다. 도형의 중심에서 발생하는 일정한 진동수의 파동이 퍼져나가다가 판의 끝에서 반사하게 된다. 입사하고 있는 파동과 반사한 파동이 서로 중첩되어 마루와 마루, 골과 골이 만나 배가 형성되고, 마루와 골이 만나 마디가 형성이 된다. 이때 진동하지 않는 점인 마디에는 모래 알갱이가 모이게 되고, 배인 부분에서는 모래가 마디 부분으로 흘러내려가게 되면서 판 위의 모래 알갱이들이 다양한 모양을 형성하게 되는 것이다. 형성되는 모양은 파원을 중심으로 대칭적인 모양을 보이게 된다. 이는 파원에서 거리가 같은 지점 사이에는 각각 같은 파장의 정상파가 만들어지기 때문이다.

(2) 다음 클라드니 패턴은 진동수가 점점 커지면서 변하는 모습을 나타낸 것이다.

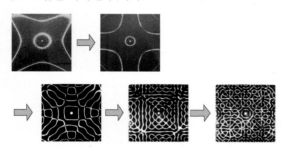

이와 같이 진동수가 커질수록 클라드니 패턴은 점점 복잡해지고, 무늬 사이의 간격도 좁아지게 된다.

(3) (2)과 같이 같은 모양의 판에서도 진동수를 변화시켜 주면 클라드니 패턴의 모양이 변한다.
또는 같은 주파주에서도 판의 모양을 달리하면 다음 그림처럼 다른 모양의 클라드니 패턴의 모양이 생긴다.

05

〈 해설 참조 〉

해설 공명 현상이 일어나는 것을 방지하기 위해서는 줄에 정상파가 형성되지 않도록 해야 한다. 양끝이 고정된 줄에 정상파가 발생하기 위해서는 줄 전체의 길이(l)가 반 파장의 정수배일 때이다.

즉, $l = \dfrac{\lambda_n}{2}n \quad \rightarrow \quad \lambda_n = \dfrac{2l}{n} \ (n = 1, 2, 3, \cdots)$

줄 A(길이 $2L$), B(길이 $4L$)에 정상파가 형성될 때의 기본 진동수는 각각 다음과 같다.

$$f_A = \dfrac{v}{\lambda_A} = \dfrac{v}{4L}, \quad f_B = \dfrac{v}{\lambda_B} = \dfrac{v}{8L}$$

그림 (가)와 같이 높이가 L인 위치에 수평 줄을 연결할

경우, A줄의 경우, 줄의 길이가 L인 줄 두개로, 줄 B는 L, $3L$로 나뉘게 된다. 이때 줄 A에 정상파가 형성될 때의 기본 진동수는

$$f_{A(가)} = \dfrac{v}{2L}$$

줄 B에 정상파가 형성될 때의 기본 진동수는

㉠ 아래쪽 줄 : $f_{B(가)} = \dfrac{v}{2L}$, ㉡ 위쪽 줄 : $f_{B(가)} = \dfrac{v}{6L}$

따라서 같은 진동수의 바람이 불어 기본 진동수로 줄 A에 정상파가 일어나더라도 줄 B의 위쪽 줄에는 공명 현상이 일어나지 않는다.

그림 (나)와 같이 높이가 $2L$인 위치에 수평 줄을 연결할 경우, 줄 B는 $2L$, $2L$로 나뉘게 된다. 이때 줄 A에 정상파가 형성될 때의 기본 진동수는

$$f_{A(가)} = \dfrac{v}{4L}$$

줄 B에 정상파가 형성될 때의 진동수는

㉠ 아래쪽 줄 : $f_{B(가)} = \dfrac{v}{4L}$, ㉡ 위쪽 줄 : $f_{B(가)} = \dfrac{v}{4L}$

따라서 같은 진동수의 바람이 불어 기본 진동수로 줄 A에 정상파가 일어나면, 줄 B에도 정상파가 형성된다.

그러므로 (나)와 같은 위치에 줄을 연결하면 다리에 공명 현상이 일어날 확률이 더 높아지므로 그림 (가)와 같이 규칙적이지 않게 수평 줄을 연결하는 것이 다리에 공명 현상이 일어나는 것을 줄일 수 있는 방법이다.

스스로 실력 높이기   50~55쪽

01. (나)   **02.** 10, 100   **03.** 초저주파, 초음파

04. 0.0165   **05.** (1) X (2) O (3) O

06. 3 : 5   **07.** 100, 200, 300   **08.** 50, 150, 250

09. 고유 진동수(공명 진동수)   **10.** 1 : 2   **11.** ⑤

12. ㄱ. ⓑ ㄴ. ⓐ   **13.** ③   **14.** ②   **15.** ④

16. ③   **17.** ⑤   **18.** ④   **19.** ②

20. ㉠ 360 ㉡ 518.4   **21.** ②   **22.** ④

23. ㉠ 1,035 ㉡ 1,380   **24.** ③

25. 41.3   **26.** ④   **27.** 323.6   **28.** ㉠ 8 ㉡ 7

29. ③   **30.** ④   **31.** (1) 210 (2) 18 (3) 11.7

32. ②

---

01. 답 (나)

해설 진동수가 클수록 더 높은 소리가 난다. (가)는 기본음과 진동수가 같기 때문에 같은 높이의 소리지만 진폭이 작으므로 작은 소리이다. (다)는 소리의 세기와 높이가 기본음과 같지만 파형이 다르므로 음색이 다르다.

04. 답 0.0165

해설 $v = f\lambda$ 이다. 소리의 진동수가 클수록 높은 소리가 난다. 따라서 사람이 들을 수 있는 가장 높은 소리의 파장 λ 은 다음과 같다.

$$\lambda = \frac{\text{소리의 속력}}{\text{사람이 들을 수 있는 소리의 최대 진동수}} = \frac{330}{20,000}$$

$$= 0.0165(m)$$

05. 답 (1) X (2) O (3) O

해설 (1) 정상파의 배부분은 두 파동이 보강 간섭을 일으키는 부분으로 진폭이 최대가 된다. 두 파동이 상쇄 간섭을 일으키는 부분은 마디이다.

06. 답 3 : 5

해설 길이가 l 인 기타줄의 기본 진동수 $f = \frac{v}{2l}$ 이다. 이때 길이가 $\frac{3}{5}l$인 지점을 튕길 때 나오는 소리의 기본 진동수는 $f' = \frac{v}{2l'}$ 이고, $l' = \frac{3}{5}l$이므로 $f' = \frac{v}{2l} \times \frac{5}{3} = \frac{5}{3}f$

$$\therefore f : f' = 3 : 5$$

07. 답 100, 200, 300

해설 길이가 L 인 양 끝이 열린 관에서 만들어진 정상파의 기본 진동수 $f = \frac{v}{2L}n$ 이다.

$$\therefore f_1(n=1) = \frac{330}{2 \times 1.65} = 100(Hz) \rightarrow 기본 진동수$$

$f_2 = 2f_1 = 2 \times 100 = 200(Hz)$, $f_3 = 3f_1 = 3 \times 100 = 300(Hz)$ 이 된다. (이들을 조화 모드의 진동수라고 한다.)

08. 답 50, 150, 250

해설 길이가 L 인 한쪽 끝이 열린 관에서 만들어진 정상파의 기본 진동수 $f = \frac{v}{4L}(2n-1)$ 이다.

$$\therefore f_1 = \frac{330}{4 \times 1.65} = 50(Hz), (n=1) \rightarrow 기본 진동수$$

$f_3 = 3f_1 = 3 \times 50 = 150(Hz), (n=2)$
$f_5 = 5f_1 = 5 \times 50 = 250(Hz), (n=3)$

10. 답 1 : 2

해설 한 옥타브 높은 음은 진동수가 2배인 음이다.

11. 답 ⑤

해설 ㄱ. 진폭이 작을수록 작은 소리이다.

ㄴ. 소리의 속력이 같으므로 파장과 진동수는 반비례한다. 또한, 1옥타브 차이나는 두 소리는 진동수가 2배 차이이다. (나)와 (다)의 진동수의 비는 2 : 1이므로 1옥타브 차이가 난다.

ㄷ. (다)는 진동수가 가장 작으므로 가장 낮은 소리를 나타낸다.

12. 답 ㄱ. ⓑ ㄴ. ⓐ

해설 초음파의 진동수가 높을수록 더 작은 차이도 구별할 수 있다. 따라서 금속이나 플라스틱의 검사에는 2,000 ~

10,000kHz 의 높은 진동수의 초음파를 이용하고, 나무나 시멘트, 콘크리트로 된 구조물의 검사에는 50 ~ 500kHz의 낮은 진동수의 초음파를 이용한다.

13. 답 ③

해설 ㄱ.배가 4개가 있으므로 4배 진동임을 알 수 있다.
$\lambda_4 = \frac{2 \times 1.6}{4} = 0.8(m)$이다. (또는 두 마디 사이의 거리이다.)
1초에 4회 진동하였으므로 진동수는 4Hz이다. 파동의 속력 $v = f \times \lambda = 4 \times 0.8 = 3.2(m/s)$

ㄴ. $L = 160cm$ 줄에서 정상파의 λ_1(기본 진동 파장)= $2L$ = 3.2m이고, 기본 진동수 $f_1 = \frac{v}{2L}$ = 1Hz이다.

진동수 $f_n = \frac{v}{2L}n = 1 \times n$ 으로 나타낼 수 있고, n은 정수이므로 2초에 9번 진동하는 정상파는 나타나지 않는다.

ㄷ. 입사파의 파장은 정상파의 파장과 같으므로 0.8m이다.

14. 답 ②

해설 관에서 소리가 발생하는 것은 공기의 진동에 의해 정상파가 발생하였기 때문이다.

$$v = f \times \lambda \rightarrow 340 = 85Hz \times \lambda \quad \therefore \lambda = 4m$$

한쪽이 막힌 관에서 기본 진동이 발생할 때는 관의 길이가 $\frac{\lambda}{4}$ 일 때이다. 따라서 관의 길이는 1m(= 100cm)이다.

15. 답 ④

해설 팬파이프에서는 공기의 진동으로 관 안에서 정상파가 형성되어 소리가 발생하는 것이다.

ㄱ, ㄷ. 기본 진동에 의한 소리가 날 때, 관의 길이가 길수록 더 긴 파장의 정상파가 형성되고, 소리의 속력은 일정하므로 진동수 정상파의 진동수가 작아져 낮은 소리가 난다.

ㄴ. 열린쪽 입구에서는 정상파의 배가 만들어진다.

16. 답 ③

해설 그림 (가)와 같이 유리관 입구를 불면 유리관 속 공기의 진동에 의해 소리가 나게 된다. 이는 한쪽 끝이 막힌 관에서 정상파가 발생하는 것과 같고, 유리관 입구 쪽에는 배, 물과 닿는 부분에서는 마디가 생성된다. 따라서 유리관 속 물이 적게 채워져 있는 경우에는 관의 길이가 길 때에 해당하므로 파장이 커지고 진동수가 작아져서 낮은 소리가 난다. 유리관 입구를 불어서 소리를 내는 경우에는 물의 높이가 높을수록 높은 소리가 난다.

그림 (나)의 경우에는 유리관을 문질러서 소리를 내기 때문에 유리관의 진동에 의해 소리가 발생하게 된다. 이때 유리관에 채워진 물의 양이 많을수록 유리관의 진동이 둔해져 진동수가 작아지고 낮은 소리가 난다.

17. 답 ⑤

해설 ⑤ 각 정상파의 진동수는 다음과 같이 나타난다.

$$f(\text{양끝이 열린 관})= n\frac{v}{2l}, \quad f'(\text{한쪽 끝이 닫힌 관})=n'\frac{v}{4l}$$

따라서 관의 길이(l)가 같을 때 양끝이 열린 관에서 발생하는 정상파의 기본 진동수가 더 크므로 더 높은 소리가 난다.

①, ② 관의 길이가 길어질수록 정상파의 파장이 길어진다. 소리의 속력은 일정하므로 파장이 길수록 진동수는 작아져서 낮은 소리가 난다.
③ 열려있는 구멍에서는 배가 형성된다.
④ 관의 길이가 일정할 때, 소리의 파장이 길어질수록 진동수가 작아지므로 더 낮은 소리가 난다.

18. 답 ④
해설 양 끝이 고정된 줄에서 정상파의 기본 진동수는

$$f = \frac{v}{\lambda} = \frac{v}{2l}$$

주어진 문제에서 줄에 발생하는 정상파의 속력은 일정하다.
$v = 2l \times f = $ 일정
$\therefore 64\text{cm} \times 196\text{Hz} = l_A \times 220\text{Hz} \rightarrow l_A \fallingdotseq 57\text{cm}$
기타 줄에서 A음의 파동의 속력은
$2l_A \times f_A = 2 \times 0.57 \times 220 = 25.8 \fallingdotseq 251\text{m/s}$

19. 답 ②
해설 $\lambda = \frac{v}{f}$ 이다.
공기 중에서 소리의 속력을 $v_\text{공}$, 진동수를 $f_\text{공}$, 파장을 $\lambda_\text{공}$ 라 하면, $\lambda_\text{공} = \frac{340}{4.5 \times 10^6} = 7.55 \cdots \times 10^{-5} \fallingdotseq 7.5 \times 10^{-5}\text{(m)}$

조직 내에서 소리의 속력을 $v_\text{조}$, 진동수를 $f_\text{조}$, 파장을 $\lambda_\text{조}$ 라 하면, $\lambda_\text{조} = \frac{1,500}{4.5 \times 10^6} = 3.33 \cdots \times 10^{-4} \fallingdotseq 3.3 \times 10^{-4}\text{(m)}$

20. 답 ㉠ 360 ㉡ 518.4
해설 ㉠ 길이가 l 인 줄의 양쪽 끝이 고정된 줄에서 기본 진동수 f 와 정상파의 파장 λ 과의 관계는 다음과 같다.

$$f = \frac{v}{\lambda} = \frac{v}{2l}$$

$\therefore v = 2l \times f = 2 \times 0.2 \times 900 = 360\text{m/s}$
㉡ 줄의 장력을 T (N), 줄의 선밀도를 ρ (kg/m)라고 할 때, 줄을 따라 전파되는 횡파(정상파)의 속도 v 는 다음과 같다.

$$v = \sqrt{\frac{T}{\rho}} \rightarrow T = v^2\rho, \ \rho = \frac{\text{선의 질량}}{\text{선의 길이}} = \frac{0.8 \times 10^{-3}}{0.2}$$

$$\therefore T = v^2\rho = 360^2 \times \frac{0.8 \times 10^{-3}}{0.2} = 518.4\text{(N)}$$

21. 답 ②
해설 양 끝이 고정된 줄에서 만들어진 정상파의 진동수는 다음과 같다. v 는 현에서의 파동의 전파 속력으로 일정하다.
고정대가 가운데 있을 때 : $\lambda = 2l = 2(m)$

$(f_n = n\frac{v}{2l})$ $f = \frac{v}{2 \times 1} = \frac{v}{2}$(기본 진동수($n = 1$))

고정대를 왼쪽으로 20cm 이동시킨 후, 기본 진동수로 진동시켰을 때 왼쪽 줄의 기본 진동수를 f_1, 오른쪽 줄의 기본 진동수를 f_2라고 하면,

$$f_1 = \frac{v}{2 \times 0.8} = \frac{f}{0.8}, \ f_2 = \frac{v}{2 \times 1.2} = \frac{f}{1.2}$$

이때 맥놀이 진동수가 50Hz였으므로 $|f_1 - f_2| = 50$이다.

$$\rightarrow \frac{f}{0.8} - \frac{f}{1.2} = 50 \qquad \therefore f = 120\text{(Hz)}$$

22. 답 ④
해설 공명이 일어나는 경우 관속에서 정상파가 발생한다. 음파의 속력이 v 일 때, 양 끝이 열린 관에서 관의 길이(L)와 정상파의 파장(λ_n), 진동수(f_n)의 관계는 다음과 같다.

$$\lambda_n = \frac{2L}{n}, \ f_n = \frac{v}{\lambda_n} = \frac{nv}{2L}$$

주어진 문제의 관속에서 정상파의 진동수 f_n

$$f_n = \frac{n \times 345}{2 \times 0.5} = 345n\text{ (Hz)}(n = 1, 2, 3\cdots)\text{이다.}$$

스피커 A가 발생시킬 수 있는 진동수의 범위는 1000 ~ 2000Hz 이므로,
$1000 = 345n \rightarrow n = 2.8985\cdots, \ 2000 = 345n \rightarrow n = 5.79715\cdots$
즉, 진동수 1000 ~ 2000Hz 범위에서 진동수 조건을 만족시킬 수 있는 정수값 n 은 3, 4, 5 가 있다. 따라서 관에서 소리를 낼 수 있는 진동수는 3개이다.

23. 답 ㉠ 1,035 ㉡ 1,380
해설 관에서 공명이 일어나는 가장 낮은 진동수는 $n = 3$ 일 때이며, 두 번째로 낮은 진동수는 $n = 4$ 일 때의 진동수이다.
$\therefore f_3 = 345 \times 3 = 1,035\text{(Hz)}, f_4 = 345 \times 4 = 1,380\text{(Hz)}$

24. 답 ③
해설 만약 군인들이 일정한 속도로 발을 맞춰서 진행한다면, 군인들의 단위 시간당 걸음수와 다리의 고유 진동수가 일치할 때 공명이 일어나 다리가 크게 진동하여 무너지게 될 것이다. 고유 진동수가 3 Hz 라는 것은 1초에 3번 진동한다는 의미이다. 따라서 군인들이 1초에 3번 다리에 진동을 주게 된다면 공명이 일어날 것이다. 즉, 1초에 3번 걸음을 내딛을 때 무너질 위험이 있는 것이다. 1초에 $60 \times 3 = 180\text{cm}$를 진행하는 것이므로, 걸음의 속도는 180cm/초 이다.

25. 답 41.3
해설 길이가 l 인 줄의 양쪽 끝이 고정된 줄에서 기본 진동수 f 와 정상파의 파장 λ 과의 관계는 다음과 같다.

$$f_n = \frac{v}{\lambda_n} = \frac{nv}{2l}$$

이때 줄의 장력을 T (N), 줄의 선밀도를 ρ (kg/m)라고 할 때, 줄을 따라 전파되는 횡파의 속도 v 는 다음과 같다.

$$v = \sqrt{\frac{T}{\rho}}, \ \rho = 6.5 \times 10^{-4} \text{ (kg/m)}$$

공명이 일어나는 최소 진동수를 $f_1(n = n_1)$, 최대 진동수를 f_2
$$(n = n_1 + 1)\text{라고 하면,}$$

$$f_2 = \frac{n_1 + 1}{2l} \times v = f_1 + \frac{v}{2l} \rightarrow f_2 - f_1 = \frac{v}{2l} = \frac{1}{2l}\sqrt{\frac{T}{\rho}}$$

$$\therefore T = (f_2 - f_1)^2 \times 4l^2 \times \rho$$
$$= (1300 - 880)^2 \times 4(0.3)^2 \times 6.5 \times 10^{-4} = 41.3\text{(N)}$$

26. 답 ④

해설 음파는 공기의 밀한 부분과 소한 부분이 반복되어 진행하는 종파로, 입사파와 반사파가 중첩되어 반사판 앞쪽에 정상파를 만든다. 불꽃 모양 변화가 최소인 곳은 공기 진동의 진폭이 최소인 부분이며 정상파의 마디 부분이 된다. 음파의 파장은 2 × (마디에서 다음 마디 까지의 거리)이다. 주어진 문제에서 진폭이 최소인 지점 사이의 거리는 4.8 − 2.4 = 7.2 − 4.8 = 9.6 − 7.2 = 2.4cm 이므로, 음파 발생기에서 발생한 음파의 파장은 2 × 2.4cm = 4.8cm 이다.

$$\therefore f = \frac{v}{\lambda} = \frac{340}{0.048} \fallingdotseq 7,083(\text{Hz})$$

27. 답 323.6

해설 외부 진동에 의해 알루미늄 줄과 강철 줄에 정상파가 만들어졌으므로 두 도선에 발생한 진동수는 같지만, 파동의 속력과 파장은 다르다. 이때 두 줄의 연결점에는 정상파의 마디가 생긴다. 양끝이 고정된 줄일 경우, 줄 전체의 길이(l)가 반 파장의 정수배일 때만 정상파가 발생한다. 따라서 알루미늄 줄의 길이 l_1와 파장 λ_1, 속력 v_1의 관계는 다음과 같다.

$$l_1 = \frac{n_1 \lambda_1}{2} = \frac{n_1 v_1}{2f} \rightarrow f = \frac{n_1 v_1}{2l_1}, \quad n_1 = \frac{2l_1 f}{v_1}$$

마찬가지로 강철 줄의 길이 l_2와 파장 λ_2, 속력 v_2의 관계는 다음과 같다.

$$l_2 = \frac{n_2 \lambda_2}{2} = \frac{n_2 v_2}{2f} \rightarrow f = \frac{n_2 v_2}{2l_2}, \quad n_2 = \frac{2l_2 f}{v_2}$$

줄의 장력을 T (N), 줄의 선밀도를 ρ (kg/m)라고 할 때, 줄을 따라 전파되는 횡파(정상파)의 속도 v는 다음과 같다.

$$v = \sqrt{\frac{T}{\rho}}$$

따라서 알루미늄 줄과 강철 줄에 걸리는 장력은 T (추의 무게)로 같고, 각각의 선밀도를 ρ_1, ρ_2라고 한다면 각 줄에서 발생하는 파동의 속력은 다음과 같다.

$$v_1 = \sqrt{\frac{T}{\rho_1}}, \quad v_2 = \sqrt{\frac{T}{\rho_2}}$$

$$\therefore \frac{n_2}{n_1} = \frac{l_2 \sqrt{\rho_2}}{l_1 \sqrt{\rho_1}} = \frac{0.88\sqrt{7.8 \times 10^{-3}}}{0.6\sqrt{2.6 \times 10^{-3}}} \fallingdotseq 2.5$$

그러므로 위의 조건을 만족하는 가장 작은 정수값은 $n_1 = 2$, $n_2 = 5$가 된다.

$$\therefore f = \frac{n_1}{2l_1}\sqrt{\frac{T}{\rho_1}} = \frac{2}{2 \times 0.6}\sqrt{\frac{10 \times 9.8}{2.6 \times 10^{-3}}} = 323.57\cdots$$

$$\rightarrow f = 323.6(\text{Hz})$$

28. 답 ㉠ 8 ㉡ 7

해설 알루미늄 선에서 2개(2배 진동), 강철 선에서 5개(5배 진동)의 배가 발생하므로, 배의 수는 총 7개 이고, 마디의 수는 양 끝점을 포함하여 총 8개의 마디가 생긴다.

29. 답 ③

해설 음파 간섭계에서 두 가지 경로 B, C의 경로차가 음파의 반파장의 짝수배일 때 D점에서의 음파의 세기가 최대

가 된다.

경로차 $= \frac{\lambda}{2} \cdot 2m$ ($m = 0, 1, 2, \cdots$) - 보강 간섭이다.

$\frac{\lambda}{2} \cdot 2m = 0.8, 1.6, 2.4, \cdots$이므로 소리굽쇠에서 발생한 음파의 파장 $\lambda = 0.8$(m)이다.

ㄱ. $v = f\lambda = 430 \times 0.8 = 344$(m/s)이다. ㄴ. 소리굽쇠에서 발생한 음파의 파장과 C 경로를 지나온 음파의 파장은 같다. ㄷ. 경로차는 왼쪽으로 잡아당긴 거리 × 2 이다. 따라서 왼쪽으로 0.4m 당길 때마다 공명 현상이 일어난 것이다.

30. 답 ④

해설 ㄱ. 양끝이 고정된 길이 L인 줄에 형성되는 기본 진동을 하는 정상파의 파장은 $2L$이다. 정상파 A의 파장은 L, 정상파 B의 파장은 $2L$, 정상파 C의 파장은 $\frac{2}{3}L$ 이다.

ㄴ, ㄷ. 파동의 전파 속력은 $v = f \times \lambda$ 이다. 정상파 A의 속력은 $v_A = f_0 \times L$, 같은 줄이므로 정상파 B와 C의 속력은 서로 같아서 $v_B = v_C = 2f_0 \times 2L = 4f_0 L = 4v_A$ 가 된다.

$\therefore$ 정상파 C에서 진동수 $f = \frac{v}{\lambda} = \frac{4f_0 L}{\frac{2}{3}L} = 6f_0$ 이다. 이것은 정상파 A보다 두 옥타브 높은 음이 아니다. 한 옥타브 높은 음은 진동수가 2배, 두 옥타브 높은 음은 진동수가 4배이다.

31. 답 (1) 210 (2) 18 (3) 11.7

해설 줄의 장력을 T (N), 줄의 선밀도를 ρ (kg/m)라고 할 때, 줄을 따라 전파되는 횡파(정상파)의 속도 v는 다음과 같다.

$$v = \sqrt{\frac{T}{\rho}}$$

이때 선밀도는 단위 길이당 질량으로, $\rho = \dfrac{\text{줄의 질량}}{\text{줄의 길이}}$ 이다.

$$\therefore v = \sqrt{\frac{49 \times 9}{0.01}} = 210\text{m/s}$$

(2) 기본 진동일 때 정상파의 파장이 가장 길다. 이때 파장은 줄의 길이 × 2이므로, 2 × 9 = 18(m)이다.

(3) 진동수 $f = \dfrac{v}{\lambda} = \dfrac{210}{18} \fallingdotseq 11.7$ Hz

32. 답 ②

해설 한쪽 끝이 막힌 관이므로 입구를 제외한 이웃한 공명 지점 사이의 거리가 $\frac{1}{2}\lambda$ 에 해당한다.

$99 - 33 = \frac{1}{2}\lambda$, $\lambda = 132$ cm

$$\therefore f(\text{진동수}) = \frac{v}{\lambda} = \frac{343}{1.32} \fallingdotseq 260 \text{ Hz}$$

따라서 (진동수) 261Hz인 '도'음과 가장 가까운 음이 소리굽쇠에서 발생한다. 두 음의 진동수의 비가 간단한 정수비일 때 화음이라고 할 수 있다.

① 도 : 도 ≒ 1 : 1(2), ② 도 : 레 ≒ 8 : 9,
③ 도 : 미 ≒ 4 : 5, ④ 도 : 솔 ≒ 3 : 4
가장 화음을 이루지 않는 것은 '레'이다.

18강. 빛 Ⅰ

개념 확인   56~59쪽

1. ㉡, ㉡, ㉠   **2.** 상쇄, 보강   **3.** ㉡   **4.** ⑤

3. 답 ㉡

해설 빛의 회절 무늬 간격은 동일한 조건일 때 파장이 짧을수록 좁아진다. 따라서 파장이 더 짧은 청색광을 사용할 경우가 회절 무늬의 간격이 더 좁다.

확인+   56~59쪽

1. 4×10^{-4} **2.** (1) ㉠ (2) ㉡   **3.** 2.625   **4.** ②, ⑤

1. 답 4×10^{-4}

해설 인접한 밝은(또는 어두운) 무늬 사이의 간격(Δx)은 슬릿과 스크린 사이의 간격이 L, 슬릿 사이의 간격이 d, 빛의 파장이 λ 일 때 다음과 같다.

$$\Delta x = \frac{L\lambda}{d} \ \rightarrow \ \lambda = \frac{\Delta x d}{L}$$

$$\therefore \lambda = \frac{0.2 \times 2}{1000} = 0.0004 = 4 \times 10^{-4}(\text{mm})$$

2. 답 (1) ㉠ (2) ㉡

해설 주어진 문제의 경우 기름막의 굴절률이 공기보다 크고, 유리판보다 작다. 따라서 기름막의 윗면과 아랫면에서 모두 위상이 반대가 되는 고정단 반사가 일어나게 되므로 반사 광선의 위상은 모두 입사 광선과 반대가 된다.

3. 답 2.625

해설 단일 슬릿에서 보강 간섭이 일어날 조건은 다음과 같다.

$$d\sin\theta = \frac{\lambda}{2}(2m+1) \quad (m = 1, 2, 3, \cdots)$$

이때 슬릿과 스크린 사이의 거리가 슬릿의 간격이나 무늬 사이의 거리보다 매우 크므로, $d\sin\theta \fallingdotseq d\tan\theta = \frac{dx}{L}$가 된다.

$$\therefore \frac{dx}{L} = \frac{\lambda}{2}(2m+1) \rightarrow x = \frac{L\lambda}{2d}(2m+1)$$

중앙점에서 세 번째 밝은 무늬까지의 거리인 x 값은 $m = 3$ 일 때이다. ($3000\text{Å} = 3000 \times 10^{-10}\text{m} = 0.0003$ mm)

$$\therefore x = \frac{500 \times 0.0003}{2 \times 0.2}(2 \times 3 + 1) = 2.625(\text{mm})$$

4. 답 ②, ⑤

해설 전반사는 빛이 굴절률이 큰 매질에서 작은 매질로 진행할 때 일어나며, 입사각이 임계각보다 커야 한다.

개념 다지기   60~61쪽

01. ④   **02.** ②   **03.** ①   **04.** ③
05. ④   **06.** 1,100   **07.** ④   **08.** ②

01. 답 ④

해설 무늬 사이의 간격 $\Delta x = \frac{l\lambda}{d}$ 이므로, d 를 좁게 하거나 슬릿과 스크린 사이의 거리 l 을 길게 하면 간섭 무늬 사이의 간격이 넓어진다.

02. 답 ②

해설 상쇄 간섭이 일어날 조건 :

$$S_1 P \sim S_2 P = \frac{\lambda}{2}(2m+1) \quad (m = 0, 1, 2, \cdots)$$

첫번째 어두운 무늬는 $m = 0$ 일 때이므로,

$$S_1 P \sim S_2 P = \frac{4000}{2}(2 \times 0 + 1) = 2,000(\text{Å})$$

03. 답 ①

해설 얇은 막의 윗면과 아랫면에서 반사하는 두 빛의 경로차는 $2nd\cos\theta$이다. 문제의 그림에서는 윗면에서는 고정단 반사, 아랫면에서는 자유단 반사가 일어나므로 상쇄 간섭(어두운 무늬)이 일어날 조건은 다음과 같다.

$$\text{광로차} = 2nd\cos\theta = \frac{\lambda}{2}(2m) \quad (m = 0, 1, 2, \cdots)$$

빛이 수직으로 입사하는 경우 $\theta = 0°$이므로,

$2nd = \lambda m$ $(m = 0, 1, 2, \cdots)$, $m = 1$일 때 d 는 최소가 된다.

$$d = \frac{\lambda}{2n} = \frac{\lambda}{2 \times 1.5} = \frac{\lambda}{3}$$

04. 답 ③

해설 얇은 막의 굴절률이 위의 매질보다 크고, 아래 매질보다 작을 경우, 위에서 입사한 빛의 얇은 막의 위쪽 면과 아래쪽 면에서 이루어지는 반사는 모두 고정단 반사이다. 이때 위에서 봤을 때 빛의 간섭 조건은 변하지 않는다.

05. 답 ④

해설 ①, ③ 빛의 회절 무늬의 간격은 파장이 길수록, 슬릿의 간격이 좁을수록, 슬릿과 스크린 사이의 거리가 클수록 넓어진다.
② 빛의 회절 현상은 빛의 파동 성질을 나타내는 증거가 된다.
⑤ 빛의 회절에 의한 밝은 무늬는 단일 슬릿의 양쪽 경계를 통과한 두 빛의 광로차가 반파장의 홀수배일 때 일어난다.

06. 답 1,100

해설 어두운 무늬가 생기는 상쇄 간섭이 일어날 조건은 빛의 경로차가 반파장의 짝수배일 때이다. 즉,

$$d\sin\theta = \frac{\lambda}{2}(2m) \quad (m = 1, 2, 3, \cdots) \text{ 을 만족할 때이다.}$$

첫 번째 어두운 부분은 $m = 1$ 일 때이므로,

$$d\sin 30° = \frac{550}{2}(2 \times 1) = 550, \ \sin 30° = \frac{1}{2}$$

$$\therefore d = 1,100(\text{nm})$$

07. 답 ④

해설 입사각이 임계각(i_c)보다 클 경우 빛은 경계면에서 전반사한다.

$$\frac{\sin i_c}{\sin 90°} = \frac{n_{공기}}{n_{매질 A}} = \frac{1.0}{1.5} \rightarrow \sin i_c = \frac{1.0}{1.5}$$

이때 전반사는 임계각보다 클 경우 일어나므로

$$\sin\theta > \sin i_c = \frac{1.0}{1.5}$$

08. 답 ②

해설 ㄱ. 편광 현상은 빛이 횡파라는 증거이다.

ㄷ. 실험 (B)에서도 빛을 관측할 수는 있다. 이때 빛의 밝기는 실험 (A)에서보다 흐리다. 편광판을 90° 회전시킬 때 빛은 두 편광판을 통과할 수 없다.

유형 익히기 & 하브루타		62~65쪽
[유형 18-1] ⑤	01. ②	02. ④
[유형 18-2] ④	03. ②	04. ③
[유형 18-3] ③	05. ③	06. ④
[유형 18-4] ②	07. ③	08. ①

[유형 18-1] 답 ⑤

해설 ㄱ. 간섭 무늬 사이의 간격은 파장이 길어질수록, 슬릿과 스크린 사이의 간격(L)이 멀어질수록, 슬릿 사이의 간격(d)이 좁을수록 넓어진다.

ㄴ. 이중 슬릿을 통과한 두 빛의 경로차가 반파장의 짝수배일 때는 보강 간섭이 일어나서 밝은 무늬가 생긴다.

ㄷ. 단일 슬릿은 이중 슬릿에 도달하는 두 단색광의 위상을 같게 하여 간섭 현상이 광로차에 의해서만 일어날 수 있도록 해준다.

01. 답 ②

해설 O점에는 밝은 무늬가 생기므로 O~P 는 밝은 무늬 사이 간격(Δx)과 같다. Δx 는 슬릿과 스크린 사이의 간격이 L, 슬릿 간격이 d, 빛의 파장이 λ 일 때 다음과 같다.

$$\Delta x = \frac{L\lambda}{d} \rightarrow \lambda = \frac{\Delta x d}{L}$$

$$\therefore \lambda = \frac{(3 \times 10^{-3})(2 \times 10^{-5})}{0.15} = 4 \times 10^{-7}(\text{m}) = 4,000(\text{Å})$$

02. 답 ④

해설 인접한 밝은(또는 어두운) 무늬 사이의 간격(Δx)은 슬릿과 스크린 사이의 간격이 L, 슬릿 사이의 간격이 d, 빛의 파장이 λ 일 때 다음과 같다.

$$\Delta x = \frac{L\lambda}{d}$$

$$1 \times 10^{-3}\text{m} = \frac{L \times 500 \times 10^{-9}\text{m}}{0.5 \times 10^{-3}\text{m}} \rightarrow L = 1(\text{m})$$

두 번째 실험에서 슬릿 사이의 간격을 d' 라고 하면,

$$d' = \frac{L\lambda'}{\Delta x'} = \frac{1 \times 600 \times 10^{-9}\text{m}}{2.5 \times 10^{-3}\text{m}} = 2.4 \times 10^{-4}(\text{m})$$

[유형 18-2] 답 ④

해설 고정단 반사는 파동이 소한 매질에서 밀한 매질로 입사하면서 반사할 때 일어나는 반사이며, 자유단 반사는 밀한 매질에서 소한 매질로 입사하면서 반사할 때 일어나는 반사이다.

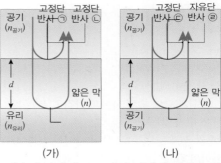

ㄱ. ㉣은 자유단 반사이므로 반사 광선의 위상은 변하지 않는다.

ㄴ. (나)의 경우에는 얇은 막의 윗면에서는 고정단 반사, 아랫면에서는 자유단 반사가 일어나기 때문에 어두운 무늬가 생기는 상쇄 간섭은 반사한 두 빛의 광로차가 반파장의 짝수배일 때 일어난다.

ㄷ. 얇은 막에서 반사한 빛이 매우 약하다는 것은 반사한 두 빛이 서로 상쇄 간섭한다는 것이다. 위에서 봤을 때 두 빛은 모두 고정단 반사이므로

(가)에서 상쇄 간섭이 일어날 조건:

$$2nd = \frac{\lambda}{2}(2m+1) \quad (m = 0, 1, 2, \cdots)$$

이때 얇은 막의 최소 두께는 $m = 0$ 일 때이므로,

$$2nd = \frac{\lambda}{2} \rightarrow d = \frac{\lambda}{4n} \text{이다.}$$

03. 답 ②

해설

유리에서 반사되는 빛을 없애기 위해 굴절률이 $\frac{6}{5}$ 인 투명한 막으로 코팅을 하였으므로, 얇은 막의 굴절률이 위의 매질보다 크고, 아래 매질보다 작을 경우의 빛의 간섭이 일어나는 상황이다. ($n_{유리} > n_{막} > n_{공기}$)

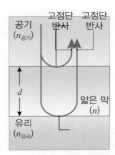

따라서 얇은 막의 윗면과 아랫면에서 모두 위상이 반대가 되는 고정단 반사가 일어나고, 유리에서 반사되는 빛을 없애기 위해서는 빛의 상쇄 간섭의 조건을 만족해야 한다.

$$\therefore 2nd = \frac{\lambda}{2}(2m+1) \quad (m = 0, 1, 2, \cdots)$$

막의 최소 두께는 $m = 0$ 일 때이다.

$$\therefore d = \frac{\lambda}{4n} = \frac{480}{4 \times \frac{6}{5}} = 100(\text{nm})$$

04. 답 ③

해설 기름막의 굴절률은 위아래의 공기보다 굴절률이 크기 때문에 기름막의 윗면에서는 고정단 반사, 아랫면에서는 자유단 반사를 한다. 따라서 보강 간섭이 일어날 조건은 다음과 같다.

$$2nd = \frac{\lambda}{2}(2m + 1) \quad (m = 0, 1, 2, \cdots)$$

$$\rightarrow \lambda = \frac{4nd}{2m + 1} = \frac{4 \times 1.47 \times 5 \times 10^{-7}}{2m + 1} \ \text{(m)}$$

$\therefore m = 0 \ \rightarrow \ \lambda = 29,400 \text{Å}$

$m = 1 \ \rightarrow \ \lambda = 9,800 \text{Å}$

$m = 2 \ \rightarrow \ \lambda = 5,880 \text{Å}$

$m = 3 \ \rightarrow \ \lambda = 4,200 \text{Å}$

[유형 18-3] 답 ③

해설 ㄱ. 광원과 단일 슬릿 사이의 간격 L_1은 무늬 사이의 간격에 영향을 주지 않는다.

ㄴ. 인접한 밝은(또는 어두운) 무늬 사이의 간격(Δx)은 슬릿과 스크린 사이의 간격이 L, 단일 슬릿의 폭이 d, 빛의 파장이 λ일 때, $\Delta x = \dfrac{L\lambda}{d}$ 가 된다.

d와 L을 두 배로 해도, $\Delta x = \dfrac{2L\lambda}{2d} = \dfrac{L\lambda}{d}$ 이므로, 무늬 사이의 간격은 변함이 없다.

ㄷ. 빨간색 빛은 파란색 빛보다 파장이 길다. 따라서 무늬 사이의 간격이 더 넓게 나타난다.

05. 답 ③

해설 빛의 회절 무늬 간격은 슬릿의 간격이 좁을수록 넓어진다. 가로의 슬릿 간격이 더 좁고, 세로의 간격이 더 넓은 틈일 때 그림과 같은 모양의 회절 무늬가 생긴다.

06. 답 ④

해설 ㄱ. 단일 슬릿에 의한 회절 무늬는 스크린 중앙의 무늬가 가장 밝고, 다른 밝은 무늬의 폭의 2배이다.

ㄴ. 슬릿의 폭을 줄이면 빛의 회절 무늬의 간격이 넓어진다. 따라서 폭 d를 줄이면 P점은 ㉠ 방향으로 이동한다.

ㄷ. 어두운 무늬가 생기는 지점은 슬릿의 양쪽 끝(가장자리)을 통과한 두 빛의 경로차가 반파장의 짝수배인 지점이다. 즉, 슬릿의 중앙과 가장 자리를 각각 통과한 두 빛의 경로 차는 $\dfrac{\lambda}{2}$ 이다.

[유형 18-4] 답 ②

해설 ㄱ. 전반사는 밀한 매질에서 소한 매질로 빛이 진행할 때 일어나는 현상이다. 따라서 $n_B > n_A$ 이다.

ㄴ. $\sin\theta = \dfrac{n_A}{n_B}$ 이다.

ㄷ. 빛의 속력 $= \dfrac{c}{n}$ (c는 빛의 속력으로 $3 \times 10^8 \text{m/s}$이다.)이다. 즉, 굴절률이 클수록 빛의 속력은 느려진다. 공기에서 물체 B로 진행할 때 입사각이 굴절각보다 크므로, 공기의 굴절률보다 물체 B의 굴절률이 더 큰 것을 알 수 있다.

ㄹ. 입사각 i 가 커지면, 굴절각도 커지게 되고, 입사각은 θ보다 작아진다. 현재 θ는 임계각이고, 빛이 B에서 A로 진행할 때, 입사각이 θ보다 작아지므로 전반사하지 않는다.

07. 답 ③

해설 ㄱ. 광섬유의 중심부에는 굴절률이 큰 유리인 코어가 있고, 그 주위를 굴절률이 작은 유리인 클래딩이 감싸고 있는 구조로 되어 있다.

ㄴ. 빛은 코어 내부에서 진행한다.

08. 답 ①

해설 빛의 편광 현상은 빛이 진행 방향과 수직인 모든 방향으로 진동하는 횡파라는 증거이다.

ㄱ. 빛이 가장 밝게 보이고 있으므로, 두 편광판의 편광축이 나란하게 배치되어 있는 경우이다.

ㄴ. 편광판을 $180°$ 회전하여도 기존의 편광축의 방향과 같기 때문에 빛은 가장 밝게 보인다. 편광판을 $90°$ 회전할 때 빛이 가장 어둡게 보인다.

ㄷ. 편광판의 위치를 바꿔도 편광축의 방향은 변함이 없기 때문에 밝기 변화는 없다.

창의력 & 토론마당　　66~69쪽

01

(1) P점 : 자유단 반사, Q점 : 고정단 반사

(2) 해설 참조　　(3) $\Delta x = \dfrac{\lambda L}{2h}$

해설 (1) P점에서는 밀한 매질(유리)에서 소한 매질(공기)로 빛이 진행하기 때문에 자유단 반사가 일어나며, Q점에서는 소한 매질(공기)에서 밀한 매질(유리)로 빛이 진행하기 때문에 고정단 반사가 일어난다.

(2) P에서 반사된 빛과 Q에서 반사된 두 빛 사이의 광로차는 $2d_1$ 이다. 또 두 빛의 위상차가 $\pi(180°) = \dfrac{\lambda}{2}$ 이므로 다음과 같이 간섭 조건이 성립한다.

$\Delta = 2d_1 = \dfrac{\lambda}{2}(2m + 1) \ (m = 0, 1, 2, \cdots)$: 보강 간섭

$\Delta = 2d_1 = \dfrac{\lambda}{2}(2m) \ (m = 0, 1, 2, \cdots)$: 상쇄 간섭

(3) 인접한 어두운 무늬를 이루는 공기층의 두께를 각각 d_1, d_2 라고 하고, 무늬폭을 Δx, 유리판이 떨어져 있는 높이를 h, 유리판의 길이가 L 이라고 하면

상쇄 간섭 조건 : $2d_1 = \dfrac{\lambda}{2}(2m)$, $2d_2 = \dfrac{\lambda}{2}(2(m+1))$이고, 두 식에서 $2(d_2 - d_1) = \lambda$ 이다.

$\tan\theta = \dfrac{d_2 - d_1}{\Delta x} = \dfrac{h}{L}$, $d_2 - d_1 = \dfrac{\lambda}{2}$

$\therefore \Delta x = \dfrac{L}{h}(d_2 - d_1) = \dfrac{\lambda L}{2h}$

02

$$(1)\ h_0 > h_c \qquad\qquad (2)\ h_c = \frac{n_2}{n_1}R$$

해설

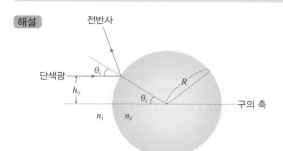

(1) 전반사는 빛이 밀한 매질에서 소한 매질로 진행할 때 일어나므로 $n_1 > n_2$ 이다. 주어진 문제에서 입사각이 θ_i 일 때 전반사가 일어나고 있고, 임계각(θ_c)은 θ_i 보다 작다. $\theta_i > \theta_c \rightarrow \sin\theta_i > \sin\theta_c$ 이다.

$\sin\theta_i = \frac{h_0}{R}$, $\sin\theta_c = \frac{h_c}{R}$ 이므로, $\frac{h_0}{R} > \frac{h_c}{R}$ 이다.

따라서 $h_0 > h_c$ 가 된다.

(2) 빛이 임계각으로 입사하면 굴절각은 $90°$ 가 된다.

$n_{12} = \frac{\sin\theta_c}{\sin90°} = \frac{n_2}{n_1} \rightarrow \sin\theta_c = \frac{n_2}{n_1}$ 가 되므로,

$\sin\theta_c = \frac{h_c}{R} = \frac{n_2}{n_1} \rightarrow h_c = \frac{n_2}{n_1}R$

03

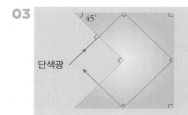

해설 유리에서 공기 중으로 진행할 때 임계각인 $42°$ 보다 큰 각도로 입사하면 빛은 전반사한다. 입사각이 모두 $45°$ 이므로 빛은 각각의 면에서 전반사한다.

04
400nm

해설 굴절률은 $n_{유리} > n_{황화 아연} > n_{공기}$ 이다. 따라서 코팅된 황화 아연의 윗면과 아랫면에서 모두 고정단 반사가 일어난다. 따라서 보강 간섭이 일어나는 조건은

$2nd = \frac{\lambda}{2}(2m)\ (m = 0, 1, 2, \cdots)$

반사광의 세기가 최소가 되는 상쇄 간섭 조건은

$2nd = \frac{\lambda}{2}(2m+1)\ (m = 0, 1, 2, \cdots)$ 이다.

실험이 시작한 후 20분이 지난 시점은 코팅을 시작하고, 두 번째 밝을 때이므로, 보강 간섭 조건에서 $m = 2$ 일 때를 적용한다. ($m = 0$ 일 때는 막의 두께가 0인 경우이다.)

$2nd = \frac{\lambda}{2}(2m)$

$\rightarrow d = \frac{\lambda}{4n}(2m)$

$= \frac{500 \times 4}{4 \times 1.25} = 400(\text{nm})$

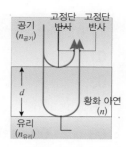

05
0.296 (m)

해설 빛의 파장이 사진기의 렌즈 지름(d)에 비해 매우 작기 때문에 θ는 매우 작으며, 이런 경우 근사적으로 $\sin\theta \approx \tan\theta \approx \theta$ 로 놓을 수 있다.

따라서 $\frac{1.22\ \lambda}{렌즈의\ 지름(d)} = \frac{\Delta x}{h} \rightarrow d = \frac{1.22\lambda h}{\Delta x}$

$\therefore d = \frac{1.22 \times 607 \times 10^{-9} \times 200 \times 10^3}{0.5} \doteqdot 0.296$

첩보 위성 사진기 렌즈 최소 지름은 약 0.296(m) 이다.

06
$(1)\ 2.5 \times 10^{-3}(\text{m}) \qquad\qquad (2)\ 1.25(\text{m})$

해설

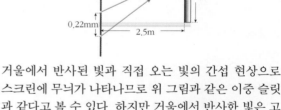

거울에서 반사된 빛과 직접 오는 빛의 간섭 현상으로 스크린에 무늬가 나타나므로 위 그림과 같은 이중 슬릿과 같다고 볼 수 있다. 하지만 거울에서 반사한 빛은 고정단 반사를 하므로 위상이 $180°$ 변하게 된다. 따라서 보강 간섭의 조건은 다음과 같다. (무늬 사이의 간격이 x, 슬릿과 스크린 사이의 간격이 L, 슬릿 사이의 간격이 d, 빛의 파장이 λ 일 때)

$$\frac{dx}{L} = \frac{\lambda}{2}(2m+1)\ (m = 0, 1, 2, \cdots)$$

이때 $d = 2.2 \times 10^{-4}(\text{m})$, $\lambda = 440 \times 10^{-9}(\text{m})$, $m = 0$(첫 번째 밝은 무늬), $x = h$, $L = 2.5(\text{m})$가 되므로 h 는

$h = \frac{440 \times 10^{-9} \times 2.5}{2 \times 2.2 \times 10^{-4}} = 2.5 \times 10^{-3}(\text{m})$

(2) P점에 어두운 무늬가 나타날 때 스크린과 슬릿 사이의 거리를 L' 라고 하면,

어두운 무늬가 나타날 조건(상쇄 간섭)은 다음과 같다.

$$\frac{dh}{L'} = \frac{\lambda}{2}(2m)\ (m = 0, 1, 2, \cdots)$$

이때 $m = 1$이므로 ($m = 0$일 때는 중앙 어두운 무늬이다.)

$L' = \frac{2.2 \times 10^{-4} \times 2.5 \times 10^{-3}}{440 \times 10^{-9}} = 1.25(\text{m})$

01. ㉠, ㉡   **02.** 3×10^{-7}

03. ㅁ - ㄹ - ㄷ - ㄴ - ㄱ   **04.** ④

05. 1.15×10^{-7} **06.** ㄱ, ㄷ   **07.** 8×10^{-7}

08. ⑤   **09.** ㉠ 임계각 ㉡ $90°$

10. ㉠ 횡파 ㉡ 편광 **11.** ③   **12.** ②   **13.** ④

14. ⑤   **15.** 350 **16.** ②   **17.** ⑤   **18.** ⑤

19. ③   **20.** ⑤   **21.** ④   **22.** 2.1×10^{-7}

23. 417 **24.** ⑤   **25.** 2×10^{-7}

26. (1) 468 (2) 624   **27.** 4,900

28. 10^{-6} **29.** ③   **30.** 2.7   **31.** ⑤

32. 2.25

02. 답 3×10^{-7}

해설 인접한 밝은(또는 어두운) 무늬 사이의 간격이 Δx, 슬릿과 스크린 사이의 간격이 L, 슬릿 사이의 간격이 d, 빛의 파장이 λ 일 때

$$\Delta x = \frac{L\lambda}{d} \ \rightarrow \ \lambda = \frac{\Delta x d}{L} \ \text{이다.}$$

$$\therefore \lambda = \frac{(0.1 \times 10^{-3})(1.5 \times 10^{-2})}{5} = 3 \times 10^{-7}(\text{m})$$

03. 답 ㅁ - ㄹ - ㄷ - ㄴ - ㄱ

해설 이중 슬릿에 의한 간섭 무늬 사이의 간격은 동일한 조건일 때, 파장이 짧을수록 좁다.

04. 답 ④

해설 고정단 반사는 굴절률이 작은 매질에서 큰 매질로 진행하면서 반사할 때, 자유단 반사는 굴절률이 큰 매질에서 작은 매질로 진행하면서 반사할 때 일어난다.

05. 답 1.15×10^{-7}

해설 굴절률의 관계가 $n_{물} > n_{기름} > n_{공기}$일 때 어두운 무늬가 생기는 상쇄 간섭이 일어날 조건은 다음과 같다.

$$2nd = \frac{\lambda}{2}(2m + 1) \ (m = 0, 1, 2, \cdots) \ \rightarrow \ d = \frac{\lambda}{4n}(2m + 1)$$

$m = 0$일 때 d 는 최소이다.

$$\therefore d = \frac{600 \times 10^{-9}}{4 \times 1.3} = 1.15 \times 10^{-7}(\text{m})$$

06. 답 ㄱ, ㄷ

해설 x(무늬 사이 간격) $= \frac{L\lambda}{d}$ (L : 슬릿과 스크린 사이 거리, λ : 빛의 파장, d : 단일 슬릿의 폭)이다.

07. 답 8×10^{-7}

해설 단일 슬릿에서 스크린에 어두운 무늬가 생기는 조건 :

$$d\sin\theta = \frac{\lambda}{2}(2m) \ (m = 1, 2, 3, \cdots)(d : \text{단일슬릿의 폭})$$

주어진 문제에서 최초의 어두운 무늬이므로 $m = 1$이고, $\theta = 30°(\sin 30° = \frac{1}{2})$이므로

$$d\sin 30° = 1 \times 4 \times 10^{-7} \quad \therefore d = 8 \times 10^{-7}(\text{m})$$

08. 답 ⑤

해설 전반사는 굴절률이 큰 매질에서 작은 매질로 빛이 진행하면서 경계면에서 빛이 모두 반사되는 경우이다.

11. 답 ③

해설 인접한 밝은(또는 어두운) 무늬 사이의 간격(Δx)은 슬릿과 스크린 사이의 간격이 L, 슬릿 사이의 간격이 d, 빛의 파장이 λ 일 때, $\Delta x = \frac{L\lambda}{d}$ 가 된다.

① $\Delta x = \frac{L\lambda}{d}$ ② $\Delta x = \frac{2L\lambda}{2d} = \frac{L\lambda}{d}$ ③ $\Delta x = \frac{2L \cdot 2\lambda}{d} = \frac{4L\lambda}{d}$

④ $\Delta x = \frac{L \cdot 2\lambda}{2d} = \frac{L\lambda}{d}$ ⑤ $\Delta x = \frac{2L \cdot 2\lambda}{4d} = \frac{L\lambda}{d}$

12. 답 ②

해설 영의 실험 간섭 무늬는 두개의 슬릿을 통과한 두 빛이 간섭하여 생긴다. 이때 두 빛의 광로차(B~C)가 반파장($\frac{\lambda}{2}$)의 짝수 배일 때 밝은 무늬가 생긴다.

13. 답 ④

해설 ①, ② 이중 슬릿에 의한 빛의 간섭 무늬는 이중 슬릿을 통과한 빛의 간섭 현상에 의해 스크린 중앙의 밝은 무늬를 중심으로 밝고, 어두운 무늬가 대칭적으로 나타난다. 이때 O 점은 이중 슬릿을 통과한 빛의 경로차가 0 인 지점이다.

③, ④, ⑤ 은 슬릿과 스크린 사이의 거리 l, 슬릿 사이의 간격 d, 빛의 파장 λ 일 때

$$\text{무늬 사이의 간격}(\Delta x) = \frac{l\lambda}{d}$$

따라서 d, l, x 를 알면, 빛의 파장(λ)을 알 수 있다.

14. 답 ⑤

해설 얇은 막의 윗면과 아랫면에서 모두 위상이 반대가 되는 고정단 반사가 일어난다. 유리에서 반사되는 빛이 없으려면 막의 윗면과 아랫면에서 각각 반사되는 두 빛이 상쇄 간섭해야 한다.

$$2nd = \frac{\lambda}{2}(2m + 1) \ (m = 0, 1, 2, \cdots)$$

$m = 0$ 일 때 막의 두께 d 는 최소가 된다.

$$\therefore d = \frac{\lambda}{4n} = \frac{5,600 \times 10^{-10}}{4 \times 1.4} = 1 \times 10^{-7}(\text{m}) = 1 \times 10^{-4}(\text{mm})$$

15. 답 350

해설 단일 슬릿에서 어두운 무늬 조건 ;

$$d\sin\theta = \frac{\lambda}{2}(2m) \ (m = 1, 2, 3, \cdots)$$

같은 실험 장치이므로 광로차 $d\sin\theta$가 같고, 최초의 어두운 무늬는 $m = 1$, 두 번째 어두운 무늬는 $m = 2$ 일 때이므로,

$$\frac{700}{2}(2 \cdot 1) = \frac{\lambda_B}{2}(2 \cdot 2) \rightarrow 2\lambda_B = 700 \ \therefore \ \lambda_B = 350(\text{nm})$$

16. 답 ③

해설 ㄱ. 빛의 밝기는 무늬 사이의 간격과 관계없다.

ㄴ, ㄷ. 회절 무늬 사이의 간격(Δx)은 슬릿과 스크린 사이의 간격이 L, 단일 슬릿의 폭이 d, 빛의 파장이 λ 일 때, $\Delta x = \dfrac{L\lambda}{d}$

가 된다. 이때 초록색보다 파장이 긴 빨간색 빛을 이용하면 회절 무늬 사이의 간격이 넓어지므로, 같은 넓이의 스크린에 나타나는 밝은 점의 수는 줄어든다.

ㄹ. 스크린과 슬릿 사이가 멀어지면 회절 무늬 사이의 간격이 넓어지므로 밝은 점의 수는 줄어든다.

ㅁ. 슬릿의 폭이 넓어지면 회절 무늬 사이의 간격이 좁아지므로, 밝은 점의 수는 늘어난다.

17. 답 ⑤

해설 ㄱ. 광원의 빛이 전반사되는 것으로 보아 매질 2의 굴절률이 매질 1의 굴절률보다 큰 것을 알 수 있다.

ㄴ. 굴절 법칙에 의해 $\dfrac{n_1}{n_2} = \dfrac{\lambda_2}{\lambda_1}$ 가 되므로, 굴절률이 작은 매질로 진행하는 빛의 파장은 길어진다.

ㄷ. 소한 매질에서 밀한 매질에 있는 물체를 볼 때, 실제보다 물체가 떠 보인다.

ㄹ. 빛이 전반사하므로 광원이 보이지 않는다.

18. 답 ⑤

해설 ㄱ. 편광판은 특정한 방향으로 진동하는 빛만을 통과시키는 판이다. 복색광을 단색광으로 나누어 내는 것은 분광기이다. 따라서 편광축을 이용하여 자연광을 보는 경우 단색광을 볼 수는 없다.

ㄴ. 자연광은 진행 방향과 수직인 방향으로 진행하는 횡파이므로 편광판 B를 $90°$ 회전하면 빛은 통과하지 못하게 된다.

ㄷ. 두 편광판의 축이 나란할 경우 빛은 두 편광판을 모두 통과하므로 관찰자가 측정하는 빛의 세기와 O점에서 측정하는 빛의 세기는 같다.

19. 답 ③

해설 인접한 밝은(또는 어두운) 무늬 사이의 간격(Δx)은 슬릿과 스크린 사이의 간격이 L, 슬릿 사이의 간격이 d, 빛의 파장이 λ 일 때 다음과 같다.

$$\Delta x = \frac{L\lambda}{d} = \frac{4000 \times 10^{-10} \times 3}{0.15 \times 10^{-3}} = 8 \times 10^{-3}(\text{m}) = 8(\text{mm})$$

같은 실험을 물속에서 할 경우 빛의 파장이 변하게 된다. 물속에서 빛의 파장 $\lambda_물$ 은 다음과 같다.

$$\lambda_물 = \frac{\lambda}{n} = \frac{4000\,\text{Å}}{\frac{4}{3}} = 3000\,\text{Å}$$

$$\Delta x_물 = \frac{3000 \times 10^{-10} \times 3}{0.15 \times 10^{-3}} = 6 \times 10^{-3}(\text{m}) = 6(\text{mm})$$

(파장 $\frac{3}{4}$ 배 → 무늬 사이의 간격 $\frac{3}{4}$ 배 ($8 \times \frac{3}{4} = 6(\text{mm})$))

20. 답 ⑤

해설 ㄱ. 두께가 d인 투명판(굴절률: n)을 통과하는 같은 시간 동안 공기 중에서는 nd 만큼 빛이 진행한다. 그러나 P점(옮겨간 중앙 밝은 무늬)은 이중 슬릿의 각 틈을 통과한 두 빛의 광로차가 0인 경우이므로 $S_1P + n_Ad - d = S_2P + n_Bd - d$ 이다. 문제에 주어진 그림에서 $S_2P < S_1P$ 이므로, $n_Ad < n_Bd \rightarrow n_A < n_B$ 이다.

ㄴ. 이중 슬릿 실험을 할 때 단일 슬릿을 이용하는 이유는 같은 위상의 빛이 이중 슬릿에 도달하게 하기 위해서이다. 이때 단색광의 레이저 빛을 이용하면 단일 슬릿이 없이도 같은 위상의 빛이 이중 슬릿에 도달한다.

ㄷ. 투명판 B의 두께를 2 배로 하면 $n_Ad - d$ 와 $n_B 2d - 2d$ 의 차이가 더 커지므로 S_1P 와 S_2P 의 차이도 더 커져 P점은 스크린의 중심에서 더 멀어진다.

21. 답 ④

해설 스크린의 회절 무늬는 단일 슬릿(s_1)에 의해 생기는 무늬이고, 간섭 무늬는 이중 슬릿(s_2)에 의해 생기는 무늬이다. 주어진 그림에서 A는 단일 슬릿에 의한 무늬, C는 이중 슬릿에 의한 무늬와 관련이 있다는 것을 알 수 있다.

따라서 슬릿의 폭(s_1)이 좁아지면 회절이 잘 일어나서 무늬 간격(A)이 넓어지고, 슬릿의 폭(s_1)이 넓어지면 무늬 간격(A)이 좁아진다. 반면에 C가 변하기 위해서는 이중 슬릿 사이의 간격인 d 가 변해야 한다.

주어진 문제에서 슬릿 사이의 간격은 변함이 없으므로, 간섭 무늬 사이의 간격(C)은 변하지 않는다. 빛이 통과하는 틈이 넓어지면 빛의 세기(빛의 양)가 증가하여 B가 커진다.

22. 답 2.1×10^{-7}

해설 플라스틱 렌즈 B 위로는 공기가, 아래로는 플라스틱 렌즈 A가 있다. 렌즈 A의 굴절률이 렌즈 B보다 더 크므로, 렌즈 B의 윗면과 아랫면에서 모두 고정단 반사가 일어난다. 따라서 보강 간섭과 상쇄 간섭의 조건은 다음과 같다.

$$2nd\cos\theta = \frac{\lambda}{2}(2m) \ (m = 0, 1, 2, \cdots) : 보강 간섭$$

$$2nd\cos\theta = \frac{\lambda}{2}(2m' + 1) \ (m' = 0, 1, 2, \cdots) : 상쇄 간섭$$

수직($\theta = 0$)으로 빛을 비추었기 때문에 중앙점에서 경로차는 $2nd$ 로 같고, 400nm의 빛을 비추었을 때는 상쇄, 600nm의 빛을 비추었을 때는 보강 간섭을 한다.

$$2nd = \frac{400\text{nm}}{2}(2m' + 1) = \frac{600\text{nm}}{2}(2m)$$

이 두 식은 $m, m' = 1$ 이거나, $m = 3, m' = 4$ 등등일 때 동시에 만족하나 $m, m' = 1$ 일 때 d 는 최소이다. 따라서 d는

$$2 \times 1.4 \times d = \frac{400\text{nm}}{2} \times 3 \rightarrow d = \frac{400 \times 10^{-9} \times 3}{2.8 \times 2}$$

$$\fallingdotseq 2.1 \times 10^{-7}(\text{m})$$

23. 답 417

해설 수막은 좌우에 공기가 닿아있는 상태이다. 따라서 밝게 보이기 위해서 수막에서 수직으로 반사하는 빛들이 보강 간섭한다. 수막위와 아래에서 반사하는 두 빛은 서로 위상차가 발생하므로 보강 간섭 조건은 다음과 같다.

$$2nd = \frac{\lambda}{2}(2m+1) \ (m = 0, 1, 2, \cdots) \rightarrow \lambda = \frac{2 \cdot 2nd}{(2m+1)}$$

$$\therefore \lambda = \frac{4 \times 1.25 \times 250}{(2m+1)} \ (\text{nm})$$

$m = 0 \rightarrow \lambda = 1{,}250$ nm (주어진 조건에서 벗어난다.)

$m = 1 \rightarrow \lambda = 417$ nm (가시광선 파장 범위이다.)

$m = 2 \rightarrow \lambda = 250$ nm (주어진 조건에서 벗어난다.)

∴ 관찰자가 보는 가장 밝은 빛의 파장은 417 nm 일 때이다.

24. 답 ⑤

해설 ㄱ. 빛이 굴절률이 작은 매질에서 큰 매질로 진행할 때 빛의 속력은 느려지고, 파장은 짧아진다. 또한 유리에서는 파장이 짧을수록 굴절률이 커서 더 많이 굴절한다. A가 더 많이 굴절했으므로, A의 파장이 B의 파장보다 짧다. (파란색 빛의 파장은 빨간색 빛의 파장보다 짧다.)

ㄴ. P, Q에서 전반사가 일어날 때 $\theta_B > \theta_A$이므로 B의 입사각이 A보다 더 커진다. ㄷ. 굴절률이 클수록 더 많이 굴절하므로 굴절각은 작아진다.

25. 답 2×10^{-7}

해설 무늬 사이의 간격(Δx) $= \dfrac{L\lambda}{d}$

첫번째 어두운 무늬와 열번째 어두운 무늬 사이의 거리는 $9\Delta x$이다. 따라서 $\dfrac{9\lambda L}{d} = 18 \times 10^{-3}$(m) 이므로

$$\rightarrow \lambda = \frac{d \times 18 \times 10^{-3}}{9L} = \frac{(0.15 \times 10^{-3}) \times (18 \times 10^{-3})}{9 \times 1.5}$$

$$\therefore \lambda = 2 \times 10^{-7} (\text{m})$$

26. 답 (1) 468 (2) 624

해설 (1) 굴절률의 크기는 $n_{바닷물} > n_{등유} > n_{공기}$ 이다. 따라서 등유 기름막의 윗면과 아랫면에서는 모두 고정단 반사가 일어나므로, 위상은 변하지 않는다. 헬리콥터의 관찰자에게 밝은 빛이 보일 조건(보강 간섭 조건)은 다음과 같다.

$$2nd = \frac{\lambda}{2}(2m) \rightarrow \lambda = \frac{2nd}{m} = \frac{2 \times 1.2 \times 390}{m} \ (\text{nm})$$

$m = 1 \rightarrow \lambda = 936$nm (가시 광선 영역을 벗어난다.)

$m = 2 \rightarrow \lambda = 468$nm (가시 광선 영역이다.)

$m = 3 \rightarrow \lambda = 312$nm (가시 광선 영역을 벗어난다.)

∴ 가장 밝은 반사를 일으키는 빛의 파장은 468 nm이다.

(2) 빛이 가장 강하게 투과되면 바다 표면에서 반사되는 빛은 가장 적다. 따라서 상쇄 간섭 조건을 만족하는 빛이 강하게 투과된다. 상쇄 간섭 조건은 다음과 같다.

$$2nd = \frac{\lambda}{2}(2m+1) \rightarrow \lambda = \frac{4nd}{2m+1} = \frac{4 \times 1.2 \times 390}{2m+1}$$

$m = 0 \rightarrow \lambda = 1{,}872$nm (가시 광선 영역을 벗어난다.)

$m = 1 \rightarrow \lambda = 624$nm

$m = 2 \rightarrow \lambda = 374.4$nm (가시 광선 영역을 벗어난다.)

∴ 물 위에서 반사가 최소로 되어 바닷속에서 잘 보이는 빛의 파장은 624nm이다.

27. 답 4,900

해설 인접한 어두운 무늬를 이루는 공기층의 두께 차이를 d라고 할 때, 어두운 무늬가 생기는 조건은 다음과 같다.

$$2d = \frac{\lambda}{2}(2m) \rightarrow d = \frac{\lambda m}{2}$$

3번째 어두운 무늬를 이루는 공기층의 두께를 d_3, 17번째 어두운 무늬를 이루는 공기층의 두께를 d_{17}이라고 하면(유리판이 서로 닿아 있는 곳은 d 가 0 이므로 d_3, d_{17}이 각각 공기층 두께가 된다.)

$d_3 = \dfrac{3}{2}\lambda$, $d_{17} = \dfrac{17}{2}\lambda$ 가 되므로, 공기층의 두께 차이는

$d_{17} - d_3 = 7\lambda = 7 \times 700 = 4{,}900$(nm)이다.

28. 답 10^{-6}

해설 이중 슬릿에 의해 간섭을 일으킨 두 빛이 보강 간섭(밝은 무늬)를 일으키는 조건은 두 빛의 광로차가 반파장의 짝수배가 될 때이다.

두께가 w 인 유리판을 통과할 때와 통과하지 않을 때의 광로차(Δ)는 다음과 같다.

$$\Delta = nw - w = (n-1)w = \frac{\lambda}{2}(2m)$$

유리판 두께(w)의 최소값은 $m = 1$ 일 때이다.

$$\therefore w = \frac{\lambda m}{n-1} = \frac{5000 \times 1}{1.5 - 1} = 10{,}000 \text{Å} = 10^{-6}(\text{m})$$

29. 답 ③

해설 ㄱ. Q점은 A에서 첫 번째 밝은 무늬의 위치이고, 동시에 B에서 첫 번째 어두운 무늬의 위치이다. A의 파장을 λ_A, B의 파장을 λ_B 라고 하고, 단일 슬릿에 의한 회절 무늬에서 첫 번째 밝은 무늬와 스크린 중앙과의 거리 x_A는

$$x_A = \frac{L\lambda_A}{2d}(2m+1) \ (m = 1 일 때) \rightarrow x_A = \frac{3L\lambda_A}{2d},$$

첫 번째 어두운 무늬와 스크린 중앙과의 거리 x_B는

$$x_B = \frac{L\lambda_B}{2d}(2m) \ (m = 1 일 때) \rightarrow x_B = \frac{L\lambda_B}{d} \ \text{이다.}$$

$x_A = x_B$ 이므로, $\dfrac{3L\lambda_A}{2d} = \dfrac{L\lambda_B}{d} \rightarrow \dfrac{3}{2}\lambda_A = \lambda_B$

∴ B의 파장은 A의 파장의 1.5배이다.

ㄴ. 단일 슬릿에 의한 회절 무늬는 파장이 길어질수록 무늬 사이의 간격도 넓어진다. 따라서 0점과 P점 사이의 거리가 0점과 Q점 사이의 간격보다 좁기 때문에 빛의 파장이 더 짧은 보라색 빛의 그래프는 A이다.

ㄷ. 슬릿의 폭이 넓어지면, 회절이 일어나는 정도가 작기 때문에 스크린 중앙과 무늬 사이의 거리는 좁아진다. 따라서 0점에서 P점까지의 거리는 줄어든다.

ㄹ. P점은 보라색 빛의 첫 번째 어두운 곳이므로, 보라색 빛이 소멸되어 빨간색 빛만 보이고, Q점은 빨간색의 첫번째 어두운 곳이므로 빨간 빛이 소멸되어 보라색 빛만 보인다.

30. 답 2.7

해설

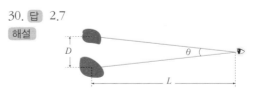

관찰자와 점 사이의 거리인 (L)이 점들의 중심간 평균 거리 (D)와 눈동자의 지름(d)보다 매우 크므로,

$$\tan\theta \simeq \sin\theta \simeq \theta = \frac{D}{L} \rightarrow L = \frac{D}{\theta}$$

점들 사이를 구별할 수 있는 최소 각도는 레일리 기준을 만족하므로,

$$\theta = \theta_R = \frac{1.22\,\lambda}{d}$$

$$\therefore L = \frac{D}{\theta_R} = \frac{Dd}{1.22\,\lambda} = \frac{1.5 \times 10^{-3} \times 1.3 \times 10^{-3}}{1.22 \times 600 \times 10^{-9}} \fallingdotseq 2.7(\text{m})$$

따라서 약 2.7 m 거리 이상에서 볼 때 점들을 서로 구분할 수 없어 섞여 보이고, 혼합된 색깔이 나타나게 된다.

31. 답 ⑤

 해설

(가) (나)

굴절률이 n_1인 매질에서 굴절률 n_2인 매질로 입사각 i로 입사하고, 굴절각은 r일 때, 굴절 법칙에 의해 입사각과 굴절각의 sin 값의 비는 항상 일정하다.

$$\frac{\sin i}{\sin r} = \frac{v_1}{v_2} = \frac{n_2}{n_1} = n_{12}$$

(가) : $\dfrac{n_A}{n_C} = \dfrac{\sin(90° - \theta)}{\sin\theta_i}$, (나) : $\dfrac{n_C}{n_B} = \dfrac{\sin\theta_r}{\sin(90° - \theta)}$

ㄱ. (가)×(나) 하면, $n_A < n_B$ 이므로

$$\frac{\sin\theta_r}{\sin\theta_i} = \frac{n_A}{n_B} < 1, \therefore \sin\theta_r < \sin\theta_i \rightarrow \theta_r < \theta_i$$

ㄴ. 빛의 속력은 굴절률이 작을수록 빠르다. 따라서 굴절률이 가장 작은 기체 A에서 속력이 가장 빠르다.

ㄷ. (가)의 경우 임계각은 $\sin\theta_{(가)} = \dfrac{n_A}{n_C}$, (나)의 경우 임계각은

$\sin\theta_{(나)} = \dfrac{n_B}{n_C}$ 이다. $\dfrac{n_B}{n_C} > \dfrac{n_A}{n_C}$ 이므로

$$\therefore \sin\theta_{(나)} > \sin\theta_{(가)} \rightarrow \theta_{(나)} > \theta_{(가)}$$

ㄹ. 광섬유의 굴절률을 크게 하면, 굴절률의 차이가 커지기 때문에 굴절각($90° - \theta$)이 더 작아지게 된다. 따라서 θ는 커지고, 액체 영역에서 입사각인 ($90° - \theta$)가 작아졌기때문에 굴절각 θ_r도 작아진다.

32. 답 2.25

해설 수면 위에서 볼 때 점광원에서 나오는 빛은 원의 형태이다. 원 밖으로는 빛이 보이지 않는데, 이는 임계각보다 큰 각도로 경계면으로 입사되는 빛은 모두 전반사되기 때문이다.

$$\therefore \sin i_c = \frac{r}{\sqrt{r^2 + 3^2}} = \frac{n_{\text{공기}}}{n_{\text{물}}} = \frac{3}{5} \rightarrow 25r^2 = 9r^2 + 81$$

$$\therefore r = \frac{9}{4} = 2.25(\text{m})$$

19강. 빛 II

개념 확인 78~83쪽

1. ㉡, ㉡ 2. (1) 실초점 (2) 허초점 (3) 광축
3. (1) X (2) O (3) X 4. ㉠, ㉣ 5. ㉠, ㉡
6. (1) ㉡ (2) ㉠ (3) ㉡

1. 답 ㉡, ㉡
해설 평면거울에서는 빛이 반사되면서 대칭되는 지점에 물체와 크기가 같고, 좌우가 반대인 정립 허상이 생긴다.

3. 답 (1) X (2) O (3) X
해설 (1) 초점을 향하여 비스듬히 입사한 빛은 렌즈를 지난후 굴절하여 광축과 나란하게 진행한다.
(3) 광축과 나란하게 입사한 빛은 볼록 렌즈를 지난 후 초점을 향하여 굴절한 뒤 초점을 지나고, 오목 렌즈를 지난 빛은 초점에서 나온 것처럼 굴절한다.

6. 답 (1) ㉡ (2) ㉠ (3) ㉡
(1), (2) 망원경의 경우 매우 멀리 있는 물체를 관측하기 때문에 물체와 대물렌즈 사이의 거리를 조절하는 것이 어렵다. 반면에 현미경의 경우 렌즈를 조절하는 것보다 제물대를 조절하여 물체의 위치를 조절하도록 만드는 것이 쉽다.

확인+ 78~83쪽

1. 5 2. 1.6 3. 3.75 4. ②
5. (1) O (2) X (3) X 6. 12.5

1. 답 5
해설 두 개의 평면거울을 각 θ로 놓았을 때 생기는 상의 수는 다음과 같다.

$$\text{상의 수} = \frac{360°}{\theta} = n = \frac{360°}{60°} = 6$$

→ 6은 짝수이므로, 생기는 상의 수는 6 − 1 = 5개이다.

2. 답 1.6
해설 물체에서 거울의 중심까지의 거리 a = 8cm, 거울의 중심에서 상까지의 거리 b = +2cm (상이 거울 앞에 있는 실상이므로 (+))이다. 따라서 구면 거울의 공식에 각각을 대입하면,

$$\frac{1}{a} + \frac{1}{b} = \frac{1}{f} \rightarrow \frac{1}{8\text{cm}} + \frac{1}{2\text{cm}} = \frac{5}{8} = \frac{1}{f}$$

$$\therefore f = \frac{8}{5} = 1.6(\text{cm})$$

3. 답 3.75
해설 물체에서 렌즈의 중심까지의 거리 a = 15cm, 렌즈의 중심에서 상까지의 거리 b, 렌즈의 중심에서 초점까지의

거리 $f = -5$cm(오목 렌즈는 허초점을 가지므로 $(-)$)이다. 따라서 렌즈의 공식에 각각을 대입하면,

$$\frac{1}{a} + \frac{1}{b} = \frac{1}{f} \rightarrow \frac{1}{15\text{cm}} + \frac{1}{b} = -\frac{1}{5}$$

$$\therefore b = -\frac{15}{4} = 3.75\text{(cm) (허상)}$$

상은 렌즈의 중심에서 왼쪽으로 3.75cm 지점에 생긴다.

4. 답 ②
해설 물체의 위치가 초점 거리의 2배 위치($a = 2f$)에 놓여져 있으므로, 상은 반대편 초점 거리의 2배 위치($b = 2f$)에 같은 크기의 도립 실상이 생긴다.

5. 답 (1) O (2) X (3) X
해설 (2) 대물렌즈는 먼 곳에 있는 물체의 상을 접안렌즈의 초점 거리 안에 도립 실상으로 맺히도록 한다. (3) 접안렌즈에 의하여 확대된 도립 허상이 보이게 된다.

6. 답 12.5
해설 광학 현미경의 배율은 대물렌즈의 배율 m_o과 접안렌즈 m_e의 배율의 곱($m = m_o \times m_e$)으로 나타난다. 그러므로 접안렌즈의 배율은 다음과 같다.

$$m_e = \frac{m}{m_o} = \frac{150}{12} = 12.5\text{(배)}$$

개념 다지기   84~85쪽

01. (1) O (2) X (3) O   **02.** ④   **03.** ③
04. ④   **05.** ③   **06.** ②   **07.** ④
08. ③

---

01. 답 (1) O (2) X (3) O
해설 (1) 평면거울에 의한 상은 물체와 크기가 같고, 좌우가 반대인 정립 허상이 거울과 대칭되는 지점에 생긴다.
(2) 평면거울을 물체 쪽으로 거리 d 만큼 이동시키면 상은 $2d$ 만큼 이동한다.
(3) 거울 면의 중심과 초점 사이의 거리를 f, 구면 반지름을 r 이라고 할 때 구면 반지름은 초점 거리의 2배이다($r = 2f$).

02. 답 ④
해설 물체에서 거울의 중심까지의 거리 $a = 9$cm, 거울의 중심에서 상까지의 거리 $b = -3$cm (상이 거울 뒤에 있는 허상이므로 $(-)$)이다. 따라서 구면 거울의 공식에 각각을 대입하면,

$$\frac{1}{a} + \frac{1}{b} = \frac{1}{f} \rightarrow \frac{1}{9\text{cm}} - \frac{1}{3\text{cm}} = -\frac{2}{9} = \frac{1}{f}$$

$$\therefore f = -\frac{9}{2} = -4.5\text{(cm) (거울 뒤쪽 4.5cm)}$$

03. 답 ③

해설
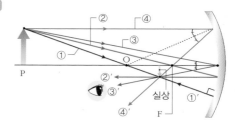
▲ 오목 거울에 의한 상의 작도

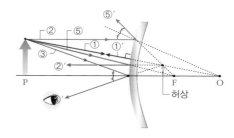
▲ 볼록 거울에 의한 상의 작도

① 구심을 향하여 입사한 빛은 반사 후 그대로 되돌아 나온다.
② 초점을 향하여 입사한 빛은 광축과 나란한 방향으로 반사한다.
④ 오목 거울의 광축과 나란하게 입사한 빛은 거울에서 반사 후 초점을 지나간다.
⑤ 볼록 거울의 광축과 나란하게 입사한 빛은 거울에서 반사 후 초점에서 나온 것처럼 반사한다.

04. 답 ④
해설 볼록 렌즈에서 물체와 렌즈 사이의 거리(a)가 초점 거리의 2배($2f$)이므로, 상은 초점 거리의 2배 위치($b = 2f$)에 같은 크기의 도립 실상이 렌즈 뒤에 생긴다. 즉, 볼록 렌즈의 오른쪽 20cm 위치에 도립 실상이 생긴다.

※ 또 다른 풀이
물체에서 렌즈의 중심까지의 거리 $a = 20$cm, 렌즈의 중심에서 상까지의 거리 b, 초점 거리 $f = +10$cm이다(볼록 렌즈일 때 초점 거리의 부호는 $(+)$ 이다). 따라서 렌즈의 공식에 각각을 대입하면,

$$\frac{1}{a} + \frac{1}{b} = \frac{1}{f} \rightarrow \frac{1}{20\text{cm}} + \frac{1}{b} = \frac{1}{10\text{cm}}$$

$$\therefore b = +20\text{(cm)}, \text{ 부호가 }(+)\text{ 이므로 상은 렌즈 뒤(오른}$$
쪽)에 맺히는 도립 실상이다.

05. 답 ③
해설 같은 크기의 도립 실상을 맺게 하는 경우는 오목 거울이나 볼록 렌즈 중심에서 $2f$ 떨어져 있는 곳에 물체가 놓여져 있는 경우이다.

06. 답 ②
해설
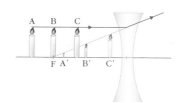

오목 렌즈에 의한 상은 물체의 위치와 관계없이 항상 축소된 정립 허상이 생긴다. 이때 물체가 렌즈와 멀어질수록 상의 크기는 작아진다.

07. 답 ④

해설 거울에 의한 상의 위치가 오목 거울 뒤 16cm 이므로 (허상), 거울 공식의 $b = -16$, 초점 거리는 오목 거울은 초점이 거울 앞에 있으므로 $f = +16$이 된다. 따라서 거울 중심에서 물체까지의 거리 a는 다음과 같다.

$$\frac{1}{a} + \frac{1}{b} = \frac{1}{f} \rightarrow \frac{1}{a} - \frac{1}{16cm} = \frac{1}{16cm}$$

$$\therefore a = 8(cm), \text{ 거울의 앞 8cm 지점에 있다.}$$

이때 오목 거울의 배율 m 은 $m = \left|\frac{b}{a}\right| = \frac{\text{상의 크기}}{\text{물체의 크기}} = \frac{2}{1}$ 이므로, 상의 크기는 물체의 크기의 2배이다.

08. 답 ③

해설 ㄱ. 접안렌즈의 초점 거리가 대물렌즈보다 짧은 것은 케플러식 망원경이다. 현미경은 접안렌즈의 초점 거리가 대물렌즈보다 길다.

ㄷ. 뚜렷한 상을 보기 위해 대물렌즈와 물체 사이의 거리를 조절하는 것은 현미경이다. 망원경은 대물렌즈와 접안렌즈 사이의 거리를 조절한다.

유형 익히기 & 하브루타		86~89쪽
[유형 19-1] ⑤	01. ③	02. ④
[유형 19-2] ④	03. ④	04. ③
[유형 19-3] (1) ③ (2) ③	05. ①	06. ③
[유형 19-4] ⑤	07. 12	08. ④

[유형 19-1] 답 ⑤

해설 ㄱ. 구면 반지름(r)은 거울 면과 초점 사이의 거리(d)의 2배이다.

ㄴ. 오목 거울에 의한 상은 빛이 실제로 모이는 지점에 생기는 실상이며, 거꾸로 되어 있기 때문에 도립 실상이다. 볼록 거울에 의한 상은 빛이 실제로 모이지 않고, 거울 뒤 반사된 빛의 연장선이 모인 지점에 생기므로 허상이고, 똑바로 서 있기 때문에 정립 허상이다.

ㄷ. 광축과 나란하게 입사한 빛은 다음 그림과 같이 오목 거울에서는 반사 후 실초점을 지나고, 볼록 거울에서는 허초점에서 나온 것처럼 반사한다.

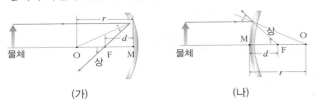

(가)   (나)

해설

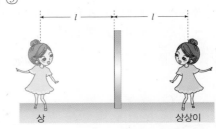

상   상상이

ㄱ. 평면거울에 의한 상은 거울과 대칭되는 지점에 물체와 크기가 같고, 좌우가 반대인 상이 생긴다. 따라서 상상이와 크기가 같고, 좌우가 반대인 정립 허상은 상상이와 $2l$ 만큼 떨어진 곳에 생긴다.

ㄴ. 상상이가 거울에 v 의 속력으로 다가가면 상도 v 의 속력으로 다가오므로 상은 $2v$ 의 속력으로 상상이와 가까워진다.

ㄷ. 전신을 다 관찰하기 위해 필요한 거울 길이는 키의 절반이면 된다.

02. 답 ④

해설 물체에서 거울의 중심까지의 거리 $a = 3cm$, 거울의 중심에서 상까지의 거리 b이고, 구면 반지름이 10cm이다. 따라서 구면 거울의 공식에 각각을 대입하면,

$$\frac{1}{a} + \frac{1}{b} = \frac{1}{f} = \frac{2}{r} \rightarrow \frac{1}{3cm} + \frac{1}{b} = \frac{2}{10} = \frac{1}{5}$$

$$\therefore b = -\frac{15}{2} = -7.5(cm), \text{ (거울 뒷쪽, 정립허상)}$$

[유형 19-2] 답 ④

해설 ㄱ. (가) 물체에서 렌즈의 중심까지의 거리 a_1, 렌즈의 중심에서 상까지의 거리 $b = -l_1$ (상이 렌즈 앞에 있는 허상이므로 ($-$)), 렌즈의 중심에서 초점까지의 거리 $f = -d_1$(오목 렌즈는 허초점을 가지므로 ($-$))이다. 따라서 렌즈의 공식에 각각을 대입하면,

$$\frac{1}{a} + \frac{1}{b} = \frac{1}{f} \rightarrow \frac{1}{a_1} - \frac{1}{l_1} = -\frac{1}{d_1}$$

$$\therefore a_1 = \frac{d_1 l_1}{d_1 - l_1}$$

(나) 물체에서 렌즈의 중심까지의 거리 a_2, 렌즈의 중심에서 상까지의 거리 $b = l_2$ (상이 렌즈 뒤에 있는 실상이므로 ($+$)), 렌즈의 중심에서 초점까지의 거리 $f = d_2$(볼록 렌즈는 실초점을 가지므로 ($+$))이다. 따라서 렌즈의 공식에 각각을 대입하면,

$$\frac{1}{a} + \frac{1}{b} = \frac{1}{f} \rightarrow \frac{1}{a_2} + \frac{1}{l_2} = \frac{1}{d_2}$$

$$\therefore a_2 = \frac{l_2 d_2}{l_2 - d_1}$$

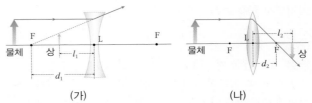

(가)   (나)

ㄴ. 다음 그림과 같이 오목 렌즈의 광축과 나란하게 입사한 빛은 굴절한 후 허초점에서 나온 것처럼 퍼져나가고, 볼록 렌즈의 광축과 나란하게 입사한 빛은 굴절한 후 실초점에 모인다.

03. 답 ④

해설

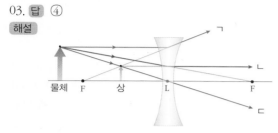

ㄴ. 초점을 향하여 입사한 빛은 렌즈를 지난 후 광축에 평행하게 진행한다.

ㄷ. 렌즈의 중심을 향하여 입사한 빛은 렌즈를 지난 후 그대로 직진한다.

04. 답 ③

해설 렌즈를 통과하는 빛은 가려진 부분에서만 통과하지 못하고, 나머지 부분은 그림 (가)와 같이 진행한다. 따라서 같은 지점에 상이 맺히며, 이때 상이 만들어지는 지점에 도달하는 빛의 양이 줄어드므로 더 어두운 상이 나타나게 된다.

[유형 19-3] 답 (1) ③ (2) ③

해설 (1) (가) 볼록 거울에 의한 상은 물체의 위치에 관계없이 항상 축소된 정립 허상이 생긴다.

(나) 볼록 렌즈 앞의 물체가 초점 거리의 2배($a > 2f$) 밖에 위치하기 때문에 상은 $f < b < 2f$ 사이에 축소된 도립 실상이 생긴다.

(2) (가) $a = 30cm$, 상까지의 거리 b, 초점 거리가 $-10cm$(초점이 거울 뒤에 있는 허초점이므로)이다.

$$\frac{1}{a} + \frac{1}{b} = \frac{1}{f} \rightarrow \frac{1}{30cm} + \frac{1}{b} = -\frac{1}{10}$$

$$\therefore b = -\frac{30}{4} = -7.5(cm), \text{거울 뒤 } 7.5cm$$

(나) $a = 30cm$, 상까지의 거리 b, $f = 10cm$(볼록 렌즈는 실초점을 가지므로 (+))이다.

$$\frac{1}{a} + \frac{1}{b} = \frac{1}{f} \rightarrow \frac{1}{30cm} + \frac{1}{b} = \frac{1}{10}$$

$$\therefore b = \frac{30}{2} = 15(cm), \text{오른쪽(렌즈 뒤)으로 } 15cm$$

05. 답 ①

해설 오목 거울 앞에 놓인 물체가 거울 중심과 초점 사이에 있을 경우, 거울 뒤쪽으로 확대된 정립 허상이 생긴다. 이때 오목 거울의 초점쪽으로 물체가 점점 가까워지면 상은 점점 커지면서 거울로부터 멀어진다.

06. 답 ③

해설 물체가 초점 거리의 2배 위치와 초점 사이에 있을 경우($f < a < 2f$), 확대된 도립 실상이 생기며, 초점과 렌즈 사이에 있을 경우($0 < a < f$), 확대된 정립 허상이 생긴다.

[유형 19-4] 답 ⑤

해설

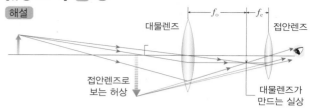

ㄱ. 망원경의 대물렌즈로 먼 곳에 있는 물체의 도립 실상을 접안렌즈의 초점 안에 맺히게 한다.

ㄴ. 대물렌즈에 의해 맺힌 상을 접안렌즈에 의하여 확대된 도립 허상으로 볼 수 있다.

ㄷ. 대물렌즈에 의한 실상이 접안렌즈의 초점 바로 안쪽P점에 맺히게 하고 접안렌즈는 그 상을 확대하여 같은 방향에 같은 모양으로 서있는 허상을 만들어서 보이게 한다.

07. 답 12

해설 물체 앞에 놓인 볼록 렌즈 B가 대물렌즈, 볼록 렌즈 A가 접안 렌즈이다.

대물렌즈에 의한 상이 맺히는 위치 : 물체와 대물렌즈 사이의 거리 $a = 5cm$, 대물렌즈 초점 거리 $f = 4cm$

$$\frac{1}{a} + \frac{1}{b} = \frac{1}{f} \rightarrow \frac{1}{5cm} + \frac{1}{b} = \frac{1}{4cm}$$

$$\therefore b = 20(cm), \text{대물렌즈의 배율 } m_o = \left|\frac{b}{a}\right| = \frac{20}{5} = 4,$$

대안렌즈에 의한 상이 맺히는 위치 : 물체(대물렌즈에 의해 만들어진 상)와 접안렌즈 사이의 거리 $a = 5cm$, 대안 렌즈 초점 거리 $f = 6cm$

$$\frac{1}{a} + \frac{1}{b} = \frac{1}{f} \rightarrow \frac{1}{5cm} + \frac{1}{b} = \frac{1}{6cm}$$

$$\therefore b = -30(cm), \text{접안렌즈의 배율 } m_o = \left|\frac{b}{a}\right| = \frac{30}{5} = 6$$

광학 현미경의 배율 $m = m_o \times m_e = 4 \times 6 = 24$

$$= \frac{\text{상의 크기}}{\text{물체의 크기}} = \frac{\text{상의 크기}}{0.5mm}$$

$$\therefore \text{상의 크기} = 24 \times 0.5 = 120(mm) = 12(cm)$$

08. 답 ④

해설 ㄱ. 카메라에 물체가 가까울수록 실상(도립상)이 렌즈에서 먼 곳에 생기므로 필름에 상이 맺히게 하기 위해 렌즈를 물체 쪽으로 가까이 조작해야 한다.

ㄷ. 케플러식 망원경에서 상을 밝게 하기 위해서는 대물렌즈의 반지름이 커야 한다.

01

(1) B　　　(2) D

해설 평면거울에 입사한 빛은 반사 법칙에 의해 반사각과 입사각이 같다. 거울 미로가 정사각형 타일 위에 설치되어 있기 때문에 처음 입사한 각의 입사각과 반사각은 모든 거울면에서 같다. 따라서 각 경우의 빛의 경로는 다음과 같다.

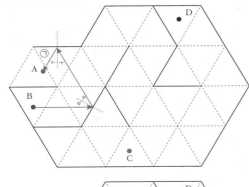

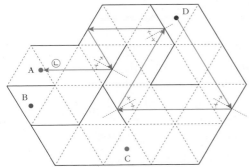

→ 입구 쪽 지점에서 A가 ㉠ 방향으로 바라봤을 때는 학생 B가 보이고, 입구 쪽 지점에서 ㉡ 방향으로 바라봤을 때는 학생 D가 보인다.

02

3 m

해설

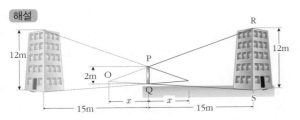

평면거울에 의한 상은 거울에 대칭적인 위치에 좌우가 바뀐 모습으로 생긴다. 그러므로 거리 x를 구하기 위해 삼각형 ORS를 이용할 수 있다.

PQ : RS = x : ($x + 15$) → 2m : 12m = x : ($x + 15$)

$12x = 2x + 30$, ∴ $x = 3$(m)

거울 앞 3m 지점에 이르면 건물의 전부를 볼 수 있다.

03

〈해설 참조〉

해설 거울에 의한 물체의 상을 구할 때, 거울 앞의 위치는 (+), 거울 뒤의 위치는 (−)이다. 상의 경우 (+) 위치는 실상, (−) 위치는 허상이다.

㉠ 상 P_1 : 오목 거울 A에 의한 상이 오목 거울 B의 물체가 된다.

오목 거울 A에 의한 상 : $a = 1$m, 상까지의 거리 b, 초점 거리 $f = 0.8$m이므로,

$$\frac{1}{a} + \frac{1}{b} = \frac{1}{f} \rightarrow \frac{1}{1\text{m}} + \frac{1}{b} = \frac{1}{0.8\text{m}}$$

∴ $b = 4$(m), 오목 거울 A 앞 4m 위치에 도립 실상

이 지점은 오목 거울 B의 뒤쪽으로 1m 지점이 된다.

이 실상은 오목 거울 B의 물체가 되어 상 P_1이 만들어진다.

$a' = -1$m, 상까지의 거리 b, 초점 거리 $f = 0.5$m

$$-\frac{1}{1\text{m}} + \frac{1}{b} = \frac{1}{0.5\text{m}}$$

∴ $b = \frac{1}{3}$(m), (오목 거울 B 앞 $\frac{1}{3}$m 위치, 정립 실상)

㉡ 상 P_2 : 오목 거울 B에 직접 반사된 상

$a = 2$m, 상까지의 거리 b, 초점 거리 $f = 0.5$m

$$\frac{1}{2\text{m}} + \frac{1}{b} = \frac{1}{0.5\text{m}}$$

∴ $b = \frac{2}{3}$(m), (오목 거울 B 앞 $\frac{2}{3}$m 위치, 도립 실상)

따라서 상 P_1과 P_2 사이의 거리는 $\frac{1}{3}$(m)이다.

04

0.75f

해설

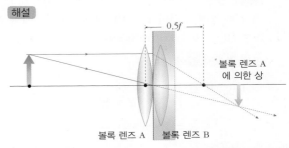

평면거울 앞에 있는 볼록 렌즈는 평면거울에 반사되어 그림과 같이 똑같은 볼록 렌즈 2개가 겹쳐져 있는 것과 같다. 따라서 평면거울 앞에 있는 볼록 렌즈를 A, 평면거울에 비친 볼록 렌즈를 B라고 하자.

㉠ 볼록 렌즈 A에 의한 상 : $a = 1.5f$, 상까지의 거리 b, 초점 거리 f

$$\frac{1}{1.5f} + \frac{1}{b} = \frac{1}{f} \cdots ①$$

㉡ 볼록 렌즈 B에 의한 상 : 물체까지의 거리 a = $-b$(볼록 렌즈 B가 인식하는 물체는 볼록 렌즈 A에 의해 렌즈에서 b 만큼 떨어져 있는 곳에 생기는 상이 된다. 이때 렌즈 뒤쪽에 있는 허물체이므로 부호는 (−)

가 된다.), 상까지의 거리 b', 초점 거리 f,

$$-\frac{1}{b} + \frac{1}{b'} = \frac{1}{f} \cdots ②$$

따라서 ① + ②를 하면,

$$\frac{1}{1.5f} + \frac{1}{b'} = \frac{2}{f}, \quad \therefore b' = \frac{1.5f}{2} = 0.75f$$

즉, 물체의 상은 렌즈 앞쪽 $0.75f$ 만큼 떨어진 곳에 생긴다. 이는 초점 거리가 $\frac{f}{2}$인 렌즈에 의한 상과 같고, 상의 위치는 렌즈 중심 기준 서로 반대이다.

05
9.6 cm

해설 굴절률이 다른 물질 사이에서 같은 시간 동안 빛이 진행한 거리의 비는 굴절률에 반비례한다. 즉, 굴절률이 n인 유리 속에서와 굴절률이 1인 공기 중에서 빛이 같은 시간 동안 진행한 거리의 비는 1 : n 이다.

→ 1 : 1.5 = 공기 중에서 이동한 거리 : 3cm

두께 3cm의 유리가 앞에 있는 사람에게는 $\frac{3}{1.5}$ = 2(cm)의 두께로 보인다. 이는 물체가 3 − 2 = 1(cm)만큼 렌즈에 가깝게 접근하는 것이 된다.

따라서 물체까지의 거리 a = 16cm, 상까지의 거리 b, 초점 거리 f = 6cm,

→ $\frac{1}{16cm} + \frac{1}{b} = \frac{1}{6cm}, \therefore b = \frac{48}{5} = 9.6(cm)$
(렌즈 오른쪽)

06
26 cm

해설 볼록 렌즈에 의한 상 : 동전에서 렌즈까지의 거리 a = 겉보기 깊이 h + 10, 렌즈에서 상까지의 거리 b = 70 − 10 = 60cm, 렌즈의 초점 거리 f = 20cm.

이때 겉보기 깊이 $h = \frac{x}{1.3}$

$$\frac{1}{a} + \frac{1}{b} = \frac{1}{f} \rightarrow \frac{1}{h+10} + \frac{1}{60cm} = \frac{1}{20cm}$$

$$\therefore h = 20 = \frac{x}{1.3} \rightarrow x = 26cm$$

01. **답** (1) O (2) X (3) O
해설 (1) 평면거울에 의한 상은 물체와 대칭이므로 크기가 같고, 좌우가 바뀐 허상이다.
(2) 볼록 거울에 의한 상은 항상 축소된 정립 허상이다.
(3) 가장 자리보다 가운데 부분이 두꺼운 볼록 렌즈에 광축과 나란하게 입사한 빛은 굴절한 후 렌즈 축 위의 한 점인 실초점에 모인다.

02. **답** 83
해설 평면거울을 통해 전신을 관찰하기 위해 필요한 거울의 길이는 신장의 절반이다.

03. **답** ㉠ 오목 거울 ㉡ 볼록 거울
해설

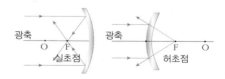

㉠ 반사면이 오목한 오목 거울은 거울에 반사된 빛을 모두 한 점에 모이게 한다. 이 점을 실초점이라고 한다.
㉡ 반사면이 볼록한 볼록 거울은 거울에 반사된 빛을 퍼지게 한다. 이때 광축에 나란하게 입사한 빛의 반사 광선은 볼록 거울 뒤의 한 점에서 나온 것처럼 진행하는 데 이 점을 허초점이라고 한다.

05. **답** 16.8
해설 물체까지의 거리 a, 상까지의 거리 b = −7cm(상이 렌즈 앞에 생기는 허상이므로 (−)), 초점 거리 f = −12cm(오목 렌즈는 허초점을 가지므로 (−))

$$\frac{1}{a} - \frac{1}{7\text{cm}} = -\frac{1}{12\text{cm}}, \quad \therefore a = \frac{84}{5} = 16.8(\text{cm})$$

물체는 렌즈의 중심에서 왼쪽으로 16.8cm 지점에 있다.

06. 답 ③

해설

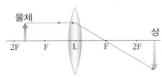

볼록 렌즈 앞 물체가 초점 거리의 2배 거리에서 초점 거리 사이에 위치할 경우 물체가 있는 반대편에 확대된 도립 실상이 생긴다.

07. 답 (1) X (2) O (3) X

해설 (1) 배율이란 물체와 상과의 크기 비율로, 상의 크기를 물체의 크기로 나눈 값이다.$\left(m = \frac{\text{상의 크기}}{\text{물체의 크기}}\right)$

(2) 배율이 (+)값이면 도립상, (−)값이면 정립상이 만들어 진다. (3) $m > 1$ 이면, 확대된 상, $m < 1$이면, 축소된 상, $m = 1$ 이면, 물체와 크기가 같은 상이 생긴다.

08. 답 2

해설 거울의 중심에서 물체까지의 거리가 $a = 9\text{cm}$, 오목 거울은 초점이 거울 앞에 있으므로 $f = +18$ 이 된다. 따라서 거울 중심에서 상까지의 거리 b는 다음과 같다.

$$\frac{1}{a} + \frac{1}{b} = \frac{1}{f} \rightarrow \frac{1}{b} = \frac{1}{f} - \frac{1}{a} = \frac{1}{18\text{cm}} - \frac{1}{9\text{cm}}$$

$\therefore b = 18(\text{cm})$, 상은 거울의 뒤쪽 18cm 지점에 있다.

이때 오목 거울의 배율 m은 $m = \left|\frac{b}{a}\right| = \frac{\text{상의 크기}}{\text{물체의 크기}} = \frac{18}{9}$

이므로, 상의 크기는 물체의 크기의 2배이다.

10. 답 (1) X (2) X (3) O

해설 물체를 대물렌즈의 초점 바로 밖에 놓으면(1), 대물렌즈에 의해 확대된 도립 실상이 접안렌즈의 초점 안에 만들어진다(2). 이 실상을 접안렌즈가 더 확대된 허상으로 보이게 한다(3).

11. 답 ③

해설 ㄱ. 평면거울에 입사한 빛은 반사되면서 대칭되는 지점에 상이 생긴다.

ㄴ. 평면거울을 물체 쪽으로 거리 d 만큼 이동시키면 상은 $2d$ 만큼 이동한다. 따라서 거울이 물체에 대하여 상대적으로 운동할 때, 상의 속도는 물체 속도의 2배가 된다.

ㄷ. 두 개의 평면거울을 각 $45°$ 로 놓았을 때 생기는 상의 수는 다음과 같다.

$$\text{상의 수} = \frac{360°}{\theta} - 1 = \frac{360°}{45°} - 1 = 7(\text{개})$$

12. 답 ⑤

해설 (가) 오목 거울 앞에 있는 물체의 위치가 초점과 초점 거리의 2배 위치의 사이에 있을 때, 상은 확대된 도립 실상이 생긴다. (나) 오목 렌즈 앞에 물체가 있을 때 상은 물체의 위치와 관계없이 항상 축소된 정립 허상이 생긴다.

13. 답 ④

해설 ㄱ. b : 상이 거울 앞에 있거나, 렌즈의 뒤에 있을 때(= 실상) (+), 거울 뒤에 있거나, 렌즈의 앞에 있을 때 (= 허상) (−)값을 가진다. ㄷ. f : 오목 거울(실초점)이나 볼록 렌즈일 때는 (+), 볼록 거울(허초점)이나 오목 렌즈일 때는 (−)값을 가진다.

14. 답 ⑤

해설 물체 크기의 $\frac{1}{3}$ 크기의 허상이 생겼으므로, 볼록 거울의 배율 $m = \left|\frac{b}{a}\right| = \frac{1}{3}$ 이다. 물체까지의 거리 $a = 12\text{cm}$ 이므로, 상까지의 거리 $b = -4\text{cm}$ (허상)이다.

$$\frac{1}{12\text{cm}} - \frac{1}{4\text{cm}} = \frac{1}{f}, \quad \therefore f = -\frac{12}{2} = -6(\text{cm})$$

15. 답 ③

해설 볼록 거울은 물체의 위치와 관계없이 항상 축소된 정립 허상이 생긴다. 오목 거울의 경우 물체가 거울의 중심과 초점 사이에 있을 경우($0 < a < f$) 물체와 같은 방향에 확대된 정립 허상이 생긴다.

16. 답 ②

해설 볼록 렌즈의 초점 거리 2배에 위치한 물체의 상은 같은 크기의 도립 실상이고, 초점 거리에 위치한 물체의 상은 생기지 않는다.

17. 답 ①

해설 물체까지의 거리 $a = 28\text{cm}$, 상까지의 거리 b, 초점 거리 $f = -7\text{cm}$(허초점)

$$\frac{1}{28\text{cm}} + \frac{1}{b} = -\frac{1}{7\text{cm}}, \quad b = -\frac{28}{5} = -5.6(\text{cm}) \text{ (허상)}$$

오목 렌즈에 의한 상은 물체의 위치와 관계없이 항상 축소된 허상이다.

오목 렌즈의 배율 $m = \left|\frac{b}{a}\right| = \frac{\text{상의 크기}}{\text{물체의 크기}} = \frac{5.6}{28} = \frac{1}{5}$

상의 크기 : $\frac{1}{5} \times 6\text{cm} = 1.2(\text{cm})$이다.

18. 답 ④

해설 할아버지는 먼 곳에 있는 물체가 더 잘 보이는 원시 안이다. 따라서 볼록 렌즈를 이용한 안경으로 교정한다. 25cm 떨어진 책의 글씨를 볼 때 볼록 렌즈에 의한 허상이 75cm에 생기게 되면, 할아버지는 선명한 상을 볼 수 있다. 물체까지의 거리 $a = 25\text{cm}$, 상까지의 거리 $b = -75\text{cm}$(허상), 초점 거리 f

$$\frac{1}{25\text{cm}} - \frac{1}{75\text{cm}} = \frac{2}{75\text{cm}} = \frac{1}{f}$$

$$\therefore f = \frac{75\text{cm}}{2} = 37.5(\text{cm})$$

19. 답 ④

해설 ㄱ. 평면거울에 의한 상은 거울과 대칭되는 지점에 생긴다. 따라서 인형상은 거울과 150cm 떨어진 지점에 생기므로, 상상이로 부터 180cm + 150cm = 330cm = 3.3m 떨어져 있다.

ㄴ. 상상이가 v 의 속력으로 거울로 다가가면 상대적으로 정지해 있는 인형상도 상상이가 보기에는 v 의 속력으로 가까워지고 있는 것처럼 보인다.

ㄷ. 상상이가 정지해 있을 때 거울이 상상이에게 v 의 속력으로 다가오면 거울과 인형 사이도 가까워지므로 인형상이 상상이에게 $2v$ 로 다가오게 된다. 이때 상상이도 v 의 속력으로 거울쪽으로 다가가고 있으므로, 상상이가 보는 인형상의 속력은 $2v + v = 3v$ 로 상상이에게 다가오게 된다.

20. 답 ⑤

해설 평면거울에 의한 상은 실제 물체와 크기가 같고, 좌우가 반대인 허상이다. 주어진 문제에서 상의 크기가 물체의 크기보다 작고, 똑바로 선 상이므로, 물체의 위치에 관계없이 항상 축소된 정립 허상이 생기는 볼록 거울이다.

21. 답 ③

해설 물체에서 렌즈의 중심까지의 거리 $a = 45$cm, 렌즈의 중심에서 상까지의 거리 b, 렌즈의 중심에서 초점까지의 거리 $f = 20$cm(실초점이므로 (+))이다.

$$\frac{1}{45cm} + \frac{1}{b} = \frac{1}{20}, \therefore b = \frac{180}{5} = 36(cm)$$

볼록 렌즈의 중심에서 오른쪽으로 36cm 인 곳에 도립 실상이 생긴다. 오목 렌즈의 오른쪽으로 20cm 위치이다.

22. 답 ④

해설 오목 렌즈의 오른쪽 20cm 위치의 상이 물체의 역할을 한다. 빛은 오목 렌즈의 왼쪽에서 오고 있으므로, 물체 기준 렌즈 왼쪽은 (+), 오른쪽은 (−) 위치이다. 상을 기준으로 하면 렌즈 왼쪽은 (−)이고 허상이 생기며, 오른쪽은 (+) 위치이고 실상이 생긴다.

물체까지의 거리 $a' = -20$cm, 상까지의 거리 b', 초점 거리 $f = -30$cm(허초점)

$$-\frac{1}{20cm} + \frac{1}{b'} = -\frac{1}{30} \quad \therefore b' = 60(cm); \text{실상}$$

이는 오목 렌즈의 오른쪽으로 60cm 떨어져 있는 곳에 도립 실상 (오목 렌즈는 상의 상하가 바뀌지 않는다.)이 생긴다는 것이다. 이것은 볼록 렌즈의 중심에서 오른쪽으로 76cm 위치이다.

23. 답 ③

해설 ㄱ. 그래프를 통해 $a = 30$cm 일 때, $b = 30$cm가 되는 것을 알 수 있다. 따라서 렌즈 공식에 의해

$$\frac{1}{a} + \frac{1}{b} = \frac{1}{f} \rightarrow \frac{1}{30cm} + \frac{1}{30cm} = \frac{2}{30cm}$$
$$\therefore f = 15(cm)(\text{볼록 렌즈})$$

ㄴ. 항상 허상만 생기는 렌즈는 오목 렌즈이다.

ㄷ. 렌즈의 중심에서 30cm 떨어진 지점은 초점 거리의 2배가 되는 지점이다. 이 지점에 물체를 놓으면, 렌즈의 반대

편 초점 거리의 2배가 되는 지점에 같은 크기의 도립 실상이 생긴다.

24. 답 ①

해설 간이 현미경에서 렌즈 A는 접안 렌즈, B는 대물 렌즈이다. 렌즈 B에 의한 상 : 물체까지의 거리 $a = 1.4$cm, 상까지의 거리 b, 초점 거리 $f = 1.2$cm

$$\frac{1}{1.4cm} + \frac{1}{b} = \frac{1}{1.2}, \quad b = \frac{1.68}{0.2} = 8.4(cm)$$

렌즈 B의 왼쪽으로 8.4cm 떨어진 곳에 확대된 도립 실상이 생긴다.

이때 렌즈 B의 배율은 $m = \left|\frac{b}{a}\right| = \frac{8.4}{1.4} = 6$ 배

렌즈 A(접안 렌즈)에 의한 상 : 물체까지의 거리 $a' = 1.8$cm, 상까지의 거리 b', 초점 거리 $f = 2$cm

$$\frac{1}{1.8cm} + \frac{1}{b'} = \frac{1}{2}, \quad b = -18(cm)$$

오른쪽으로 18cm 떨어진 곳에 확대된 도립 허상이 생긴다. (렌즈 A 기준 물체가 오른쪽에 있으므로, 왼쪽에 상이 생기면 도립 실상이며 그 위치가 (+)이고, 물체와 같은 쪽(오른쪽)에 상이 생기면 정립 허상이며, 그 위치는 (-)이다. 이 상은 렌즈 A의 왼쪽에서 관찰해야 볼 수 있다.)

이때 렌즈 A의 배율은 $m' = \frac{18}{1.8} = 10$

ㄱ. 광학 현미경의 배율은 대물렌즈 배율과 접안렌즈 배율의 곱으로 간이 현미경의 배율은 60배가 된다. 따라서 물체의 크기가 1mm라면, 간이 현미경으로 관찰한 물체의 크기는 60배인 60mm = 6cm 이다.

ㄷ. 대물렌즈(렌즈 B)에 의한 상은 접안렌즈(렌즈 A)의 초점 안에 확대된 도립 실상으로 생긴다.

25. 답 (1) 19 (2) 3.6

해설 (1) 평면거울에 의한 상은 평면거울과 대칭되는 지점에 생긴다. 따라서 볼록 렌즈에 의한 상이 평면거울 앞 3cm 지점에 생긴 것을 알 수 있다. 따라서 물체까지의 거리 a, 상까지의 거리 $b = (15 - 3) = 12$cm, 초점 거리 $f = 3$cm

$$\frac{1}{a} + \frac{1}{12cm} = \frac{1}{3cm}, \quad a = \frac{12}{3} = 4(cm)$$

물체는 볼록 렌즈로부터 왼쪽으로 4cm 지점에 있으므로, 평면거울과는 19cm 떨어져 있다.

(2) 볼록 렌즈는 평면거울에 맺힌 상을 물체로 인식하여 또 다른 상을 만들어 낸다. 따라서 물체까지의 거리 $a = 18$cm, 상까지의 거리 b, 초점 거리 $f = 3$cm

$$\frac{1}{18cm} + \frac{1}{b} = \frac{1}{3cm}, \quad b = \frac{18}{5} = 3.6(cm)$$

상은 볼록 렌즈의 중심에서 왼쪽으로 3.6cm 지점에 생긴다.

26. 답 ①

해설 (가)는 초점으로 입사한 빛이 광축과 평행하게 반사하는 성질이 있는 오목 거울을 이용한 것이고, (나)는 볼록 거울을 이용하여 넓은 범위를 비춰볼 수 있다.

ㄱ. 오목 거울의 초점에 위치한 물체는 상이 생기지 않는다.

ㄴ, ㄷ. (나)에 사용된 볼록 거울은 물체의 위치와 관계없이

항상 축소된 정립 허상이 생긴다. 따라서 거울의 배율은 (−)이다.

27. **답** 10

해설 ㉠ 물체가 처음 위치일 때 : 스크린에 상이 생긴 것은 실제로 빛이 모인 것이므로 실상이다. 거울과 물체와의 거리 a, 거울과 상(스크린)까지의 거리를 b 라고 할 때, 물체 크기의 2배의 상이 생겼으므로 $m = \left| \dfrac{b}{a} \right| = 2 \rightarrow b = 2a \cdots$ ①

$$\frac{1}{f} = \frac{1}{a} + \frac{1}{b} = \frac{a+b}{ab} = \frac{a+2a}{2a^2} = \frac{3}{2a} \cdots ②$$

㉡ 물체를 거울 앞으로 x 만큼 옮겼을 때 : 거울과 물체와의 거리 $a' = a - x$, 거울과 상(스크린)까지의 거리를 $b' = b + 30$, 라고 할 때, 물체 크기의 5배의 상이 생겼으므로

$m = \left| \dfrac{b}{a} \right| = 5 \rightarrow b' = 5a'$, $b + 30 = 5(a - x) \cdots$ ③

$$\frac{1}{f} = \frac{1}{a'} + \frac{1}{b'} = \frac{a'+b'}{a'b'} = \frac{a-x+b+30}{(a-x)(b+30)}$$

$$= \frac{a-x+b+30}{ab+30a-bx-30x} \quad (① 을 \ 대입)$$

$$= \frac{3a-x+30}{2a^2+30a-2ax-30x} \cdots ④$$

②= ④이므로,

$$\frac{3a-x+30}{2a^2+30a-2ax-30x} = \frac{3}{2a}$$

$\rightarrow 2a(3a-x+30) = 3(2a^2+30a-2ax-30x)$

$\rightarrow 4ax-30a+90x = 0$ 이고, ③에서 $x = \dfrac{3}{5}a-6$ 이므로,

$\rightarrow a^2 = 225$, $\therefore a = 15$ 이고, $b = 30$ 이다.

$$f = \frac{ab}{a+b} = \frac{450}{15+30} = 10(\text{cm})$$

28. **답** 왼쪽으로 30 cm

해설 초점 거리가 (+)인 렌즈 A는 볼록 렌즈, 초점 거리가 (−)인 렌즈 B는 오목 렌즈이다. 물체에 의한 빛이 왼쪽으로부터 오고 있으므로 물체에 대해 렌즈의 왼쪽이 (+) 위치이고, 상에 대해 렌즈의 오른쪽이 (+) 위치이다.

㉠ **볼록 렌즈 A에 의한 상** : 물체까지의 거리 $a = 40\text{cm}$, 상까지의 거리 b, 초점 거리 f,

$$\frac{1}{40} + \frac{1}{b} = \frac{1}{f} = \frac{1}{20}, \ b = 40\text{cm}$$

렌즈 A의 오른쪽으로 40cm 위치에 상이 생기므로, 렌즈 B의 오른쪽으로 30cm 위치이다.

㉡ **오목 렌즈 B에 의한 상** : 물체까지의 거리 $a' = -30\text{cm}$, 상까지의 거리 b', 초점 거리 $f' = -15\text{cm}$,

$$-\frac{1}{30} + \frac{1}{b'} = -\frac{1}{15}, \ b' = -30\text{cm}$$

따라서 렌즈 A와 B에 의한 최종 상은 렌즈 B의 왼쪽으로 30cm 지점에 현 물체의 도립 허상이 생긴다.

29. **답** 〈해설 참조〉

해설 1. **오목 렌즈에 의한 상** : 물체에서 렌즈의 중심까지의 거리 $a = 30\text{cm}$, 렌즈의 중심에서 상까지의 거리 b, 렌즈의 중심에서 초점까지의 거리 $f = -10\text{cm}$

$$\frac{1}{30\text{cm}} + \frac{1}{b} = -\frac{1}{10\text{cm}}$$

$$b = -\frac{30}{4} = -7.5(\text{cm})(\text{오목 렌즈 앞, 정립허상})$$

2. **볼록 렌즈에 의한 상** : 오목 렌즈에 의한 상이 물체가 된다. 물체까지의 거리 $a = 20+7.5 = 27.5\text{cm}$, 상까지의 거리 b, 초점 거리 $f = 10\text{cm}$

$$\frac{1}{27.5\text{cm}} + \frac{1}{b} = \frac{1}{10\text{cm}}$$

$$b = \frac{af}{a-f} = \frac{275}{17.5} \cong 16(\text{cm})(\text{볼록 렌즈 뒤, 도립 실상})$$

3. **오목 거울에 의한 상** : 볼록렌즈에 의한 상이 물체가 된다. 물체까지의 거리 $a = 20-16 = 4\text{cm}$, 상까지의 거리 b, 초점 거리 $f = 10\text{cm}$

$$\frac{1}{4\text{cm}} + \frac{1}{b} = \frac{1}{10\text{cm}}$$

$$\therefore b = -\frac{40}{6} \cong -7(\text{cm})(\text{거울 뒤})$$

거울 뒤 7cm 지점에 상(도립 허상)이 생긴다.

30. **답** (1) 볼록 렌즈 (2) 렌즈 뒤쪽으로 150cm 떨어진 지점에 상이 생긴다.

해설 (1) 렌즈의 배율이 (+)이므로, 렌즈의 공식에서 a, b의 부호가 같음을 알 수 있다. 이때 물체는 실제 렌즈 앞에 놓인 물체이므로 $a > 0$이므로 $b > 0$ 이 된다. 따라서 실상이 생기는 볼록 렌즈임을 알 수 있다.

(2) 렌즈의 배율 $m = \left| \dfrac{b}{a} \right| = +5 \rightarrow b = 5a$

$$\frac{1}{a} + \frac{1}{5a} = \frac{1}{25}, \ a = 30(\text{cm}), \ b = 150(\text{cm}) \ (\text{렌즈 뒤})$$

31. **답** 〈해설 참조〉

해설 빛이 왼쪽에서 오고 있으므로 물체에 대해 렌즈의 왼쪽 거리는 (+), 상에 대해 렌즈의 오른쪽 거리가 (+)이다.

오목 렌즈 A에 의한 상 : 물체까지의 거리 $a = 4\text{cm}$, 상까지의 거리 b, 초점 거리 $f = -4\text{cm}$

$$\frac{1}{4\text{cm}} + \frac{1}{b} = -\frac{1}{4}, \ b = -2(\text{cm})$$

렌즈 A의 왼쪽 2cm 인 곳에 축소된 정립 허상이 생긴다.
오목 렌즈 B에 의한 상 : 오목 렌즈 B가 인식하는 물체는 오목렌즈 A에 의해 생긴 상이다. 물체까지의 거리 $a' = 12\text{cm}$, 상까지의 거리 b', 초점 거리 $f' = -4\text{cm}$

$$\frac{1}{12\text{cm}} + \frac{1}{b'} = -\frac{1}{4}, \ b = -3(\text{cm})$$

렌즈 B에서 왼쪽으로 3cm 떨어진 곳에 축소된 정립 허상이 생긴다.

32. **답** 가장 먼 곳 : ㉢, 가장 가까운 곳 : ㉡

해설 렌즈 A에 의한 상을 렌즈 B는 물체로 인식하여 상을 맺고, 렌즈 C는 렌즈 B에 의한 상을 물체로 인식하여 상을 맺는다. 따라서 각 렌즈에 의한 상의 위치 b 는 다음과 같다.

$$\frac{1}{a} + \frac{1}{b} = \frac{1}{f} \rightarrow b = \frac{af}{a-f}$$

㉠ **렌즈 A에 의한 상** : 물체까지의 거리 $a = 12\text{cm}$, 상까지의 거리 b, 초점 거리 $f = 6\text{cm}$

$$b = \frac{af}{a-f} = \frac{12 \times 6}{12-6} = 12 \text{ (렌즈 뒤쪽, 실상)}$$

렌즈 B에 의한 상 : 물체까지의 거리 $a = 15 - 12 = 3\text{cm}$, 상까지의 거리 b, 초점 거리 $f = 2\text{cm}$

$$b = \frac{af}{a-f} = \frac{3 \times 2}{3-2} = 6 \text{ (렌즈 뒤쪽, 실상)}$$

렌즈 C에 의한 상 : 물체까지의 거리 $a = 11 - 6 = 5\text{cm}$, 상까지의 거리 b, 초점 거리 $f = 3\text{cm}$

$$b = \frac{af}{a-f} = \frac{5 \times 3}{5-3} = 7.5 \text{ (렌즈 뒤쪽, 실상)}$$

따라서 렌즈 C에서 오른쪽으로 7.5cm 지점에 최종 상이 생긴다.

ⓛ **렌즈 A에 의한 상** : 물체까지의 거리 $a = 4\text{cm}$, 상까지의 거리 b, 초점 거리 $f = -6\text{cm}$

$$b = \frac{af}{a-f} = \frac{4 \times (-6)}{4-(-6)} = -2.4 \text{ (렌즈 앞쪽, 허상)}$$

렌즈 B에 의한 상 : 물체까지의 거리 $a = 2.4 + 9.6 = 12\text{cm}$, 상까지의 거리 b, 초점 거리 $f = 6\text{cm}$

$$b = \frac{af}{a-f} = \frac{12 \times 6}{12-6} = 12 \text{ (렌즈 뒤쪽, 실상)}$$

렌즈 C에 의한 상 : 물체까지의 거리 $a = 14 - 12 = 2\text{cm}$, 상까지의 거리 b, 초점 거리 $f = 4\text{cm}$

$$b = \frac{af}{a-f} = \frac{2 \times 4}{2-4} = -4 \text{ (렌즈 앞쪽, 허상)}$$

따라서 렌즈 C에서 왼쪽으로 4cm 지점에 최종 상이 맺힌다.

ⓒ **렌즈 A에 의한 상** : 물체까지의 거리 $a = 8\text{cm}$, 상까지의 거리 b, 초점 거리 $f = -8\text{cm}$

$$b = \frac{af}{a-f} = \frac{8 \times (-8)}{8-(-8)} = -4 \text{(렌즈 앞쪽, 허상)}$$

렌즈 B에 의한 상 : 물체까지의 거리 $a = 4 + 8 = 12\text{cm}$, 상까지의 거리 b, 초점 거리 $f = -16\text{cm}$

$$b = \frac{af}{a-f} = \frac{12 \times (-16)}{12-(-16)} = -\frac{48}{7} \text{(렌즈 앞쪽, 허상)}$$

렌즈 C에 의한 상 : 물체까지의 거리 $a = 5 + \frac{48}{7} = \frac{83}{7}\text{ cm}$, 상까지의 거리 b, 초점 거리 $f = 8\text{cm}$

$$b = \frac{af}{a-f} = \frac{664}{27} \cong 24.6 \text{ (렌즈 뒤쪽, 실상)}$$

따라서 렌즈 C에서 오른쪽으로 약 24.6cm 지점에 최종 상이 맺힌다.

따라서 물체와 가장 멀리 상이 맺히는 조합은 ⓒ, 가장 가까이 상이 맺히는 조합은 ⓛ 이다.

20강. Project 3

Q1

〈예시 답안〉 소리는 물체를 진동시킬 때 발생하며, 매질이 필요한 탄성파이고, 소리 에너지를 전달할 수 있는 매질이 있으면 어디든 진행이 가능하기 때문에 어떤 방법으로든 달팽이관으로 진동이 전달되면 소리를 들을 수 있다.

해설 물체의 진동에 의해 생긴 음파는 귓바퀴에 모여 외이도를 지나 고막을 진동시키고, 이 진동이 귓속뼈에서 증폭된다. 증폭된 진동이 달팽이관에 전달되면 전기 신호로 바뀌고, 청각 세포가 이를 감지하여 청각 신경을 통해 대뇌로 전달되는 것이다.

Q2

〈예시 답안〉 시각 정보와 청각 정보를 감지하여 직접 전기 신호로 바꾸고 이것을 생체 전기로 만들 수 있는 전자 칩을 개발하여 각 조직이나 기관에 이식을 하여 신경을 통하지 않고 신호를 뇌로 직접 보낼 수 있도록 하면 될 것이다.

해설 사람이 사물을 보는 것은 물체에서 반사된 빛이 수정체를 통과하면서 굴절되어 망막에 맺히고, 망막에 있는 시각 세포(색을 인식하는 원뿔 세포, 명암을 인식하는 막대 세포)가 빛을 자극으로 받아들여 전기 신호로 바꾸고, 이 전기 신호가 시각 신경을 통해 대뇌로 전달되는 과정이다. 사람이 보거나 듣는 것은 시각 신경이나 청각 신경을 통해 자극을 전기 신호로 바꾸어 대뇌로 전달하는 과정인 것이다.

탐구

[탐구-1] 골전도 이어폰 만들기

탐구 결과

〈예시 답안〉
미세한 소리는 잘 들리지 않으며, 큰 소리만 잘 들린다. 또한 일반적인 이어폰으로 소리를 들을 때보다 잡음도 많고, 음질이 좋지 않다.

자료 해석 및 일반화

〈예시 답안〉
목소리를 내게 되면 입 밖으로 내는 소리를 귀로 듣기도 하지만, 소리를 낼 때 두개골도 함께 진동하게 되어 골전도 현상으로 듣는 소리도 합쳐지게 되는 것이다. 그렇지만 녹음된 소리를 들을 때

34 세페이드 3F 물리학 (하)

는 공기의 진동에 의한 소리만를 듣기 때문에 내가 듣던 내 목소리와 다른 소리처럼 느껴지는 것이다.

[탐구—2] 속삭이는 회랑(Whispering Gallery)

1. 〈예시 답안〉
두 경우 모두 파동의 반사 성질을 이용하고 있다. '속삭이는 회랑'은 한 초점에서 발생한 소리(음파)가 돔 천장에서 반사된 뒤 다른 한 초점으로 모이는 것이라면, 반사면이 오목한 오목 거울은 거울에 반사된 빛이 모두 한 점(실초점)에 모인다.

2. 〈예시 답안〉
① 강의실 천장을 돔 형태로 만들고, 강의를 하는 사람의 강단을 초점 위에 놓고, 다른 초점을 중심으로 청중들을 배치한다면 강의 내용을 더욱 잘 들을 수 있다.
② 영화관 천장을 돔 형태로 만들어서, 영화관 스피커를 한 초점 위에 놓고, 다른 초점을 중심으로 관람객들을 배치한다면 더욱 선명한 소리를 들을 수 있다.

[탐구—2] 속삭이는 회랑(Whispering Gallery)

해설 실제로 이러한 원리는 신장 결석 파쇄기에 응용되고 있다. 신장에 생긴 결석을 타원의 한 초점에 위치하게 하고, 다른 한 초점에서 충격파를 발생시키면 타원 모양의 반사 장치를 통하여 충격파가 결석의 위치에 집중되어 결석을 파괴한다.

서술   106~107쪽

Q1

〈예시 답안〉
① 휴대 전화를 사용할 때 이어폰이나 핸즈프리 등을 사용하고, 가급적 통화는 짧게 한다.
② 휴대 전화 통화시간이 길어질 때에는 오른쪽, 왼쪽 번갈아 가며 사용한다.
③ 잠잘때는 휴대폰을 머리맡에 두지 않는다.
④ 가전 제품을 사용할 때는 적정 거리를 유지한다. (컴퓨터 모니터 50cm, TV 1m 등)
⑤ 가전 제품은 꼭 필요할 때만 단시간 사용하고, 사용 이후에는 항상 전원을 뽑는다.
⑥ 전기 장판은 담요를 깔고 사용하고, 온도는 낮게, 온도 조절기와 전원 접속부는 멀리 한다.
⑦ 전자레인지가 작동될 때에는 가까운 거리에서 들여다 보지 않는다.

해설 ④ 전자 제품의 전자파는 30cm 이상의 거리를 유지하면 밀착하여 사용할 때보다 전자파를 90% 정도 줄일 수 있다.

⑥ 전기장판의 자기장은 온도를 저온으로 낮추면 고온으로 사용할 때에 비해 방출되는 전자파의 세기가 50% 정도 줄어든다.

전자파가 인체에 미칠 수 있는 영향은 크게 열작용과 자극작용이 있다. 열작용은 주파수가 높고, 강한 세기의 전자파에 노출될 경우 체온이 상승하여 세포나 조직의 기능에 영향을 줄 수 있는 작용이다. 자극작용은 주파수가 낮고, 강한 세기의 전자파에 노출되었을 때 인체에 유도된 전류가 신경이나 근육을 자극하는 것을 말한다. 하지만 일상생활에서 사용되는 전자기기들의 전자파 세기는 매우 약하기 때문에 짧은 기간 동안 사용할 시 인체에 영향을 주지 않는다.

전자파는 전자파를 이용하는 다른 전기전자 제품에 영향을 미치기도 한다. 1984년 일본의 한 지하철역에서는 지하철역 부근 전자오락실에서 발생한 전자파로 인해 지하철의 운행을 조정하는 컴퓨터가 오작동을 일으켜 열차끼리 충돌하는 사고가 발생하기도 하였다. 이처럼 전자파가 다른 전자기기에 영향을 미칠 것을 고려하여 비행기의 이착륙시 휴대전화 사용을 자제해 달라는 기내 방송을 하기도 하고, 대형 종합 병원에서는 핸드폰 사용을 자제할 것을 권고하고 있다. 하지만 국내 한 연구소에서 전자파가 의료 기기에 미치는 영향에 관한 연구를 수행한 결과 휴대전화의 전자파가 의료기기에 미치는 영향은 없는 것으로 나타났다.

Ⅱ 에너지

21강. 돌림힘과 평형

개념 확인 110~113쪽

1. ㉠ 토크 ㉡ 지레의 팔 길이
2. (1) 1종 (2) 3종 (3) 2종 **3.** 돌림힘 **4.** 중력

확인+ 110~113쪽

1. $90°$ **2.** 움직 도르래 **3.** 20 kg **4.** 10 N

1. 답 $90°$
해설 돌림힘의 크기는 $\tau = Fr\sin\theta$ 이고, $\sin\theta$ 의 범위는 $-1 \le \sin\theta \le 1$ 이다. 따라서 $\sin\theta$의 값이 1일 때 최대가 되므로 $\theta = 90°$ 이다.

2. 답 움직 도르래
해설 고정 도르래는 물체의 무게와 같은 크기의 힘으로 물체를 들어 올리고, 움직 도르래는 물체 무게의 절반의 힘으로 물체를 들어 올린다.

3. 답 20 kg
해설 $Mg \times a = mg \times b \rightarrow M \times 1\text{m} = 10\text{kg} \times 2\text{m}$
$$\therefore M = 20(\text{kg})$$

4. 답 10 N
해설 복원력 $= F\sin\theta = 20\,\text{N} \times \sin 30° = 10\,\text{N}$

개념 다지기 114~115쪽

01. ③ **02.** ④ **03.** ⑤ **04.** ④
05. ① **06.** ② **07.** ⑤ **08.** ②

01. 답 ③
해설 돌림힘의 크기는 $\tau = Fr\sin\theta$ 이므로, 힘의 크기(F)가 클수록 돌림힘의 크기(τ)도 커진다.

02. 답 ④
해설 지레의 팔(렌치)과 힘이 수직($\theta = 90°$)을 이루고 있으므로 $\tau = Fr\sin\theta = Fr = 0.2\,\text{m} \times 20\,\text{N} = 4\,\text{N·m}$이다.

03. 답 ⑤
해설 지레에서 물체가 받은 일과 힘이 한 일은 같다.

$$W \times a = F \times b \rightarrow 100\,\text{N} \times 1\,\text{m} = F \times 2\,\text{m}$$
$$\therefore F = 50\,\text{N}$$

04. 답 ④
해설 받침점을 회전축으로 하는 반지름이 r 인 움직 도르래에서 돌림힘의 크기 τ 는 다음과 같다.
$$\tau = F \cdot 2r = 20\,\text{N} \times 2\,\text{m} = 40\,\text{N·m}$$

05. 답 ①
해설 축바퀴의 작은 바퀴와 큰 바퀴의 반지름을 각각 a, b 라고 하면, 돌림힘의 평형에 의해 $mga = Fb$, $a : b = 1 : 2$ 이다. $\therefore F \cdot 2a = 200 \cdot a$, $F = 100\text{N}$

06. 답 ②
해설 물체 A의 무게에 의해 시소를 시계 방향으로 회전시키는 돌림힘 $\tau_1 = 2\,\text{m} \times 100\,\text{N} = 200\,\text{N·m}$
돌의 무게에 의해 시소를 시계 반대 방향으로 회전시키는 돌림힘 $\tau_2 = 1\,\text{m} \times$ 돌의 무게(x)
이때 시소가 수평을 이루고 있으므로 시계 방향으로 회전시키는 돌림힘과 시계 반대 방향으로 회전시키는 돌림힘의 크기가 같다.
$$\therefore \tau_1 = \tau_2 \rightarrow 200\,\text{N·m} = 1\,\text{m} \times x, \ x = 200\text{N}$$

07. 답 ⑤
해설 실에 매달려 수평 상태를 유지하고 있기 위해서는 돌림힘의 합이 0이 되어야 한다. 따라서 왼쪽 실과 막대가 연결되어 있는 곳을 회전축으로 정하면, 시계 방향으로 작용하는 돌림힘 = 반시계 방향으로 작용하는 돌림힘이 되어야 한다.
$$\therefore 5\,\text{N} \times 2\,\text{m} + 30\,\text{N} \times 5\,\text{m} = F \times 10\,\text{m} \rightarrow F = 16\,\text{N}$$

08. 답 ②
해설 회전축에 대한 돌림힘의 크기는 τ 는 다음과 같다.
$$\tau = Fr\sin\theta = 20\,\text{N} \times 1\,\text{m} \times \sin 30° = 10\,\text{N·m}$$

유형 익히기 & 하브루타 116~119쪽

[유형 21-1] (1) ④ (2) ③
　　　　　　　　01. ① 　**02.** ④
[유형 21-2] (1) ② (2) ⑤
　　　　　　　　03. ③ 　**04.** ④
[유형 21-3] (1) ⑤ (2) ①
　　　　　　　　05. ② 　**06.** ④
[유형 21-4] ④ **07.** ③ **08.** ⑤

[유형 21-1] 답 (1) ④ (2) ③
해설 (1) $\tau = Fr\sin\theta = 9\,\text{N} \times 1\,\text{m} \times \sin 30° = 4.5\,\text{N·m}$
(2) 막대는 회전하지 않고 있으므로 9N의 힘에 의한 돌림힘(막대에 시계 반대 방향으로 작용하는 돌림힘)과 힘 F 에 의한 돌림힘(막대에 시계 방향으로 작용하는 돌림힘)이 평형

을 이루고 있다.

$$\therefore 9N \times 1m \times \sin 30° = F \times 3\,m \times \sin 60°$$
$$\rightarrow 4.5 = F \times 1.5\sqrt{3}\,N \cdot m, \ \therefore F = \sqrt{3}\,N$$

01. 답 ①

해설

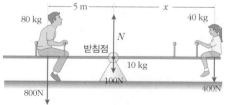

ㄱ. 막대와 막대의 길이 방향으로 작용하는 힘 ㉡ 사이의 각도는 0° 이므로 돌림힘이 작용하지 않는다(돌림힘 = 0).
ㄴ, ㄷ. 힘 ㉠에 의한 돌림힘의 크기는 $\tau = 2Fr$(반시계 방향), 힘 ㉡에 의한 돌림힘의 크기는 0, 힘 ㉢에 의한 돌림힘의 크기는 $\tau = Fr$(시계 방향) 이다. 이때 힘 ㉠에 의한 돌림힘의 크기가 힘 ㉢에 의한 돌림힘의 크기보다 크므로 막대는 반시계 방향으로 회전한다. 따라서 세 힘에 의한 돌림힘의 크기는 $2Fr - Fr = Fr$ 이다.

02. 답 ④

해설 ㄱ. 여자가 mg의 무게로 시소를 누르므로 시소가 여자를 받치는 힘의 크기는 mg이다.
ㄴ. 돌림힘의 평형이므로 남자의 무게는 $2mg$이다. 여자가 mg의 무게로 시소를 누를 때 남자는 시소를 $2mg$로 시소를 누르므로 그 반작용으로 시소가 남자를 떠받치는 힘도 $2mg$이다.
ㄷ. 평형 상태이고, 시소의 무게는 고려하지 않으므로 남자와 여자가 작용하는 힘의 합력의 크기가 받침대가 받치는 힘의 크기와 같다.

$$\therefore mg + 2mg = 3mg$$

[유형 21-2] 답 (1) ② (2) ⑤

해설 (1) 남자와 여자, 시소는 지구 중력에 의해 아래쪽으로 힘을 받고 있으나, 시소의 받침점에서는 위로 받쳐주는 수직항력이 작용하기 때문에 남자와 여자, 시소는 평형을 이루고 있다.

$$\therefore 800\,N + 400\,N + 100\,N = 1300\,N$$

(2) 시소가 평형을 유지하려면 모든 돌림힘의 합이 0이어야 한다. 받침점을 기준으로 시소의 무게 중심은 받침점이므로 자체의 돌림힘은 0 이다.

$$\therefore 800\,N \times 5\,m = 400\,N \times x, \ x = 10\,m$$

03. 답 ③

해설 (가) $F \times 2x = $ 작용힘 $\times x \ \rightarrow$ 작용힘 $= 2F$
(나) $F \times 4x = $ 작용힘 $\times x \ \rightarrow$ 작용힘 $= 4F$
(다) $F \times 2x = $ 작용힘 $\times 4x \ \rightarrow$ 작용힘 $= \dfrac{1}{2}F$

04. 답 ④

해설 작은 바퀴의 반지름을 r 이라고 한다.
ㄱ. ㉠의 돌림힘의 크기 $= 2mg \times 2r = 4mgr$
㉡의 돌림힘의 크기 $= mg \times r = mgr$
따라서 ㉠의 돌림힘이 더 크므로 ㉠쪽으로 돌아간다.
ㄴ. 돌림힘의 크기는 힘의 크기 × 지레의 팔길이 이다. 힘의 크기 비가 1 : 2 이고 지레의 팔길이 비가 2 : 1 이므로, 돌림힘의 크기 비는 1 : 1 이다. ㄷ. 돌림힘의 크기가 큰 바퀴와 작은 바퀴가 같으면 정지 상태를 유지한다. ㉠에 질량 m, $2m$인 두 물체를 모두 매달 경우 $3mg \times 2r = 6mg \times r$ 이므로 ㉡에 질량이 $6m$인 물체를 매달면 된다.

[유형 21-3] 답 (1) ⑤ (2) ①

해설 (1) 두 개의 받침대가 막대를 위로 떠받치는 힘(수직항력의 합)은 막대와 물체가 아래로 누르는 힘(중력의 합)과 같다. $(2\,kg + 4\,kg) \times 10\,m/s^2 = 60\,N$
(2) 힘 F는 받침대가 막대를 떠받치는 수직항력이다. 정지 상태를 유지하려면 힘의 평형과 돌림힘의 평형을 동시에 만족해야 한다. ㉠을 회전축으로 하면 시계 방향으로,
막대의 돌림힘 : $40N \times 3\,m = 120\,N \cdot m$
물체의 돌림힘 : $20N \times 5\,m = 100\,N \cdot m$
점 ㉠에서 F의 돌림힘 $= 0$, 점 ㉡에서 막대에 작용하는 수직항력의 돌림힘 $= 4F_{㉡}$(시계 반대 방향)
$$\therefore 120 + 100 = 4F_{㉡}, \ F_{㉡} = 55\,N$$
힘의 평형이 일어나므로 $F + F_{㉡} = 60\,N$, $F = 5\,N$이다.

05. 답 ②

해설

ㄱ, ㄴ. 두 물체가 중심으로부터 같은 거리에 있으므로 질량이 같아야 돌림힘이 평형을 이루어 정지 상태를 유지할 수 있다.
ㄷ 돌의 돌림힘 방향은 종이면에서 나오는 방향이고, 물체의 돌림힘의 방향은 종이면으로 들어가는 방향이므로 서로 반대 방향이다.

06. 답 ④

해설 ㄱ, ㄴ. 힘의 평형 : $(4kg + 2kg) \times 10m/s^2 = 60N$
돌림힘의 평형(저울 1과 물체의 접촉점을 회전축으로 한다.) : 물체에 의한 돌림힘$(x \times 40N)$ + 막대에 의한 돌림힘$(2x$(무게 중심) $\times 20N) = 4x \times F$(저울 2가 막대에 가하는 힘)
$\rightarrow F = 20N$
따라서 저울 1의 눈금은 $60N - 20N = 40N$이 된다.
ㄷ. 힘의 평형과 돌림힘의 평형을 동시에 만족해야 정지 상태를 유지할 수 있다.

[유형 21-4] 답 ④

해설 ㄱ. (가)에서는 접촉점에 대해 연직 윗방향이던 무게 중심의 위치가 회전에 의해 (나)에서는 접촉점에 대해 연직

윗방향에서 왼쪽 방향으로 이동하게 된다.

ㄴ. (가)에서 무게가 작용하는 선과 팔의 방향이 같으므로 돌림힘의 크기는 0이다.

ㄷ. 무게 중심이 접촉점에서 왼쪽으로 벗어나 오뚝이의 무게가 접촉점을 회전 중심으로 하여 시계 반대 방향의 돌림힘을 발생시켜 원래 위치로 돌아가게 한다.

07. 답 ③

해설 물체가 안정된 정지 상태를 유지하기 위해서는 힘의 평형과 돌림힘의 평형을 동시에 만족해야 한다. 무게 중심이 받침면 위를 벗어나게 되면 무게 중심에 작용하는 중력에 의한 돌림힘이 발생하여 물체가 넘어지게 된다.

ㄱ. 물체의 받침면이 움직이는 것이 아니라 무게 중심이 받침면 범위를 벗어나기 때문에 넘어지기 쉽다.

08. 답 ⑤

해설 ㄱ, ㄴ 철수의 무게 중심이 받침면 위를 벗어나면 무게 중심에 작용하는 중력에 의한 돌림힘이 발생하여(회전축: 발바닥) 철수는 앞으로 넘어진다.

ㄷ. 철수가 넘어지지 않으려면 힘의 평형과 돌림힘의 평형을 동시에 만족하여 역학적 평형을 유지해야 한다.

창의력 & 토론마당   120~123쪽

01

(1) 0	(2) 2 kg	(3) 35 N

해설 (1) 막대가 정지해 있으므로 막대에 작용하는 알짜힘은 0이다.

(2) 물체의 무게를 W라고 하고, 저울 손잡이가 막대에 연결된 점을 회전축으로 하고 저울 막대의 무게 중심의 돌림힘을 고려하여 돌림힘의 평형을 적용하면,
$(0.2 \times 5) + (0.1 \times 10) = 0.1 \times W$, ∴ $W = 20$ N
따라서 물체의 질량은 2 kg이다.

(3) 손이 줄을 당기는 힘 = 막대의 무게 + 돌의 무게 + 물체의 무게 = 5 N + 10 N + 20 N = 35 N

02

(1) 75 N	(2) 100 N

해설 (1) 막대는 힘의 평형과 돌림힘의 평형을 이루고 있으므로 남자 1에 의한 힘과 남자 2에 의한 힘의 합은 150 N이 된다. 출발 후 2초인 순간 남자 1은 1 m를 움직여서 중심으로부터 왼쪽으로 2 m 떨어져 있고, 남자 2는 2m를 움직여서 중심으로부터 오른쪽으로 2 m 떨어져 있다. 두 남자가 회전축을 중심으로 같은 거리만큼 떨어져 있으므로 두 남자가 막대에 주는 힘은 각각 75 N으로 같다.

---

(2)

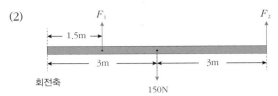

남자 2가 오른쪽 끝에 도달했을 때 3초가 지났으므로 남자 1은 1.5m 이동하였다. 남자 1에 의한 힘 F_1, 남자 2에 의한 힘 F_2 이고, 저울의 왼쪽 끝을 회전축으로 하면,
$F_1 + F_2 = 150$ (힘의 평형), $1.5F_1 + 6F_2 = 150 \times 3$ (돌림힘)
∴ $F_1 = 100$N, $F_2 = 50$N

03

(1) 416 N	(2) 1170 N

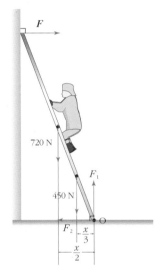

해설 바닥에 닿아 있는 사다리의 끝지점과 벽 사이의 거리를 x라고 하면, x의 값은 피타고라스 정리에 의해서
$x = (12^2 - 9.3^2)^{\frac{1}{2}} = 7.58$ m
이다.

(1) 사다리가 정지 상태이므로 힘의 평형과 돌림힘의 평형 상태이다. 돌림힘을 계산하기 위해 축을 지면과 수직이 되도록 O점에 잡는다. (이때 반시계 방향을 (+), 시계 방향을 (−)라고 한다.)

힘 F가 작용하는 지점에서 지레의 팔의 길이는 바닥면에서의 높이가 되고, 소방수의 무게 중심에서 지레의 팔의 길이는 $\frac{x}{2}$, 사다리의 무게 중심에서 지레의 팔의 길이는 $\frac{x}{3}$가 된다.

원점 O에 수직 방향과 수평 방향으로 작용하는 돌림힘의 경우 지레의 팔의 길이가 0이므로, 각각 0이 된다.

$$\rightarrow (-9.3) \times F + (\frac{x}{2}) \times 720 + (\frac{x}{3}) \times 450 = 0$$
$$\therefore F \cong 416(\text{N})$$

(2) O점에서 사다리에 수직 위 방향으로 작용하는 힘(바닥면이 사다리에 작용하는 수직 항력)을 F_1, O점에서 사다리에 수평 방향으로 작용하는 힘을 F_2라고 할 때 연직 방향과 수평 방향으로 각각 힘의 평형이므로
$F - F_2 = 0$, $F_1 - 720\text{N} - 450\text{N} = 0$
따라서 F_1은 1170(N), $F_2 \cong 416$(N) 이다.

04

500 N

해설

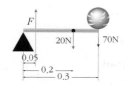

팔꿈치 접점을 회전축으로 돌림힘의 평형을 만족해야 한다. 이두박근이 아래 팔에 작용하는 힘을 F라 할 때, $F \times 0.05$ m = (2 kg $\times$ 10 m/s^2 $\times$ 0.2 m) + (7 kg $\times$ 10 m/s^2 $\times$ 0.3 m) = 25 N $\cdot$ m이다. 따라서 $F = 500$ N이다.

---

05   (1) 4400 N   (2) 6511.5 N

해설 (1) 경첩을 회전축으로 하고 강철줄의 장력을 F라고 하면, 돌림힘의 평형에 의해서 반시계 방향 돌림힘 = 시계 방향 돌림힘 이므로, $F \times 2$(팔의 길이) = 금고의 무게 $\times$ 2 + 막대의 무게 $\times$ 1 이다.
$F \times 2$ m = (400 kg $\times$ 10m/s^2 $\times$ 2 m) + (80 kg $\times$ 10m/s^2 $\times$ 1 m)이다. 따라서 장력 $F = 4400$ N이 된다.

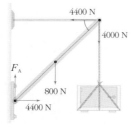

(2) 그림과 같이 힘이 작용하며, 힘의 평형에 의해 F_A의 크기는 800 N + 4000 N = 4800 N이다. 피타고라스 정리에 의해서 경첩이 막대에 가하는 알짜 힘의 크기는 $(4400^2 + 4800^2)^{\frac{1}{2}}$ = 6511.5 N이 된다.

스스로 실력 높이기   124~131쪽

01. ④	02. ④	03. ⑤	04. ②	05. ①
06. ②	07. ⑤	08. ①	09. ①	10. ②
11. ④	12. ④	13. ⑤	14. ①	15. ④
16. ③	17. ④	18. ⑤	19. ①	20. ③
21. ⑤	22. ②	23. ②	24. ③	25. ①
26. ①	27. ②	28. ③	29. ②	30. ⑤
31. ②	32. ④			

01. 답 ④
해설 ④ 칼로 종이를 자르는 경우는 칼을 회전시키지 않으므로 돌림힘을 이용한 것이 아니다.

02. 답 ④
해설 (가)에서 돌림힘의 크기는 30 N $\times$ 0.2 m = 6 N $\cdot$ m이

다. (가)에서의 돌림힘과 (나)에서의 돌림힘의 크기가 같으므로 (나)에서 너트를 조이기 위해 렌치의 끝에 수직으로 가해야 하는 힘 F의 최소 크기는 다음과 같다.
$$F \times 0.3 = 6 \rightarrow F = 20 \text{ N}$$

03. 답 ⑤
해설 ㄱ. F_1은 막대에 수직으로 작용하였으므로 돌림힘의 크기가 최대이다.
ㄴ. F_1에 의한 돌림힘의 크기는 5 N $\times$ 10 m = 50 N $\cdot$ m이다.
ㄷ. F_3은 막대에 수평으로 작용하였으므로 돌림힘이 작용하지 않는다. 따라서 돌림힘의 크기는 0이다.

04. 답 ②
해설 ㄱ. 돌림힘의 크기는 $\tau = Fr \sin \theta$이므로 지레의 팔의 길이가 더 긴 (나)의 크기가 더 크다.
ㄴ. (가)와 (나)에서 크기가 같은 힘을 같은 방향으로 주었으므로 고정점에 작용하는 힘의 크기는 같다.
ㄷ. 고정점이 회전축이므로 회전축을 중심으로 시계 방향으로 회전한다.

05. 답 ①
해설 ㄱ. 여자의 무게에 의해 시소가 시계 반대 방향으로 회전한다. 따라서 시소를 시계 반대 방향으로 회전시키는 돌림힘의 크기는 200 N $\times$ 4 m = 800 N $\cdot$ m이다.
ㄴ. 남자의 무게에 의해 시소가 시계 방향으로 회전하고, 시소가 수평을 이루고 있으므로 시계 방향으로 회전시키는 돌림힘의 크기는 여자가 시계 반대 방향으로 회전시키는 돌림힘의 크기와 같다. 따라서 시계 방향으로 회전시키는 돌림힘의 크기도 800 N $\cdot$ m이다.
ㄷ. 남자의 몸무게 $\times$ 2 m = 800 N $\cdot$ m
∴ 남자의 몸무게 = 400 N

06. 답 ②
해설 받침점을 회전축으로 하면 시계 반대 방향으로 회전시키려는 돌림힘의 크기는 20 N $\times$ 2.5 m + 20 N $\times$ 1 m = 70 N $\cdot$ m이다. 따라서 움직 도르래가 주어야 할 돌림힘의 크기는 70 N $\cdot$ m이고 거리가 5 m이므로 움직 도르래가 주어야 할 힘은 $\frac{70}{5} = 14$ N이 된다.
따라서 고정 도르래를 통해 주어야 하는 힘의 크기는 이의 절반인 7 N이다.

07. 답 ⑤
해설 ㉠은 지레로 받침점과 작용점 사이의 거리와 받침점과 힘점 사이의 거리의 비가 1 : 4이므로, 물체를 들어 올리는 데 물체 무게의 $\frac{1}{4}$의 힘이 필요하다.
㉡은 축바퀴로 각 축의 반지름 비가 1 : 2 이므로, 물체 무게의 $\frac{1}{2}$의 힘이 필요하다.
㉢은 복합 도르래로 고정 도르래는 힘의 이득이 없고, 움직 도르래는 물체 무게를 절반으로 줄여준다. 따라서 물체 무게

의 $\frac{1}{2}$의 힘이 필요하다.

08. 답 ①
해설 가로의 길이가 2 cm이므로 x 축의 무게 중심의 좌표는 1 cm이고, 세로의 길이가 4 cm이므로 y 축의 무게 중심의 좌표는 2 cm이다.

09. 답 ①
해설 ㄱ. O점을 받침대로 받쳤을 때 야구 방망이가 평형 상태를 유지하고 있으므로 무게 중심은 O점이다.
ㄴ. 회전축이 O점이므로 야구 방망이 손잡이 쪽에 작용하는 돌림힘의 방향은 시계 방향이다.
ㄷ. 힘의 평형 조건에 의해 받침점을 P점 쪽으로 옮긴 순간 받침점이 야구 방망이에 작용하는 힘은 야구 방망이의 무게와 같기 때문에 변하지 않는다.

10. 답 ②
해설 $\tau = Fr\sin\theta = 100\,\text{N} \times 2\,\text{m} \times \sin 30^\circ = 100\,\text{N} \cdot \text{m}$

11. 답 ④
해설 ㄱ. (가)와 (나) 모두 F_1, F_2의 크기가 같고 방향이 반대이므로 알짜힘의 크기는 0으로 같다.
ㄴ. (가)는 두 힘에 의한 돌림힘의 방향이 같으므로 돌림힘의 합은 0이 아니다.
ㄷ. (나)는 정지 상태이므로 힘의 평형과 돌림힘의 평형을 동시에 만족한다.

12. 답 ④
해설 ㉠은 두 힘의 크기와 팔길이가 같고 돌림힘의 방향이 반대이므로, 돌림힘의 평형이 이루어져 판이 회전하지 않는다.
㉡은 시계 방향으로 작용하는 힘 F_1의 팔길이가 더 길어 회전한다.
㉢은 두 힘의 크기와 팔길이가 같지만, 두 힘이 모두 시계 반대 방향으로 판을 회전시킨다.

13. 답 ⑤
해설 ㄱ, ㄴ. 힘의 평형과 돌림힘의 평형이 동시에 이루어지고 있다. 막대의 무게 중심은 막대의 중심점이다.
돌림힘의 평형(물체가 매달린 지점을 중심으로 할 때) :
$$-T_1 \times 0.3 + T_2 \times 0.4 - 500\,\text{N} \times 0.2 = 0$$
두 줄의 장력이 같으므로 장력 $T_1 = T_2 = 1{,}000\,\text{N}$ 이다.
ㄷ. 힘의 평형 : $T_1 + T_2 = 500\,\text{N}$ + 물체의 무게
$$\therefore \text{물체의 무게} = 1{,}500\,\text{N}$$

14. 답 ①
해설 ㄱ. 힘의 평형을 이루고 있으므로 $F_\text{A} + F_\text{B} = 100\,\text{N}$이 된다.
ㄴ. 힘 F_B의 팔길이가 4 m이므로 돌림힘의 크기는 $4F_\text{B}$이다.
ㄷ. A를 중심으로 하는 물체에 의한 돌림힘과 F_B에 의한 돌림힘의 합이 0이므로 힘 F_A과 F_B는 다음과 같다.
$$100\,\text{N} \times 1\,\text{m} = F_\text{B} \times 4\,\text{m} \rightarrow F_\text{B} = 25\,\text{N},\ F_\text{A} = 75\,\text{N}$$

15. 답 ④
해설 ㄱ. 물체가 정지해 있으므로 막대에 작용하는 모든 힘의 합이 0이다. $\rightarrow F_\text{A} + F_\text{B} = 3mg$
ㄴ. O를 회전축으로 할 때, 막대에 작용하는 모든 돌림힘의 합이 0이므로 다음과 같은 식을 만족한다.
$$4F_\text{B}L = 3mgL + (2mg \cdot 2L) = 7mgL$$
ㄷ. $F_\text{A} + F_\text{B} = F_\text{A} + \frac{7}{4}mg = 3mg \rightarrow F_\text{A} = \frac{5}{4}mg$

16. 답 ③
해설 정지 상태를 유지하고 있으므로 역학적 평형 상태이다. 돌의 무게를 W 라고 하면, 돌림힘의 평형에서 고정점을 기준점으로 한 경우에는 $2F_2 = 6W$, 받침점을 기준점으로 한 경우에는 $2F_1 = 4W$가 성립한다.
$$\therefore F_2 = 3W,\ F_1 = 2W \rightarrow F_1 : F_2 = 2 : 3$$

17. 답 ④
해설 (가)와 (나) 모두 막대가 수평을 이루었으므로 역학적 평형 상태이다. 점 ㉠에서 막대의 중심까지의 거리를 a, 점 ㉡에서 막대의 중심까지의 거리를 b 라 할 때, 돌림힘의 평형 상태이므로 다음 식이 성립한다.
(가)의 경우 : $am = 8b \rightarrow a = \dfrac{8b}{m}$
(나)의 경우 : $2a = bm\ (= \dfrac{16b}{m}),\quad \therefore m^2 = 16,\ m = 4\,\text{kg}$

18. 답 ⑤
해설 나무판 A의 무게 중심은 나무판 A와 공 ㉠이 접촉한 지점에서 왼쪽으로 L만큼 떨어진 지점이고 나무판 B의 무게 중심은 나무판 B와 공 ㉡이 접촉한 지점에서 왼쪽으로 $2L - \dfrac{L}{4} = \dfrac{7L}{4}$ 만큼 떨어진 지점이다.

공 ㉠은 나무판 B에게 $2mg + F_1 + F_2$의 힘을 연직 아래로 작용한다. 이때 돌림힘의 평형에 의해 각각 다음과 같은 식이 성립한다.
나무판 A(회전축 = 공 ㉠과 나무판 A가 접촉한 지점) :
$$\rightarrow\ 2LF_1 + Lmg = 2LF_2$$
나무판 B(회전축 = 공 ㉡과 나무판 B가 접촉한 지점) :
$$\rightarrow \frac{7L}{4}mg = \frac{L}{4}(2mg + F_1 + F_2)$$
$$\therefore F_1 = \frac{9}{4}mg,\ F_2 = \frac{11}{4}mg \rightarrow F_1 : F_2 = 9 : 11$$

19. 답 ①
해설 $\tau_1 = F_1 r_1 \sin 30^\circ = 4 \times 1 \times \sin 30^\circ = 2\,\text{N} \cdot \text{m}$
$\tau_2 = F_2 r_2 \sin 30^\circ = 5 \times 2 \times \sin 30^\circ = 5\,\text{N} \cdot \text{m}$
따라서 τ_2가 더 크므로 돌림힘의 크기는 시계 방향이고 크기는 $5\,\text{N} \cdot \text{m} - 2\,\text{N} \cdot \text{m} = 3\,\text{N} \cdot \text{m}$이다.

20. 답 ③
해설 ㉠의 질량이 48 kg이고 막대의 길이가 1 : 3이므로 오른쪽 물체 ㉡, ㉢, ㉣을 합친 무게는 16 kg이 된다.
㉣의 질량을 x 라 할 때, ㉢의 질량 = $3x$, ㉡의 질량 = $(x + 3x) \times 3 = 12x$ 이다.
$$\therefore ㉡ + ㉢ + ㉣ = x + 3x + 12x = 16x = 16\,\text{kg}$$
$$\rightarrow ㉡ = 12\,\text{kg},\ ㉢ = 3\,\text{kg},\ ㉣ = 1\,\text{kg}$$

21. 답 ⑤

해설 돌림힘의 평형을 이루어야 하므로 호두를 까기 위해 손잡이에 가해야 하는 수직한 힘 F 는 다음과 같다.

$$F \times 12 \text{ cm} = 40 \text{ N} \times 3 \text{ cm} \rightarrow F = 10 \text{ N}$$

22. 답 ②

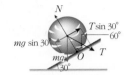

공과 경사면의 접촉점 O 를 회전축으로 하여 돌림힘의 평형이 이루어지고 있다고 하면, 공의 반경을 r 이라고 할 때(이때 수직항력 N 은 공에 토크로 작용하지 않는다.),

$$T \sin 30° \, r = mg \sin 30° \, r \rightarrow T = mg = 10 \times 10 = 100 \text{ N}$$

23. 답 ②

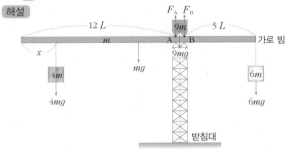

받침점 A, B가 가로 빔을 떠받치는 힘을 각각 F_A, F_B라 두고, x 가 최댓값일 때는 왼쪽 받침대가 가로 빔을 미는 힘 F_A 의 크기가 0이고 x 가 최솟값일 때는 오른쪽 받침대가 가로 빔을 미는 힘 F_B 의 크기가 0인 순간이다. 중력 가속도를 g 라 하면 x 가 최댓값 x_A 일 때는 $F_A = 0$이므로 받침점 B를 회전축으로 하여 돌림힘의 평형을 적용하면 다음과 같다.

$$(13L - x_A) \, 4mg + 4L \, mg + 0.5L \, 9mg = 5L \times 6mg$$

$$\rightarrow \, x_A = \frac{30.5L}{4}$$

x 가 최솟값 x_B 일 때는 $F_B = 0$이므로 A를 회전축으로 하여 돌림힘의 평형을 적용하면 다음과 같다.

$$(12L - x_B) \, 4mg + 3L \, mg = 0.5L \, 9mg + 6L \, 6mg$$

$$\rightarrow \, x_B = \frac{10.5L}{4} \quad \text{따라서 } x_A - x_B = 5L \text{이다.}$$

24. 답 ③

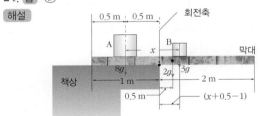

물체 A와 B 사이 거리의 최댓값을 x, 중력 가속도를 g 라 하자. 막대의 수평이 깨지는 순간 막대가 받는 힘은 위 방향으로 회전축이 떠받치는 힘, 아래 방향으로 물체 A의 중력 $8g$, 물체 B의 중력 $3g$, 막대의 중력 $2g$의 합력이다.
책상 끝을 회전축으로 하여 돌림힘의 평형을 적용하면,

$$0.5 \, 8g = 0.5 \, 2g + [x + 0.5 - 1] \, 3g \quad \therefore \, x = 1.5 \text{ m}$$

25. 답 ①

해설

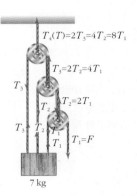

$$T_1 + T_2 + T_3$$
$$= T_1 + 2T_1 + 4T_1$$
$$= 7T_1 = 7F$$
$$= 7 \text{ kg} \times 10 \text{ m/s}^2$$
$$= 70 \text{ N}$$
$$\rightarrow F = 10 \text{ N},$$
$$T = 8T_1 = 8F = 80 \text{ N}$$

26. 답 ①

해설 나무판 위에 물체가 정지해 있는 상태이므로 역학적 평형 상태이다. (가)에서 받침대 A가 가하는 힘이 650N(위 방향)이므로 받침대 B를 회전축으로 하고, 물체의 무게를 W라고 하면 돌림힘의 평형이므로

$$4 \text{ m} \times 650 \text{ N} = 3 \text{ m} \times W + 2 \text{ m} \times 400 \text{ N}, \, W = 600 \text{ N}$$

(나)에서 받침대 B를 이동시켜 수평을 유지할 수 있는 x 의 최댓값은 A가 작용하는 힘이 0일 때의 값을 의미한다. 따라서 받침대 B를 회전축으로 하여 돌림힘의 평형이 이루어지므로

$$400 \text{ N} \times (2 - x) = 600 \text{ N} \times (1 + x) \quad \rightarrow \quad x = 0.2 \text{ m}$$

27. 답 ②

해설

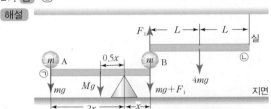

나무판 ㉠의 질량을 M, 중력 가속도를 g라고 하자. 나무판 ㉠과 ㉡은 지면과 수평을 이루고 있고, 공 A와 B가 정지해 있으므로 역학적 평형 상태이다.
나무판 ㉡의 길이를 $2L$, ㉡의 왼쪽 끝에 작용하는 힘을 F_1 이라고 하고, 실이 나무판 ㉡에 매달린 부분을 회전축으로 하여 돌림힘의 평형을 적용하면 다음과 같다.

$$L \times 4mg = 2L \times F_1 \rightarrow F_1 = 2mg$$

나무판 ㉠에서 받침점을 회전축으로 하여 돌림힘의 평형을 적용하면 다음과 같다.

$$2x \times mg + 0.5x \times Mg = x \times (mg + 2mg)$$

$$\rightarrow 0.5M = m \quad \therefore M = 2m$$

28. 답 ③

해설

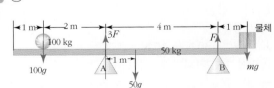

나무판은 아래 방향으로 나무판, 볼링공, 물체의 무게에 해당하는 힘을 받고 위쪽 방향으로 받침대 A, B가 미는 힘을 받는다. 힘의 평형과 돌림힘의 평형을 동시에 만족해야 하므로 받

침대 B가 나무판을 떠받치는 힘의 크기를 F, 물체의 질량을 m, 중력 가속도를 g, 라고 두면 받침대 A가 나무판을 떠받치는 힘의 크기는 $3F$이다.

힘의 평형 : $4F = (100 \text{ kg} + 50 \text{ kg}) \times g + mg$

돌림힘의 평형 (회전축: 받침대 A) : $2 \times 100g + 4 \times F$ (반시계 방향) $= 1 \times 50g + 5 \times mg$ (시계 방향), $\therefore m = 75 \text{ kg}$

물체가 최대 x만큼 왼쪽으로 이동하면 받침대 B가 나무판을 떠받치는 힘의 크기는 0 이 되므로 받침대 A를 회전축으로 하여 돌림힘의 평형을 적용하면 다음과 같다.

$$200g = 50g + (5 - x) \times 75g, \quad \therefore x = 3 \text{ m}$$

29. 답 ②

해설 y축 성분 : $T_1 \sin 30° + T_2 \sin 60° = 20 \text{ N}$,
x축 성분 : $T_1 \cos 30° = T_2 \cos 60°$
$$\rightarrow T_1 \sqrt{3} = T_2, \quad T_1 + 3T_1 = 40 \text{ N} \quad \therefore T_1 = 10 \text{ N}$$

30. 답 ⑤

해설 B 점을 받침점으로 종아리 근육이 A점을 위로 당기고, C점에서 바닥으로 부터 위로 몸무게 만큼 힘을 받는다.

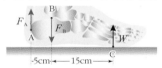

힘의 평형 : $F_A + W = F_B$ 돌림힘의 평형 : $bW = aF_A$
$$5 \text{ cm} \times F_A = 15 \text{ cm} \times 9 \text{ N} \rightarrow F_A = 27 \text{ N}$$
$$\therefore F_B = F_A + W = 27 \text{ N} + 9 \text{ N} = 36 \text{ N}$$

31. 답 ②

해설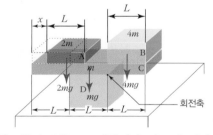

나무 막대 A를 오른쪽으로 이동시킬 때 C가 평형을 유지하기 위한 x가 최댓값일 때 D의 왼쪽 끝 부분이 떠받치는 힘이 0이 된다. D의 오른쪽 끝부분을 회전축으로 하여 돌림힘의 평형을 적용하면,

$$(1.5L - x) \times 2mg + 0.5L \times mg = 0.5L \times 4mg$$
$$\rightarrow 3L - 2x + 0.5L = 2L \quad \therefore x = 0.75L$$

32. 답 ④

해설 힘의 평형 : 가로 성분은 F_5와 F_3 밖에 없고, F_5 와 F_3의 방향은 반대 방향이므로 $F_3 = F_5 = 5 \text{ N}$이다.
세로 성분은 F_1, F_2, F_4이므로,
$F_1 + F_2 = 30 \text{ N} + 10 \text{ N} = 40 \text{ N} = F_4$이다.
돌림힘의 평형(회전축 = 점 O) : $F_4 \times d = F_2 \times b + F_3 \times a$
$\rightarrow 40 \times d = 10 \times 3 + 5 \times 2 = 40, \quad \therefore d = 1 \text{ m}$

22강. 유체 I

개념 확인	132~135쪽

1. ㉠ 작아 ㉡ 커   **2.** 76 cm
3. 아르키메데스   **4.** 파스칼

확인+	132~135쪽

1. 5   **2.** $1.2 \times 10^5 \text{ N/m}^2$ **3.** 20 N   **4.** 2 : 1

1. 답 5

해설 물속의 수압은 물의 깊이에 따른 압력과 대기압의 합이다. 대기압은 1기압이고 수심 10 m 증가할 때마다 약 1기압씩 증가하므로 물의 깊이가 40 m 일 때, 물속의 수압은 5 기압이다.

2. 답 $1.2 \times 10^5 \text{ N/m}^2$

해설 $P = P_{\text{대기압}} + \rho_{\text{액체}} gh$
$= (1.0 \times 10^5 \text{ N/m}^2) + (2 \times 10^3 \text{ kg/m}^3) \times 10 \text{ m/s}^2 \times 1 \text{ m}$
$= 1.2 \times 10^5 \text{ N/m}^2$

3. 답 20 N

해설 $F_{\text{부력}} = \rho_{\text{액체}} V g$
$= (2 \times 10^3 \text{ kg/m}^3) \times (1.0 \times 10^{-3} \text{ m}^3) \times 10 \text{ m/s}^2 = 20 \text{ N}$

4. 답 2 : 1

해설 $P_1 = P_2 \rightarrow \dfrac{F_1}{A_1} = \dfrac{F_2}{A_2}$ 이므로 단면적 비가 2 : 1일 때, 피스톤에 작용하는 힘의 비도 2 : 1이 된다.

개념 다지기	136~137쪽

01. ①   **02.** ④   **03.** ⑤   **04.** ②
05. ②   **06.** ③   **07.** ③   **08.** ④

01. 답 ①

해설 대기에 의한 압력은 지면에 가까울수록, 물에 의한 압력은 물의 깊이가 깊을수록 커진다. 1기압은 수은 기둥 76 cm의 무게에 의한 압력, 물 기둥 10 m 의 무게에 의한 압력과 같다. 따라서 물의 깊이가 약 10 m 깊어질 때마다 수압이 약 1 기압씩 증가한다.

02. 답 ④

해설 면적이 A, 압력이 P 인 곳에서 누르는 힘 F 는 다음과 같다. $F = PA = 2 \text{ N/m}^2 \times 20 \text{ m}^2 = 40 \text{ N}$

03. 답 ⑤

해설 유체에 의한 압력은 유체의 깊이가 깊어질수록 증가한다. 유체가 담긴 그릇의 수평적 크기나 위치와는 상관없이 일정하다. 따라서 A, B, C, D의 깊이 h에서의 압력의 크기는 모두 같다.

04. 답 ②
해설 ㄱ. 물의 깊이가 깊을수록 압력이 크기 때문에 구멍 C에서 나온 물줄기가 가장 멀리 날아간다.
ㄴ. A, B, C에 작용하는 외부로부터의 대기압의 크기는 모두 같다.
ㄷ. 구멍의 높이가 낮을수록 물의 무게에 의한 압력의 크기가 크다.

05. 답 ②
해설 물속에 있는 볼링공의 무게는 5 N 이다. 이는 중력에서 부력을 뺀 값과 같으므로, 다음과 같은 식을 만족한다.
$$5\,\text{N} = mg - F_{\text{부력}} = mg - \rho g V$$
$$\rightarrow mg = 5\,\text{N} + (1.0 \times 10^3\,\text{kg/m}^3) \times (10\,\text{m/s}^2) \times (3 \times 10^{-3}\,\text{m}^3)$$
$$= 35\,\text{N} \text{ 이다.}$$

06. 답 ③
해설 물체가 받는 부력의 크기는 물체가 밀어낸 부피에 해당하는 유체 무게의 크기와 같다. 따라서 부력은 B와 C가 같고 A가 가장 작다.

07. 답 ③
해설 볼링공의 무게 :
$$mg = \rho g V = 4000\,\text{kg/m}^3 \times 10\,\text{m/s}^2 \times 10^{-4}\,\text{m}^3 = 4\,\text{N}$$
볼링공에 작용하는 부력 :
$$1000\,\text{kg/m}^3 \times 10\,\text{m/s}^2 \times 10^{-4}\,\text{m}^3 = 1\,\text{N}$$
볼링공이 바닥을 누르는 힘의 크기는 볼링공의 무게에서 부력을 뺀 값과 같다. $\therefore 4\,\text{N} - 1\,\text{N} = 3\,\text{N}$

08. 답 ④
해설 유체가 피스톤 1, 2에 가하는 압력이 같으므로
$$\frac{F_1}{A_1} = \frac{F_2}{A_2} \text{ 이 성립한다.}$$
$$F_1 \times (5\,\text{m}^2) = (2 \times 10^3\,\text{N}) \times 1\,\text{m}^2 \quad \therefore F_1 = 400\,\text{N}$$

유형 익히기 & 하브루타   138~141쪽

[유형 22-1] (1) ④ (2) ④	**01.** ①	**02.** ⑤
[유형 22-2] ⑤	**03.** ③	**04.** ②
[유형 22-3] (1) ② (2) ③	**05.** ③	**06.** ⑤
[유형 22-4] (1) ① (2) ⑤	**07.** ②	**08.** ⑤

[유형 22-1] 답 (1) ④ (2) ④
해설 (1) 물의 깊이에 따른 압력은 $P = P_{\text{대기압}} + \rho g h$이고, 오른쪽 관에서 경계면의 높이는 물의 표면에서 b만큼 떨어져 있고, 왼쪽 관에서 경계면은 액체 A의 표면에서 $a + b$

만큼 떨어져 있으므로 각각의 무게에 의한 압력+대기압이 경계면에서 물에 가하는 압력이며, 서로 평형을 이룬다.
오른쪽 관(물의 압력) : $P_{\text{물}} = P_{\text{대기압}} + \rho_{\text{물}} g b$
왼쪽 관(액체 A의 압력) : $P_{\text{액체 A}} = P_{\text{대기압}} + \rho_{\text{액체 A}} g(a + b)$
$$\therefore \rho_{\text{물}} g b = \rho_{\text{액체 A}} g(a + b)$$
$$\rightarrow \text{액체 A의 비중} = \frac{\rho_{\text{액체 A}}}{\rho_{\text{물}}} = \frac{b}{a + b} = \frac{70\,\text{mm}}{30\,\text{mm} + 70\,\text{mm}} =$$

(2) 액체 A의 밀도 $\rho_{\text{액체 A}}$는 다음과 같다.
$$\rho_{\text{액체 A}} = \rho_{\text{물}} \times \frac{b}{a + b} = (1.0 \times 10^3\,\text{kg/m}^3) \times 0.7 = 700\,\text{kg/m}^3$$

01. 답 ①
해설 ㄱ. 물체 A는 가라앉고 B는 위로 떠오르므로 A의 밀도가 B보다 더 크다.
ㄴ. 부피는 같지만 밀도는 A가 B보다 크므로 질량도 A가 B보다 크다.
ㄷ. 유체 속에서는 깊은 곳일수록 압력이 더 높다.

02. 답 ⑤
해설 ㄱ. 액체의 표면에 작용하는 압력은 대기압으로 모두 같다.
ㄴ. 관의 굵기와 모양이 달라도 관 속의 같은 깊이에서의 압력은 모두 같다.
ㄷ. 관 속에 담긴 액체 내에서는 깊은 곳일수록 압력이 커지고, 같은 깊이에서 압력이 같다.

[유형 22-2] 답 ⑤
해설 ㄱ. 유리관 속 액체 A가 용기 속 액체 표면에 작용하는 압력은 대기압과 같다. 뒤집힌 유리관 속 빈공간은 진공이 되어 압력이 0이 되고, 밀도가 ρ인 액체 A 기둥에 의한 압력 $\rho g h$는 대기압 P와 같아진다.
ㄴ. 관을 비스듬히 기울이면 액체 A가 들어 있는 길이가 길어지므로 관 속 액체 A의 양이 많아지기 때문에 질량이 증가한다.
ㄷ. 대기압은 일정하므로 액체 A의 밀도가 2배가 되면 높이는 절반으로 줄어든다.

03. 답 ③
해설 기압은 지표면에 가까울수록 크고 수압은 깊이가 깊을수록 크다. 물속에서 압력은 지표면에서 대기압과 수압을 합한 압력에 해당한다. 따라서 압력이 가장 작게 작용하는 점은 A이고, 가장 크게 작용하는 점은 D이며, 점 D가 받는 압력이 C가 받는 압력보다 크다.

04. 답 ②
해설 추의 무게는 $1.0 \times 10^3\,\text{N}$이며, 무게가 작용하는 면적이 $0.01\,\text{m}^2$이므로 추에 의한 압력 P_1은 다음과 같다.
$$F = PA \rightarrow P_1 = \frac{F}{A} = \frac{1.0 \times 10^3}{0.01} = 1.0 \times 10^5\,\text{N/m}^2$$
실린더에 담긴 물은 피스톤에 의해 대기압과 추의 무게에 의한 압력을 함께 받는다. 따라서 피스톤이 물에 전달하는 압력 P_2는 다음과 같다.
$$P_2 = P_{\text{대기압}} + P_1 = 1.0 \times 10^5\,\text{N/m}^2 + 1.0 \times 10^5\,\text{N/m}^2$$
$$= 2.0 \times 10^5\,\text{N/m}^2$$

[유형 22-3] 답 (1) ② (2) ③

해설 (1) 돌에 작용하는 부력의 크기는 (돌 무게) − (물속에서의 돌 무게)이다. ∴ 30 N − 10 N = 20N

(2) 돌의 질량 :
$$F = mg \rightarrow 30\,\text{N} = m \times 10\,\text{m/s}^2, \quad m = 3\text{kg}$$

돌의 부피 : $F_{부력} = \rho_{물}gV$
$$\rightarrow 20\,\text{N} = (1.0 \times 10^3\,\text{kg/m}^3) \times 10\,\text{m/s}^2 \times V$$
$$V = 2 \times 10^{-3}\,\text{m}^3$$
$$\therefore \rho_{돌} = \frac{m}{V} = \frac{3}{2 \times 10^{-3}} = 1.5 \times 10^3\,\text{kg/m}^3$$

05. 답 ③

해설 ㄱ. 질량이 같으면 밀도와 부피는 반비례한다($m = \rho V$). 따라서 밀도가 작은 A의 부피가 더 크다.

ㄴ. 부피가 큰 A가 넘친 물의 부피가 많으므로 넘친 물의 무게도 (가)의 경우가 (나)의 경우보다 크다.

ㄷ. 물체가 물로부터 받는 부력의 크기는 넘친 물의 무게와 같다. 따라서 넘친 물의 무게가 더 큰 A가 받는 부력의 크기가 더 크다.

06. 답 ⑤

해설 ㄱ. 물체가 받는 중력의 크기 $F = mg = \rho Vg$이다. ㄴ. 물체가 가만히 정지해 있으려면 물체가 받는 중력과 부력의 크기가 서로 같아야 한다. ㄷ. 유체의 비중은 밀도와 크기가 같다. 따라서 유체의 비중이 작아지면 물체는 더 가라앉아서 밀어내는 유체의 무게를 더 크게 해야 한다.

[유형22-4] 답 (1) ① (2) ⑤

해설 (1) 입력 쪽과 출력 쪽에 작용하는 압력이 같으므로 힘은 단면적에 비례한다. 따라서 입력 쪽의 피스톤 단면적 A_1보다 단면적이 10배 더 큰 출력 쪽의 피스톤에 가해지는 힘이 10배 더 크다. ∴ $F_2 = F_1 \times 10 = 100$ N

(2) 입력 쪽에서 내려가는 유체의 부피는 출력 쪽에서 올라가는 유체의 부피와 같다. 출력 쪽의 단면적이 10배 더 크므로 입력 쪽의 내려간 길이 d_1이 올라간 길이 d_2보다 10배 더 크다. ∴ $d_1 : d_2 = 10 : 1$

07. 답 ②

해설 용기 내 유체의 모든 지점에 같은 크기의 압력이 전달된다(파스칼 법칙). 따라서 피스톤 A_1에 작용하는 압력이 같은 높이의 피스톤 A_2에 같은 크기로 전달된다.
$$\therefore \frac{F_1}{A_1} = \frac{F_2}{A_2} \rightarrow \frac{m_1 g}{A_1} = \frac{m_2 g}{A_2}, \quad m_1 A_2 = m_2 A_1$$

08. 답 ⑤

해설 ㄱ. 기름에 의한 중력 효과는 무시하므로, 높이에 따른 기름의 압력 차이는 무시할 수 있다. 따라서 밀폐된 기름통 안에 있는 유체의 압력은 모든 곳에서 같다.

ㄴ. 작은 힘으로 무거운 무게를 들어 올렸지만, 이동 거리가 길어지므로 일의 이득이 없다.

ㄷ. 유체 내의 모든 점에서 압력은 같아야 한다. 따라서 단면적이 작은 기름통의 기름을 누르는 힘의 크기는 단면적이 큰 피스톤을 밀어내는 힘보다 작다.

01

(1) 4.5 mg	(2) 1.5 mg

해설

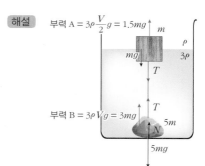

부력 A = $3\rho\dfrac{V}{2}g = 1.5mg$

부력 B = $3\rho Vg = 3mg$

$$T = 1.5mg - mg = 0.5mg$$

(1) 부피가 같은 물체 A와 B의 질량은 각각 m과 $5m$, 액체의 밀도는 A의 밀도의 3배이므로 A의 밀도를 ρ라고 할 때, 액체의 밀도는 3ρ이다. 이때 부력의 크기는 물에 잠긴 부피에 비례한다.
$$\therefore F_{부력} = 3\rho(0.5V + V)g = 4.5\rho Vg = 4.5mg$$

(2) 바닥이 B를 떠받치는 힘(N)의 크기는 다음과 같다.
$$N + 부력\,B + T = 5mg$$
$$\rightarrow N + 3mg + 0.5mg = 5mg, \quad \therefore N = 1.5mg$$

02

(1) 102.4 kg	(2) 406.3 kg/m³

해설 (1) 물체가 액체에 잠긴 부분의 부피를 V라 하면, 잠긴 부분은 공의 절반이므로 물체가 액체에 잠긴 부분의 부피는 다음과 같다.
$$V = \frac{4 \times \pi \times (r_{바깥})^3}{3 \times 2} \rightarrow V = \frac{2 \times \pi \times (r_{바깥})^3}{3}$$

물체에 작용하는 중력의 크기와 물체에 의해 밀려난 액체의 무게가 같다.
$$m_{공}g = \rho_{액체}gV \rightarrow m_{공} = \rho_{액체}\frac{2 \times \pi \times (r_{바깥})^3}{3}$$
$$= 800\,\text{kg/m}^3 \times \frac{2 \times 3 \times (0.4\,\text{m})^3}{3} = 102.4\text{kg}$$

(2) $V_{공} = \dfrac{4 \times \pi \times [(r_{바깥})^3 - (r_{안})^3]}{3}$
$$= \frac{4 \times 3 \times [(0.4\,\text{m})^3 - (0.1\,\text{m})^3]}{3} = 0.252\,\text{m}^3$$
$$\therefore \rho_{공} = \frac{m_{공}}{V_{공}} = \frac{102.4\,\text{kg}}{0.252\,\text{m}^3} \cong 406.4\,\text{kg/m}^3$$

03

(1) 3.74×10^4 N	(2) 3.96×10^4 N
(3) 2.20×10^3 N	(4) 2.30×10^3 N

해설 (1) 정육면체의 윗면에서 아래로 작용하는 압력을 $P_{윗면}$이라고 하면,
$$P_{윗면} = P_{대기압} + \rho_{물}gh$$

$\rightarrow P_{윗면} = (1.01 \times 10^5 \text{ N/m}^2) + (1.0 \times 10^3 \text{ kg/m}^3) \times 10 \text{ m/s}^2$
$\times 0.3 \text{ m} = 1.04 \times 10^5 \text{ N/m}^2$

$\therefore F_{윗면} = P_{윗면} \times 윗면의 단면적$

$\rightarrow F_{윗면} = (1.04 \times 10^5 \text{ N/m}^2) \times (0.6 \text{ m})^2 = 3.74 \times 10^4 \text{ N}$

(2) 정육면체의 아랫면에서 위로 작용하는 압력을
$P_{아랫면}$이라고 하면,

$P_{아랫면} = P_{대기압} + \rho_물 g h$

$\rightarrow P_{아랫면} = (1.01 \times 10^5 \text{ N/m}^2) + (1.0 \times 10^3 \text{ kg/m}^3) \times 10 \text{ m/}$
$\text{s}^2 \times 0.9 \text{ m} = 1.10 \times 10^5 \text{ N/m}^2$

$\therefore F_{아랫면} = P_{아랫면} \times 아랫면의 단면적$

$\rightarrow F_{아랫면} = (1.10 \times 10^5 \text{ N/m}^2) \times (0.6 \text{ m})^2 = 3.96 \times 10^4 \text{ N}$

(3) 정육면체에 작용하는 부력은 아랫면에서 위로 작용하는
힘을 윗면에서 아래로 작용하는 힘으로 뺀 값이다. $\therefore F_{아랫면}$
$- F_{윗면} = (3.96 \text{ N} - 3.74 \text{ N}) \times 10^4$
$= 2.20 \times 10^3 \text{ N}$

(4) 정육면체의 무게는 장력과 부력의 합이다.

$\therefore T + F_{부력} = mg$

$\rightarrow T = 450 \text{ kg} \times 10 \text{ m/s}^2 - 2.20 \times 10^3 \text{ N}$
$= 2.30 \times 10^3 \text{ N}$

04

$4 : 5$

해설 물체 A, B가 액체에 잠긴 부피를 V라고 할 때, A
에 작용하는 부력의 크기($F_{A.부력} = \rho_1 V g$)는 A의 무게
(mg)와 막대가 A를 누르는 힘(F_A)의 크기의 합이다.

$\rightarrow \rho_1 V g = mg + F_A$

B에 작용하는 부력의 크기($F_{B.부력} = \rho_2 V g$)는 B의 무게
(mg)와 막대가 B를 누르는 힘의 크기(F_B)의 합이다.

$\rightarrow \rho_2 V g = mg + F_B$

이때 작용 반작용에 의해 F_A와 F_B는 각각 물체 A, B가
막대를 떠받치는 힘의 크기와 같다.
힘의 평형 : $F_A + F_B = 4mg$
돌림힘의 평형(회전축 = A와 막대의 접촉점) :
$(2mg \times 3L) + (2mg \times 4L) = F_B \times 6L$

$\rightarrow F_A = \frac{5}{3}mg, F_B = \frac{7}{3}mg$

$\therefore \rho_1 V g = \frac{8}{3}mg, \rho_2 V g = \frac{10}{3}mg \rightarrow \rho_1 : \rho_2 = 4 : 5$

05

0.2 m

해설 공이 물에서 받는 부력이 중력보다 클 경우 위쪽
으로 가속도가 생긴다. 공의 부피를 V, 질량을 m, 최
고점 높이를 h, 수면에서의 속도를 v, 0.2 m 깊이에서
수면으로 올라올 때의 가속도를 a, 공의 밀도를 $\rho_공$이라
하자.

$F_{부력} - F_{중력} = ma \rightarrow \rho_물 V g - \rho_공 V g = \rho_공 V a$

$\rightarrow (1.0 \times 10^3 \text{ kg/m}^3 - 500 \text{ kg/m}^3) \times 10 \text{ m/s}^2$
$= 500 \text{ kg/m}^3 \times a, \quad \therefore a = 10 \text{ m/s}^2 \text{ (물속)}$

$v^2 = 2as = 2 \times 10 \times 0.2 = 4$ 이므로,

v(수면에서의 속도) $= 2 \text{ m/s}$ 이다.

$\therefore$ 최고점의 높이 $h = \dfrac{v^2}{2g} = \dfrac{4}{20} = 0.2$ m 이다.

스스로 실력 높이기   146~153쪽

01. ⑤	**02.** ④	**03.** ③	**04.** ⑤	**05.** ③
06. ③	**07.** ⑤	**08.** ①	**09.** ②	**10.** ②
11. ③	**12.** ①	**13.** ⑤	**14.** ④	**15.** ④
16. ④	**17.** ①	**18.** ①	**19.** ⑤	**20.** ⑤
21. ③	**22.** ③	**23.** ①	**24.** ①	**25.** ②
26. ①	**27.** ①	**28.** ⑤	**29.** ⑤	**30.** ④
31. ②	**32.** ⑤			

01. 답 ⑤

해설 물체를 물이 가득 담겨있는 컵에 넣으면 물체의 부피
에 해당하는 만큼의 물이 흘러넘친다. 따라서 물체의 부피
와 흘러넘친 물의 부피는 같다.

$\therefore m = \rho_물체 V = 18 \text{ g/cm}^3 \times 2 \text{ cm}^3 = 36 \text{g}$

02. 답 ④

해설 $P = P_{대기압} + \rho_유체 g h$
$= (1.0 \times 10^5 \text{ N/m}^2) + (1.5 \times 10^4 \text{ kg/m}^3) \times 10 \text{ m/s}^2 \times 0.6 \text{ m}$
$= 1.9 \times 10^5 \text{ N/m}^2$이다.

03. 답 ③

해설 유체에 의한 압력 $P = P_{대기압} + \rho_유체 g h$ 이므로 깊이
가 깊을수록 유체에 의한 압력은 증가하고, 유체나 유체가
담겨 있는 그릇의 수평적 크기나 위치와는 상관이 없다.

$\therefore P_B > P_C > P_A > P_D$

05. 답 ③

해설 ㄱ, ㄴ. 수심이 깊어질수록 수압이 증가하고, 수압이
증가할수록 풍선의 부피는 줄어든다.
ㄷ. (가)는 부력과 중력이 평형인 상태이다. 가라앉을수록
수압이 증가하여 풍선의 부피는 줄어들게 되고, 풍선이 밀
어낸 유체의 부피가 줄어들므로 부력은 더욱 감소하여 계속
해서 가라앉게 된다.

06. 답 ③

해설 열기구의 질량을 m, 부피를 V, 열기구의 가속도를 a
라 할 때, 부력의 방향과 중력의 방향이 반대이므로 열기구
의 가속도 크기는 다음과 같은 식을 만족한다.

$F_{부력} - mg = ma \rightarrow \rho_밖 V g - \rho_안 V g = \rho_안 V a$

$\rightarrow 1.5\rho_안 V g - \rho_안 V g = \rho_안 V a$

$\therefore a = 0.5 \times g = 0.5 \times 10 \text{ m/s}^2 = 5 \text{ m/s}^2$

07. 답 ⑤

해설 ㄱ. 고추기름이 액체 중간에 떠 있으므로 중력과 부력의 크기는 같다.

ㄴ. 알코올을 더 넣으면 혼합액의 비중이 작아지므로, 고추기름이 받는 부력의 크기가 작아져 가라앉는다.

ㄷ. 물과 알코올은 서로 섞이며 비중이 큰 물의 양이 더 많으면 비중이 0.9보다 커지므로 부피가 일정한 고추기름이 받는 부력의 크기는 커진다.

08. 답 ①

해설 ㄱ. (가)에서 물체의 무게는 5 N임을 알 수 있다. (나)에서 액체와 물체의 무게의 합이 90 N이므로 액체의 무게는 90 N − 5 N = 85 N이다.

ㄴ. 물체의 부피는 $2V$, 액체의 부피는 $10V$이다. 액체의 무게는 85 N이므로 물체의 부피($2V$)에 해당하는 액체의 무게는 17 N이다. 따라서 물체에 작용하는 부력의 크기는 17 N이다.

ㄷ. 물체에 작용하는 부력은 위로 17 N, 중력은 아래로 5 N이므로 힘의 평형에 의해 실이 물체를 아래로 당기는 힘의 크기는 17 N − 5 N = 12 N이다.

09. 답 ②

해설 ㄱ, ㄴ. (통+모래)의 무게는 물에 잠긴 통의 부피 V 만큼의 물의 무게(부력)과 같다.

$\therefore$ (통+모래)의 무게 $= \rho_{물} V g$
$= (1.0 \times 10^3 \, \text{kg/m}^3) \times (5 \, \text{m} \times 2 \, \text{m} \times 10 \, \text{m}) \times 10 \, \text{m/s}^2$
$= 1.0 \times 10^6 \, \text{N}$ 이다.

ㄷ. $\rho_{(통+모래)} = \dfrac{m_{(통+모래)} g}{V_{(통+모래)} g} = \dfrac{1.0 \times 10^6 \, \text{N}}{(5 \times 5 \times 10) \times 10} = 400 \, \text{kg/m}^3$

10. 답 ②

해설 밀폐된 용기 속 유체의 일부분에 압력을 가했을 때, 용기 속에서 유체에 전달되는 압력은 모두 같다($P_1 = P_2$).

$$\therefore P_1 : P_2 = 1 : 1$$
$$A_1 : A_2 = F_1 : F_2 = m_1 g : m_2 g = m_1 : m_2$$
$$\therefore m_1 : m_2 = 1 : 3$$

11. 답 ③

해설 ㄱ. 물체 A가 잠긴 부피를 V', 잠기지 않은 곳의 부피를 V, 중력 가속도를 g라 하면, 물체 A의 무게는 부력과 같으므로 다음과 같은 식을 만족한다.

$$\rightarrow 0.9 \rho \times (V + V')g = \rho V' g \rightarrow V' = 9V$$
$$\therefore 물체 A의 부피 = V + V' = 10V$$

ㄴ. 물체 A의 무게와 물체 B의 무게의 합은 부력과 같으므로 물체 B의 질량을 m은 다음과 같다.

$mg + 0.9\rho(10V)g = \rho(10V - 0.7V)g \rightarrow m = 0.3\rho V$

ㄷ. (나)에서 물체 A에 작용하는 부력의 크기는 물체 A의 무게와 B의 무게의 합과 같다.

12. 답 ①

해설 그림 (나)에서 부력과 중력은 같다.

$$\rightarrow mg = \rho(4V)g, \quad \therefore m = 4\rho V$$

그림 (가)에서 부력과 실의 장력의 합은 물체 A의 무게이다.

$\rightarrow \rho(2V)g + T = mg$
$\therefore T = mg - \rho(2V)g = mg - 0.5mg = 0.5mg$

13. 답 ⑤

해설 그림 (가)에서 물체 A의 무게와 부력이 같다.

$$\rightarrow m_A g = \rho(3V)g, \quad m_A = 3\rho V$$

그림 (나)는 (가)에 비해 부력이 $\rho V g$만큼 증가하였다. 이것은 물체 B의 무게에 해당하므로 물체 B의 질량은 $m_B = \rho V$이다.

그림 (다)에서 물체 B는 전부 잠겨있고, 물체 A가 $1.5V$만큼 잠겨 정지해 있으므로 A와 B의 무게 $(m_A + m_B)g$는 B의 전체 부피에 대한 부력과 A의 부력 $1.5\rho V g$을 합한 것과 같다.

$$\rightarrow (m_A + m_B)g = 4\rho V g = \rho V_B g + 1.5\rho V g, \quad V_B = 2.5V$$
$$m_B = \rho_B V_B \rightarrow \rho V = \rho_B \times (2.5V)$$
$$\therefore \rho_B = 0.4\rho$$

14. 답 ④

해설 ㄱ. 금속구가 정지해 있으므로 알짜힘은 0이다.

$\therefore$ (실이 물체에 작용하는 힘) + (부력) $= mg$
$\rightarrow$ (실이 물체에 작용하는 힘) $= mg - $ (부력)

ㄴ. 금속구는 물로부터 위 방향으로 부력을 받는다. 작용 반작용에 의해 물은 금속구로부터 아래 방향으로 부력과 같은 크기의 힘을 받는다.

ㄷ. (나)에서 물이 금속구에 작용하는 부력의 반작용만큼 저울의 눈금은 증가한다. 부력의 크기 = 증가한(밀어낸) 물의 무게 $= \rho V g = \rho A(h - h_0)g$이므로 저울의 눈금은 $w = w_0 + \rho A(h - h_0)g$이다.

15. 답 ④

해설 ㄱ. 물체에 작용하는 부력의 크기는 잠긴 부분의 부피에 비례한다. 물체 B는 물보다 가벼우므로 물 위로 나오므로 잠긴 부분이 물체 A의 잠긴 부분보다 작기 때문에 A의 부력이 B의 부력보다 크다.

ㄴ. 물체 A는 물속에 잠겨 있으므로 A에 작용하는 부력의 크기는 A의 무게보다 작다.

ㄷ. 물체 B는 떠올라 정지해 있으므로 합력이 0인 상태이다.

16. 답 ④

해설 막대가 수평을 이루며 정지하고 있으므로 역학적 평형 상태이다.

㉠ 물체 A의 돌림힘의 크기(회전축 = 점 P) : (반시계 방향)
$$\tau = rF = L \times 2 \, \text{kg} \times 10 \, \text{m/s}^2 = 20L \, (\text{N} \cdot \text{m})$$

㉡ 막대의 돌림힘의 크기 : $10ML$ $(\text{N} \cdot \text{m})$(시계 방향)

㉢ $T = $ 중력 $-$ 부력($F_{부력}$)
$$F_{부력} = \rho V g = 0.5 \, \text{g/cm}^3 \times 200 \, \text{cm}^3 \times 10 \, \text{m/s}^2 = 1 \, \text{N}$$
$$\therefore T = (0.6 \text{kg} \times 10 \text{m/s}^2) - 1 = 5\text{N}$$

㉣ 장력에 의한 돌림힘의 크기 : $15L$ $(\text{N} \cdot \text{m})$(시계 방향)
물체 A의 돌림힘의 크기(㉠)는 막대의 돌림힘의 크기(㉡)와 물체 B에 연결된 실의 장력 T에 대한 돌림힘의 크기(㉣)의 합과 같다.

$$\therefore 20L \, (\text{N} \cdot \text{m}) = 10ML \, (\text{N} \cdot \text{m}) + 15L \, (\text{N} \cdot \text{m})$$

$$10ML \ (\text{N} \cdot \text{m}) = 5L, \ M = 0.5 \ \text{kg}$$

17. 답 ①

해설 물체 A가 피스톤 1에 가하는 힘이 $\rho_A Vg$이므로 피스톤 1에 가해지는 압력은 대기압 P_0와 물체 A가 피스톤 1에 가한 압력 $\dfrac{\rho_A Vg}{S_1}$의 합이다.

→ 피스톤 1이 액체에 작용하는 압력 $= P_0 + \dfrac{\rho_A Vg}{S_1}$

물체 B가 피스톤 2에 가하는 힘이 $\rho_B Vg$이므로

→ 피스톤 2에 가해지는 압력 $= P_0 + \dfrac{\rho_B Vg}{S_2}$

파스칼 법칙에 따라 액체가 피스톤 1과 피스톤 2에 작용하는 압력이 같으므로 물체 A가 가한 압력과 물체 B가 가한 압력은 같다.

$$\dfrac{\rho_A Vg}{S_1} = \dfrac{\rho_B Vg}{S_2} \ \rightarrow \ \dfrac{\rho_A}{S_1} = \dfrac{\rho_B}{S_2}$$
$$\therefore \ \rho_A : \rho_B = S_1 : S_2$$

18. 답 ①

해설 ㄱ. 손잡이는 지레의 원리(2종 지레)에 의해 피스톤 1에 더 큰 힘을 전달한다.

ㄴ. 파스칼 법칙에 의해 용기 내의 유체는 모든 곳으로 같은 압력을 전달한다.

ㄷ. 지레와 유압 장치를 통해 큰 힘이 전달되므로 작은 힘으로 무거운 물체를 들어올리는 것이다.

19. 답 ⑤

해설 공기 중에서의 무게와 물에 잠겼을 때의 무게의 차는 물에 의한 부력을 나타낸다. 따라서 물체의 부피를 V라고 할 때 다음 식을 만족한다.

$$F_{부력} = 32 \ \text{N} - 16 \ \text{N} = 16 \ \text{N} = \rho_{물} Vg$$
→ $16 \ \text{N} = (1.0 \times 10^3 \ \text{kg/m}^3) \times V \times 10 \ \text{m/s}^2$
$$\therefore \ V = 1.6 \times 10^{-3} \ \text{m}^3$$

마찬가지로 물체가 액체 A에 잠겼을 때 공기 중에서와 무게의 차이는 액체 A에 의한 부력을 나타낸다. 따라서 액체 A의 밀도는 다음과 같다.

$32 \ \text{N} - 24 \ \text{N} = 8 \ \text{N} = \rho_{액체 A} \times (1.6 \times 10^{-3} \ \text{m}^3) \times 10 \ \text{m/s}^2$
$$\therefore \ \rho_{액체 A} = 5 \times 10^2 \ \text{kg/m}^3$$

20. 답 ⑤

해설 나무 도막이 떠 있으려면, 토막과 쇠구슬에 작용하는 아래 방향의 중력과 같은 크기의 위 방향의 부력이 작용해야 한다. 부력은 토막과 쇠구슬의 무게에 의해 잠긴 부피가 밀어낸 유체의 무게와 같다.

$$F_{부력} = 0.9 \times \rho_{물} V_{나무} g = 0.9 \times \dfrac{\rho_{물} g m_{나무}}{\rho_{나무}} = (m_{나무} + m_{쇠구슬})g$$

→ $0.9 \times \dfrac{(1.0 \times 10^3 \ \text{kg/m}^3) \times 5 \ \text{kg}}{450 \ \text{kg/m}^3} = (5 \ \text{kg} + m_{쇠구슬})$

$$\therefore \ m_{쇠구슬} = 5 \ \text{kg}$$

21. 답 ②

해설 ㄱ. (가)와 (나)에서 물체 A에 작용하는 부력은 더 많

이 잠긴 (가)에서의 부력의 크기가 더 크다.

ㄴ. (나)에서 B의 부피는 V이므로 물의 부피 V의 무게만큼 부력을 받는다.

ㄷ. (가)에서 두 물체의 무게와 물의 부력은 평형을 이룬다. (나)에서는 B가 수조 밑면으로부터 수직항력을 받으므로 두 물체의 무게는 수직항력+부력과 평형을 이룬다. 따라서 부력의 합은 (가)보다 작다. 따라서 밀려나간 물의 양도 (가)보다 작으므로 수면의 높이는 (가)가 (나)보다 높다.

22. 답 ③

해설 (나)에서 수면의 연장선 위 금속 부분의 부피와 수면의 연장선 위 금속 용기 내부의 부피의 합은 $3V_0$이다.

(나)와 (다)에서 부력의 차이는 (다)의 용기 안에 들어있는 물의 무게와 같으므로 물의 밀도를 ρ, 중력 가속도를 g라고 할 때, $\rho(3V_0)g = \rho Vg$이므로 $V = 3V_0$이다.

23. 답 ①

해설 물의 밀도를 ρ라 하면 A의 밀도는 0.25ρ이다. 그림 (나)에서 절반만 잠긴 물체 A에 작용하는 부력의 크기는 잠긴 부피에 비례하므로 다음과 같다.

$$\text{부력의 크기} = \rho V_{잠긴부피} g = \rho \left(\dfrac{1}{2} \times \dfrac{m}{0.25\rho} \right) g = 2mg$$

물체 B는 전체가 잠겨 있으므로 부력의 크기는 A의 2배인 $4mg$이다. 따라서 전체 부력의 크기는 $2mg + 4mg = 6mg$이다. 부력과 무게는 평형을 이루므로, A의 무게가 mg이고 B의 무게는 $5mg$이다. 따라서 물체 B의 질량 $M = 5m$이다.

(가)에서 실에 작용하는 장력의 크기 = A와 B의 무게 − B의 부력 → $6mg - 4mg = 2mg$

돌림힘의 평형 : 추의 돌림힘 = 실의 장력에 의한 돌림힘

→ $mg(L - x) = 2mgx$, $\therefore \ x = \dfrac{1}{3}L$

24. 답 ①

해설 통이 누르는 힘을 F_1, 용수철을 수축시키는 힘을 F_2이라고 하면, 모래의 질량 m은 다음과 같다.

$$\dfrac{F_1}{A_1} = \dfrac{F_2}{A_2} = \dfrac{F_1}{20A_1} \ \rightarrow \ \dfrac{mg}{A_1} = \dfrac{kx}{20A_1}$$
$$\therefore \ m = \dfrac{(4 \times 10^4 \ \text{N/m}) \times (0.05 \text{m})}{20 \times 10 \ \text{m/s}^2} = 10 \ \text{kg}$$

25. 답 ②

해설 $F = PA \ \rightarrow \ 10 \ \text{N} = \rho_{물} g \times 높이차 \times A$

$= (1.0 \times 10^3 \ \text{kg/m}^3) \times (10 \ \text{m/s}^2) \times 높이차 \times (0.0005 \ \text{m}^2)$
$$\therefore \ 높이차 = 2.0 \ \text{m}$$

따라서 높이 h는 다음과 같다.

$h = 짧은 관 높이 + 높이차 = 0.8 \ \text{m} + 2.0 \ \text{m} = 2.8(\text{m})$

26. 답 ①

해설 공기 방울은 탄산수와 공기 방울의 밀도 차이에 의한 부력과 중력의 차이로 위로 가속도 운동한다. 공기 방울은 탄산수 안에 완전히 잠겨있으므로 공기 방울에 의해 밀어낸 유체의 부피와 공기 방울의 부피는 같다. 공기 방울의 부피를 V, 탄산수의 밀도를 $\rho_{탄산수}$, 공기 방울의 밀도를 $\rho_{방울}$, 공

기 방울의 가속도를 a 라고 하면,

부력 $-$ 공기 방울의 중력 $= m_{방울}a$

$\rightarrow \rho_{탄산수}Vg - \rho_{방울}Vg = m_{방울}a$

$\rightarrow (1.0 \times 10^3 \text{ kg/m}^3) \times V \times 10 \text{ m/s}^2 - \rho_{방울} \times V \times 10 \text{ m/s}^2$
$= \rho_{방울} \times V \times 10 \text{ m/s}^2$

$\rightarrow \rho_{방울} \times 20 \text{ m/s}^2 = 1.0 \times 10^4 \text{ kg/m}^3$

$\therefore \rho_{방울} = 500 \text{ kg/m}^3$

공기 방울의 질량 $m_{방울}$ 은 $m_{방울} = \rho_{방울} \times V = \rho_{방울} \times \frac{4}{3}\pi r^3$

$= 500 \text{ kg/m}^3 \times \frac{4}{3} \times 3 \times (0.2 \times 10^{-3})^3 = 1.6 \times 10^{-8} \text{ kg}$

$= 1.6 \times 10^{-5} \text{ g}$ 이다.

---

27. 답 ①

해설 나무 도막이 떠 있기 위해서는 나무 도막에 작용하는 아래 방향의 중력과 같은 크기의 위 방향의 부력이 있어야 한다. 부력은 토막이 잠긴 부피가 밀어낸 유체의 무게와 같다. 토막의 바닥 면적을 A, 토막의 밀도를 $\rho_{토막}$, 유체의 밀도를 $\rho_{유체}$, 토막이 잠긴 부피가 밀어낸 유체의 질량을 m, 토막이 유체에 잠긴 높이를 h, 토막이 잠긴 부분의 부피를 $V_{유체}$, 토막의 부피를 $V_{토막}$ 이라고 하자.

$$F_{부력} = m_{유체}g = \rho_{유체}V_{유체}g = \rho_{유체}Ahg$$
$$F_{중력} = mg = \rho_{토막}V_{토막}g = \rho_{토막}AHg$$

$F_{부력} = F_{중력}$ 이므로 $\rho_{유체}Ahg = \rho_{토막}AHg$ 이다.

$$h\rho_{유체} = H\rho_{토막} \rightarrow 1,200 \text{ kg/m}^3 \times h = 800 \text{ kg/m}^3 \times 6 \text{ cm}$$
$$\therefore h = 4 \text{ cm}$$

나무 도막에 작용하는 중력은 같지만, 나무 도막이 완전히 잠겼을 때 밀어낸 유체의 부피는 $V_{유체} = AH$ 이다. 이때 부력의 방향과 중력의 방향이 반대이므로 $F_{부력} - F_{중력} = ma$ 이다. 따라서 가속도 a 는 다음과 같다.

$\rho_{유체}AHg - \rho_{토막}AHg = \rho_{토막}AHa$

$\rightarrow a\rho_{토막} = (\rho_{유체} - \rho_{토막})g$

$\rightarrow a \times 800 \text{ kg/m}^3 = (1,200 \text{ kg/m}^3 - 800 \text{ kg/m}^3) \times 10 \text{ m/s}^2$

$\therefore a = 5 \text{ m/s}^2$

---

28. 답 ⑤

해설 물체가 유체에 떠 있으면 물체에 작용하는 부력과 중력의 크기는 같다. 그러므로 물체에 작용하는 중력의 크기와 물체에 의해 밀려난 유체의 무게가 같다. 빙산의 부피를 $V_{빙산}$, 바닷물에 잠긴 빙산의 부피를 $V_{바다}$, 강물에 잠긴 빙산의 부피를 $V_{강}$ 이라고 하자.

$m_{빙산}g = \rho_{바다}V_{바다}g \rightarrow \rho_{빙산}V_{빙산}g = \rho_{바다}V_{바다}g$

$\therefore \rho_{빙산}V_{빙산} = \rho_{바다}V_{바다}$

따라서 바닷물 위로 나와있는 빙산의 비율은 다음과 같다.

$\frac{V_{빙산} - V_{바다}}{V_{빙산}} = 1 - \frac{V_{바다}}{V_{빙산}} = 1 - \frac{\rho_{빙산}}{\rho_{바다}} = 1 - \frac{900 \text{ km/m}^3}{1,200 \text{ km/m}^3}$

$= 1 - 0.75 = 0.25 \rightarrow 25\%$

강물에서는

$1 - \frac{\rho_{빙산}}{\rho_{강}} = 1 - \frac{900 \text{ km/m}^3}{1,000 \text{ km/m}^3} = 1 - 0.9 = 0.1 \rightarrow 10\%$

---

29. 답 ⑤

해설 뗏목이 물에 완전히 잠겼을 때 뗏목의 무게와 쇠구슬 3개의 무게의 합은 뗏목에 작용하는 부력과 같다. 통나무의 부피는 $V = \pi \times (0.1 \text{ m})^2 \times 0.2 \text{ m} = 0.006 \text{ m}^3$ 이므로, 통나무의 개수 N 은 다음과 같다.

$$3 \times 20g + \rho_{통나무}VgN = \rho_{물}VgN$$
$$\rightarrow N(\rho_{물} - \rho_{통나무}) \times 0.006 = 60 \rightarrow N = 50(개)$$

---

30. 답 ④

해설 공의 무게와 부력의 크기가 같아야 하므로

$m_{공}g = \rho_{물}V_{물}g \rightarrow \rho_{공}V_{공}g = \rho_{물}V_{물}g$

$\rightarrow \rho_{공} \times (\frac{4}{3}\pi(r_1)^3 - \frac{4}{3}\pi(r_2)^3) = \rho_{물} \times \frac{4}{3}\pi(r_1)^3$

$\rightarrow \rho_{공}(r_1)^3 - \rho_{공}(r_2)^3 = \rho_{물}(r_1)^3$

$\rightarrow (r_2)^3 = \frac{(r_1)^3(\rho_{공} - \rho_{물})}{\rho_{공}} = (r_1)^3 \times (1 - \frac{\rho_{물}}{\rho_{공}})$

---

31. 답 ②

해설 $h = 0$ 일 때, $W = 0.25 \text{ N}$ 이다. 따라서 물체의 무게는 0.25 N 이다. $h = 1.5 \text{ cm}$ 일 때, 물체가 모두 물에 잠기므로 부력의 크기 $= 0.25 \text{ N} - 0.1 \text{ N} = 0.15 \text{ N}$ 이다.

$\therefore \rho_{액체}Vg = \rho_{액체} \times (5 \text{ cm}^2 \times 1.5 \text{ cm}) \times 10 \text{ m/s}^2 = 0.15 \text{ N}$

$\rho_{액체} = \frac{0.15 \text{ N}}{(5 \times 10^{-4} \text{ m}^2) \times 0.015 \text{ m} \times 10 \text{ m/s}^2} = 2.0 \times 10^3 \text{ kg/m}^3$

---

32. 답 ⑤

해설 운동 에너지가 0인 지점이 부력과 중력이 일치하는 지점으로 공의 밀도와 액체의 밀도가 같은 지점이다. 따라서 공의 밀도는 $1.5 \times 10^3 \text{ kg/m}^3$ 이다. $\rho_{액체} = 0$ 일 때는 진공 중이라고 할 수 있고, 자유낙하하며 4cm 낙하했을 때 운동 에너지는 1.2 J 이다.

$$운동 \ 에너지 = \frac{1}{2}mv^2 = mgh, \ h : 자유낙하 \ 거리$$

$\therefore mgh = 1.2 \text{ J} \rightarrow m = \frac{1.2 \text{ J}}{10 \text{ m/s}^2 \times 0.04 \text{ m}} = 3 \text{ kg}$

따라서 부피 V 는 다음과 같다.

$$V = \frac{질량}{밀도} = \frac{3 \text{ kg}}{1.5 \times 10^3 \text{ kg/m}^3} = 2 \times 10^{-3} \text{ m}^3$$

23강. 유체 II

1. 답 비점성
해설 고체의 운동에서 마찰이 운동에 저항하는 역할을 한다면, 유체에서는 마찰 대신 점성이라는 개념을 생각할 수 있다. 점성이 없어 유체가 관 내부를 흐르거나 장애물 주위를 흐를 때 에너지의 손실이 없다. 이를 이상 유체의 비점성이라고 한다.

2. 답 2 m/s
해설 관 오른쪽 끝의 단면적에서의 유체의 속력 v 는 연속 방정식에 의해 다음과 같다.
$A_1 v_1 = A_2 v_2$ → $2\,\text{m}^2 \times 5\,\text{m/s} = 5\,\text{m}^2 \times v$, ∴ $v = 2\,\text{m/s}$

3. 답 ㉠ 낮아(작아) ㉡ 높아(커)
해설 유체가 같은 높이를 흐르는 경우 베르누이 법칙($P + \frac{1}{2}\rho v^2 + \rho gh$ = 일정)에 의해 $P_1 + \frac{1}{2}\rho v_1^2 = P_2 + \frac{1}{2}\rho v_2^2$ 이다. 따라서 $v_1 < v_2$ 이면 $P_1 > P_2$ 이므로 유체의 속력이 증가하면 압력이 낮아지고, 유체의 속력이 감소하면 압력이 높아진다.

01. 답 ②
해설 ① 이상 유체는 밀도가 균일하고 일정하므로 압력을 가하여도 부피가 줄어들지 않는 비압축성 유체이다.
②, ③ 흐름선(이상 유체를 이루는 입자들이 이동하는 경로)이 일정하게 형성되면서 흐른다. 따라서 두 흐름선이 서로 교차하지 않는다.
④ 이상 유체는 유체 속 한 지점에서의 속력이 시간에 따라 변하지 않는 정상 흐름을 한다.
⑤ 이상 유체는 점성이 없기 때문에 유체와 관 사이의 마찰이 없다.

02. 답 ④
해설 $A_1 v_1 = A_2 v_2$ → $16\,\text{cm}^2 \times 2\,\text{m/s} = 4\,\text{cm}^2 \times v_2$
∴ $v_2 = 8\,\text{m/s}$

03. 답 ③
해설 연속 방정식($A_1 v_1 = A_2 v_2$)에 의해 단면적의 비 $A_1 : A_2 = 1 : 3$ 이면, 속력의 비 $v_1 : v_2 = 3 : 1$ 이다.

04. 답 ⑤
해설 ① 공기 중에서 회전하며 진행하는 공은 회전 방향과 공기 흐름 방향이 같은쪽은 압력이 낮아지고, 반대쪽은 압력이 높아지게 되어 압력이 낮은 쪽으로 휘게 된다. 이 힘을 마그누스 힘이라고 한다.
② 비행기 날개 위쪽은 아래쪽보다 공기의 흐름이 빠르기 때문에 압력이 날개 아래쪽보다 상대적으로 낮으므로 비행기가 뜰 수 있다. 이때 작용하는 힘을 양력이라고 한다.
③ 서로 반대편으로 도로를 질주하는 자동차들이 스쳐 지나갈 때 공기의 흐름이 빠르기 때문에 압력이 낮아서 반대쪽 자동차쪽으로 쏠리는 현상도 베르누이 법칙을 이용하여 설명할 수 있다.
④ 탁구공을 가까이 매달고 그 사이에 입김을 불어 공기의 흐름을 빠르게 하면 압력이 낮아져 탁구공이 서로 가까이 붙게 된다.
⑤ 브레이크 페달을 밟아 실린더의 압력이 높아지면 이 압력이 네 바퀴에 균등하게 제동력을 작용한다. 이는 파스칼 법칙을 이용한 것이다.

05. 답 ③
해설 연속 방정식($A_1 v_1 = A_2 v_2$)에 의해 단면적이 같으면 유체의 속력이 같다.
$$P_1 + \frac{1}{2}\rho v_1^2 + \rho gh_1 = P_2 + \frac{1}{2}\rho v_2^2 + \rho gh_2$$
→ $P_1 + \rho gh_1 = P_2 + \rho gh_2$ ∴ $P_1 - P_2 = \rho g(h_2 - h_1)$

06. 답 ④
해설 베르누이 법칙($P_1 + \frac{1}{2}\rho v_1^2 + \rho gh_1$ = 일정)에서 높이가 같으므로 $P_1 + \frac{1}{2}\rho v_1^2 = P_2 + \frac{1}{2}\rho v_2^2$이 성립한다.
$$\therefore P_1 - P_2 = \frac{1}{2}\rho(v_2^2 - v_1^2)$$
$$= \frac{1}{2} \times (1.0 \times 10^3) \times [(0.3)^2 - (0.1)^2]$$
$$= 40\,\text{N/m}^2$$

07. 답 ⑤
해설 ㄱ. 이상 유체는 비압축성 유체이므로 같은 시간 동안 단면적 A_1과 A_2를 통과한 유체의 부피는 같다.
ㄴ. 유체의 밀도는 일정하므로 부피가 같으면 질량도 같다.
ㄷ. 연속 방정식($A_1 v_1 = A_2 v_2$)에 의해 단면적이 작으면 속력이 크다. 따라서 단면적이 더 작은 면에서의 속력 v_1이 v_2보다 크다.

08. 답 ①
해설 비행기 날개의 윗면과 아랫면의 공기 속력 차에 의한 압력 차로 양력을 받아서 비행기가 날 수 있다. 이는 베르누이 법칙을 따른 것이다.

[유형 23-1] 답 ④

해설 ㄱ. (가)는 층류이다. 따라서 일정한 유체의 흐름으로, 한 지점을 통과하는 유체의 모든 입자가 똑같은 경로로 이동하고 흐름선은 교차하지 않는다.

ㄴ. (가)는 층류이고, (나)는 난류이다.

ㄷ. 난류의 경우 기체의 흐름은 처음에는 정상 흐름이지만 어느 점에 이르면 소용돌이가 생겨 정상 흐름(층류)에서 막 흐름(난류)으로 바뀐다.

01. 답 ⑤

해설

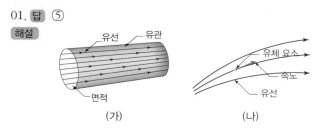

ㄱ. (가)와 (나) 에서 ㉠과 ㉢은 유선이다.

ㄴ. 유체가 흐르는 관 속의 유체 입자들이 흐르는 경로를 나타낸 선을 유선이라 하고, 특정 면적을 지나는 유선의 다발을 유관이라 한다. 따라서 ㉡은 유관이다.

ㄷ. 어떤 지점에서 유체 요소의 속도는 그 지점의 유선의 접선 방향이다.

02. 답 ②

해설 밀도의 변화가 없고, ㉡ 점성이 없어 유체가 관 내부를 흐를 때 에너지의 손실이 없는 유체의 성질을 ㉠ 비압축성이라고한다. 고체의 운동에서 마찰이 운동에 저항하는 역할을 한다면, 유체에서는 마찰 대신 점성이라는 개념을 생각할 수 있다. 이상 유체의 경우 점성에 의한 저항이 없어서 관 내부를 일정한 속력으로 움직일 수 있고, 에너지의 손실이 없다. 이를 비점성이라고 한다. ㉢ 정상 흐름에서는 유체 속 한 지점에서 속력의 방향과 크기가 시간에 따라 변하지 않는다.

[유형 23-2] 답 ①

해설

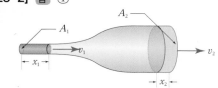

ㄱ. 비압축성 성질을 가진 이상 유체가 높이가 같은 관 내부를 통과할 때 각 지점을 통과하는 유체의 양은 일정하므로, 같은 시간 동안 통과하는 질량도 일정하다.

ㄴ. 같은 시간 동안 지나가는 유체의 양이 일정하므로 유체가 통과하는 공간의 부피도 같다. 따라서 $A_1x_1 = A_2x_2$이다.

ㄷ. 비압축성 성질을 가진 이상 유체의 성질에 의해 같은 시간 동안 통과한 거리는 굵기가 가는 단면 1이 굵기가 굵은 단면 2보다 길다. 따라서 단면 1에서의 속력 v_1이 v_2보다 빠르다.

03. 답 ④

해설 ㄱ. 관 속에서의 이상 유체는 유체 흐름의 질량 보존 법칙을 따른다.

ㄴ, ㄷ. 연속 방정식 ($A_1v_1 = A_2v_2$)에 의해 $A_1 : A_2 = 2 : 1$ 이면, $v_1 : v_2 = 1 : 2$ 가 된다.

04. 답 ②

해설 ㄱ. 물줄기는 정상 흐름이다.

ㄴ, ㄷ. A_1에서의 속력을 v_1, A_2에서의 속력을 v_2라 하자. 연속 방정식 ($A_1v_1 = A_2v_2$)에 의해 A_1과 A_2에서의 부피 흐름율은 같으므로, A_2에서의 속력 v_2가 A_1에서의 속력 v_1보다 빠르다.

[유형 23-3] 답 (1) ③　(2) ③

해설

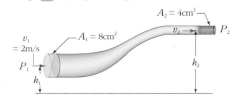

(1) 연속 방정식 ($A_1v_1 = A_2v_2$)에 의해

$$8 \text{ cm}^2 \times 2 \text{ m/s} = 4 \text{ cm}^2 \times v_2 \rightarrow v_2 = 4 \text{ m/s}$$

(2) 베르누이 법칙($P_1 + \frac{1}{2}\rho v_1^2 + \rho gh_1 = $ 일정)에 의해

$$P_2 = P_1 + \frac{1}{2}\rho(v_1^2 - v_2^2) - \rho g(h_2 - h_1)$$
$$= 0.9 \times 10^5 + 500 \times (2^2 - 4^2) - (1.0 \times 10^3) \times 10 \times 5$$
$$= 3.4 \times 10^4 \text{ N/m}^2$$

05. 답 ②

해설 ㄱ. 비압축성 유체는 일정한 질량의 유체가 가지는 부피가 항상 같으므로 밀도의 변화는 없다.

ㄴ. 비압축성 유체이므로 질량 보존 법칙에 의해 같은 시간 동안 A_1과 A_2를 지나는 유체의 부피는 서로 같다.

ㄷ. 연속 방정식에 의해 $A_1v_1 = A_2v_2$가 성립한다.

06. 답 ①

해설 ㄱ. 같은 시간 동안 굵은 관과 가는 관에 같은 부피의 공기가 지나간다.

ㄴ. 굵은 관에서는 공기의 흐름이 느려 기압이 크고, 가는 관에서는 공기의 흐름이 빨라 기압이 작다.

ㄷ. 관의 굵기의 차이가 클수록 압력 차이가 커진다. 따라서 가는 관이 더 가늘어지면 높이 차이 h 는 증가한다.

[유형 23-4] 답 (1) ⑤ (2) ③

해설 (1) 연속 방정식 ($A_1 v_1 = A_2 v_2$)에 의해 $A_1 : A_2 = 5 : 1$이므로 $v_1 : v_2 = 1 : 5$이다. (2) 압력 차이만큼 액체의 높이 차가 생기므로 $P_1 - P_2 = \rho_2 g h$ 이다.

07. 답 ③
해설

공기 흐름
진행 방향
회전 방향
㉠
㉡

ㄱ. 공의 회전으로 인해 공과 공기 사이에 마찰이 생기며 ㉠ 부분에서 공기의 속도가 더 빠르다. 따라서 압력이 ㉡ 부분보다 낮아진다.

ㄴ. ㉠ 부분의 압력이 ㉡ 부분보다 낮으므로 공의 진행 방향은 왼쪽으로 휘어진다.

ㄷ. 공의 회전이 많아질수록 양쪽 공기 흐름의 속도 차이가 더 커지면서 압력 차이도 더 커진다. 따라서 휘어짐의 정도도 더 커진다.

08. 답 ④
해설 ㄱ. 같은 시간 동안 비행기 날개 윗면은 아랫면보다 면을 지나는 공기가 더 긴 거리를 이동하기 때문에 아랫면을 지나는 공기보다 윗면을 지나는 공기의 속력이 더 빠르다.

ㄴ. 베르누이 법칙에 의해 공기의 속력이 느린 곳은 압력이 높고 공기의 속력이 빠른 곳은 압력이 낮으므로 날개 위와 아래에 압력 차이가 발생한다.

ㄷ. 비행기 날개 위쪽의 압력이 아래쪽의 압력보다 낮기 때문에 비행기 날개에는 압력 차에 의해 위쪽 방향으로 양력이 작용한다. 따라서 양력의 방향은 ㉠이다.

창의력 & 토론마당　　　164~167쪽

01　　0.21 m/s

해설 지붕 면적 A_0에 내리는 비의 유량(속력 v_0)과 주 배수관 입구 면적 A_1를 통과하는 유량(속력 v_1)은 같고 ($A_0 v_0 = A_1 v_1$), 주배수관 입구와 지하실 배수관 입구의 기압은 같게 놓을 수 있다. 지하실 배수구 입구의 속력 $v_2 = 0$ 일 때, v_0은 최솟값이다.

(주 배수관 입구) $P_1 + \dfrac{1}{2}\rho v_1^2 + \rho g h_1$

= (지하실 배수관 입구) $P_2 + \dfrac{1}{2}\rho v_2^2 + \rho g h_2$

$\rho = 1, P_1 = P_2, v_2 = 0, v_1 = \dfrac{A_0}{A_1}v_0$ 이므로,

$$\frac{1}{2}\rho v_1^2 = \rho g(h_2 - h_1) \rightarrow \left(\frac{A_0}{A_1}\right)^2 v_0^2 = 2g(h_2 - h_1)$$

$$v_0^2 = 2g(h_2 - h_1)\left(\frac{A_1}{A_0}\right)^2 = 2 \times 10 \times 10 \times \left(\frac{\pi \times 0.03^2}{0.3 \times 0.6}\right)^2$$

$$\therefore v_0 = 10\sqrt{2} \times \left(\frac{3 \times 0.03^2}{0.18}\right) = 0.21\,(\text{m/s})$$

02

(1) 10 m/s　　　　　(2) 15 m

해설 (1) 수면과 구멍에서의 압력은 대기압이며, 기압 차는 거의 없고, 수면의 속력 = 0 이라고 할 수 있으므로 구멍에서 나오는 물의 속력을 v 라고 하면, 수면과 구멍에서 베르누이 법칙을 적용하면,

$$\rightarrow P_0 + \frac{1}{2}\rho(0) + \rho g(5\,\text{m}) = P_0 + \frac{1}{2}\rho v^2 + \rho g(0)$$

$$\therefore v^2 = 10g = 100, \quad v = 10\,\text{m/s}$$

(2) 새로운 물탱크 바닥의 구멍에서 현재 구멍의 높이가 h 일 때, 새로운 구멍에서의 물줄기의 속력이 현재 구멍에서 나오는 물의 속력의 2배가 되는 경우 다음 식이 성립한다.

$$P_0 + \frac{1}{2}\rho(10\,\text{m/s})^2 + \rho g h = P_0 + \frac{1}{2}\rho(20\,\text{m/s})^2 + \rho g(0)$$

$$\rightarrow 2gh = (400 - 100) \quad \therefore h = 15\,\text{m}$$

03　　4.4 cm

해설 반지름이 2 cm인 관의 총 길이는 60 m이다. 이 관 속에서는 속력 $v_1 = 2.5$ m/s이므로 반지름이 2cm인 관을 지나는데 걸린 시간은 24 s 이다. 따라서 가려진 중간의 관을 지나는 시간은 100 s 가 된다. 이때 가려진 관의 길이는 50 m이므로 가려진 관에서의 속력 $v_2 = 0.5$ m/s이다. 2 cm관의 반지름을 r_1, 가려진 관에서의 반지름을 r_2라 하면, 연속 방정식($A_1 v_1 = A_2 v_2$)에 의해 $r_1^2 v_1 = r_2^2 v_2$가 되므로 $(2\,\text{cm})^2 \times 2.5\,\text{m/s} = r_2^2 \times 0.5\,\text{m/s}$ 에서

$$r_2^2 = 20, \quad r_2 = 2\sqrt{5} \fallingdotseq 4.4\,\text{cm}$$

04　　$0.4\,\text{m}^3/\text{s}$

해설 연속 방정식($A_1 v_1 = A_2 v_2$)에 의해 $v_B = \dfrac{S_A}{S_B}v_A$이다.

베르누이 법칙($h_1 = h_2$)

$$\rightarrow P_A + \frac{1}{2}\rho v_A^2 = P_B + \frac{1}{2}\rho v_B^2$$

$$= P_B + \frac{1}{2}\rho\left(\frac{S_A}{S_B}v_A\right)^2$$

$$\rightarrow P_B - P_A = \frac{1}{2}\rho\left(1 - \frac{S_A^2}{S_B^2}\right)v_A^2$$

$$\therefore v_A^2 = S_B^2 \times \frac{2(P_A - P_B)}{\rho(S_A^2 - S_B^2)}$$

$$= (4\times10^{-2})^2 \times \frac{2 \times (1.8\times10^4)}{(1.0\times10^3) \times (9\times10^{-4})} = 64$$

따라서 $v_A = 8$ m/s가 된다.
부피 흐름율 $R = S_A v_A = 5 \times 10^{-2}\,\text{m}^2 \times 8\,\text{m/s} = 0.4\,\text{m}^3/\text{s}$이다.

05

| (1) 60 N | (2) 0.012 m³/s |

해설 (1) 마찰력은 물의 수압×관의 단면적과 평형이다. 깊이 h 인 곳에서의 물의 압력은 $P_물 = \rho g h$ 이다. 이때 대기압은 수면과 마개에서 같은 크기로 작용하므로 상쇄된다. 관의 단면적 $A = \pi r^2$ 이므로 마찰력 f 는 다음과 같다.

f(관이 마개에 작용하는 마찰력) $= A(\rho g h)$
$= \pi(0.02)^2 \times (1.0 \times 10^3) \times 10 \times 5 = 60$ N

(2) 초당 빠져나오는 물의 양은 부피 흐름율이므로 $R = Av$이다.

(수면) $P_1 + \frac{1}{2}\rho v_1^2 + \rho g h_1$

$=$ (마개 부분) $P_2 + \frac{1}{2}\rho v_2^2 + \rho g h_2 =$ 일정

P_1, P_2는 대기압이며 서로 같게 놓을 수 있다.
$v_1 \simeq 0$ (수면의 속력은 거의 0이다.), $h_1 - h_2 = 5$ m 이므로,

$v^2 = 2g(h_1 - h_2)$
$= 2 \times 10 \text{ m/s}^2 \times 5 \text{ m} = 100 \text{ m}^2/\text{s}^2$
→ $v = 10$ m/s
∴ $R = \pi(0.02 \text{ m})^2 \times 10 \text{ m/s} = 0.012 \text{ m}^3/\text{s}$

스스로 실력 높이기 (168~175쪽)

01. ⑤	02. ③	03. ②	04. ④	05. ③
06. ④	07. ①	08. ①	09. ④	10. ②
11. ③	12. ④	13. ④	14. ④	15. ⑤
16. ①	17. ②	18. ③	19. ②	20. ③
21. ④	22. ④	23. ②	24. ①	25. ④
26. ④	27. ②	28. ③	29. ⑤	30. ②
31. ③	32. ④			

01. 답 ⑤
해설 ⑤ 연속 방정식($A_1v_1 = A_2v_2$)에 의해 유체의 속력은 관의 단면적이 작을수록 크다.

02. 답 ③
해설 ㄱ, ㄴ. 물의 점성, 밀도, 관성, 퍼텐셜 에너지는 일정하다. 연속 방정식($A_1v_1 = A_2v_2$)에 의해 단면적이 작아지면 물의 속력은 증가한다.
ㄷ. 물의 점성에 의해 속력은 감소한다.

03. 답 ②
해설 이상 유체의 경우 같은 시간 동안 단면 A_1 과 A_2를 통과한 유체의 부피가 같다. 따라서 $A_1x_1 = A_2x_2$ 이다. 연속 방정식($A_1v_1 = A_2v_2$)에 의해 유체의 속력은 관의 단면적이 작을수록 크다. 따라서 관의 단면적이 작은 v_1 의 속력이 v_2

보다 크다.

04. 답 ④
해설 ㄱ. A점이 B점보다 유속이 빠르므로 A점의 압력이 B점보다 낮다.
ㄴ. 공기를 세게 불수록 유속의 속력이 빨라져 압력이 작아진다.
ㄷ. 분무기에서 액체가 뿜어져 나오는 원리는 베르누이 법칙으로 설명할 수 있다.

05. 답 ③
해설 ㄱ. ㉠지점의 단면적이 A_1이고 유체의 속력이 v_1이므로 1초 동안 흐르는 유체의 부피는 A_1v_1 이다.
ㄴ. 정상류에서는 같은 시간 동안 단면을 통과하는 유체의 총 질량은 같다.
ㄷ. $A_1v_1 = A_2v_2$이 성립한다.

06. 답 ④
해설 관의 단면적이 클수록 유체의 속력이 작아 압력이 크므로 단면적이 가장 큰 곳의 높이가 가장 높다. 따라서 높이는 $h_1 > h_3 > h_2$가 되고, 속력은 $v_2 > v_3 > v_1$이 된다.

07. 답 ①
해설 ㄱ. (가)에서 공기가 정지해 있으므로 액체에는 대기압만이 작용한다. 따라서 A와 B에서 압력은 같으므로 수면의 높이는 같다.
ㄴ. (나)에서 연속 방정식($A_1v_1 = A_2v_2$)에 의해 단면적이 넓은 A쪽 공기의 속력이 B쪽보다 느리므로 A쪽 압력이 커져 A의 수면이 내려간다.

08. 답 ①
해설 ㄱ. 연속 방정식($A_1v_1 = A_2v_2$)에 의해 A_1이 A_2 보다 넓으므로 v_1 이 v_2 보다 느리다.
ㄴ, ㄷ. 공기의 속력은 v_1 이 v_2 보다 느리므로 h_1 쪽의 압력이 더 크다. 따라서 수면은 h_1이 h_2보다 낮다.

09. 답 ④
해설 ㄱ. 같은 시간 동안 비행기 날개 윗면은 아랫면보다 면을 지나는 공기가 더 긴 거리를 이동하기 때문에 아랫면을 지나는 공기보다 윗면을 지나는 공기의 속력이 더 빠르다.
ㄴ. 베르누이 법칙에 의해 공기의 속력이 느린 곳은 압력이 높고 공기의 속력이 빠른 곳은 압력이 낮다.
ㄷ. 비행기 날개 위쪽의 압력이 아래쪽의 압력보다 낮기 때문에 비행기 날개에는 압력 차에 의해 위쪽 방향으로 양력이 작용한다. 따라서 양력의 방향은 ㉠이다.

10. 답 ②
해설 ㄱ. 점 A에서는 공의 회전 방향은 오른쪽이고 공기의 흐름은 왼쪽이다. 따라서 마찰에 의해 공기의 속력이 느려진다.
ㄴ. 공기 흐름의 속력이 빠를수록 압력이 작고, 느릴수록 압력이 크다. 따라서 속력이 빠른 점 B에 작용하는 압력이 더

작다.

ㄷ. 공기의 압력이 B가 A보다 작으므로 공은 ⓒ 방향으로 힘을 받아 휘어진다.

11. 답 ③
해설 ㄱ, ㄴ. 같은 높이의 구멍에서 나온 물은 구멍의 크기에 상관없이 같은 속력을 갖는다. 따라서 물이 땅에 떨어지는 위치는 같다.

ㄷ. 왼쪽 구멍의 단면적이 더 크기 때문에 왼쪽 구멍에서 땅에 떨어지는 물의 질량이 더 크다. 따라서 에너지는 왼쪽이 더 크다.

12. 답 ④
해설 ㄱ, ㄴ. 공기통에서는 공기의 속력이 0 이므로 공기통에서의 압력이 P, B 지점에서의 공기의 압력, 속력과 밀도가 각각 P_B, v, ρ 이면, 베르누이 법칙에 의해
$P = P_B + \dfrac{1}{2}\rho v^2$ (두 지점의 높이는 같다고 할 수 있다.)
이 성립하므로 P 는 항상 P_B 보다 크다. 물이 B 지점까지 올라간 상태에서 수면을 기준으로 할 때
점 A의 기압 = B점에서 공기가 누르는 압력 + 물기둥 압력
이다($P_0 = P_B + \rho_\text{물}gh$).
따라서 $P_B = P_0 - \rho_\text{물}gh < P$ 이다.
ㄷ. $P = P_B + \dfrac{1}{2}\rho v^2$ 이고, $P_B = P_0 - \rho_\text{물}gh$ 이므로
$P = P_0 - \rho_\text{물}gh + \dfrac{1}{2}\rho v^2$ 이다.

13. 답 ④
해설 ㄱ. ㉠과 ㉡은 높이가 같으므로 압력은 단면적이 넓을수록 크다. 따라서 ㉠의 압력이 ㉡보다 크다.
ㄴ. 연속 방정식($A_1v_1 = A_2v_2$)에 의해 단면적이 같으면 속력도 같다.
ㄷ. 베르누이 법칙($P_1 + \dfrac{1}{2}\rho v_1^2 + \rho gh_1 = $ 일정)에 의해 속력은 같으므로 압력 차이는 ρgh 이다.

14. 답 ④
해설 점 A에서 기체 속력이 $2v$ 일 때 연속 방정식($A_1v_1 = A_2v_2$)에 의해 $4S \times 2v = S \times v_B$ 이므로 $v_B = 8v$ 이다.
점 A에서 기체 속력이 v 일 때, 점 B에서는 속력이 $4v$ 이고, 관 아랫 부분 유리관 속 액체 기둥의 높이 차가 h 이므로,
$P_A + \dfrac{1}{2}\rho_\text{기체}v^2 = P_B + \dfrac{1}{2}\rho_\text{기체}(4v)^2$ 이고
유리관 속 액체에서는 $P_A = P_B + \rho_\text{액체}gh$ 이다.
$\therefore P_A - P_B = \dfrac{1}{2}\rho_\text{기체}(16v^2 - v^2) = \rho_\text{액체}gh$
$\rightarrow \rho_\text{기체}(15v^2) = 2\rho_\text{액체}gh$
A에서 기체의 속력이 $2v$ 일 때, 점 B에서 기체의 속력은 $8v$ 이고, 유리관 속 액체 기둥의 높이 차는 H 이다.
$\rho_\text{기체}(64v^2 - 4v^2) = \rho_\text{기체}60v^2 = 2\rho_\text{액체}gH$
$\therefore H = 4h$

15. 답 ⑤

16. 답 ①
해설 연속 방정식($A_1v_1 = A_2v_2$)에 의해 관의 굵은 쪽에서 속력이 v 이면 관의 가는 쪽에서의 속력은 $3v$ 이다. 관의 굵은 쪽과 가는 쪽에서 물의 압력을 각각 P_1, P_2 라고 하면, 높이는 같으므로 베르누이 법칙에 의해 관의 굵은 쪽과 가는 쪽에서는 다음 식을 만족한다.
$P_1 + \dfrac{1}{2}\rho v^2 = P_2 + \dfrac{1}{2}\rho(3v)^2 \quad \therefore P_1 - P_2 = 4\rho v^2$
아래쪽 유리관에서는 공기의 압력과 왼쪽의 $3h$ 높이의 물의 압력, 오른쪽의 액체 A, B에 의한 압력이 같으므로
$P_1 + \rho g(3h) = P_2 + (3\rho)g(2h) + (5\rho)gh$
$\therefore P_1 - P_2 = 8\rho gh = 4\rho v^2, \quad v^2 = 2gh$

17. 답 ②
해설 ㄱ. 공 표면의 마찰로 인해 공기의 속력은 A가 B보다 크다.
ㄴ. 공기(유체)의 속력이 빠를수록 공기가 전달하는 압력은 작아진다. A 부분의 공기의 속력이 빠르므로 압력은 더 낮다.
ㄷ. 마그누스 힘은 압력이 높은 곳에서 낮은 곳으로 작용하므로 압력이 높은 B지점에서 압력이 낮은 A지점으로 작용한다. 따라서 공에 작용하는 마그누스 힘의 방향은 공의 진행 방향의 위쪽 방향이다.

18. 답 ③
해설 공기의 흐름 속력이 점 A보다 B가 빠르므로 압력은 점 A가 점 B보다 크다. 따라서 압력은 위에서 아래쪽으로 가해지므로 저울의 눈금은 커진다.

19. 답 ②
해설 ㄱ. 유체의 속력은 연속 방정식($A_1v_1 = A_2v_2$)에 의해 단면적이 같으면 속력도 같다. 따라서 A, B, C 모두 속력은 같다.
ㄴ. 유체의 속력이 같다면 유체의 압력은 위치가 낮을수록 더 높다. 따라서 위치가 낮은 A의 압력이 C보다 높다.
ㄷ. B 지점의 높이를 0으로 두고 베르누이 법칙을 적용하면 다음 식이 성립한다. 이때 두 지점의 유체의 속력은 같다.
$P_B + \dfrac{1}{2}\rho v^2 = P_C + \rho g(3h) + \dfrac{1}{2}\rho v^2$
$\therefore P_B - P_C = 3\rho gh = 3P_0$

20. 답 ③
해설 연속 방정식($A_1v_1 = A_2v_2$)에 의해 $3Sv = Sv_B$ 이므로 $v_B = 3v$ 이다. 굵기가 변하는 관의 A와 B에서의 물의 압력을 P_A, P_B 라 하면, 베르누이 법칙에 의해 다음 식이 성립한다.
$P_A + \dfrac{1}{2}\rho v^2 + \rho gH = P_B + \dfrac{1}{2}\rho(3v)^2$ (관 내부)

오른쪽 유리관의 $h = 0$ 인 높이에서 평형을 생각하면, 오른쪽은 P_A 와 높이 $(H + h)$ 의 물기둥의 압력, 왼쪽은 P_B 와 높이 h 의 액체 기둥의 압력이 평형을 이룬다.

$$P_A + \rho g(H + h) = P_B + (10\rho)gh \text{ (유리관)}$$

관 내부에서 압력차 : $P_A - P_B = 4\rho v^2 - \rho g H$

유리관에서 압력차 : $P_A - P_B = 9\rho gh - \rho g H$

$$\therefore 9\rho gh = 4\rho v^2 \rightarrow h = \frac{4v^2}{9g}$$

21. 답 ④

해설 그림(가)에서 물표면의 위치를 y_1, 배출구 중심의 위치를 y_2, 물통의 단면을 A_1, 배출구의 단면을 A_2라 하자. 연속 방정식($A_1 v_1 = A_2 v_2$)에 의해 A_2의 단면은 무시할 만큼 작으므로 $v_1 = 0$으로 놓을 수 있다. 물표면의 압력과 배출구의 압력은 기압(P_0)이며 같다고 놓을 수 있으므로 베르누이 법칙을 적용하면

$$P_0 + \rho g y_1 + \frac{1}{2}\rho v_1^2 = P_0 + \rho g y_2 + \frac{1}{2}\rho v_2^2$$

$$\rightarrow v_2^2 = 2g(y_1 - y_2), y_1 - y_2 = 0.8 \therefore v_2 = 4 \text{ m/s}$$

그림(나)에서 배출 속력(v)는 4m/s이며, 배출 부분($h = 0$)과 속력이 0 이 되는 최고점($h = H$)에서 베르누이 법칙을 적용하면

$$P_0 + \frac{1}{2}\rho v^2 + 0(\text{배출 부분}) = P_0 + 0 + \rho g H(\text{최고점})$$

$$\rho g H = \frac{1}{2}\rho v^2 \therefore H = \frac{v^2}{2\rho} = 0.8\text{(m)}$$

22. 답 ④

해설 10분 동안 흘러나오는 물의 양(V)은 부피 흐름율 × 600(초)이다. 3 cm 관의 면적을 A_1, 속력을 v_1 물이 흘러나오는시간을 t 라 하면, 다음과 같이 계산한다.

$$V = A_1 v_1 t = \frac{\pi(0.03 \text{ m})^2}{4} \times 15 \text{ m/s} \times 600 \text{ s} \cong 6.4 \text{ (m}^3\text{)}$$

5 cm 관의 면적을 A_2, 속력을 v_2 라 하자. 연속방정식($A_1 v_1 = A_2 v_2$)에 의해

$$v_2 = v_1 \frac{A_1}{A_2} = 15 \text{ m/s} \times \frac{9 \text{ cm}^2}{25 \text{ cm}^2} = 5.4 \text{ m/s이다.}$$

두 관의 높이는 같고, $P_2 = P_0$ (대기압)이므로 베르누이 법칙을 적용하면

$$P + \frac{1}{2}\rho 15^2 = P_0 + \frac{1}{2}\rho 5.4^2$$

$$P = P_0 + \frac{1}{2}\rho(5.4^2 - 15^2)$$

$$= (1.01 \times 10^5) + \frac{1}{2} \times (1.0 \times 10^3) \times (-195.84)$$

$$= 3.08 \times 10^3 \text{ N/m}^2$$

23. 답 ②

해설 ㄱ. 탁구공은 질량을 가지고 있으므로 중력이 존재한다.
ㄴ, ㄷ. 탁구공 옆을 흐르는 공기의 흐름 속력이 B보다 A가 빨라 B에서 탁구공에 작용하는 압력이 A보다 높게 나타나므로 탁구공은 왼쪽으로 힘을 받아 운동한다.

24. 답 ①

해설 연속 방정식($A_1 v_1 = A_2 v_2$)에 면적이 b에서의 속력은 $2v_1$이다. 연직관 속 물에 의한 압력이 유체의 압력과 같다.
a에서의 압력 : $P_1 = \rho g h_1$, b에서의 압력 : $P_2 = \rho g h_2$

같은 수평면 상에 있으므로 베르누이 법칙에 의해 다음 식이 성립한다.

$$2(P_1 - P_2) = \rho(4v_1^2 - v_1^2) = \rho(3v_1^2)$$

$$\rightarrow 2\rho g(h_1 - h_2) = \rho(3v_1^2),$$

$$\rightarrow 3v_1^2 = 2 \times 10 \times (0.2 - 0.05), \therefore v_1 = 1 \text{ m/s}$$

25. 답 ④

해설 수도꼭지에서 나오는 물은 아래로 떨어지면서 속력이 증가한다. 이때 부피 흐름율은 항상 같아야 하므로 아래로 갈수록 물줄기가 가늘어진다. A_0와 A에서의 물의 속력을 각각 v_0, v 라 하면, 연속 방정식에 의해 $A_0 v_0 = Av$이고, 물은 자유 낙하하고 있으므로 두 지점에서 베르누이 법칙을 적용하면(압력은 대기압으로 같다.) $v^2 = v_0^2 + 2gh$이다. 따라서 속력은 다음과 같다.

$$A_0^2 v_0^2 = A^2 v^2 \rightarrow A_0^2 v_0^2 = A^2 \times (v_0^2 + 2gh)$$

$$\rightarrow v_0^2 \times (A_0^2 - A^2) = 2ghA^2$$

$$\rightarrow v_0^2 \times [(5\text{cm}^2)^2 - (4\text{cm}^2)^2] = 2 \times 1000\text{cm/s}^2 \times 1.8\text{cm} \times (4\text{cm}^2)^2$$

$$\rightarrow v_0^2 = 6400 \text{ (cm/s)}^2, v_0 = 80 \text{ cm/s}$$

$$\therefore R_V = A_0 v_0 = 5 \text{ cm}^2 \times 80 \text{ cm/s} = 400 \text{ cm}^3\text{/s}$$

26. 답 ④

해설 연속 방정식($A_1 v_1 = A_2 v_2$)에 의해

$4 \text{ cm}^2 \times 40 \text{ m/s} = 8 \text{ cm}^2 \times v_2$ 이므로 $v_2 = 20 \text{ m/s}$이다.

베르누이 법칙을 적용하면 낮은 위치에서 물의 압력 P_2 는 다음과 같다.

$$P_2 = P_1 + \frac{1}{2}\rho(v_1^2 - v_2^2) + \rho g(h_1 - h_2)$$

$$= (1.0 \times 10^5) + 500 \cdot (40^2 - 20^2) + (1.0 \times 10^3) \cdot 10 \cdot 10$$

$$= 8 \times 10^5 \text{ N/m}^2$$

27. 답 ②

해설 관의 넓은 부분을 흐르는 모든 유체는 좁은 부분을 지나야 하므로 두 부분에서의 부피 흐름율은 같아야 한다. A_1에 흐르는 유체의 속력을 v_1, A_2에 흐르는 유체의 속력을 v_2라 하면, $R_V = A_1 v_1 = A_2 v_2$이다. 높이 차가 없으므로 두 지점에서 베르누이 법칙을 적용하면

$$2(P_1 - P_2) = \rho(v_2^2 - v_1^2) \cdots \text{㉠}$$

㉠에 $v_1 = \dfrac{R_V}{A_1}$, $v_2 = \dfrac{R_V}{A_2} = 2\dfrac{R_V}{A_1}$을 대입하면 다음과 같다.

$$\rightarrow 2(P_1 - P_2) = \rho(\frac{4R_V^2}{A_1^2} - \frac{R_V^2}{A_1^2}) = \rho\frac{3R_V^2}{A_1^2}$$

$$\rightarrow R_V^2 = \frac{2(P_1 - P_2)A_1^2}{3\rho} = \frac{2 \times (6.0 \times 10^3) \times (1.2 \times 10^{-3})^2}{3 \times (1.0 \times 10^3)}$$

$$\therefore R_V = 2.4 \times 10^{-3} \text{ m}^3\text{/s}$$

28. 답 ③

해설 (1) 관은 하나로 이어져 있으므로 2 cm관에 흐르는 흐름율은 세 개의 작은 관에 흐르는 흐름율을 각각 더한 것과 같다.

$$\therefore R = 25 \text{ L/min} + 20 \text{ L/min} + 5 \text{ L/min} = 50 \text{ L/min}$$

(2) 25 L/min의 흐름율을 가진 관의 면적을 A_1, 속력을 v_1,

2 cm 관의 면적을 A_2, 속력을 v_2라 하자. 면적은 $\frac{\pi(\text{지름})^2}{4}$ 이고, 흐름율은 $R = Av$이므로 다음과 같은 식이 성립한다.

$$\frac{v_2}{v_1} = \frac{A_1 R_2}{A_2 R_1} = \frac{(1\,\text{cm})^2 \times 50\,\text{L/min}}{(2\,\text{cm})^2 \times 25\,\text{L/min}} = 0.5$$

29. 답 ⑤

해설 A 지점에서의 속력을 v_1, B 지점에서의 속력을 v, C 지점에서의 속력을 v_2라 하면, 연속 방정식($A_1 v_1 = A_2 v_2$)에 의해 $v_2 = \frac{R^2}{2R^2} v = \frac{1}{2}v$, $v_1 = \frac{R^2}{5R^2} v = \frac{1}{5}v$ 이다. A와 C에서의 부피흐름률은 같으므로 위치 에너지 차이는 없고, A와 C에서의 운동 에너지의 차가 한 일(W)이 된다.

$$W = \frac{1}{2} \times \text{물의 질량}(m = \rho V) \times (v_2{}^2 - v_1{}^2)$$
$$= \frac{1}{2} \times (1.0 \times 10^3) \times 0.4 \times \left(\frac{1}{4} - \frac{1}{25}\right) \times (0.5\,\text{m/s})^2$$
$$= 10.5\,(\text{J})$$

30. 답 ②

해설 $A_1 v_1 = A_2 v_2 \rightarrow v_2{}^2 = \left(\frac{A_1}{A_2}\right)^2 v_1{}^2 \cdots \text{㉠}$

높이 차는 없으므로 베르누이 법칙을 적용하면

$$P_2 - P_1 = \frac{1}{2}\rho(v_1{}^2 - v_2{}^2) \cdots \text{㉡}$$

㉡에 ㉠을 대입하면 $P_2 - P_1 = \frac{1}{2}\rho\left(1 - \frac{A_1{}^2}{A_2{}^2}\right)v_1{}^2$

$$\rightarrow v_1{}^2 = \frac{2(P_2 - P_1)}{\rho(A_2{}^2 - A_1{}^2)}A_2{}^2$$
$$= \frac{2(4050)}{900 \times (25 - 16)} \times 25 = 25 \rightarrow v_1 = 5\,\text{m/s}$$

$\therefore R = A_1 v_1 = 4\,\text{m}^2 \times 5\,\text{m/s} = 20\,\text{m}^3\text{/s}$

31. 답 ③

해설 수면에서의 압력과 C 에서의 압력은 대기압(P_0)으로 같고, 수면에서의 속력은 0 으로 하며, C점의 높이를 0으로 하면 수면의 높이는 $d + h_2$이므로, 수면과 C점에서 베르누이 법칙을 적용하면

$$P_0 + 0 + \rho g(d + h_2) = P_0 + \frac{1}{2}\rho v_C{}^2 + 0$$
$$v_C{}^2 = 2g(d + h_2) = 2 \times 10 \times (0.12 + 0.4) = 10.4$$
$$\therefore v_C \cong 3.2\,\text{m/s}$$

32. 답 ④

해설 $A_1{}^{-2} = 16$일 때 압력 차가 0이므로 이때 단면적 A_1과 A_2가 같고 $A_1{}^{-2} = 16$으로 불변이다. $A_1{}^{-2} = 32$일 때도 $A_2{}^{-2} = 16$이다. 이때 $(P_2 - P_1)$은 $450 \times 10^3\,\text{N/m}^2$ 이다.

$A_1 v_1 = A_2 v_2 \rightarrow v_1{}^2 A_1{}^2 = v_2{}^2 A_2{}^2$, $\frac{v_1{}^2}{32} = \frac{v_2{}^2}{16}$, $v_1{}^2 = 2v_2{}^2$

이제 두 지점에서 베르누이 법칙을 적용하면

$$2(P_2 - P_1) = \rho(v_1{}^2 - v_2{}^2) = \rho v_2{}^2$$
$$\rightarrow 900 \times 10^3 = 1.0 \times 10^3 \times v_2{}^2,\ v_2 = 30\,\text{m/s}$$
$A_2 = 0.25\,\text{m}^2$ 이므로

부피 흐름율 $R = A_2 v_2 = 7.5\,\text{m}^3\text{/s}$이다.

24강. 열역학 법칙

개념 확인	176~179쪽
1. 열평형	**2.** 보일—샤를 법칙
3. 열역학 제1법칙	**4.** 열역학 제2법칙

확인+	176~179쪽
1. 0.0045 kcal/K	**2.** 6.02×10^{23} 개
3. 등적 과정	**4.** 300 J

1. 답 0.0045 kcal/K

해설 $C = mc = 0.05\,\text{kg} \times 0.09\,\text{kcal/kg·K} = 0.0045\,\text{kcal/K}$

2. 답 6.02×10^{23} 개

해설 아보가드로 수는 질량수가 x 인 원자 x g 속에 포함된 원자 수이다. 따라서 질량수가 12인 탄소 원자 12 g 속에 포함되어 있는 원자 수는 6.02×10^{23} 개이다.

3. 답 등적 과정

해설 부피가 일정한 상태에서 압력이 높아졌으므로 등적 과정에 해당한다.

4. 답 300 J

해설 1분에 120회 작동하므로 1초에 2회 작동하고, 1회 작동하는 데 걸리는 시간은 0.5초이다. 따라서 1회당 한 일은 $W = Pt = 120\,\text{W} \times 0.5\,\text{s} = 60\,\text{J}$이다. 이는 열기관의 열효율과 고열원에서 흡수한 열량의 곱과 같다.

$$\rightarrow W = e \times Q = 0.2 \times Q = 60\,\text{J}$$
$$\therefore Q = 300\,\text{J}$$

개념 다지기			180~181쪽
01. ⑤	**02.** ④	**03.** ④	**04.** ①
05. ③	**06.** ⑤	**07.** ②	**08.** ②

01. 답 ⑤

해설 $113.5\,°\text{C} = 113.5 + 273 = 386.5\,\text{K}$,
2배 뜨거운 쇳덩어리의 온도 $= 773\,\text{K}$
$= 773 - 273 = 500\,°\text{C}$
$= 500 \times \frac{9}{5} + 32 = 932\,°\text{F}$

02. 답 ④

해설 ㄱ. 그래프에서 5분이 지난 후 A와 B의 온도가 같아졌으므로 열평형 온도는 50℃ 이다.
ㄴ. 외부와의 열 출입이 없으므로 A가 잃은 열량은 B가 얻

은 열량과 같다.

ㄷ. 5분 이후 A와 B는 열평형 상태가 되어 두 액체 사이에서 열의 이동은 없다.

03. 답 ④

해설 기체가 한 일은 $W = P\Delta V$ 이므로 압력-부피 그래프에서 아래의 넓이와 같다.

$$\therefore W = (2 \times 10^5 \, \text{N/m}^2) \times (3 - 1) \times 10^{-3} \, \text{m}^3 = 400 \, \text{J}$$

04. 답 ①

해설 ㄱ. 기체는 부피가 변하지 않는 용기 안에 있으므로 부피는 일정하고, 열이 공급되는 동안 온도가 증가하므로 기체의 압력은 증가한다.

ㄴ. 기체의 부피 변화가 없으므로 기체는 외부에 일을 하지 않는다.

ㄷ. 열을 공급하면 기체의 온도가 증가하므로 기체의 내부 에너지는 증가한다.($\Delta U = \dfrac{3}{2} nR\Delta T > 0$; n몰)

05. 답 ③

해설 ㄱ. 기체 내부의 압력이 외부의 압력과 평형을 유지하면서 팽창하므로 기체의 압력은 외부의 압력과 같다. 따라서 실린더 안 기체의 압력은 P로 일정하게 유지된다.

ㄴ. 기체가 외부에 한 일은 $W = P\Delta V = P(V_2 - V_1)$이다.

ㄷ. 이상 기체 상태 방정식 $PV = nRT$에서 압력은 일정하므로 부피가 증가하면 온도는 상승한다.

06. 답 ⑤

해설 ㄱ. (가)는 피스톤을 고정하였으므로 기체를 가열해도 부피가 변하지 않고 일정하게 유지된다. 따라서 기체가 외부에 한 일은 0이다.

ㄴ. (가)에서 기체가 받은 열량으로 내부 에너지가 증가하여 기체의 온도가 상승한다. 이상 기체 상태 방정식 $PV = nRT$에서 부피가 일정할 때 온도가 상승하면 압력은 증가한다.

ㄷ. (나)는 등압 변화이므로 기체의 내부 에너지가 증가함과 동시에 기체의 내부 에너지가 증가한다. 따라서 온도가 상승한다.

07. 답 ②

해설 B → A로 진행하는 과정은 부피 변화가 없는 등적 과정으로, 압력이 감소하였으므로 온도가 감소하므로 내부에너지가 감소한다($\Delta U = \dfrac{3}{2} nR\Delta T < 0$; n몰). 따라서 기체가 한 일(W)은 0이고, ΔU는 (−)값을 가지므로 Q도 (−)값을 갖는다.($Q = \Delta U + W$)

08. 답 ②

해설 이상적인 열기관의 최대 열효율은 카르노 기관의 열효율이다.

$$\therefore e = 1 - \frac{T_2}{T_1} = 1 - \frac{400}{500} = 0.2 = 20\,\%$$

[유형 24-1] ⑤	01. ②	02. ②
[유형 24-2] ④	03. ⑤	04. ①
[유형 24-3] ⑤	05. ③	06. ④
[유형 24-4] (1) ③ (2) ④		
	07. ④	08. ①

[유형 24-1] 답 ⑤

해설 ㄱ, ㄴ. 외부와의 열 출입이 없으므로 A가 잃은 열량은 B가 얻은 열량과 같고 C는 열 출입이 없다. 물의 비열을 c, 물 A의 질량을 m_A, 물 B의 질량을 m_B라고 하면, $cm_A(100 - 50) = cm_B(50-40)$에서 $m_B = 5m_A$이다. 따라서 질량은 B가 A의 5배이다.

ㄷ. 5분이 지난 후 A, B, C는 온도가 같으므로 열평형 상태이다.

01. 답 ②

해설 ㄱ. 열평형 상태가 될 때까지 액체 A와 B가 주고받은 열량($Q = mc\Delta T$)은 같다.

→ 1 kcal/kg · ℃ × 1.5 kg × 50 ℃ = (가) × 5 kg × 10 ℃
$$\therefore \text{(가)} = 1.5$$

ㄴ. 온도 1 ℃를 높이는 데 필요한 열량은 열용량($C = mc$)이다.

$$C_A = 1.5\,\text{kg} \times 1\,\text{kcal/kg} \cdot ℃ = 1.5\,\text{kcal/}℃$$
$$C_B = 5\,\text{kg} \times 1.5\,\text{kcal/kg} \cdot ℃ = 7.5\,\text{kcal/}℃$$

따라서 물체의 온도를 1℃ 높이는데 필요한 열량인 열용량은 액체 B가 A보다 크다.

ㄷ. 같은 질량의 온도를 1 ℃ 높이는 데 필요한 열량은 비열이다. 비열은 액체 A가 B보다 작다.

02. 답 ②

해설 ㄱ. 구리 1 kg을 1 ℃ 높이는데 필요한 열량
$$Q_{구리} = 1\,\text{kg} \times 0.09\,\text{kcal/kg} \cdot ℃ \times 1\,℃ = 0.09\,\text{kcal}$$

ㄴ. 철 2 kg을 100 ℃ 높이는 데 필요한 열량 $Q_철$
$$Q_철 = 0.11\,\text{kcal/kg} \cdot ℃ \times 2\,\text{kg} \times 100\,℃ = 22\,\text{kcal/}℃$$
알루미늄 1 kg을 100 ℃ 높이는 데 필요한 열량 $Q_알$
$$Q_알 = 0.22\,\text{kcal/kg} \cdot ℃ \times 1\,\text{kg} \times 100\,℃ = 22\,\text{kcal/}℃$$
따라서 철과 알루미늄의 온도를 100 ℃ 높이는 데 필요한 열량은 같다.

ㄷ. 질량과 온도가 같은 물질에 같은 열을 가했을 때 온도 변화량은 비열에 반비례한다.

[유형 24-2] 답 ④

해설 ㄱ. A 쪽의 압력이 B 쪽보다 크므로 칸막이가 B 쪽으로 압력이 같아질 때까지 움직인다. 따라서 A 쪽의 압력이 낮아진다.

ㄴ. A 부분의 기체는 B 부분에 (+)일을 하므로

$Q = \Delta U + W = 0$, $\Delta U = -W < 0$, ($\Delta U = \frac{3}{2}nR\Delta T$; n몰)

A 부분의 내부 에너지는 낮아지고 온도가 내려간다(단열 팽창).

ㄷ. B 부분은 A로부터 일을 받아 내부 에너지가 증가하고 온도가 증가한다(단열 압축).

03. 답 ⑤

해설 $W = P\Delta V$이므로 그래프에서 넓이가 기체가 한 일이 된다. A → B, C → D 과정은 부피 변화가 없으므로 외부에 한 일은 0이다.

B → C 과정은 부피가 증가했으므로 기체가 한 일은 600 N/m² × (8 − 2) m³ = 3600 J이 된다.

D → A 과정은 부피가 감소했으므로 기체가 300 N/m² × (2 − 8) m³ = −1800 J 의 일을 한다.(외부에서 기체에 일을 한다.) 따라서 1회 순환하는 동안 기체가 외부에 한 일의 양는 3600 J − 1800 J = 1800 J이다.

04. 답 ①

해설 ㄱ. ㄴ. 등압 팽창 과정이므로 $Q = \Delta U + P\Delta V > 0$이고, $\Delta U > 0$(온도 증가), $P\Delta V > 0$(부피 증가)이다. 즉, 기체에 제공한 열이 기체의 분자운동을 활발하게 하고(평균 속력 증가), 부피를 증가시켜 외부에 일을 하게 한다.

ㄷ. 등압 과정에서 기체가 흡수한 열량은 (기체의 내부 에너지 증가량(ΔU))과 (기체가 외부에 한 일($P\Delta V$))의 합과 같다.

[유형 24-3] 답 ⑤

해설 (가)는 등적 변화, (나)는 등압 변화이다.

ㄱ. 기체가 n 몰 이라면 (가)는 $W = 0$ 이므로 $Q = \Delta U = \frac{3}{2}nR\Delta T$, (나)는 $Q = \Delta U + P\Delta V = \frac{3}{2}nR\Delta T + nR\Delta T = \frac{5}{2}nR\Delta T$ ($PV = nRT \rightarrow P\Delta V = nR\Delta T$($P$일정))이므로 Q가 같을 때 ΔT(온도 변화)는 (가)가 크다.

ㄴ. (가)는 부피가 일정하므로 $PV = nRT$ 에서 온도와 압력이 비례해서 증가하나 (나)는 처음 압력이 그대로 유지되므로 가열하는 과정에서 (가)의 압력이 커진다.

ㄷ. (나)에서 피스톤의 단위 면적당 추의 무게와 대기압을 합한 값은 기체에 작용하는 외부 압력이며, 기체가 외부에 작용하는 압력과 평형을 이룬다.

05. 답 ③

해설 ㄱ. A → B 과정은 부피가 일정하므로 등적 과정이다. $PV = nRT$에서 부피가 일정하므로 압력이 증가하면 온도가 비례해서 증가한다. 내부 에너지 변화량 $\Delta U = \frac{3}{2}nR\Delta T$에서 $\Delta T > 0$ 이면 $\Delta U > 0$ 이다.

ㄴ. B → C 과정은 PV의 곱이 일정하므로 $PV = nRT =$ 일정 이므로 T가 일정하여 $\Delta T = 0$인 등온 과정($\Delta U = 0$)이다. 부피가 증가하므로 $Q = W > 0$ 이므로 외부에서 기체에 열을 공급하는 과정이다.

ㄷ. C → A 과정은 압력이 일정하고 부피가 줄었으므로 등압 압축 과정이다. 기체가 한 일은 그래프 아래 넓이이므로 기체는 외부로부터 $P_0 \times (4 − 1)V_0 = 3P_0V_0$만큼의 일을 받는다.

06. 답 ④

해설 ㄱ. 습한 공기가 열에너지의 공급 없이 부피가 팽창하였으므로 압력은 낮아진다.

ㄴ. 단열 팽창하였으므로 온도는 낮아진다.

ㄷ. 입자로 된 방사선이 지나가면 수증기가 응결되어 물방울이 생겨 궤적이 나타난다.

[유형 24-4] 답 (1) ③ (2) ④

해설 (1) 열기관의 최대 효율은 다음과 같다.

$$e = 1 - \frac{T_2}{T_1} = 1 - \frac{273 + 127}{273 + 227} = 0.2 = 20\%$$

(2) $W = eQ = 0.2 \times 4 \times 10^3 \text{ J} = 800 \text{ J}$

07. 답 ④

해설 ㄱ. 열효율 $= 1 - \frac{Q_2}{Q_1}$이므로 $\frac{Q_2}{Q_1}$ 이 커질수록 열효율은 작아진다. ㄴ. $Q_2 = W$이면 $Q_1 = 2W$이다. 따라서 열효율은 $1 - \frac{W}{2W} \times 100\% = 50\%$이다. ㄷ. $Q_1 = W$이면 열효율이 100 %이며, 저열원이 존재하지 않는 열기관이다. 이는 열역학 제2법칙에 위배된다.

08. 답 ①

해설 두 엔진 사이의 온도를 T_0라고 하고, 에너지 보존 법칙을 적용하면 윗 엔진과 아랫 엔진이 한 일 W_1, W_2은 각각 다음과 같다.

$$W_1 = Q_1 - Q_2, \quad W_2 = Q_2 - Q_3$$

윗 엔진의 열효율 $e_1 = 1 - \frac{Q_2}{Q_1} = 1 - \frac{T_0}{T_1}$

아랫 엔진의 열효율 $e_2 = 1 - \frac{Q_3}{Q_2} = 1 - \frac{T_2}{T_0}$

전체 열효율 $e = \frac{W_1 + W_2}{Q_1} = \frac{W_1}{Q_1} + \frac{W_2}{Q_1} = \frac{W_1}{Q_1} + \frac{W_2}{Q_2}\frac{Q_2}{Q_1}$

$= 1 - \frac{T_0}{T_1} + (1 - \frac{T_2}{T_0})\frac{T_0}{T_1} = 1 - \frac{T_2}{T_1} = 1 - \frac{900 \text{ K}}{1000 \text{ K}}$

$= 0.1 \ (10\%)$

창의력 & 토론마당 186~189쪽

01

(1) 4 : 1　　(2) $T_1 = T_2$, $P_1 = P_2$　　(3) 2 : 1

해설 (1) 분리대를 통해 열교환만 일어나므로 평형 조건은 $T_1 = T_2$이다.

이상 기체의 상태 방정식 $PV = nRT \rightarrow T = \frac{PV}{nR}$

$\frac{P_1V_1}{n_1R} = \frac{P_2V_2}{n_2R} \rightarrow \frac{P_1V_0}{2R} = \frac{P_2 2V_0}{R}$

$\therefore P_1 = 4P_2 \rightarrow P_1 : P_2 = 4 : 1$

(2) 분리대는 압력이 같아질 때까지 이동한다. 따라서 평형 조건은 $T_1 = T_2$, $P_1 = P_2$이다.

(3) 왼쪽 칸막이가 움직여서 늘어난 부피를 ΔV라 하

면 평형 상태에서 $V_1 = V_0 + \Delta V$, $V_2 = 2V_0 - \Delta V$이다.

$$PV = nRT \rightarrow \frac{P}{T} = \frac{nR}{V} =일정(온도와 압력이 서로 같다.)$$

$$\therefore \frac{2R}{V_0 + \Delta V} = \frac{R}{2V_0 - \Delta V} \rightarrow \Delta V = V_0$$

$$\therefore V_1 = 2V_0, \; V_2 = V_0 \rightarrow V_1 : V_2 = 2 : 1 \; (V \propto n(몰수))$$

02
(1) B : 400 K   C : 600 K   D : 500 K
(2) 4500 J   (3) 1500 J

해설 (1) $PV = nRT$에서 기체의 몰수(n)는 불변이므로 기체의 온도(T)는 압력(P)×부피(V)에 비례한다.

$\therefore T_A : T_B : T_C : T_D$
$= 10^5 \times (3\times10^{-2}) : 10^5 \times (4\times10^{-2}) : 1.5\times10^5 \times (4\times10^{-2}) : 10^5 \times (5\times10^{-2})$
$= 3 : 4 : 6 : 5$ 이다.

T_A가 300 K 이므로 T_B, T_C, T_D는 각각 400 K, 600 K, 500 K 이다.

(2) A → B 과정에서 한 일 $W = P\Delta V = (1.0 \times 10^5 \text{ N/m}^2) \times (4 - 3) \times 10^{-2} \text{ m}^2 = 1.0 \times 10^3$ J이고, B → C 과정에서 한 일은 정적 과정이므로 0이다. 따라서 A → B → C 과정에서 총 한 일은 1.0×10^3이다. 그리고 그 과정에서 총 11초간 가열하였으므로 가한 열량 $Q = 500W \times 11s = 5500$ J 이다. 따라서 열역학 제1법칙에 의해 내부 에너지 증가량(ΔU)은 다음과 같다.

$$\Delta U = Q - W = 5500 \text{ J} - 1000 \text{ J} = 4500 \text{ J}$$

(3) C → D 과정은 단열 과정이므로 열역학 제1법칙에 의해 $\Delta U = -W$이다. 내부 에너지 변화 $\Delta U = \frac{3}{2} nR\Delta T$이고, C → D 과정 동안 $nR = \frac{PV}{T}$ (이상 기체 방정식) $= 10$ 이 일정하게 유지된다.

$$\therefore \Delta U = \frac{3}{2} \times 10 \times (500 - 600) \text{ K} = -1500 \text{ J} = -W$$

따라서 기체가 한 일 $W = 1500$ J이다.

03
(1) $\frac{3}{2} RT_0$ (2) $\frac{5}{8} t_0$

해설 (1) $U = \frac{3}{2} nRT$ 이므로 $U_A = \frac{3}{2} RT_0$이다.

(2) 용수철의 길이가 $\frac{3}{2} L$이 되면 양쪽 기체가 차지하는 공간의 길이는 다음과 같다.

$$L_A = L_B = \frac{1}{2} \times (3L - \frac{3}{2} L) = \frac{3}{4} L$$

이때 기체 A, B의 압력을 P 라고 하면(압력이 같다.) 두 피스톤에 작용하는 힘은 기체 A, B의 압력에 의한 힘과 용수철의 탄성력이 있으며, 두 피스톤에서 각각 평형을 이룬다.(용수철은 압축된 상태이다.)

$$PS = k(2L - \frac{3}{2} L) = \frac{1}{2} kL \cdots ㉠$$

이상 기체 상태 방정식에서($n = 1$)

$$P(S \times \frac{3}{4} L) = nR(T_0 - t) \cdots ㉡$$

㉠과 ㉡에서 $T_0 - t = \frac{3kL^2}{8R}$

처음에 온도가 T_0일 때 용수철의 길이가 L이므로 압축된 길이도 L이다. 힘의 평형 관계로부터 $P_A S = P_B S = kL \cdots ㉢$이고, 이상 기체 상태 방정식 $P_A SL = nRT_0 \cdots ㉣$이므로

㉢과 ㉣에서 $T_0 = \frac{P_A SL}{R} = \frac{kL^2}{R}$

$$\therefore T_0 - t = \frac{3}{8} T_0 \rightarrow t = \frac{5}{8} T_0$$

04
3.7×10^{-9} m

해설 본문의 그림과 같이 기체 상태에서 물분자 사이의 거리를 d 라 하면 1개의 물분자가 차지하는 부피는 d^3이 된다. 아보가드로수를 N_A라 하면 $N_A d^3 = V$이다. 여기서 V는 100 °C, 1 기압인 수증기 1 mol의 부피이다.

$$PV = nRT \rightarrow (1.013 \times 10^5) \times V$$
$$= 1 \times 8.3 \times (237 + 100)$$
$$\therefore V = 3 \times 10^{-2} \text{ m}^3$$
$$(6 \times 10^{23}개) \times d^3 = 3 \times 10^{-2} \text{m}^3 \rightarrow d = 3.7 \times 10^{-9} \text{m}$$

05
2×10^5 N/m²

해설 $V_B = 4V_A$ 이고, $PV = nRT$를 사용하여 총 몰수는 다음과 같으며 일정하게 유지된다.($V_A = V$)

$$n = n_A + n_B = \frac{P_A V}{RT_A} + \frac{P_B 4V}{RT_B} = \frac{V}{R} \left(\frac{P_A}{300} + 4\frac{P_B}{400} \right)$$

밸브를 연 후 각각의 몰수를 n_A', n_B', 공통 압력을 P 라 하면, 총 몰수와 온도는 같게 유지되므로

$$n = n_A' + n_B' = \frac{PV}{300R} + \frac{P4V}{400R} = \frac{4PV}{300R}$$

$$= n_A + n_B = \frac{V}{R} \left(\frac{P_A}{300} + 4\frac{P_B}{400} \right)$$

$$\therefore \frac{4PV}{300R} = \frac{V}{R} \left(\frac{P_A}{300} + 4\frac{P_B}{400} \right)$$

$$\frac{4P}{3} = \frac{P_A}{3} + P_B$$

$$\therefore P = \frac{P_A}{4} + \frac{3P_B}{4} = \frac{5 \times 10^5}{4} + \frac{3 \times 10^5}{4}$$

$$= 2 \times 10^5 \text{ N/m}^2$$

01. ①	**02.** ③	**03.** ②	**04.** ④	**05.** ①
06. ④	**07.** ⑤	**08.** ①	**09.** ②	**10.** ④
11. ⑤	**12.** ③	**13.** ④	**14.** ⑤	**15.** ①
16. ①	**17.** ①	**18.** ①	**19.** ②	**20.** ①
21. ④	**22.** ②	**23.** ⑤	**24.** ④	**25.** ②
26. ②	**27.** ④	**28.** ③	**29.** ④	**30.** ②
31. ①	**32.** ④			

01. 답 ①

해설 $Q = mc\Delta T$ → $20 = 2\,\text{kg} \times c_A \times 5\,^{\circ}\text{C}$

$$\therefore c_A = 2\,\text{kcal/kg} \cdot \,^{\circ}\text{C}$$
$$10 = 1\,\text{kg} \times c_B \times 5\,^{\circ}\text{C},\ c_B = 2\,\text{kcal/kg} \cdot \,^{\circ}\text{C}$$
$$\therefore c_A : c_B = 1 : 1$$

02. 답 ③

해설 질량을 $m_{금속}$, 비열을 $c_{금속}$, 열평형 온도를 T 라 하면 금속은 끓는 물속에서 $100\,^{\circ}\text{C}$ 가 되었다.

$m_{금속} \times c_{금속} \times (T_{금속} - T) = m_{물} \times c_{물} \times (T - T_{물})$

→ $0.1\,\text{kg} \times c_{금속} \times 70\,^{\circ}\text{C} = 0.2\,\text{kg} \times 1\,\text{kcal/kg} \cdot \,^{\circ}\text{C} \times 10\,^{\circ}\text{C}$

→ $c_{금속} \cong 0.29\,\text{kcal/kg} \cdot \,^{\circ}\text{C}$

03. 답 ②

해설 $Q = mc\Delta T$에서 열량(Q)가 일정할 때 온도 변화는 열용량($C = mc$)이 작을수록 크다. 각 물질의 열용량은

$C_{납} = 0.1\,\text{kg} \times 0.03\,\text{kcal/kg} \cdot \,^{\circ}\text{C} = 0.003\,\text{kcal/}\,^{\circ}\text{C}$

$C_{구리} = 0.05\,\text{kg} \times 0.09\,\text{kcal/kg} \cdot \,^{\circ}\text{C} = 0.0045\,\text{kcal/}\,^{\circ}\text{C}$

$C_{철} = 0.01\,\text{kg} \times 0.11\,\text{kcal/kg} \cdot \,^{\circ}\text{C} = 0.0011\,\text{kcal/}\,^{\circ}\text{C}$

따라서 온도 변화는 철 > 납 > 구리이다.

04. 답 ④

해설 ㄱ. 그래프에서 A의 온도 변화량이 B의 온도 변화량보다 크다.

ㄴ. 시간이 지난 후에 A와 B의 온도가 같아져 열평형 상태에 도달한다. 열평형 상태에 도달하면 두 물체 사이에서 열 이동은 일어나지 않는다.

ㄷ. 온도가 높은 물체에서 낮은 물체로 이동하는 에너지를 열이라고 한다.

05. 답 ①

해설 온도가 같을 때 보일 법칙(PV = 일정)에 의해 부피가 작을수록 압력이 크다. 따라서 $P_1 < P_2 < P_3$이다.

06. 답 ④

해설 ㄱ. A → B 과정은 부피의 변화가 없는 등적 과정이다.

ㄴ. C → A 과정은 온도 변화 없이 부피만 감소하므로 내부

에너지의 변화는 없다.

ㄷ. B → C 과정은 온도는 감소하고 부피는 증가하였으므로 단열 팽창 과정이다. 이때 부피가 증가하였으므로 이상 기체는 외부에 일을 한다. 따라서 외부에서 이상 기체에 한 일은 0보다 작다.

07. 답 ⑤

해설 ㄱ. A → B 과정은 부피가 증가하였으므로 외부에 일을 한다.

ㄴ. $PV = nRT$ 이므로(기체의 몰수는 n) 기체의 온도는 PV(압력×부피)에 비례한다. (압력×부피)가 A점에서는 $4P_0V_0$, B점에서는 $16P_0V_0$ 이므로 B점은 A점보다 온도가 4배 높은 800 K이다.

ㄷ. C 점의 (압력×부피)는 $4P_0V_0$ 이므로 A점과 온도가 같고, 200 K이다.

08. 답 ①

해설 이상 기체인 경우 운동 에너지가 내부 에너지이며, 절대 온도에 비례한다. 또한 $PV = nRT$ 이므로(기체의 몰수는 n) 이상 기체의 내부 에너지는 (압력×부피)에 비례한다. 결국 (압력×부피)의 값이 증가(감소)하면 내부 에너지는 증가(감소)하는 것이다.

A→B→C 과정은 (압력×부피)의 값이 증가했으므로 온도가 증가하고 내부 에너지가 증가하는 과정이며, C→D 과정은 온도가 일정, D→A과정은 (압력×부피)의 값이 감소하여 온도가 감소하고 내부 에너지가 감소하는 과정이다.

09. 답 ②

해설 ㄱ. A의 절대 온도 = 섭씨 온도 + 273 = 17 + 273 = 290 K이다. 따라서 A와 B의 온도는 같다.

ㄴ. A와 B의 온도가 같으므로 접촉시켜도 열의 이동은 없다.

ㄷ. A와 B의 온도가 같으므로 분자의 평균 운동 에너지가 같다.

10. 답 ④

해설 $W = e$(열효율)Q → $15\,\text{J} = 0.2 \times Q_1$, $Q_1 = 75\,\text{J}$이다. 에너지 보존 법칙에 의해 $Q_2 = Q_1 - W$이므로 $Q_2 = 75\,\text{J} - 15\,\text{J} = 60\,\text{J}$이다.

11. 답 ⑤

해설 ㄱ. A, B 가 얻은 열량 $= 400\,\text{W} \cdot 100\,\text{s} = 4 \times 10^4\,\text{J}$이다.

ㄴ. 100초 동안 B가 얻은 열량은 $4 \times 10^4\,\text{J}$이다.

$Q = mc\Delta T$ → $4 \times 10^4\,\text{J} = 0.2\,\text{kg} \times c \times 20\,\text{K}$,

$$\therefore c = 1 \times 10^4\,\text{J/kg} \cdot \text{K}$$

ㄷ. $Q = C\Delta T$ → $4 \times 10^4\,\text{J} = C \times 40\,\text{K}$

$$\therefore C = 1 \times 10^3\,\text{J/K}이다.$$

12. 답 ③

해설 ㄱ. 기체의 부피가 일정할 때 압력은 절대 온도에 비례한다.

ㄴ. 0 ℃일 때의 절대 온도는 273 K이다. 온도가 15 K 하강할 때마다 기체의 압력은 약 5 kPa씩 감소하고 있다. 따라

서 273 K일 때 압력은 303 K일 때보다 10 kPa만큼 작아야 하므로 약 96 kPa가 된다.

ㄷ. 기체 분자의 평균 운동 에너지는 절대 온도에 비례하므로 333 K(60 °C)일 때의 평균 운동 에너지는 303 K(30 °C)일 때의 $\frac{333}{303}$배이다.

13. 답 ④

해설 ㄱ. (나)는 등압 과정으로 가열 후 압력은 일정하고 기체의 부피가 2배가 되었으므로 보일−샤를 법칙에 의해 온도도 2배가 되어 $2T$가 된다.

ㄴ. 내부 에너지 변화량(ΔU)은 온도 변화량(ΔT)에 비례한다. (가)에서 $W = 0$ 이므로 $\Delta U = Q$ 이고, (나)에서 $W > 0$ 이므로 $\Delta U = Q - W$이다. 처음 온도가 같은 상태에서 동일한 열(Q)을 가했으므로 내부 에너지 변화량(ΔU)과 온도 변화량(ΔT)은 (가)의 경우가 (나)의 경우보다 크다.

ㄷ. (나)에서 기체가 외부에 한 일은 $W = Q - \Delta U$이고, (가)에서 기체의 내부 에너지 증가량은 $\Delta U = Q(>0)$이다. 따라서 (나)에서 기체가 외부에 한 일은 (가)에서 기체의 내부 에너지의 증가량 보다 작다.

14. 답 ⑤

해설 ㄱ. (가)는 부피 변화가 없는 등적 과정이다. 따라서 외부에 하는 일이 없다. 외부에 하는 일이 없으므로 흡수한 열량은 내부 에너지 증가량이 된다.

ㄴ. (나)는 부피가 증가하였으므로 외부에 일을 했다.

ㄷ. (가)와 (나) 모두 내부 에너지가 증가하였으므로 기체의 온도는 증가한다.

15. 답 ①

해설 ㄱ. (가)에서 $W > 0$ 이므로 $\Delta U_A = Q - |W|$이고, (나)에서는 $Q = 0$ 이고, $W < 0$ 이므로 $\Delta U_B = |W|$ 이다. 따라서 $\Delta U_A + \Delta U_B = Q$ 이다.

ㄴ. 열량 Q에서 A의 내부 에너지가 증가하는데 사용되고 남은 에너지는 B의 기체가 받는 일이다. 따라서 Q보다 작다.

ㄷ. B는 열을 받지 않은 상태에서 부피가 감소하였으므로(단열 압축) 내부 에너지가 증가하여 온도가 증가한다.

16. 답 ①

해설 칸막이를 제거하면 기체가 퍼져나가 상자 전체를 고르게 채우게 된다. 하지만 상자의 부피가 변하지 않으므로 $W = 0$(외부에 일을 하지 않는다.)이고, 외부에서 열을 받지 않으므로 $Q = 0$이다. 따라서 $\Delta U = 0$ 이므로 온도는 일정하고 내부 에너지도 일정하다.(자유 팽창)

17. 답 ①

해설 ㄱ. 열기관은 고온의 열원에서 열을 흡수하여 일부는 일을 하는데 사용하고 나머지는 저온의 열원으로 방출한다. 열은 온도가 높은 곳에서 낮은 곳으로 흐르므로 T_1은 T_2보다 크다.

ㄴ. 에너지 보존 법칙을 적용하면 $Q_1 = W + Q_2$이다. 따라서 $W = Q_1 - Q_2 = 10$ kJ $- 6$ kJ $= 4$ kJ이다.

ㄷ. $W = e$(효율)Q_1이므로 $4 = e \times 10$ 에서 $e = 0.4$이다.

18. 답 ①

해설 양초가 열기관의 열원이다. 촛불로부터 받은 열량이 1 J이고, 열효율이 10 %이므로 일은 $W = eQ = 0.1 \times 1 = 0.1$ J이다.

19. 답 ②

해설 중력이 추에 한 일은 $W = 2mgh = 2 \times 25$ kg $\times 9.8$ m/s² $\times 3 = 1470$ J이다. 일의 단위를 kcal로 변환하면 $1470 \times \frac{1}{4200} = 0.35$ kcal이다. 이것이 물이 얻은 열량이므로 $Q = mc\Delta T \rightarrow 0.35$ kcal $= 1$ kg $\times 1$ kcal/kg $\cdot$ °C $\times \Delta T$ 이므로 증가한 물의 온도 $\Delta T = 0.35$ °C이다.

20. 답 ①

해설 납 알갱이들이 위 → 아래일 때만 운동 에너지가 열 에너지로 변환된다. 납 알갱이들의 질량을 m이라 하면, 10회 흔들 때 납 알갱이들의 낙하 거리는 총 10 m 라고 할 수 있으므로 중력이 한 일은 $W = mgh = m \times 10 \times 10 = 100m$ (J)이다. 중력이 한 일이 납 알갱이들이 얻은 열량이므로 $Q = mc\Delta T = m \times c \times (22 - 21) = 100m$, $c = 100$ J/kg $\cdot$ K이다.

21. 답 ④

해설 이상 기체 상태 방정식 $PV = nRT$에서 $(3 \times 10^5$ N/m²$) \times (16.6 \times 10^{-3}$ m³$) = n \times (8.3$ J/mol $\cdot$ K$) \times 300$ K이므로 $n = 2$ mol이다. 용기 속 수소 기체 분자의 수 $N = nN_A$이므로 $N = 2$ mol $\times (6 \times 10^{23}$개/mol$) = 1.2 \times 10^{24}$개이다.

22. 답 ②

해설 밸브를 열었을 때 수소와 산소의 부분압을 각각 P_A', P_B'이라 하면 혼합 기체의 압력은 부분압의 합이 된다(부분압의 법칙). 두 용기의 전체 부피를 V라 하면 $V_A : V_B : V = 2 : 1 : 3$ 이다.

$$\frac{P_A V_A}{T_A} = \frac{P_A'V}{T} \rightarrow \frac{2 \times 2}{320} = \frac{P_A' \times 3}{300} \rightarrow P_A' = 1.25 \text{ 기압}$$

$$\frac{P_B V_B}{T_B} = \frac{P_B'V}{T} \rightarrow \frac{1.2 \times 1}{240} = \frac{P_B' \times 3}{300} \rightarrow P_B' = 0.5 \text{ 기압}$$

따라서 혼합 기체의 압력 $P = P_A' + P_B' = 1.75$ 기압이다.
이상 기체 상태 방정식 $PV = nRT$에서

$$n_A = \frac{P_A V_A}{R T_A} = \frac{2 \times 2}{0.082 \times 320} \cong 0.15 \text{ mol}$$

$$n_B = \frac{P_B V_B}{R T_B} = \frac{1.2 \times 1}{0.082 \times 240} \cong 0.06 \text{ mol}$$

따라서 혼합 기체의 mol 수 $n = n_A + n_B = 0.21$ mol 이다.

23. 답 ⑤

해설 ㄱ. $Q = mc\Delta T$에서 60초 동안 열량 Q가 가해졌다면

$$c_{기름} = \frac{Q}{m\Delta T} = \frac{Q}{0.05 \text{ kg} \times (50 - 10) \text{ °C}} = 0.5Q$$

$$c_{물} = \frac{Q}{m\Delta T} = \frac{Q}{0.1 \text{ kg} \times (20 - 10) \text{ °C}} = Q$$이므로

∴ $c_{기름} : c_{물} = 1 : 2$

ㄴ. 열용량 $C = mc$에서

$C_{기름} = 0.05 \text{ kg} \times 0.5Q = 0.025 \text{ kg} \times Q$

$C_{물} = 0.1 \text{ kg} \times Q = 0.1 \text{ kg} \times Q$

$\therefore C_{기름} : C_{물} = 1 : 4$

ㄷ. 같은 열원으로 가열했기 때문에 같은 시간 동안 기름과 물에 가해진 총 열에너지는 같다고 할 수 있다.

24. 답 ④

해설 압력은 $1 \times 10^5 \text{ N/m}^2$으로 일정하게 유지되며 기체의 늘어난 부피 $\Delta V = (1 \times 10^{-2} \text{ m}^2) \times 0.2 \text{ m} = 2 \times 10^{-3} \text{ m}^3$이므로 기체가 한 일 $W = P\Delta V = (1 \times 10^5 \text{ N/m}^2) \times (2 \times 10^{-3} \text{ m}^3) = 200 \text{ J}$ 이다.

처음 상태에서 이상 기체 상태 방정식을 적용하면,

$n = \dfrac{PV}{RT} = \dfrac{(1 \times 10^5 \text{ N/m}^2) \times (1 \times 10^{-2} \text{ m}^2)}{(8.31 \text{ J/mol} \cdot \text{K}) \times 300 \text{ K}} \cong 0.4 \text{ mol}$

이고, $\Delta U = Q - W = 420 \text{ J} - 200 \text{ J} = 220 \text{ J}$이므로

$\Delta U = \dfrac{3}{2} nR\Delta T = \dfrac{3}{2} \times 0.4 \text{ mol} \times (8.31 \text{ J/mol} \cdot \text{K}) \times \Delta T = 220 \text{ J}$이다. 따라서 $\Delta T \cong 44.1 \,^\circ\text{C}$ 증가한다.

25. 답 ②

해설 ㄱ. (가)에서 (나)로 변하는 동안 추의 퍼텐셜 에너지와 유체의 퍼텐셜 에너지가 증가한다. 따라서 기체가 한 일은 추의 퍼텐셜 에너지와 유체의 퍼텐셜 에너지의 합과 같다.

ㄴ. 기체가 받은 열량을 Q, 기체가 외부에 한 일을 W, 내부 에너지 변화량을 ΔU라고 하면 열역학 제1법칙($Q = W + \Delta U$)에 의해 이상 기체의 부피가 증가하므로 기체의 내부 에너지 변화량은 기체가 받은 열량보다 작다.

ㄷ. (가)에서 (나)로 변하는 동안 유체가 위로 올라가게 되면 유체의 무게는 같고, 면적이 작아진다. 따라서 피스톤이 정지해 있으려면 기체의 압력이 증가해야 하므로 기체의 압력은 (나)의 경우가 (가)의 경우보다 크다.

26. 답 ②

해설 각각의 흡수하거나 방출한 열량은 다음과 같다.

물 : $Q_w = c_w m_w (T_f - T_i)$ (흡수)

비커 : $Q_b = C_b (T_f - T_i)$ (흡수)

구리 : $Q_c = c_c m_c (T_f - T_c)$ (방출)

위의 열량의 합은 $Q_w + Q_b + Q_c = 0$이다.

위의 식을 T_f로 정리하면 다음과 같다.

$$T_f = \dfrac{c_c m_c T_c + C_b T_i + c_w m_w T_i}{c_w m_w + C_b + c_c m_c}$$

분자 $= (0.0932)(75)(312) + (45)(12) + (1)(220)(12)$

$\cong 5361 \text{ cal}$,

분모 $= (1)(220) + 45c + (0.0932)(75) \cong 272 \text{ cal/} \,^\circ\text{C}$이다.

$\therefore T_f \cong 20 \,^\circ\text{C}$

27. 답 ④

해설 깊이 60 m인 물 속의 기압은 약 7 기압이고 수면에서의 기압은 약 1기압이다. 수면에서의 부피를 V라고 하면,

$\dfrac{PV}{T} =$ 일정하므로 $\dfrac{7 \times 10 \text{ cm}^3}{273 + 7} = \dfrac{V}{273 + 27}$

이므로 $V = 75 \text{ cm}^3$이다.

28. 답 ③

해설 $E_k = \dfrac{3}{2} k_B T = \dfrac{1}{2} mv^2$ 에서 $v^2 = \dfrac{3k_B T}{m}$이므로 $v \propto \dfrac{1}{\sqrt{m}}$ 이다. 따라서 헬륨 기체 분자의 질량이 네온 기체 분자의 질량의 $\dfrac{1}{5}$ 배이므로 헬륨 기체 분자의 평균 속력은 네온 기체 분자의 평균 속력의 $\sqrt{5}$ 배이다.

29. 답 ④

해설 B 경로에 대한 일 : (경로 B 아래 그래프 넓이)

$0.5 \times ((P_1 - P_2) \times (V_2 - V_1)) + P_2 \times (V_2 - V_1)$

$= 15 \text{ N/m}^2 \times 3 \text{ m}^3 + 10 \text{ N/m}^2 \times 3 \text{ m}^3 = 75 \text{ J}$

A 경로에 대한 일 : $P_1 \times (V_2 - V_1) = 40 \text{ N/m}^2 \times 3 \text{ m}^3 = 120 \text{ J}$ 이고, 압축되었으므로 -120 J이다.

C 경로에 대한 일 : $P_2 \times (V_2 - V_1) = 10 \text{ N/m}^2 \times 3 \text{ m}^3 = 30 \text{ J}$이고, 압축되었으므로 -30 J이다.

$\therefore$ B → A 경로에 대해 기체가 한 일 $= 75\text{J} - 120\text{J} = -45\text{J}$

B → C 경로에 대해 기체가 한 일 $= 75\text{J} - 30\text{J} = +45\text{J}$

30. 답 ②

해설 내부 에너지는 A에서 C상태로 되면 160 J 이 증가하며 압력×부피(=온도)의 값에 비례하므로 경로에 무관하다.

$\Delta U_{B \to C} + \Delta U_{A \to B} = (U_C - U_B) + (U_B - U_A)$

$= (Q_{B \to C} - W_{B \to C}) + (Q_{A \to B} - W_{A \to B}) = 160 \text{ J} \cdots \bigcirc$

$W_{B \to C} = 0$(부피 일정)이다.

$\to \bigcirc = (40 \text{ J} - 0) + (200\text{J} - W_{A \to B}) = 160 \text{ J}$

$\to W_{A \to B} = 80 \text{ J}$

$\therefore W_{A \to B \to C} = W_{A \to B}$와 같으며 80 J 이다.

31. 답 ①

해설 $\Delta U_{i \to A \to f} = Q_{i \to A \to f} - W_{i \to A \to f} = 50 - 20 = 30$

즉, f점은 i점보다 내부 에너지가 30 cal 더 많다.(ΔU는 온도에만 관계되므로 경로에 무관하다. $\Delta U_{i \to A \to f} = \Delta U_{i \to f}$)

$U_i = 10$ cal 이므로 $U_f = 10 + 30 = 40$ cal이다.

1) $Q_{f \to i} = \Delta U_{f \to i} + W_{f \to i}, = -30 + (-13) = -43$ cal

2) U_B는 22 cal 이므로 $\Delta U_{B \to f} = U_f - U_B = 40 - 22 = 18$ cal 이고, 부피 변화가 없으므로 $W_{B \to f}$는 0이다.

$\therefore Q_{B \to f} = \Delta U_{B \to f} + W_{B \to f} = \Delta U_{B \to f} = U_f - U_B$

$= 40 \text{ cal} - 22 \text{ cal} = 18 \text{ cal}$

32. 답 ④

해설 각 과정에서의 그래프 아래 넓이는 기체가 하거나 받은 일과 같고, 각 점의 내부 에너지와 그 차이는 압력×부피 = 온도에만 관계하므로 경로와 무관하다.

과정 1의 일(그래프 아래 넓이)

$W_1 = (5V - V) \times P = 4PV$

$Q = (U_B - U_A) + W$

$\to U_B - U_A = Q - W = 10PV - 4PV = 6PV$

과정 2의 일 $W_2 = 4PV + PV = 5PV$ (과정 2 그래프 아래 넓이)

$\therefore Q_2 = W_2 + (U_B - U_A) = 5PV + 6PV = 11PV$

25강. 열전달과 에너지 이용

1. 전도, 대류, 복사   **2.** 태양 복사
3. 전동기   **4.** 전자, 양공

1. 전자기파   **2.** 5,520 kJ   **3.** 8 N   **4.** 10 Ω

1. 답 전자기파
해설 온도가 다른 두 물체가 진공 속에서 떨어져 있을 때 고온의 물체는 전자기파를 방출하여 온도가 내려가고, 상대적으로 저온인 물체는 전자기파를 흡수하여 온도가 올라간다. 이러한 현상을 열복사라고 한다.

2. 답 5,520 kJ
해설 물 1 kg을 같은 온도의 수증기로 변화시키는 데 필요한 열(기화열)은 2,260 kJ/kg이다. 따라서 2 kg의 물이 100℃의 수증기로 바뀔 때 흡수된 에너지 Q는 다음과 같다.
$$Q = L_V m = 2,260 \text{ kJ} \times 2 \text{ kg} = 4,520 \text{ kJ}$$

3. 답 8 N
해설 자기장 속 전류가 흐르는 도선이 받는 힘의 크기는 $F = BIl$이다. 따라서 $F = 4 \text{ N/Am} \times 2 \text{ A} \times 1 \text{ m} = 8 \text{ N}$이다.

4. 답 10 Ω
해설 소비 전력$(P) = \dfrac{V^2}{R}$ → $R = \dfrac{V^2}{P} = \dfrac{(220 \text{ V})^2}{4840 \text{ W}} = 10$ Ω

01. ③	**02.** ①	**03.** ②	**04.** ①
05. ④	**06.** ③	**07.** ⑤	**08.** ①

01. 답 ③
해설 ㄱ, ㄷ. 전도는 접촉한 두 물체 사이에서 물체를 구성하는 입자의 진동에 의해 열이 전달되는 과정으로 모든 물질에서 일어난다.
ㄴ. 난로 옆에 있을 때 따뜻해지는 현상은 복사에 의한 열전달 때문이다.

02. 답 ①
해설 ㄱ, ㄴ. 모든 물질은 복사열을 방출하므로 온도가 낮은 물질이라도 복사열을 방출할 수 있다.
ㄷ. 기체에서는 복사, 전도, 대류에 의해 열전달이 일어난다.

03. 답 ②
해설 20℃의 물 0.5 kg이 모두 0℃로 될 때 방출하는 에너지는 얼음이 녹으면서 흡수하는 에너지와 같다.
$$Q_{물} = mc_{물} \varDelta T = 0.5 \text{ kg} \times (4.2 \times 10^3 \text{ J/kg} \cdot \text{℃}) \times 20 \text{ ℃}$$
$$= 4.2 \times 10^4 \text{ J}$$
$$Q_{얼음} = H \times m_{얼음} = 3.33 \times 10^5 \text{ J/kg} \times m_{얼음}$$
$$\therefore 4.2 \times 10^4 = 3.33 \times 10^5 \text{ J/kg} \times m_{얼음}$$
$$\rightarrow m_{얼음} = \frac{4.2 \times 10^4 \text{ J}}{3.33 \times 10^5 \text{ J/kg}} ≒ 0.126 \text{ kg}$$

04. 답 ①
해설 ㄱ. A 구간에서 공급되는 열은 모두 얼음의 온도를 올리는 데 사용된다.
ㄴ. 비열은 어떤 물질 1 kg의 온도를 1 K높이는 데 필요한 열량으로 비열이 클수록 온도 변화가 작다. 따라서 그래프에서 기울기가 작은 B 구간의 비열이 A 구간보다 크다.
ㄷ. C 구간에서 공급되는 열은 모두 물이 수증기로 변하는 상태 변화에 쓰인다.

05. 답 ④
해설 ㄱ. 자기장 내부에 놓인 전류가 흐르는 도선은 전자기력을 받는다. 다음 그림과 같이 자기장이 왼쪽에서 오른쪽에서 형성되어 있을 때, 도선의 왼쪽은 위 방향으로 전자기력을 받고, 도선의 오른쪽은 아래 방향으로 전자기력을 받는다. 따라서 정류가 쪽에서 볼 때 코일은 시계 방향으로 회전한다.

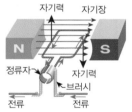

ㄴ. 코일에 흐르는 전류는 기전력원에 의해 흐르고 있다.
ㄷ. 코일은 전자기력에 의한 돌림힘이 작용하여 회전한다.

06. 답 ③
해설 정류자는 코일에 흐르는 전류의 방향을 바꾸어 전동기가 일정한 방향으로 회전할 수 있도록 해준다.

07. 답 ⑤
해설 ㄱ. 백열전구는 전류의 열작용에 의해 필라멘트의 온도가 매우 높아지면서 빛을 내기 때문에 열에너지로 손실되는 비율이 커서 효율이 좋지 않다.
ㄴ. 필라멘트는 전기 저항이 큰 금속을 사용한다.
ㄷ. 전구 속을 공기로 채우면 필라멘트가 타버리고 진공으로 만들면 필라멘트가 증발하여 가늘어지므로 아르곤과 질소의 혼합 가스를 사용한다.

08. 답 ①
해설 $P = \dfrac{V^2}{R}$ → $R = \dfrac{V^2}{P} = \dfrac{(220 \text{ V})^2}{44 \text{ W}} = 1100$ Ω
$$\therefore I = \frac{V}{R} = \frac{110 \text{ V}}{1100 \text{ Ω}} = 0.1 \text{ A}$$

[유형 25-1] ④	**01.** ①	**02.** ①
[유형 25-2] (1) ② (2) ⑤		
	03. ②	**04.** ④
[유형 25-3] ②	**05.** ⑤	**06.** ①
[유형 25-4] ③	**07.** ⑤	**08.** ③

[유형 25-1] 답 ④

해설 ㄱ, ㄴ. 바닷물이 태양에서 복사되어 온 열에너지를 흡수하여 물을 증발시켜 수증기를 만들고, 수증기는 잠열을 저장한 상태로 대기 중에 포함되어 있다. 이때 가열된 공기는 대류에 의해 상승하여 에너지를 방출하면서 물방울로 응결되어 구름으로 변한다.

ㄷ. 구름에 있는 물방울이 서로 뭉쳐서 비가 되어 내리는 동안 물방울의 중력에 의해 속력이 증가하여 운동 에너지가 증가한다.

01. 답 ①

해설 ㄱ. 보온병 이중벽 사이의 진공은 공기의 대류와 전도에 의한 열전달을 막는다.

ㄴ. 은도금을 하면 빛과 열을 잘 반사하므로 복사에 의한 열전달을 막을 수 있다.

ㄷ. 이중벽으로 하면 유리벽을 통해 전도되는 열을 막을 수 있다.

02. 답 ①

해설 열의 이동 방법에는 전도, 대류, 복사가 있다. 전도는 물체가 접촉해 있을 때, 한 부분에서 다른 부분으로 물체를 따라 열이 이동하는 현상이고, 대류는 제멋대로 움직이는 분자들이 다른 장소로 이동하면서 열을 전달하는 현상이며, 복사는 물질을 거치지 않고 에너지가 전자기파의 형태로 이동하는 현상이다.

[유형 25-2] 답 (1) ② (2) ⑤

해설 얼음이 에너지를 공급받는 동안 질량은 변하지 않는다.

(1) 1 분당 20 kcal의 열량을 공급받고 있으므로 20 kcal/분 × 시간 $\propto c\varDelta T$이다.

1분 × 20 kcal/분 $\propto c_{얼음}$ × 40 ℃ → $c_{얼음} \propto \dfrac{20}{40} = 0.5$

5분 × 20 kcal/분 $\propto c_{물}$ × 100 ℃ → $c_{물} \propto \dfrac{100}{100} = 1$

따라서 $c_{얼음} : c_{물} = 1 : 2$ 이다.

(2) $Q = mH$(잠열) → $H \propto Q$

1 ~ 5분 : $H_{융해열} = 4분 × 20$ kcal/분 $= 80$ J

10 ~ 30분 : $H_{기화열} = 20분 × 20$ kcal/분 $= 400$ J

∴ $H_{융해열} : H_{기화열} = 1 : 5$

03. 답 ②

해설 ㉠ 액체(바닷물)가 기체(수증기)로 상태 변화하면서 흡수하는 잠열은 기화열이다.

㉡ 기체(수증기)가 액체(구름)로 상태 변화하면서 방출하는 잠열은 액화열이다.

04. 답 ④

해설 ㄱ. 0 ℃ 얼음 1 kg을 모두 0 ℃ 물로 만드는 데 필요한 열 에너지의 양 Q_1 은 다음과 같다.

$Q_1 = mH_{융해열} = 1$ kg × $(3.35 × 10^5$ J/kg$) = 3.35 × 10^5$ J

ㄴ. 100 ℃ 물 1 kg을 모두 100 ℃ 수증기로 만드는 데 필요한 열 에너지의 양 Q_2 는 다음과 같다.

$Q_2 = mH_{기화열} = 1$ kg × $(2.26 × 10^6$ J/kg$) = 2.26 × 10^6$ J

ㄷ. 0 ℃의 물 1 kg을 모두 100 ℃ 물로 만드는 데 필요한 열 에너지의 양을 Q_3 은 다음과 같다.

$Q_3 = mc_{물}\varDelta T = 1$ kg × $(4.2 × 10^3$ J/kg · ℃$)$ × 100 ℃
$\quad = 4.2 × 10^5$ J

따라서 0 ℃의 얼음 1 kg을 모두 100 ℃ 수증기로 만드는 데 필요한 열 에너지의 양 Q 는 다음과 같다.

$Q = Q_1 + Q_2 + Q_3$
$\quad = 3.35 × 10^5$ J $+ 2.26 × 10^6$ J $+ 4.2 × 10^5$ J
$\quad = 30.15 × 10^5$ J

[유형 25-3] 답 ②

해설 ㄱ, ㄷ. (가), (다)에서 코일의 왼쪽 부분은 위 방향으로 힘을 받고, 코일의 오른쪽 부분은 아래 방향으로 힘을 받는다. 따라서 자석 사이에 있는 코일은 돌림힘에 의해 정류자 쪽에서 볼 때 시계 방향으로 회전한다.

ㄴ. (나)와 같이 코일이 회전하여 코일의 면이 자기장에 수직이 되는 순간 정류자에 의하여 전류의 방향이 바뀌므로 코일은 계속해서 한쪽 방향으로 회전한다.

05. 답 ⑤

해설 자기장 속에 놓인 전류가 흐르는 도선에 작용하는 자기력의 방향은 오른손을 이용하여 찾을 수 있다. 오른손의 엄지를 제외한 네 손가락은 자기장의 방향, 엄지는 전류의 방향을 향하였을 때 손바닥이 향하는 방향이 전자기력의 방향이다.

06. 답 ①

해설 ㄱ. 회전자의 A는 위쪽으로 힘을 받고, B는 아래쪽으로 힘을 받는다. 따라서 회전자는 돌림힘에 의해 정류자 쪽에서 볼 때 시계 방향으로 회전한다.

ㄴ. A 지점이 받는 자기력의 방향은 $+z$, B 지점이 받는 자기력의 방향은 $-z$ 방향이다.

ㄷ. 자석의 극을 바꾸면 자기력의 방향이 반대가 되므로 A 지점이 받는 자기력의 방향은 $-z$, B 지점이 받는 자기력의 방향은 $+z$가 된다.

[유형 25-4] 답 ③

해설 ㄱ. 정격 전압이 220 V이므로 220 V전원에 연결하면 전구에 흐르는 전류는 다음과 같다.

$$P = VI \rightarrow I = \frac{P}{V} = \frac{110\ \text{W}}{220\ \text{V}} = 0.5\ \text{A}$$

ㄴ. 소비 전력량 = 소비 전력 × 사용 시간 = 110 W × 1 h = 110 Wh

$$\text{ㄷ.}\ P = \frac{V^2}{R} \rightarrow R = \frac{V^2}{P} = \frac{(220\ \text{V})^2}{110\ \text{W}} = 440\ \Omega$$

이 전구를 110 V의 전원에 연결 하면 소비 전력은 $P = \frac{V^2}{R} = \frac{(110\ \text{V})^2}{440\ \Omega} = 27.5\ \text{W}$가 되므로 필라멘트가 끊어지지 않는다.

07. **답** ⑤

해설 ㄱ. 필라멘트는 전자가 튀어나가기 쉬운 물질로 되어 있다. 따라서 형광등 양쪽에 있는 전극의 필라멘트에 높은 전압이 걸리면 필라멘트가 가열되면서 열에너지에 의해 전자가 방출된다.

ㄴ, ㄷ. 필라멘트에서 방출된 전자가 유리관 내부의 수은에 충돌하면 수은 원자 내의 전자가 높은 에너지 준위로 올라 갔다가 낮은 에너지 준위로 떨어지면서 자외선을 발생시킨다. 이 자외선이 형광 물질에 부딪혀 형광 작용에 의해 빛(가시광선)을 낸다.

08. **답** ③

해설 ㄷ. P(전력) $= \frac{V^2}{R}$ 이고 전구의 저항(R)은 전압에 따라 변하지 않고 일정한 값을 가지므로 전압(V)이 220V 일 때 소비 전력이 110W 인 LED 전구는 전압이 절반인 110V 로 떨어지면 소비 전력은 $\frac{1}{4}$ 이 되어 27.5 W 가 된다.

ㄴ. 220 V의 전원에 연결할 때 소비하는 전력이 110 W이므로 1초 동안 소비하는 전기 에너지는 110 W × 1 s = 110 J 이다.

ㄷ. 소비 전력량 = 소비 전력 × 사용 시간 = 110 W × 1 h = 110 Wh

창의력 & 토론마당　　　　　　　208~211쪽

01

(1) 15 °C　　　　　　(2) 늘어난다.

해설 (1) 단위 시간당 전달되는 에너지($P = \frac{Q}{t}$)는 일정하다. 온도는 $T_H > T_A > T_B > T_C$이므로,

$$P\left(= kA\frac{\Delta T}{L}\right) = k_1 A\frac{T_H - T_A}{L_1} = k_2 A\frac{T_A - T_B}{L_2}$$
$$= k_3 A\frac{T_B - T_C}{L_3}$$

ⅰ) $k_1 A\dfrac{T_H - T_A}{L_1} = k_2 A\dfrac{T_A - T_B}{L_2}$

$\rightarrow \dfrac{30 - T_A}{L_1} = 0.8\dfrac{T_A - T_B}{0.8 L_1}$

$\therefore 30 - T_A = T_A - T_B \rightarrow 2T_A - T_B = 30 \cdots$ ①

ⅱ) $k_2 \dfrac{T_A - T_B}{L_2} = k_3 \dfrac{T_B - T_C}{L_3}$

$\rightarrow 0.8 k_1 \dfrac{T_A - T_B}{0.8 L_1} = 0.5 k_1 \dfrac{T_B + 15}{0.5 L_1}$

$\therefore T_A - T_B = T_B + 15 \rightarrow T_A - 2T_B = 15 \cdots$ ②

①식과 ②식에 의해 $T_A = 15$ °C, $T_B = 0$ °C 가 된다.

$$\therefore \Delta T = T_A - T_B = 15\ \text{°C}$$

(2) $k_2 = 1.2 k_1$ 일 때 A, B의 온도를 각각 $T_A{'}$, $T_B{'}$라고 하면,

$$P'\left(= kA\frac{\Delta T}{L}\right)$$
$$= k_1 A\frac{T_H - T_A{'}}{L_1} = k_2 A\frac{T_A{'} - T_B{'}}{L_2} = k_3 A\frac{T_B{'} - T_C}{L_3}$$

ⅰ) $k_1 \dfrac{T_H - T_A{'}}{L_1} = k_2 \dfrac{T_A{'} - T_B{'}}{L_2}$

$\rightarrow k_1 \dfrac{30 - T_A{'}}{L_1} = 1.2 k_1 \dfrac{T_A{'} - T_B{'}}{0.8 L_1}$

$\therefore 2(30 - T_A{'}) = 3(T_A{'} - T_B{'})$

$\rightarrow 5 T_A{'} - 3 T_B{'} = 60$ ⋯⋯⋯ ①

ⅱ) $k_2 \dfrac{T_A{'} - T_B{'}}{L_2} = k_3 \dfrac{T_B{'} - T_C}{L_3}$

$\rightarrow 1.2 k_1 \dfrac{T_A{'} - T_B{'}}{0.8 L_1} = 0.5 k_1 \dfrac{T_B{'} + 15}{0.5 L_1}$

$\therefore 3(T_A{'} - T_B{'}) = 2(T_B{'} + 15)$

$\rightarrow 3 T_A{'} - 5 T_B{'} = 30$ ⋯⋯⋯ ②

①, ②식에 의해 $T_A{'} = \dfrac{105}{8}$ °C, $T_B{'} = \dfrac{15}{8}$ °C 가 된다.

$$\therefore \Delta T' = T_A{'} - T_B{'} = \frac{90}{8} = 11.25\ \text{°C}$$

A~B 사이의 열전달률

$P' = 1.2 k_1 A\dfrac{\Delta T'}{L_2} = k_1 A\dfrac{13.5}{L_2}$ 가 되는데,

처음 $P = 0.8 k_1 A\dfrac{\Delta T}{L_2} = 0.8 k_1 A\dfrac{15}{L_2} = k_1 A\dfrac{12}{L_2}$ 이었으므로 열(에너지) 전달률은 증가한다.

02

0.4 cm/h

해설 추운 날씨에서 물의 온도는 0°C가 되면서 얼음이 생기기 시작한다. 물은 응고열(= 융해열)을 방출하는데 이 열은 얼음을 통한 전도로 대기로 빠져 나간다. 얼음의 단면적을 A, 두께를 L, 질량을 m이라 하면, 물이 어는 동안 융해열 방출률(P_1)는

$$P_1 = \frac{Q}{t} = \frac{Hm}{t}$$

단위 시간당 증가하는 얼음의 질량($m = \rho V = \rho AL$)은

$\dfrac{\Delta m}{\Delta t}\left(= \dfrac{m}{t}\right) = \rho A\dfrac{\Delta L}{\Delta t}$이므로, $P_1 = H\rho A\dfrac{\Delta L}{\Delta t}$이다.

한편, 얼음의 전도에 의한 열 방출률(P_2)은

$$P_2 = kA\frac{\Delta T}{L}$$

$P_1 = P_2$ 이므로 $H\rho A\frac{\Delta L}{\Delta t} = kA\frac{\Delta T}{L}$ 이다.

$$\left(k = \frac{(0.004\ \text{cal/s} \cdot \text{cm} \cdot \text{℃}) \times (4.186\ \text{J/cal})}{1 \times 10^{-2}\ \text{m/cm}}\right.$$

$$= 1.6744\ \text{W/m} \cdot \text{K}\Big)$$

$$\therefore \frac{\Delta L}{\Delta t} = \frac{k\Delta T}{H\rho L}$$

$$= \frac{(1.6744) \times (10)}{(333 \times 10^3) \times (0.92 \times 10^3) \times 0.005}$$

$$\cong 1.1 \times 10^{-5}\ \text{m/s}$$

$$= 1.1 \times 10^{-5} \times 3600 \times 100 \cong 4\ \text{cm/h}$$

03

> (1) 0.208 W   (2) 65 s

해설 (1) 프라이팬에서 공기 층을 통해 물방울의 바닥면으로 단위 시간 동안 전달되는 에너지 P는 다음과 같다.

$$P = kA\frac{\Delta T}{L}$$

$$= (0.026) \times (4 \times 10^{-6}) \times \frac{(300 - 100)}{1 \times 10^{-4}}$$

$$= 0.208\ \text{W}$$

(2) 물방울은 프라이팬으로부터 (1)의 열을 공급받아 기화된다. 물방울이 모두 t 초 동안 공급받은 열은 총 증발열 Q와 같다.

$$\therefore Q = Pt = Hm = H\rho Ah$$

$$t = \frac{H\rho Ah}{P}$$

$$= \frac{(2.256 \times 10^6)(1 \times 10^3)}{0.208}(4 \times 10^{-6})(1.5 \times 10^{-3})$$

$$\cong 65(\text{초})$$

04

> 1.13 m

해설 얼음과 물 사이의 경계 온도는 0 ℃이다. 얼음의 두께를 h라 하면, 열은 바닥에서 물과 얼음을 통해 바깥 대기로 전도되므로 물과 얼음의 열전달률을 다음과 같이 쓸 수 있다.

$$P_\text{물} = k_\text{물}A\frac{\Delta T}{1.4 - h} = (0.12)A\frac{(4 - 0)}{1.4 - h}$$

$$P_\text{얼음} = k_\text{얼음}A\frac{\Delta T}{h} = (0.4)A\frac{(0 + 5)}{h}\ \text{이다.}$$

같은 시간 동안 물을 통한 열량과 얼음을 통한 열량은 같다.

$$\therefore P_\text{물} = P_\text{얼음}$$

$$(0.12)A\frac{(4 - 0)}{1.4 - h} = (0.4)A\frac{(0 + 5)}{h}$$

$$\rightarrow \frac{0.48}{1.4 - h} = \frac{2}{h},\ 0.48h = 2.8 - 2h,$$

$$2.48h = 2.8$$

$$\therefore h \cong 1.13\ \text{m}$$

05

> 5.24×10^{-7} kg/s

해설 단면적 A, 온도 T(K)인 물체가 복사의 형태로 방출하는 에너지 방출률 $P = \sigma AT^4$이다. 주변의 온도 T_2가 음료수통의 온도 T_1보다 크므로 음료수통이 방출하는 에너지보다 주위에서 흡수하는 에너지가 더 크다. 따라서 주변과 음료수통 사이에서 음료수 통의 복사에 의한 에너지 흡수율

$P_\text{복사} = \sigma A(T_2^4 - T_1^4)$이다.

같은 온도를 유지하기 위해 흡수된 열은 물의 증발열 역할을 한다.

이때, 증발열 전달률 $P_\text{증발} = \dfrac{Q}{t} = \dfrac{Hm}{t}$ 이고, 단위 시간당 손실되는 물의 질량 손실율은 $\dfrac{\Delta m}{\Delta t}\left(= \dfrac{m}{t}\right)$이다.

$$\therefore H\frac{\Delta m}{\Delta t} = \sigma A(T_2^4 - T_1^4)$$

$$\rightarrow \frac{\Delta m}{\Delta t} = \frac{\sigma A(T_2^4 - T_1^4)}{H}$$

윗면과 옆면의 넓이의 합은

$$A = \pi r^2 + 2\pi rh$$

$$= 3(0.02)^2 + (2)(3)(0.02)(0.1) = 1.32 \times 10^{-2}\ \text{m}^2$$

$$T_2 = 273 + 32 = 305\ \text{K},\ T_1 = 273 + 17 = 290\ \text{K}$$

$$\therefore \frac{\Delta m}{\Delta t}\ (\text{물의 질량 손실률})$$

$$= (5.67 \times 10^{-8})(1.32 \times 10^{-2}) \times \frac{(305)^4 - (290)^4}{2.256 \times 10^6}$$

$$\cong 5.24 \times 10^{-7}\ \text{kg/s}$$

01. ⑤	02. ②	03. ④	04. ②	05. ①
06. ⑤	07. ④	08. ⑤	09. ⑤	10. ⑤
11. ③	12. ①	13. 45.5	14. 40	15. ④
16. ③	17. ④	18. ⑤	19. 5	20. ①
21. ②	22. ①	23. ④	24. 10	25. ①
26. ①	27. −6	28. 1.125		29. 18
30. 1837		31. 33	32. 735	

01. 답 ⑤

해설 ㄱ. 운동 에너지를 가진 쇠구슬이 정지해 있는 다른 쇠구슬과 충돌하면 운동 에너지가 전달되어 정지해 있던 쇠구슬이 움직인다.

ㄴ. 냄비가 가열되면 냄비와 접촉하고 있는 물 분자에 전도에 의한 열 이동이 일어난다. 냄비가 계속 열을 전달하여 물이 끓게 된다.

ㄷ. 물이 끓으면 액체나 기체에서 분자가 직접 이동하는 대류 현상이 일어난다.

02. 답 ②

해설 ㄱ. 열용량 $C = mc$이고, 비열은 같으므로 질량이 작은 A가 B보다 열용량이 작다. 그래프에서 얼음일 때 A가 B보다 더 빨리 가열되므로 열용량은 A가 B보다 작다는 것을 알 수 있다.

ㄴ. 물이 된 후, 질량이 작은 A의 온도가 더 빠르게 올라간다.

ㄷ. 온도 변화가 없는 0℃ 구간이 융해되는 구간이며, A가 B보다 융해되는 시간이 짧으므로 흡수되는 열량이 적다.

03. 답 ④

해설 ㄱ, ㄴ. AB 구간에서는 고체, BC 구간에서는 물질이 융해하는 구간으로 고체와 액체가 공존한다.

ㄷ. 고체 상태인 AB 구간의 기울기(온도 증가율)가 액체 상태인 CD 구간의 기울기보다 크므로 비열은 고체일 때가 더 작다.

04. 답 ②

해설 ㄱ. 정류자를 사용하는 전동기는 직류 전동기이다.

ㄴ. 코일에 전류가 흐르면 자기장이 생기고 자석과 코일 사이에 자기력이 발생한다. 이 자기력에 의해 돌림힘이 발생하여 코일이 회전하게 된다.

ㄷ. 코일이 180° 회전할 때마다 정류자에 의해 코일에 흐르는 전류의 방향이 바뀌기 때문에 코일이 계속해서 한 방향으로 회전하게 된다.

05. 답 ①

해설 ㄱ. 직류 전동기는 전기 에너지를 역학적 에너지로 전환한다.

ㄴ. (가)에서 자석 사이에 있는 코일의 오른쪽 부분은 아래

방향으로 자기력을 받고, 코일의 왼쪽 부분은 위 방향으로 자기력을 받는다. 따라서 정류자 쪽에서 볼 때 코일은 시계 방향으로 회전한다.

ㄷ. (나)에서 정류자에 의해 코일에 흐르는 전류의 방향이 바뀌게 된다.

06. 답 ⑤

해설 형광등의 유리관에서 수은 가스가 전자와 충돌하여 자외선을 방출하면, 자외선이 유리관 안쪽 표면에 코팅되어 있는 형광 물질과 충돌한다. 이 형광 물질은 자외선을 흡수하고, 가시 광선을 방출한다.

07. 답 ④

해설 (가) 전기 난로는 전기 에너지를 열에너지로 전환하여 난방을 한다.

(나) 냉장고는 전기 에너지로 압축기를 작동시켜 냉매를 압축하여 순환시킨다. 이는 전기 에너지가 운동 에너지로 전환된 것이다.

(다) 전기 주전자는 전기 에너지를 열에너지로 전환하여 물을 끓인다.

08. 답 ⑤

해설 ㄱ. 축열 탱크의 관 속의 물에 열이 잘 전달되도록 열전도율이 좋은 금속관을 사용한다.

ㄴ. 비열이 큰 물질일수록 데워진 상태에서 잘 식지 않고 높은 온도를 잘 유지할 수 있다.

ㄷ. 심야의 남는 전기 에너지를 이용하기 위한 장치이므로 야간에는 전열기에서 축열 물질로 열에너지가 이동하고, 주간에는 축열 물질에서 찬물로 열에너지가 이동한다.

09. 답 ⑤

해설 $P = VI$에서 정격 전압이 같을 때 소비 전력은 전류에 비례한다. 따라서 소비 전력이 가장 큰 D에 가장 많은 전류가 흐른다. 이 가정집에서 1일 동안 사용하는 소비 전력량 = 400 Wh + 400 Wh + 400 Wh + 400 Wh = 1,600 Wh이므로 30일 동안 사용하는 전력량은 1,600 Wh × 30 = 48,000 Wh = 48 kWh이다.

10. 답 ⑤

해설 ㄱ. 전력량은 소비 전력 × 사용 시간이므로 사용 시간이 동일하면 전력량은 소비 전력에 비례한다. 따라서 백열등과 수은등의 소비 전력이 같으므로 소모한 전력량도 같다.

ㄴ. 100 W × 1 h = 100 Wh = 0.1 kWh이다.

ㄷ. 주어진 표에서 소비 전력이 같을 때 수은등이 백열등보다 밝기가 더 밝다. 만약 같은 밝기를 얻으려면 백열등의 소비 전력이 지금보다 훨씬 커야 한다.

11. 답 ③

해설 ㄱ, ㄴ. 고여 있는 물을 냉각시키면 물은 4℃에서 가장 무거우므로 가라앉고 0℃의 물이 표면으로 떠서 얼게 된다. 뜨거운 공기나 물은 위쪽으로 이동하므로 위쪽을 가열하면 전체적으로 대류가 일어나지 않는다.

ㄷ. 산 위에서는 산 아래보다 기압이 낮다. 따라서 물의 끓는점이 낮아지므로 산 위에서 지은 밥은 설익게 된다.

12. 답 ①

해설 두께가 l인 유리창에서 열전도로 유출되는 열량 $Q = kA\dfrac{T_1 - T_2}{l}t$ 이다. 따라서 두께가 2배만큼 두꺼워지는 경우 유출되는 열량은 0.5배가 된다.

13. 답 45.5

해설 더운물이 잃은 열량 = 얼음의 온도를 0 ℃ 까지 올리는 데 필요한 열량 + 얼음을 녹이는 데 사용된 열량 + 녹은 얼음물의 온도(0 ℃)를 60 ℃ 까지 올리는 데 필요한 열량이다. 열평형 온도를 T 라고 할 때
$\therefore (9)(1)(60 - T) = (0.5)(1)(10) + (1)(80) + (1)(1)(T)$
$\therefore T = 45.5$ ℃

14. 답 40

해설 얼음의 질량을 m, 1분당 공급된 열량을 Q 라 하면,
2 ~ 10분 : $(10 - 2) \times Q = 80$ kcal/kg $\times m$
10 ~ 14분 : $(14 - 10) \times Q = m \times (1$ kcal/kg $\cdot$ ℃$) \times T$
$\therefore T = 40$ ℃

15. 답 ④

해설 ㄱ. 오른 나사의 법칙으로 회전자에 흐르는 전류(위에서 봤을 때 반시계 방향)에 의해 B 점에서 자기장의 방향은 전류의 방향을 따라 오른손 네 손가락을 감아쥘 때 엄지손가락이 가리키는 방향이다. 따라서 B 점에서 전류에 의한 자기장의 방향은 z 방향이다.
ㄴ. A 점과 C 점의 전류의 방향은 반대이고, 자기장의 방향은 같으므로 자기력의 방향은 서로 반대이다.
ㄷ. 정류자는 회전자가 한쪽 방향으로만 회전하도록 하는 장치이다.

16. 답 ③

해설 ㄱ. 교류 전동기에는 정류자가 없다.
ㄴ. 교류 전동기는 정류자가 없어 수명이 길다는 장점이 있다.
ㄷ. 고정 코일에 흐르는 교류 전류에 의해 자기장의 변화가 생기며, 자기장의 변화로 회전 코일에 유도 전류가 흐르고, 이 전류에 의한 자기장과 고정 코일에 흐르는 전류에 의한 자기장 사이에 작용하는 힘에 의해 회전 코일이 회전한다.

17. 답 ④

해설 정격 전압이 110 V인 전기 기구를 220 V의 전원에 사용하게 되면 공급되는 전압이 2배 증가되지만, 전기 기구의 내부 저항은 변함이 없으므로 전기 기구가 소모하는 전력은 4배로 증가한다. 따라서 정격 소비 전력을 유지하기 위해서는 저항을 4배로 증가시켜야 한다.
ㄱ. 110 V − 40 A 출력의 가정용 변압기를 사용하면 정격 소비 전력이 $P = VI = 110$ V $\times 40$ A $= 4400$ W로 유지하기 때문에 전기 기구의 사용이 가능하다.
ㄴ. 저항을 병렬로 연결하면 내부 저항이 감소하기 때문에

전류가 더 많이 흐르게 되므로 내부 배선에 부적합하다.
ㄷ. 전기 기구와 같은 저항 2개를 직렬로 연결하면 내부 저항이 2배로 되고, $I = \dfrac{V}{R}$ = 일정이므로, 사용 가능하다. (이러한 경우 소비 전력은 2배가 된다.)

18. 답 ⑤

해설 ㄱ. AC는 교류를 뜻한다. 청소기는 AC 220 V, 60 Hz 이므로 교류 60 Hz를 사용해야 한다.
ㄴ. 텔레비전은 정격 전압이 220 V이므로 110 V의 전원에 연결하면 소비 전력이 50W 가 되어 제 기능을 하지 못한다.
ㄷ. 사용 전력량 = 1000 W $\times 1$ h $= 1000$ Wh $= 1$ kWh

19. 답 5

해설 전동기가 한 일 = 질량 $\times$ 중력 가속도 $\times$ 거리
$\rightarrow$ 전동기가 한 일 = 1 kg $\times 10$ m/s$^2 \times 4$ m $= 40$ J
$\therefore$ 전동기의 일률 $= \dfrac{\text{전동기가 한 일}}{\text{시간}} = \dfrac{40 \text{ J}}{2 \text{ s}} = 20$ W
공급된 전력$(P) = VI = 200$ V $\times 2$ A $= 400$ W
전동기의 효율은 $\dfrac{\text{전동기의 일률}}{\text{전동기에 공급된 전력}} \times 100$ %이므로
효율 $= \dfrac{20}{400} \times 100$ % $= 5$ %이다.

20. 답 ①

해설 줄의 열량 실험은 역학적 에너지를 열에너지로 전환시켜 그 둘 사이의 관계를 알아보는 실험이다. 이 실험 결과 1 J $\fallingdotseq 0.24$ cal라는 것을 알아냈다. 이 실험을 통해 추가 한 일은 열량에 비례함$(W \propto Q)$을 알 수 있었다.

21. 답 ②

해설 ㄱ, ㄴ. 발광 다이오드(LED)는 형광등보다 수명이 길고 소비 전력이 작다.
ㄷ. 발광 다이오드(LED)는 p형 반도체와 n형 반도체를 접합하여 제작한다.

22. 답 ①

해설 ㄱ. 그림은 직류 전원 장치로 교류 전원을 직류 전원으로 바꾸는 장치이다.
ㄴ. 출력되는 전력은 전압과 전류의 세기의 곱으로 12 V $\times 2$ A $= 24$ W이다.
ㄷ. 교류 전원을 직류 전원으로 바꾸는 장치이므로 공급된 전기 에너지를 다른 형태의 전기 에너지 또는 열에너지로 전환한다.

23. 답 ④

해설 ㄱ. 그림 (가)는 유도형 전력량계로 자기장 속에서 전류가 받는 힘을 이용한 장치이다.
ㄴ. 전기 기구의 소비 전력 $= \dfrac{\text{소비 전력량}}{\text{사용 시간}} = \dfrac{15 \text{ kWh}}{3 \text{ h}}$
$= 5$ kW $= 5000$ W
ㄷ. 1 Wh $= 3600$ J이고 1 kWh $= 3.6 \times 10^6$ J이다. 따라서

(나)에서 3시간 동안 소비 전력량은 15 kWh이므로 사용한 전기 에너지는 15 kWh × (3.6 × 10⁶ J/kWh) = 5.4 × 10⁷ J 이다.

24. 답 10

해설 가변 저항기의 저항을 r, 소비 전력을 P_r 이라 하면, 전체 회로의 저항값은 $R + r$ 이고 전체 회로에 흐르는 전류는 $\dfrac{\text{전지의 전압}}{\text{전체 저항 값}} = \dfrac{V}{R + r}$ 이다. 따라서 가변 저항기가 소비하는 전력은 $P_r = I^2 r = V^2 \dfrac{r}{(R + r)^2}$ 이다.

P_r 이 최댓값이 되려면 전압은 변하지 않으므로 위의 P_r 에서 $\dfrac{(R + r)^2}{r} = \dfrac{R^2}{r} + 2R + r$ 이 최솟값이 되는 r을 구한다.

R은 상수이므로 $\dfrac{R^2}{r} + r$ 이 최솟값이 되는 r을 구한다.

$\dfrac{R^2}{r} + r$ 의 최솟값은 세로 축이 y 이고, 가로 축이 r인 그래프에서 $y = \dfrac{R^2}{r}$의 그래프와 $y = r$의 그래프가 만나는 점 $r = R$에서 최솟값을 갖는다.

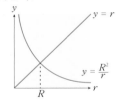

따라서 P_r 의 최댓값 $= \dfrac{V^2}{4R} = \dfrac{(20 \text{ V})^2}{4 \times 10 \text{ Ω}} = 10$ W이다.

25. 답 ①

해설 그릇의 단면적이 A이고, 얼음 아래 경계에서 질량이 m인 물(0℃)이 두께 x 의 얼음(0℃)으로 얼면서 방출하는 열량 $Q = mH = \rho A x H$이고, 이 열은 얼음(l=10cm)을 통해서 대기(−10℃)로 전도되는데 그 열량은 $Q = kA\dfrac{\Delta T}{l} t$ 이다.

$\therefore kA\dfrac{\Delta T}{l} t = \rho A x H$, $\dfrac{x}{t} = k\dfrac{\Delta T}{l}\dfrac{1}{\rho H}$ $(t : 초)$

따라서 1시간 동안 어는 얼음의 두께(Δl)는 다음과 같다.

$\therefore \Delta l = 3600(\dfrac{x}{t}) = (3600)(1.68)(\dfrac{10}{0.1})\dfrac{1}{(920)(3.36 \times 10^5)}$

$= 1.96 \times 10^{-3}$ m/h

26. 답 ①

해설 단위 시간당 전달되는 에너지는 $P = \dfrac{Q}{t} = kA\dfrac{\Delta T}{L}$이다.

$\therefore P = (400 \text{ W/m} \cdot \text{K}) \times (90 \times 10^{-4} \text{ m}^2) \times \dfrac{110\,^{\circ}\text{C} - 10\,^{\circ}\text{C}}{0.25\text{m}}$

$= 1.44 \times 10^3$ J/s 이다.

27. 답 −6

해설 단위 시간당 전달되는 에너지인 전도율(P)은

$P = \dfrac{Q}{t} = kA\dfrac{\Delta T}{L}$이고, 같은 양의 열이 전달되므로 복합판에서 정상 상태에 있을 때 전도율은 일정하다.

$\therefore k_A A\dfrac{T_1 - T_2}{L_A} = k_C A\dfrac{T_3 - T_4}{L_C}$

위 식을 T_3에 대해서 정리하면,

$\rightarrow L_C k_A (T_1 - T_2) = L_A k_C T_3 - L_A k_C T_4$

$\rightarrow T_3 L_A k_C = L_C k_A (T_1 - T_2) + L_A k_C T_4$

$\rightarrow T_3 = \dfrac{L_C k_A}{L_A k_C} \times (T_1 - T_2) + T_4$

$= \dfrac{(2L_A)k_A}{L_A(5k_A)} \times (T_1 - T_2) + T_4$

$= \dfrac{2}{5}(30 - 20) - 10 = -6\,^{\circ}\text{C}$

28. 답 1.125

해설 전달되는 에너지는 $Q = kA\dfrac{\Delta T}{L} t$ 이다.

그림 (가) : $10\text{ J} = k(bc)\dfrac{T_2 - T_1}{2a} \times 2분$

그림 (나) : $10\text{ J} = k(ab)\dfrac{T_2 - T_1}{2c} \times t$

$\rightarrow k(bc)\dfrac{T_2 - T_1}{2a} \times 2분 = k(ab)\dfrac{T_2 - T_1}{2c} \times t$ 이므로

$t = 2 \times \dfrac{c^2}{a^2} = 1.125분$ 이다.

29. 답 18

해설 단위가 W/m² 이므로 $\dfrac{P}{A}$ 를 구해야 한다. 열전도 관계식에 의해 $\dfrac{P}{A} = \dfrac{k}{l} \Delta T$ 이다.

화씨 온도(T_F)와 섭씨 온도(T_C)는 $T_C = (T_F - 32) \times \dfrac{5}{9}$ 으로 나타낼 수 있다. 따라서 실외의 온도와 실내의 온도는 다음과 같다.

실외의 온도 $= (72 - 32) \times \dfrac{5}{9} ≒ 22.22\,^{\circ}\text{C}$

실내의 온도 $= (-20 - 32) \times \dfrac{5}{9} ≒ -28.88\,^{\circ}\text{C}$

따라서 $\Delta T = 22.22\,^{\circ}\text{C} - (-28.88\,^{\circ}\text{C}) = 51.1\,^{\circ}\text{C}$ 이고,

단위 시간당 전달되는 에너지인 전도율 $P = \dfrac{Q}{t} = kA\dfrac{\Delta T}{L}$ 으로 일정하다.

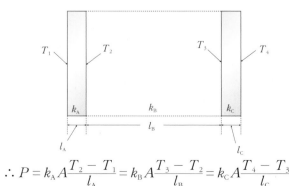

$\therefore P = k_A A\dfrac{T_2 - T_1}{l_A} = k_B A\dfrac{T_3 - T_2}{l_B} = k_C A\dfrac{T_4 - T_3}{l_C}$

$$k_A A \frac{T_2 - T_1}{l_A} = k_B A \frac{T_3 - T_2}{l_B} \rightarrow T_2 = \frac{k_A l_B T_1 + k_B l_A T_3}{k_A l_B + k_B l_A}$$

$$\rightarrow P = \frac{T_3 - T_1}{l_A/k_A + l_B/k_B} A$$

$$\rightarrow \frac{T_3 - T_1}{l_A/k_A + l_B/k_B} = k_C A \frac{T_4 - T_3}{l_C}$$

$$\therefore P = \frac{T_4 - T_1}{l_A/k_A + l_B/k_B + l_C/k_C} A$$

A와 C는 같은 유리창이므로

$$\frac{P}{A} = \frac{T_4 - T_1}{2l_A/k_A + l_B/k_B} = \frac{\Delta T k_A k_B}{2l_A k_B + l_B k_A}$$

$$= \frac{(51.1)(1)(0.026)}{2\,(0.003)(0.026) + (0.075)(1)} \cong 18 \text{ W/m}^2$$

30. 답 1837

해설 물체가 방출하는 에너지는 $P = \sigma A T^4$ 이다. 따라서
$P = (5.67 \times 10^{-8} \text{ W/m}^2 \cdot \text{K}^4)(2 \text{ m}^2)(300 \text{ K})^4 = 918.54 \text{ W}$
이고, 2초 동안 방출한 에너지는 $918.54 \text{ W} \times 2 \text{ s} \cong 1837 \text{ J}$
이다.

31. 답 33

해설 0 ℃ 얼음 150g을 녹여 0 ℃ 물로 만들 때의 흡수
되는 총 융해열(Q_1)과 이 물이 50 ℃ 가 될 때 흡수되는
열(Q_2)을 구하고, 질량 m 의 100 ℃ 수증기를 액화시켜
100 ℃의 물을 만들 때 방출되는 열량(Q_3)과 이 물이 50 ℃
가 되면서 방출하는 열량(Q_4)을 구하면 $Q_1 + Q_2 = Q_3 + Q_4$
가 된다.
$Q_1 = 80 \text{ cal/g} \times 150 \text{ g} = 12{,}000 \text{ cal}$
$Q_2 = (150)(1)(50 - 0) = 7{,}500 \text{ cal}$
$Q_3 = H_{\text{액화열}} m = 540 \times m$
$Q_4 = m(1) \times (100 - 50) = m \times (50)$
$Q_1 + Q_2 = Q_3 + Q_4$ 이므로
$\rightarrow 12{,}000 \text{ cal} + 7{,}500 \text{ cal} = (540 \text{ cal/g} + 50 \text{ cal/g}) \times m$
$$\therefore m \cong 33 \text{ g}$$

32. 답 735

해설 0.5 kg의 기체를 같은 온도의 액체로 변화시킬 때 방
출되는 에너지(Q_1)는 (증발열과 액화열은 같은 양이므로)
$$Q_1 = H_{\text{증발열}} m = 880 \text{ kJ/kg} \times 0.5 \text{ kg} = 440 \text{ kJ}$$
액체를 78 ℃에서 -114 ℃로 내릴 때 방출하는 에너지
(Q_2)는
$Q_2 = mc\Delta T = (0.5)(2.5) \times (78 - (-114)) = 240 \text{ kJ}$
-114 ℃의 액체를 같은 온도의 고체로 변화시킬 때 방출
되는 에너지(Q_3)는 응고열로 융해열과 같은 양이다.
$$Q_3 = H_{\text{융해열}} m = 110 \text{ kJ/kg} \times 0.5 \text{ kg} = 55 \text{ kJ}$$
따라서 방출되는 총에너지는 다음과 같다.
$$Q_1 + Q_2 + Q_3 = 440 \text{ kJ} + 240 \text{ kJ} + 55 \text{ kJ} = 735 \text{ kJ}$$

26강. Project 4

01
에펠탑은 위에서 아래로 갈수록 구조물의 면적이 넓
어지므로 바닥면과 접촉하는 면적이 넓고, 무게 중
심이 아래쪽에 위치하여 구조물이 안정적이다. 또한
안정적으로 정지해 있는 물체에는 힘의 평형이 이루
어지고 있으므로, 에펠탑은 힘의 평형 상태라고 볼
수 있다.

해설 물체가 운동 상태의 변함없이 안정적으로 정지
해 있는 상태를 평형 상태라고 한다. 즉, 물체에 작용
하는 모든 힘의 합력인 알짜힘이 0이어야 하고, 물체에
작용하는 모든 돌림힘의 합이 0이어야 한다.
따라서 구조물이 안정된 정지 상태를 유지하기 위해서
는 힘과 돌림힘이 각각 평형을 이루어야 한다. 이때 무
게 중심의 위치는 구조물의 안정성에 매우 중요하게 작
용한다. 일반적으로 무게 중심이 낮을수록 더 안정된
상태이다.

02
외부 태양열에 의해 내부의 온도가 높아지면 대류
현상에 의해 뜨거워진 공기는 건물 위쪽으로 올라가
고, 위에 있던 찬 공기는 아래로 내려오게 된다. 이때
건물 지붕 위로 배기 구멍을 뚫어 뜨거운 공기가 나
갈 수 있도록 하였고, 건물 하단의 옆쪽으로 찬 공기
를 유입할 수 있는 팬을 설치하여 공기 순환을 돕는
다. 또한 건물과 건물이 연결되는 사이에 빈 공간을
두어 이곳을 통해 약한 바람이 계속 공급되어 공기
의 순환을 돕는다. 이러한 자연 냉방 원리를 이용하
여 같은 크기의 다른 건물 전력의 10% 정도로 냉방
을 할 수 있다.

[탐구] 자료 해석

1 – ①. 뉴커먼의 증기 기관은 증기가 가득찬 실린더에 냉각수가 뿌려지면, 공기가 응축되어 물이 되고, 내부가 부분적으로 진공 상태가 되면서 대기압과의 차이로 인해 피스톤이 움직이는 것이다. 이와 같이 실린더에 냉각수가 뿌려질 때, 공기만 응축되는 것이 아니라 물의 일부가 증기로 변하면서 실린더가 진공 상태가 되기 어려웠고, 그만큼 피스톤이 충분히 움직일 수 있는 동력을 얻기 어려웠다.

1 – ②. 실린더와 냉각실이 분리가 되어 있기 때문에 실린더는 항상 고온 상태를 유지하고, 냉각실은 저온 상태를 유지할 수 있었다. 따라서 열 효율성 측면에서 더욱 우수하였다.

2.

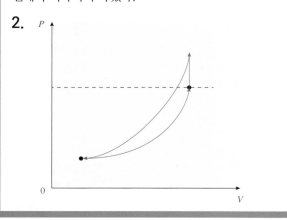

해설 **1.** 뉴커먼의 증기 기관은 상업적으로 성공한 최초의 증기 기관으로 1770년에는 영국 전역에서 100여 대가 가동되었으며, 탄광 안의 물을 퍼내는 데 쓰여 광산에서 큰 성공을 거뒀다.

뉴커먼의 장치는 양동이와 피스톤이 반대로 움직인다. 수증기가 피스톤 아래에서 유입되면 피스톤이 가장 위쪽으로 올라가고, 양동이는 가장 아래쪽에 위치하게 된다. 이때 실린더 안으로 차가운 물이 들어가 실린더를 냉각시키면 실린더 안에 있던 수증기가 응축된다. 피스톤은 대기압으로 인해 아래로 움직인다. 피스톤이 아래로 움직이면 양동이는 위쪽으로 움직이면서 물을 퍼 올린다. 결과적으로 양동이를 움직인 힘은 증기가 아닌 대기압의 힘이었기 때문에 뉴커먼 장치는 '대기압 기계'라고 불렸다.

하지만 뉴커먼의 증기 기관은 단점이 있었다. 차가운 물인 냉각수를 기관의 실린더 안에 뿌리면 물의 일부가 증기로 변하였고, 이 증기로 인하여 실린더가 진공 상태가 되기 어려웠다. 따라서 피스톤이 충분히 아래로 움직이지 않기 때문에 물을 높이 퍼 올리는 동력이 약해질 수 밖에 없었다. 이 문제를 해결하기 위해 실린더 안에 차가운 물을 더 많이 뿌려 온도를 낮추어 보았지만, 이때는 실린더가 너무 식어

버렸으며, 식어버린 실린더 온도를 높이려면 더 많은 석탄을 태워야 했다. 이로 인하여 뉴커먼의 증기 기관은 석탄 광산 인근에서만 가동될 수 밖에 없었다.

와트는 뉴커먼의 증기 기관이 냉각수를 분사하여 고온의 증기를 냉각할 때마다 실린더 벽에서 열이 손실되는 문제점을 발견하였다. 이에 와트는 냉각실과 실린더를 분리한 후 파이프로 연결하였다. 실린더로 들어간 수증기를 분리된 장소에서 응축시킴으로서 실린더 안에 찬물을 끼얹을 필요가 없었고, 실린더는 높은 온도를 유지할 수 있었다. 이로 인해 증기 기관을 작동하기 위해 소비하는 석탄의 양을 줄여, 광산 인근이 아니어도 증기 기관을 이용할 수 있게 했다. 또한 와트는 실린더에 덮개를 씌워 피스톤이 외부 공기에 노출되는 것을 막았다. 이렇게 제작된 와트의 증기기관은 대기압의 영향을 거의 받지 않고 증기압만으로 피스톤을 위아래로 움직이게 됐다. 피스톤이 증기압에 의해서만 움직인다는 점에서 와트의 기관을 '최초의 증기 기관'이라고도 한다.

2.

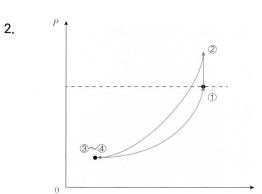

① ~ ② 실린더 내부에 증기가 차있지 않을 때는 외부 기압과 같은 1기압이 유지되고, 증기가 차기 시작하면서 기압은 증가하지만, 실린더 부피는 변하지 않는다.
② ~ ③ 실린더에 냉각수가 뿌려지면 공기가 응축되어 물이 되고, 실린더 내부가 부분적으로 진공 상태가 되기 때문에 압력은 작아지고, 피스톤이 내려오면서 실린더 부피도 감소한다.

01

〈 예시 답안 〉 벽면을 단열재로 잘 감싸더라도 열은 벽을 통해 빠져나간다. 따라서 벽의 면적을 최소화해야 하므로 부피에 비해 면적이 작은 직사각형 형태의 패시브 하우스가 대부분인 것이다.

해설 패시브 하우스에서는 집의 방향도 중요하다. 직사각형에서 긴 변쪽을 동서로 향하고, 좁은 쪽을 남쪽을 바라보는 남향으로 지어야 태양 복사 에너지를 최대로 활용할 수 있다.

02 〈예시 답안〉 열은 대류, 전도, 복사의 형태로 이동한다. 우선 대류의 형태로 빠져나가는 열을 막기 위해서는 공기의 흐름을 차단해야 한다. 창문 면적을 최소화하고 효율적인 환풍 장치의 설치가 필요할 것이다. 또한 지붕이나 벽면, 창문들을 통해 전도나 복사의 형태로 빠져나가는 열을 막아야 한다. 벽면은 두꺼운 단열재를 이용하고, 창문은 삼중 유리와 같은 유리를 이용한다. 창문의 방향을 남향으로 하여 자연광이 충분히 들어올 수 있도록 하면 조명에 쓰이는 에너지를 최소화하면서 겨울철 에너지 소비도 줄일 수 있다.

MEMO

세페이드 시리즈

창의력과학의 결정판, 단계별 과학 영재 대비서

1F	중등 기초	물리(상,하) 화학(상,하)	
		중학교 과학을 처음 접하는 사람 / 과학을 차근차근 배우고 싶은 사람 / 창의력을 키우고 싶은 사람	
2F	중등 완성	물리(상,하) 화학(상,하) 생명과학(상,하) 지구과학(상,하)	
		중학교 과학을 완성하고 싶은 사람 / 중등 수준 창의력을 숙달하고 싶은 사람	
3F	고등 I	물리(상,하) 물리 영재편(상, 하) 화학(상,하) 생명과학(상,하) 지구과학(상,하)	
		고등학교 과학 I을 완성하고 싶은 사람 / 고등 수준 창의력을 키우고 싶은 사람	
4F	고등 II	물리(상,하) 화학(상,하) 생명과학(영재학교편,심화편) 지구과학 (영재학교편,심화편)	
		고등학교 과학 II을 완성하고 싶은 사람 / 고등 수준 창의력을 숙달하고 싶은 사람	
5F	영재과학고 대비 파이널	물리 · 화학 생명 · 지구과학	
		고급 문제, 심화 문제, 융합 문제를 통한 각 시험과 대회를 대비하고자 하는 사람	

세페이드 모의고사	세페이드 고등 통합과학	세페이드 고등학교 물리학 I (상,하)
내신 + 심화 + 기출, 시험대비 최종점검 / 창의적 문제 해결력 강화	고1 내신 기본서	고등학교 물리 I (2권) 내신 + 심화

* 무한상상의 〈세페이드 과학 시리즈〉는 국내 최초로 중고등과정의 과학의 전부와 과학 창의력 문제의 전부를
1F [중등기초] – 2F [중등완성] – 3F [영재학교 I] – 4F [영재학교 II] – 실전 문제 풀이 의 5단계로 구성하였습니다.
창의력과학 세페이드시리즈와 함께 이제 편안하게 과학 공부를 즐길 수 있습니다. cafe.naver.com/creativeini

창의력과학

세페이드

시리즈

무한상상 교재 활용법

무한상상은 상상이 현실이 되는 차별화된 창의교육을 만들어갑니다.

	아이앤아이 시리즈					
	특목고, 영재교육원 대비서					
	아이앤아이 영재들의 수학여행	아이앤아이 꾸러미	아이앤아이 꾸러미 120제	아이앤아이 꾸러미 48제	아이앤아이 꾸러미 과학대회	창의력과학 아이앤아이 I&I
	수학 (단계별 영재교육)	수학, 과학	수학, 과학	수학, 과학	과학	과학
6세~초1	수, 연산, 도형, 측정, 규칙, 문제해결력, 워크북 (7권)					
초 1~3	수와 연산, 도형, 측정, 규칙, 자료와 가능성, 문제해결력, 워크북 (7권)					
초 3~5	수와 연산, 도형, 측정, 규칙, 자료와 가능성, 문제해결력 (6권)		수학, 과학 (2권)	수학, 과학 (2권)		
초 4~6	수와 연산, 도형, 측정, 규칙, 자료와 가능성, 문제해결력 (6권)				과학토론 대회, 과학산출물 대회, 발명품 대회 등 대회 출전 노하우	
초 6	수와 연산, 도형, 측정, 규칙, 자료와 가능성, 문제해결력 (6권)					
중등			수학, 과학 (2권)	수학, 과학 (2권)		
고등					과학토론 대회, 과학산출물 대회, 발명품 대회 등 대회 출전 노하우	물리(상,하), 화학(상,하), 생명과학(상,하), 지구과학(상,하) (8권)